Vertrieb mit SAP®

SAP PRESS ist eine gemeinschaftliche Initiative von SAP SE und der Rheinwerk Verlag GmbH. Ziel ist es, Anwendern qualifiziertes SAP-Wissen zur Verfügung zu stellen. SAP PRESS vereint das fachliche Know-how der SAP und die verlegerische Kompetenz von Rheinwerk. Die Bücher bieten Expertenwissen zu technischen wie auch zu betriebswirtschaftlichen SAP-Themen.

Wolfgang Fitznar
SAP für Anwender – Tipps & Tricks
418 Seiten, 2015, broschiert
ISBN 978-3-8362-2907-4

Uwe Brück
Controlling mit SAP: Der Grundkurs für Anwender
403 Seiten, 2., aktualisierte und erweiterte Auflage 2016, broschiert
ISBN 978-3-8362-4182-3

Ana Carla Psenner
Buchhaltung mit SAP: Der Grundkurs für Anwender
415 Seiten, 3., aktualisierte und erweiterte Auflage 2016, broschiert
ISBN 978-3-8362-4206-6

Tobias Then
Einkauf mit SAP: Der Grundkurs für Einsteiger und Anwender
363 Seiten, 2., aktualisierte und erweiterte Auflage 2014, broschiert
ISBN 978-3-8362-2846-6

Olaf Schulz
Der SAP-Grundkurs für Einsteiger und Anwender
408 Seiten, 3., aktualisierte und erweiterte Auflage 2016, broschiert
ISBN 978-3-8362-4077-2

Aktuelle Angaben zum gesamten SAP PRESS-Programm finden Sie unter *www.sap-press.de*.

Tobias Then

Vertrieb mit SAP®

Der Grundkurs für Anwender

Liebe Leserin, lieber Leser,

ein Unternehmen lebt bekanntermaßen nicht von dem, was es produziert, sondern von dem, was es verkauft. Sprich: Ohne den Vertrieb geht im Unternehmen nichts. Und Sie als Vertriebsmitarbeiter müssen dabei Ihren Kunden den besten Service bieten: einen reibungslosen Angebotsprozess, eine prompte Lieferung und eine schnelle Reaktion auf Reklamationen.

Viele Unternehmen setzen Software von SAP ein, um die Vertriebsarbeit zu unterstützen. Wenn Sie zu diesem Buch gegriffen haben, gehört Ihres wahrscheinlich dazu. Fachlich kennen Sie den Vertrieb, aber für Ihre Arbeit mit der Vertriebskomponente SD des SAP-Systems wünschen Sie sich nun eine kompakte und verständliche Anleitung?

Dann ist dieses Buch genau das Richtige für Sie: Ob es die Stammdatenpflege, die Erstellung von Angeboten und Kundenaufträgen, den Versand oder die Rechnungsstellung betrifft? Tobias Then zeigt Ihnen, wie Sie im System vorgehen müssen. Sie können dieses Buch von vorn bis hinten lesen, die Übungen durcharbeiten oder es als Nachschlagewerk nutzen. Und wenn Sie wirklich jeden Klick im SAP-System verfolgen möchten, schauen Sie sich die Videos zum Buch an: 30 Filme mit mehr als zwei Stunden Spielzeit machen es Ihnen leicht, sich ins SAP-System einzuarbeiten!

Dieses Buch wurde mit großer Sorgfalt geschrieben, lektoriert und gedruckt. Wenn sich doch einmal ein Fehler eingeschlichen haben sollte, so freue ich mich über Ihre Rückmeldung. Selbstverständlich sind Kritik und Lob auch jederzeit willkommen.

Viel Freude beim Lesen und viel Erfolg beim Verkaufen wünscht

Ihre Eva Tripp
Lektorat SAP PRESS

Rheinwerk Verlag
Rheinwerkallee 4
53227 Bonn

eva.tripp@rheinwerk-verlag.de
www.sap-press.de

Auf einen Blick

Lektorat Eva Tripp
Korrektorat Monika Klarl
Herstellung Melanie Zinsler
Typografie und Layout Vera Brauner
Einbandgestaltung Nadine Kohl
Titelbild Getty Images: 98681100 (RF) © Emely
Satz Typographie & Computer, Krefeld
Druck und Bindung Beltz Bad Langensalza GmbH, Bad Langensalza

Gerne stehen wir Ihnen mit Rat und Tat zur Seite:
eva.tripp@rheinwerk-verlag.de bei Fragen und Anmerkungen zum Inhalt des Buches
service@rheinwerk-verlag.de für versandkostenfreie Bestellungen und Reklamationen
hauke.drefke@rheinwerk-verlag.de für Rezensionsexemplare

Bibliografische Information der Deutschen Nationalbibliothek
Die Deutsche Nationalbibliothek verzeichnet diese Publikation in der Deutschen Nationalbibliografie; detaillierte bibliografische Daten sind im Internet über *http://dnb.d-nb.de* abrufbar.

ISBN 978-3-8362-4465-7

2., aktualisierte und erweiterte Auflage 2017

Inhalt

Teil II Verkauf

Teil III Versand

Teil IV Rechnungsstellung

Teil V Reklamationen und Sonderfälle

Teil VI Effizienter arbeiten

Video-Anleitungen zum Buch

Der Kundenstammsatz

- Abschnitt 2.3: Kundenstammsatz anlegen
  http://s-prs.de/v4465tb
- Abschnitt 2.6: Kunden sperren
  http://s-prs.de/v4465hs

Der Materialstammsatz

- Abschnitt 3.3: Materialstammsatz anlegen
  http://s-prs.de/v4465nm
- Abschnitt 3.6: Materialstammsatz erweitern
  http://s-prs.de/v4465gn

Der Kunden-Material-Infosatz

- Abschnitt 4.3: Kunden-Material-Infosatz anlegen
  http://s-prs.de/v4465ks

Konditionen

- Abschnitt 5.2: Preiskondition für Material anlegen
  http://s-prs.de/v4465pq

Anfrage und Angebot

- Abschnitt 6.3: Anfrage anlegen
  http://s-prs.de/v4465yl
- Abschnitt 6.6: Angebot anlegen mit Bezug zur Anfrage
  http://s-prs.de/v4465sh

Der Kundenauftrag

- Abschnitt 7.3: Kundenauftrag anlegen
  http://s-prs.de/v4465jg
- Abschnitt 7.6: Kundenauftrag mit Bezug anlegen
  http://s-prs.de/v4465oy
- Abschnitt 7.9: Belegfluss zum Kundenauftrag anzeigen
  http://s-prs.de/v4465kf

- Abschnitt 7.11: Daten im Kundenauftrag
  http://s-prs.de/v4465tt

Die Auslieferung

- Abschnitt 8.3: Auslieferung anlegen
  http://s-prs.de/v4465mv
- Abschnitt 8.7: Daten in der Auslieferung
  http://s-prs.de/v4465fk

Kommissionierung und Warenausgang

- Abschnitt 9.3: Transportauftrag anlegen
  http://s-prs.de/v4465zb
- Abschnitt 9.5: Warenausgang buchen
  http://s-prs.de/v4465gj

Die Rechnungsstellung

- Abschnitt 10.3: Faktura anlegen
  http://s-prs.de/v4465sp
- Abschnitt 10.7: Daten in der Faktura
  http://s-prs.de/v4465hf

Die Gutschriftsanforderung

- Abschnitt 11.2: Gutschriftsanforderung anlegen
  http://s-prs.de/v4465mx
- Abschnitt 11.3: Gutschriftsanforderung freigeben
  http://s-prs.de/v4465kj
- Abschnitt 11.4: Gutschrift zur Gutschriftsanforderung anlegen
  http://s-prs.de/v4465eq

Die Rechnungskorrekturanforderung

- Abschnitt 12.2: Rechnungskorrekturanforderung anlegen
  http://s-prs.de/v4465pc
- Abschnitt 12.3: Rechnungskorrekturanforderung freigeben
  http://s-prs.de/v4465od
- Abschnitt 12.4: Gutschrift zur Rechnungskorrekturanforderung anlegen
  http://s-prs.de/v4465gx

Retouren

- Abschnitt 13.2: Retoure anlegen
  http://s-prs.de/v4465ek
- Abschnitt 13.3: Retoure freigeben
  http://s-prs.de/v4465dr
- Abschnitt 13.4: Anlieferung zur Retoure anlegen
  http://s-prs.de/v4465vb
- Abschnitt 13.5: Wareneingang zur Retoure buchen
  http://s-prs.de/v4465yp
- Abschnitt 13.6: Gutschrift zur Retoure buchen
  http://s-prs.de/v4465xr

Listen

- Abschnitt 15.6: Listen
  http://s-prs.de/v4465eu

Über dieses Buch

SAP SE ist der größte europäische und weltweit viertgrößte Softwarehersteller. Das Unternehmen mit Hauptsitz im baden-württembergischen Walldorf beschäftigt weltweit über 55.000 Mitarbeiter. Der Name SAP wird gleichbedeutend auch für die von diesem Unternehmen produzierte und lizenzierte zentrale Softwarelösung verwendet. SAP wird weltweit von Firmen zur Steuerung ihrer betriebswirtschaftlichen Prozesse genutzt. Die SAP-Software mit ihren zahlreichen Komponenten und Zusatzlösungen eignet sich dabei für global agierende Konzerne ebenso wie für mittelständische Betriebe. Neben den zentralen Geschäftsprozessen eines Unternehmens wie Buchführung, Controlling, Vertrieb, Einkauf, Produktion, Lagerhaltung oder Personalwesen bietet SAP auch vielfältige Lösungen für spezielle Abläufe eines Unternehmens an. Für jedes Unternehmen können die verschiedenen Softwarelösungen individuell zusammengestellt und angepasst werden. Das zentrale Produkt ist SAP ERP, eine Weiterentwicklung des weit verbreiteten SAP R/3.

Dieses Buch beschäftigt sich mit dem Verkauf und Vertrieb in SAP. Der Verkauf ist zentraler Bestandteil jedes Unternehmens. Unabhängig davon, ob Güter im Unternehmen produziert oder gehandelt werden, wird mit dem Verkauf der Produkte an Kunden der Erfolg eines Unternehmens sichergestellt. Dieser Grundkurs bettet den Verkaufsvorgang in den gesamten Vertriebsprozess ein und hilft Ihnen, die Zusammenhänge zu verstehen. Der Schwerpunkt des Buches liegt auf dem Verkauf. Darüber hinaus erhalten Sie auch einen Einblick in die nachfolgenden Vorgänge Versand und Rechnungsstellung.

Jeder Schritt des Vertriebsprozesses wird beschrieben und erklärt. Ausführliche Klick-für-Klick-Anleitungen mit zahlreichen Bildern zeigen Ihnen detailliert, wie Sie vorgehen müssen. Außerdem werden zahlreiche Varianten und Möglichkeiten des Prozesses dargestellt. So kann Ihnen dieses Buch zum praktischen Handbuch und zur täglichen Gebrauchsanweisung für das Verkaufen mit SAP werden.

Die neue Auflage wurde in einigen Punkten ergänzt, sodass ein umfassenderes Bild über die Möglicheiten im Vertrieb entsteht: Im Kundenauftrag wird jetzt die Statusübersicht detailliert beschrieben. Außerdem wird mit dem Kundenauftragsmonitor ein neues SAP-Vertriebstool vorgestellt, das eine einfache und effiziente Bearbeitung von Kundenaufträgen ermöglicht. Die tägliche Arbeit im Verkauf wird dadurch deutlich vereinfacht.

Zur Überwachung und Steuerung der Versandaktivitäten steht im SAP-System der Auslieferungsmonitor zur Verfügung, der neu in dieses Buch aufgenommen wurde.

Zusätzlich wurde auf Anregung vieler Anwender die Stornierung von Fakturen in die neue Auflage aufgenommen.

Wie ist dieses Buch aufgebaut?

Dieses Buch zeigt Ihnen jeden einzelnen Schritt des Vertriebsprozesses. Zu Beginn erhalten Sie in **Kapitel 1**, »Was Sie zum Arbeiten mit SAP wissen sollten«, einen grundlegenden Einblick in die Funktionsweise von SAP. Hier finden Sie neben einer genauen Erklärung zur Navigation im SAP-System auch Hinweise zu seiner Architektur.

Die Darstellung der Verkaufs- und Vertriebstätigkeiten ist in sechs Teile gegliedert. Teil I erklärt die Stammdaten, die zum Verkaufen notwendig sind. In **Kapitel 2** erhalten Sie hier ausführliche Informationen zum Kundenstammsatz. Der Materialstammsatz ist Thema von **Kapitel 3**. Außerdem wird in **Kapitel 4** auf die speziellen Funktionen von Kunden-Material-Infosätzen und in **Kapitel 5** auf Konditionen eingegangen.

Teil II zeigt den eigentlichen Verkaufsvorgang in SAP: In **Kapitel 6** lernen Sie die Erfassung von Kundenanfragen und das Erstellen von Angeboten kennen. Zum Abschluss wird in **Kapitel 7** detailliert das Erfassen von Kundenaufträgen mit all seinen Möglichkeiten dargestellt.

Teil III behandelt die Kernaktivitäten des Versands. Sie erhalten mit **Kapitel 8** Einblick in die Übergabe der Informationen vom Verkauf an das Lager des Unternehmens. Außerdem werden in **Kapitel 9** die vielfältigen weiteren Möglichkeiten des Versands beschrieben.

Teil IV beschäftigt sich in **Kapitel 10** mit der Rechnungsstellung an den Kunden. Mit dieser wird der grundlegende Vertriebsprozess abgeschlossen.

In Teil V werden die Bearbeitungsmöglichkeiten von Reklamationen und besonderen Geschäftsvorfällen erklärt. Dabei lernen Sie in **Kapitel 11** die Erstellung von Gutschriften, in **Kapitel 12** das Vornehmen von Rechnungskorrekturen und in **Kapitel 13** den Umgang mit Retouren kennen. Zusätzlich werden in **Kapitel 14** spezielle Verkaufsvorgänge wie die kostenlose Lieferung oder der Barverkauf beschrieben.

Teil VI erklärt Ihnen den Umgang mit Listen und Auswertungen des SAP-Systems. Mit **Kapitel 15** werden Sie in die Lage versetzt, die Fülle der Daten im System in klare Informationen zu bündeln und strukturiert auszuwerten. **Kapitel 16** gibt Ihnen schließlich eine Reihe hilfreicher Tipps und Tricks mit auf den Weg, die Ihnen in der Arbeit mit dem SAP-System eine Hilfe sein werden.

Eine Reihe weiterer nützlicher Informationen habe ich im **Anhang** zusammengestellt. Sie finden hier ein Glossar und eine Liste der Menüpfade und Transaktionen, die in diesem Buch besprochen werden. Das Glossar und die Liste der Pfade und Transaktionen finden Sie auch auf der Webseite zum Buch unter *https://www.rheinwerk-verlag.de/4309*. Unten auf der Seite klicken Sie im Kasten **Materialien zum Buch** auf den Link **Zu den Materialien**. Es öffnet sich ein Fenster, in dem die verfügbaren Materialien zum Download angezeigt werden.

So arbeiten Sie mit diesem Buch

Der Grundkurs für den Vertrieb mit SAP ist ein Buch für Personen ohne oder mit wenig Erfahrung im SAP-System. Mit ein wenig betriebswirtschaftlichem Grundwissen können Sie sofort einsteigen und die ersten Schritte im System durchführen.

Neben Erklärungen und Anleitungen animiert Sie dieses Buch immer auch zum Ausprobieren des Gelesenen. Am Ende der meisten Kapitel werden Sie aufgefordert: »Probieren Sie es aus!« Mit leicht nachvollziehbaren Aufgaben und Übungen können Sie das Gelernte sofort in die Tat umsetzen. Die Übungen beschränken sich dabei nicht nur auf das im Kapitel Dargestellte, sondern stellen immer auch den Zusammenhang mit den vorangehenden Kapiteln dar. Die Übungen sind grundsätzlich aufeinander aufbauend gestaltet.

Zu den einzelnen Übungen können Sie auf der Website des Verlags detaillierte Lösungen herunterladen. In ausführlichen Klick-für-Klick-Anleitungen wird Ihnen für jede Übung der Lösungsweg geschildert. Die Lösungen finden Sie ebenfalls unter *https://www.rheinwerk-verlag.de/4309* unter **Materialien zum Buch**.

Das Schulungssystem von SAP

Das International Demonstration and Education System (IDES) wird von SAP SE für Schulungen und Workshops weltweit bereitgestellt. Die Übungen orientieren sich in ihren Voreinstellungen an diesem Schulungssystem. Sollten Sie einen Zugang zu einem IDES haben, erleichtert dies den Umgang mit den Übungen, da Sie keine speziellen Einstellungen vornehmen müssen.

Sollten Sie in einem Unternehmen Zugang zu einem SAP-System haben, achten Sie darauf, nicht das System zu nutzen, in dem die täglichen realen Geschäfte Ihres Unternehmens abgewickelt werden. Die meisten Unternehmen stellen ein eigenes Trainingssystem oder Testsystem zur Verfügung, in dem Sie ohne Beschränkungen eigene Daten anlegen und Vorgänge testen können.

Videos zum Buch

Um Ihnen den Einstieg und die Arbeit mit dem SAP-System noch leichter zu machen, finden Sie zu den wichtigsten Vorgängen im SAP-System kurze Filme, die Ihnen wirklich jeden Klick im System zeigen und ausführlich erklären (insgesamt mehr als zwei Stunden Spielzeit). So können Sie alle Aufgaben im Controlling mit SAP sicher meistern. Auch diejenigen unter Ihnen, die keinen Systemzugang haben, können einen detaillierten Eindruck vom Look and Feel der SAP-Software gewinnen.

Über einen kurzen Link an der entsprechenden Stelle im Buch werden Sie auf die Webseite zum Buch geführt, auf der Sie das gewünschte Video direkt abspielen können. Außer einem Internetzugang sind keine weiteren Systemvoraussetzungen nötig. In den unten genannten Abschnitten finden Sie einen kurzen Link, der Sie zu dem passenden Video führt. Eine Zusammenfassung dieser Links finden Sie auch übersichtlich im Verzeichnis der Videos am Anfang dieses Buches. Alternativ können Sie die QR-Codes nutzen, die Sie ebenfalls in den Abschnitten zu den im jeweiligen Video dargestellten Abläufen finden.

Wie für die Screenshots im Buch, nutzen wir auch für die Videos IDES auf dem Releasestand SAP ERP 6.0. Die verwendeten Buchungsdaten weichen in den Videos teilweise von den im Buch verwendeten Beispielen ab, die gezeigte Vorgehensweise ist jedoch identisch.

Zu den folgenden Themen finden Sie jeweils ein eigenes Video:

- **Abschnitt 2.3: Kundenstammsatz anlegen**
  In diesem Video sehen Sie, wie ein Kundenstammsatz angelegt wird. Sie erhalten Einblick in die Struktur und Daten des Kundenstammsatzes.
- **Abschnitt 2.6: Kunden sperren**
  In diesem Video wird erklärt, wie Sie einen Kunden sperren. Dabei werden die unterschiedlichen Möglichkeiten und ihre Auswirkungen gezeigt.
- **Abschnitt 3.3: Materialstammsatz anlegen**
  Das Video zeigt, wie Sie einen Materialstammsatz in SAP anlegen. Dabei wird erklärt, wie der Materialstammsatz aufgebaut ist und welche Daten für den Vertrieb relevant sind.
- **Abschnitt 3.6: Materialstammsatz erweitern**
  In diesem Video sehen Sie, wie Sie beim Anlegen zusätzlicher Sichten im Materialstamm vorgehen müssen.
- **Abschnitt 4.3: Kunden-Material-Infosatz anlegen**
  In diesem Video sehen Sie, wie Sie einen Kunden-Material-Infosatz erzeugen; die wichtigsten Daten des Kunden-Material-Infosatzes werden erklärt.
- **Abschnitt 5.2: Preiskondition für Material anlegen**
  Das Video zeigt die Anlage eines Konditionssatzes für ein Material. Dabei wird speziell auf die Funktion der Schlüsselkombination eingegangen.
- **Abschnitt 6.3: Anfrage anlegen**
  In diesem Video sehen Sie, wie eine Anfrage eines Kunden im SAP-System angelegt wird. Darüber hinaus lernen Sie, welche Informationen in der Anfrage relevant sind.
- **Abschnitt 6.6: Angebot anlegen mit Bezug zur Anfrage**
  Das Video erklärt, wie Sie ein Angebot anlegen können und dabei eine bestehende Anfrage als Vorlage nutzen. Dabei sehen Sie, welche Informationen aus der Anfrage übernommen werden.
- **Abschnitt 7.3: Kundenauftrag anlegen**
  Das Video zeigt detailliert, wie Sie einen Kundenauftrag anlegen und welche Daten unbedingt benötigt werden. Es wird speziell auf die Informationen eingegangen, die das System aus den Stammdaten übernimmt.
- **Abschnitt 7.6: Kundenauftrag mit Bezug anlegen**
  In diesem Video sehen Sie, wie Sie einen Kundenauftrag mit Bezug zu einem bestehenden Angebot anlegen. Die Daten des Angebots werden übernommen, sodass manuelle Eingaben weitgehend entfallen.

- **Abschnitt 7.9: Belegfluss zum Kundenauftrag anzeigen**
  In diesem Video wird eines der wichtigsten Werkzeuge des Kundenauftragsmanagements, der Belegfluss, vorgestellt. Sie lernen, wie Sie die Belegkette anzeigen und in einzelne Belege abspringen können.
- **Abschnitt 7.11: Daten im Kundenauftrag**
  Das Video beschreibt anhand eines vorliegenden Kundenauftrags detailliert die relevanten Informationen im Kundenauftrag. Dabei wird getrennt auf die Kopf- und Positionsdaten eingegangen.
- **Abschnitt 8.3: Auslieferung anlegen**
  In diesem Video sehen Sie, wie eine Auslieferung angelegt wird. Sie lernen die Daten kennen, die zum Versand der Ware benötigt werden.
- **Abschnitt 8.7: Daten in der Auslieferung**
  In diesem Video sehen Sie die entscheidenden Informationen in einer Auslieferung. Es wird vor allem auf die unterschiedlichen Status innerhalb einer Auslieferung eingegangen.
- **Abschnitt 9.3: Transportauftrag anlegen**
  In diesem Video sehen Sie, wie ein Transportauftrag erzeugt wird. Es wird auf die relevanten Daten der Kommissionierung eingegangen.
- **Abschnitt 9.5: Warenausgang buchen**
  Das Video erklärt, wie Sie den Warenausgang im Versand buchen. Dabei wird die Auslieferung als grundlegender Versandbeleg genutzt.
- **Abschnitt 10.3: Faktura anlegen**
  Das Video zeigt, wie Sie auf der Basis der gelieferten Ware eine Rechnung an den Kunden stellen. Dabei werden die Daten in der Rechnung detailliert beschrieben.
- **Abschnitt 10.7: Daten in der Faktura**
  In diesem Video sehen Sie, wie eine Faktura aufgebaut ist und welche Daten im Fakturabeleg gehalten werden. Sie lernen außerdem, auf welche Informationen in der Faktura besonders geachtet werden sollte.
- **Abschnitt 11.2: Gutschriftsanforderung anlegen**
  In diesem Video sehen Sie, wie Sie eine Gutschriftsanforderung anlegen können. Es wird vor allem auf die ganz speziellen Eigenschaften der Gutschriftsanforderung eingegangen.
- **Abschnitt 11.3: Gutschriftsanforderung freigeben**
  Das Video erklärt anhand der im vorangehenden Video erzeugten Gutschriftsanforderung, wie die Fakturasperre aus dem Beleg entfernt wird. Die Erstellung der Gutschrift ist ohne das Entfernen der Fakturasperre nicht möglich.

- **Abschnitt 11.4: Gutschrift zur Gutschriftsanforderung anlegen**
  In diesem Video sehen Sie, wie Sie die Gutschrift an den Kunden erzeugen.
- **Abschnitt 12.2: Rechnungskorrekturanforderung anlegen**
  In diesem Video lernen Sie die speziellen Einstellungen der Rechnungskorrekturanforderung kennen. Es wird gezeigt, wie Sie die Rechnungskorrekturanforderung korrekt anlegen.
- **Abschnitt 12.3: Rechnungskorrekturanforderung freigeben**
  In diesem Video sehen Sie, wie die Rechnungskorrekturanforderung zur Gutschrift freigegeben wird. Dazu wird die Fakturasperre aus dem Beleg entfernt.
- **Abschnitt 12.4: Gutschrift zur Rechnungskorrekturanforderung anlegen**
  Dieses Video zeigt, wie die Gutschrift an den Kunden zur Rechnungskorrekturanforderung erzeugt wird.
- **Abschnitt 13.2: Retoure anlegen**
  In diesem Video sehen Sie, wie Sie vorgehen, wenn ein Kunde Ware retournieren möchte. Es wird gezeigt, mit welchen speziellen Einstellungen eine Retoure angelegt wird.
- **Abschnitt 13.3: Retoure freigeben**
  Dieses Video zeigt, wie Sie eine Retoure freigeben. Um die Retoure freizugeben, wird die Fakturasperre aus dem Retourenbeleg entfernt.
- **Abschnitt 13.4: Anlieferung zur Retoure anlegen**
  In diesem Video lernen Sie, wie die Anlieferung zu einer Retoure erzeugt wird. Erst mit dem Anlieferungsbeleg als Basis ist die nachfolgende Verarbeitung der Retoure im Wareneingang möglich.
- **Abschnitt 13.5: Wareneingang zur Retoure buchen**
  Das Video erklärt, wie Sie den Wareneingang zu einer Retoure buchen. Dabei wird die Anlieferung als Grundlage genutzt.
- **Abschnitt 13.6: Gutschrift zur Retoure buchen**
  Dieses Video zeigt, wie die Gutschrift an den Kunden zu einer Retoure erzeugt wird.
- **Abschnitt 15.6: Listen**
  Im Video wird Ihnen ausführlich der Umgang mit Listen erklärt. Dabei wird auf die vielen Möglichkeiten der Datenselektion ebenso viel Wert gelegt wie auf die komfortablen Möglichkeiten der Datenausgabe.

Jetzt aber los! Ich wünsche Ihnen viel Spaß beim Lesen, viel Erfolg beim Üben und bei der Arbeit mit SAP im Vertrieb.

1 Was Sie zum Arbeiten mit SAP wissen sollten

In diesem Kapitel lernen Sie, wie Sie die ersten Schritte im SAP-System meistern. Lassen Sie sich nicht von diesen manchmal etwas theoretischen Erläuterungen abschrecken: Haben Sie die Grundprinzipien verstanden, werden Sie auch die folgenden Kapitel deutlich einfacher nachvollziehen können.

In diesem Kapitel lernen Sie,

- wie Sie sich im SAP-System bewegen,
- welche Hilfefunktionen im SAP-System integriert sind,
- welche Funktion und Struktur die Organisationseinheiten haben,
- welche Organisationseinheiten im Vertrieb verwendet werden,
- wie Sie Transaktionen aufrufen und ausführen,
- welche Funktion die Belege und Belegarten haben,
- welche Belegkette im Vertriebsprozess erzeugt wird.

1.1 Im SAP-System navigieren

Bevor Sie mit dem SAP-System arbeiten können, müssen Sie sich anmelden und mit einem persönlichen Kennwort identifizieren. Die folgende Abbildung zeigt das Anmeldebild des SAP-Systems. Beim Anmelden an das SAP-System müssen Sie in den gleichnamigen Feldern den Mandanten, Ihren Benutzernamen und Ihr persönliches Passwort angeben. Wenn Sie zum ersten Mal im SAP-System arbeiten, sollten Sie diese Informationen von Ihrem Systemadministrator erhalten. Die Angabe der Sprache ist optional möglich. Nehmen Sie hier keine Eingabe vor, startet das SAP-System in der Sprache, die in Ihren persönlichen Benutzervorgaben eingestellt ist.

Auf den Mandanten als höchste Organisationseinheit im SAP-System wird in Abschnitt 1.3, »Organisationseinheiten«, detailliert eingegangen. Über den Mandanten legen Sie fest, in welchem Datenbereich bzw. in welchem Unternehmen Sie im SAP-System arbeiten.

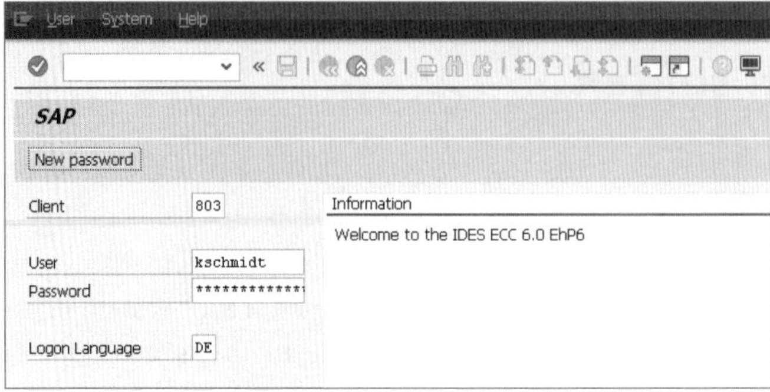

Am SAP-System anmelden

Mit dem Benutzernamen identifizieren Sie sich eindeutig im SAP-System, sodass Ihre Menüs und Berechtigungen aktiviert werden können. Außerdem wird über den Benutzernamen in jeden Beleg die Information geschrieben, wer den Beleg angelegt hat (siehe Abschnitt 1.5, »Belege«).

Das Passwort schützt Sie davor, dass ein anderer Benutzer in Ihrem Namen Vorgänge im SAP-System ausführt. Das Feld **Password** ist immer mit Sternchen gefüllt, die Sie einfach überschreiben können. Melden Sie sich zum ersten Mal am SAP-System an, werden Sie aufgefordert, ein neues persönliches Passwort zu vergeben. Im Anmeldebild können Sie über die Schaltfläche **New password (Neues Kennwort)** jederzeit ein neues Passwort vergeben. Haben Sie sich am SAP-System angemeldet, gelangen Sie in das SAP-Easy-Access-Menü, das in der folgenden Abbildung dargestellt ist.

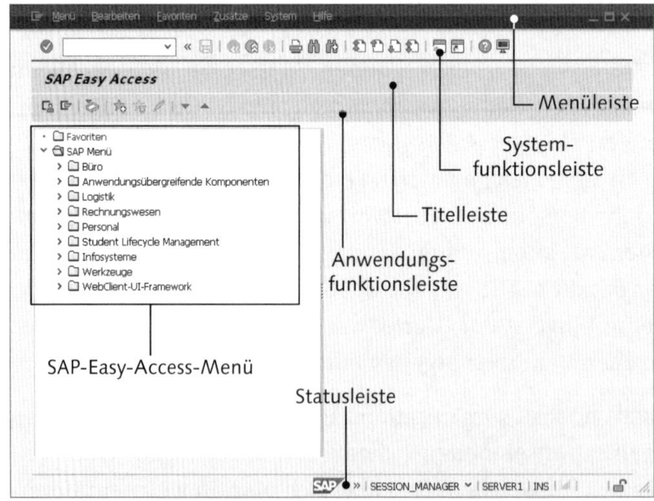

Aufbau des SAP-Einstiegsbildes

Über das SAP-Hauptmenü können Sie einzelne Anwendungen zum Ausführen von Geschäftsvorfällen auswählen und aufrufen. Diese Anwendungen werden als Transaktionen bezeichnet. Die Sortierung der Transaktionen erfolgt dabei in einer Ordner- und Unterordnerstruktur, die Sie aus anderen Computeranwendungen bereits kennen. Transaktionen im SAP-Easy-Access-Menü erkennen Sie, wie in der folgenden Abbildung gezeigt, am weißen Würfel vor der Transaktionsbezeichnung. Der Umgang mit Transaktionen wird in Abschnitt 1.4 genau beschrieben.

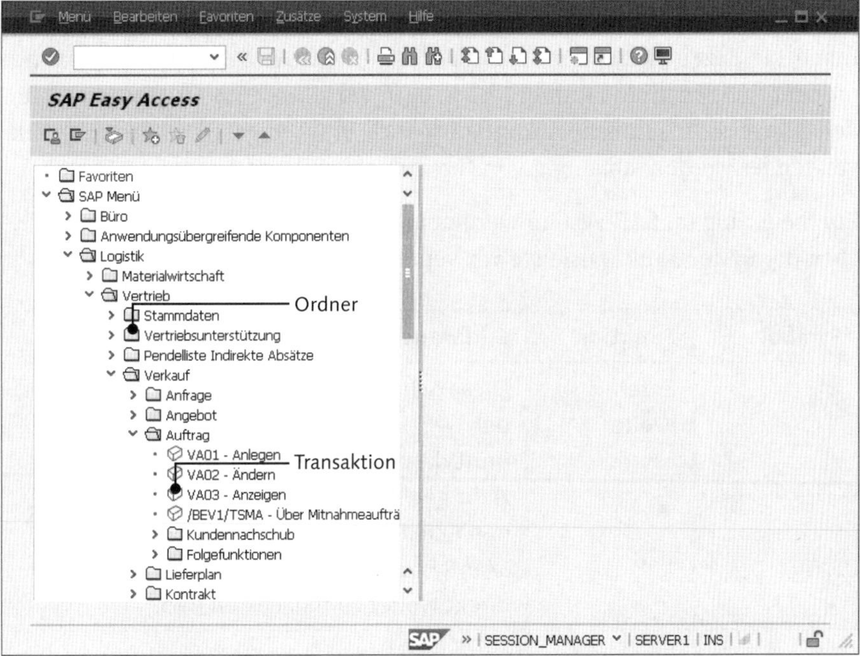

Ordner und Transaktionen im SAP-Easy-Access-Menü

Abhängig von Ihrer Rolle im Unternehmen, kann das Menü, das Ihnen angezeigt wird, stark variieren. So haben Sie als Verkäufer im Unternehmen normalerweise nur Zugang zu den Transaktionen des Vertriebs. Die Buchhalter, Einkäufer oder Lagermitarbeiter werden, speziell ihrer Tätigkeit und Rolle im Unternehmen entsprechend, andere Menüs vorfinden. Da die Rollen in ihrer Ausprägung von Unternehmen zu Unternehmen unterschiedlich sind, können auch die Menüs, je nach Unternehmen, verschieden eingestellt sein.

In den beiden vorangegangenen Abbildungen sehen Sie jeweils das SAP-Easy-Access-Menü. Im weiteren Verlauf des Buches wird von diesem Standardmenü ausgegangen. Außerdem erkennen Sie hier den grundsätzlichen Aufbau des SAP-Bildes. Das SAP-Bild enthält fünf Leisten:

Die *Menüleiste* enthält unterschiedliche Menüeinträge, die Sie per Mausklick aufrufen können. Die Einträge **System** und **Hilfe** können Sie in jedem SAP-Bild anwählen, die anderen Menüs variieren, je nachdem, an welcher Stelle im SAP-System Sie sich gerade befinden.

Die *Systemfunktionsleiste* enthält einzelne Schaltflächen, mit denen Sie durch das SAP-System navigieren können. Lassen Sie den Mauszeiger kurz auf einer Schaltfläche ohne zu klicken stehen, erhalten Sie eine Quick-Info, die Ihnen die Bezeichnung der Schaltfläche anzeigt. Die Schaltflächen der Systemfunktionsleiste sind immer gleich, egal, wo Sie sich im SAP-System befinden. Einzelne Schaltflächen können jedoch grau eingefärbt sein und nicht verwendet werden, abhängig von Ihrer aktuellen Position im SAP-System.

Zur Steuerung im SAP-System werden in erster Linie die folgenden Schaltflächen der Systemfunktionsleiste verwendet:

Symbol	Funktion	Erklärung
	Enter/ Weiter	Diese Schaltfläche ist gleichbedeutend mit der [↵]-Taste auf Ihrer Tastatur. Mit [↵] prüft das SAP-System Ihre Eingaben und zieht gegebenenfalls Daten aus verschiedenen Quellen. In einigen Fällen springt das SAP-System nach der Prüfung Ihrer Eingaben direkt weiter zum nächsten Bild.
	Befehlsfeld	Im Befehlsfeld können Sie Transaktionscodes eingeben und so Transaktionen direkt aufrufen. Außerdem können kleine Befehle eingegeben werden, die die Navigation im SAP-System erleichtern. Mit dem Dreieck rechts neben dem Befehlsfeld, kann das Feld ein- und ausgeblendet werden.

Schaltflächen der Systemfunktionsleiste

Symbol	Funktion	Erklärung
	Sichern/ Speichern/ Buchen	Durch Anklicken dieser Schaltfläche führen Sie eine Transaktion aus. Ihre eingegebenen Daten werden gespeichert. Die Bezeichnung der Schaltfläche wechselt, abhängig von der aktuellen Transaktion, in der Sie sich gerade befinden.
	Zurück	Mit der Schaltfläche **Zurück** springen Sie ein Bild im SAP-System zurück. Gibt es kein vorangehendes Bild, springen Sie direkt zurück in das SAP-Easy-Access-Menü.
	Beenden	Mit **Beenden** verlassen Sie eine Transaktion und springen in das SAP-Easy-Access-Menü. Befinden Sie sich bereits im SAP-Easy-Access-Menü, und klicken Sie auf **Beenden**, verlassen Sie das SAP-System.
	Abbrechen	Die Schaltfläche **Abbrechen** bricht die aktuelle Transaktion ab.
	Suchen	Klicken Sie auf diese Schaltfläche, wenn Sie eine Zeichenfolge oder einen Transaktionscode im SAP-Easy-Access-Menü suchen möchten. Die Suchfunktion steht Ihnen auch in Listen und Auswertungen zur Verfügung.
	Weitersuchen	Haben Sie mit **Suchen** einen Eintrag gefunden, können Sie die Suche durch Anklicken der Schaltfläche **Weitersuchen** fortsetzen.
	Hilfe	Mit der Schaltfläche **Hilfe** öffnen Sie die F1-Feldhilfe (siehe Abschnitt 1.2, »Hilfefunktionen«).

Schaltflächen der Systemfunktionsleiste (Forts.)

Symbol	Funktion	Erklärung
	Neuer Modus	Mit dieser Schaltfläche können Sie ein zusätzliches SAP-Fenster öffnen. Sie haben so die Möglichkeit, in maximal sechs SAP-Modi parallel zu arbeiten. So könnten Sie beispielsweise in einem Modus Ihre Lagerbestände anzeigen und gleichzeitig in einem zweiten Modus Kundenaufträge erfassen. Das Springen zwischen den geöffneten Modi ist jederzeit möglich.
	Verknüpfung auf dem Desktop	Sie können zu einzelnen Transaktionen mit dieser Schaltfläche eine Verknüpfung auf dem Windows-Desktop erstellen. Durch Anklicken der Verknüpfung auf dem Windows-Desktop startet das SAP-System und bringt Sie direkt in die gewählte Transaktion.

Schaltflächen der Systemfunktionsleiste (Forts.)

In der *Titelleiste* wird die Bezeichnung der Transaktion angezeigt, in der Sie sich gerade befinden. Sie können hier jederzeit erkennen, an welcher Stelle und in welcher Funktion Sie sich im SAP-System gerade befinden.

Die *Anwendungsfunktionsleiste* enthält Schaltflächen, die speziell für die aktuelle Anwendung oder Transaktion bereitgestellt werden. Je nachdem, in welcher Transaktion Sie im SAP-System gerade sind, erhalten Sie hier unterschiedliche Schaltflächen zur Auswahl.

In der *Statusleiste* erhalten Sie im linken Bereich Systemmeldungen. Im rechten Bereich können Sie zwischen Einfügemodus (INS) und Überschreibmodus (OVR) wechseln. Klicken Sie in der Statusleiste auf ▼, können Sie auswählen, welche Information Ihnen zusätzlich angezeigt werden soll. Hier können Sie sich den aktuellen Mandanten, Ihren Benutzernamen oder Informationen zur Systemgeschwindigkeit anzeigen lassen. Empfehlenswert ist die Anzeige des aktuellen Transaktionscodes. Detaillierte Informationen zu Transaktionscodes finden Sie in Abschnitt 1.4, »Transaktionen«.

Sie haben die Möglichkeit, für oft genutzte Transaktionen eigene Favoriten anzulegen. Sie müssen für immer wiederkehrende Geschäftsvorfälle nicht durch langes Klicken im SAP-Easy-Access-Menü die entsprechende Transaktion suchen, sondern können die Transaktion direkt aus Ihrem Favoritenordner heraus aufrufen. Zum Anlegen eines Favoriten können Sie die Transaktion, wie in der folgenden Abbildung dargestellt, einfach aus dem normalen Menübaum per Drag & Drop in Ihre Favoriten übernehmen. Klicken Sie dazu auf die Transaktion, halten Sie die linke Maustaste gedrückt, und schieben Sie die Transaktion in den Ordner **Favoriten** ganz oben im Menübaum. Alternativ können Sie mit der rechten Maustaste auf die Transaktion im Menü klicken und dort **Zu den Favoriten hinzufügen** auswählen.

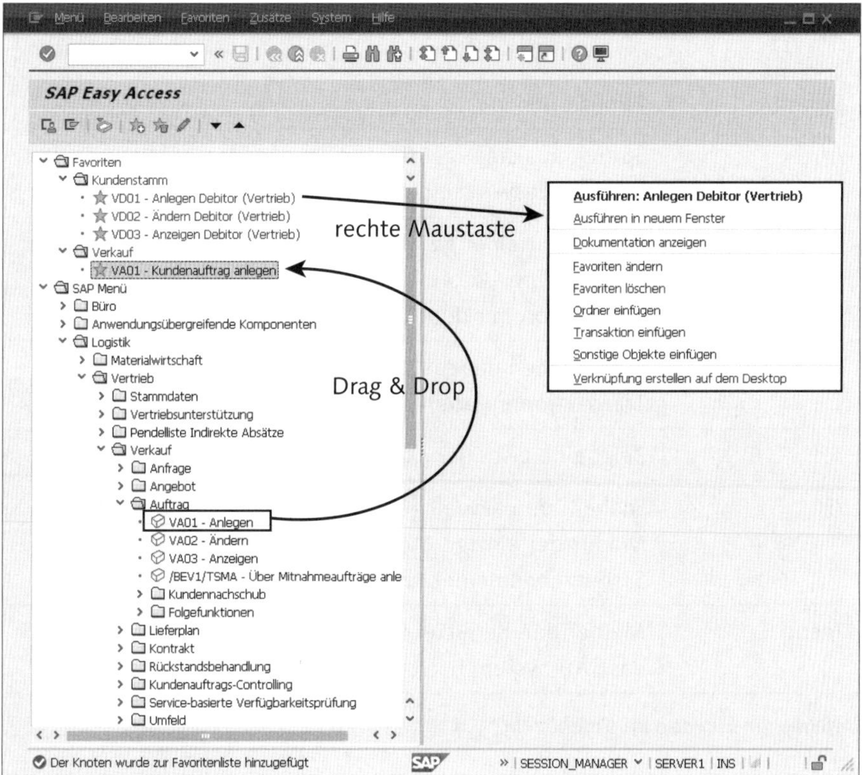

Favoriten im SAP-Easy-Access-Menü

Klicken Sie mit der rechten Maustaste auf einen Ihrer Favoriten, können Sie mit der Funktion **Ordner einfügen** Unterordner innerhalb des Favoritenordners anlegen oder mit **Favoriten löschen** einen Favoriten wieder aus dem Favoritenordner entfernen. Wählen Sie **Favoriten ändern**, um die Textbezeichnung des Favoriten umzubenennen. Auch in der Menüleiste können Sie unter **Favoriten** verschiedene Aktionen zu Ihren Favoriten ausführen.

Das *Befehlsfeld* links in der Systemfunktionsleiste gibt Ihnen die Möglichkeit, durch die Eingabe eines Transaktionscodes eine Transaktion direkt zu starten, ohne zeitaufwendig durch das SAP-Easy-Access-Menü zu navigieren. Kennen Sie den Transaktionscode, müssen Sie lediglich den Code im Befehlsfeld eingeben, und das SAP-System springt direkt in die Transaktion. Diese Eingabe ist nur aus dem SAP-Easy-Access-Menü heraus möglich. Auf Transaktionscodes, und wie Sie diese ermitteln können, geht Abschnitt 1.4, »Transaktionen«, ein. Darüber hinaus können Sie sich im Befehlsfeld mit kleinen Sonderbefehlen die Arbeit erleichtern. Eine Auswahl dieser Befehle finden Sie in der folgenden Tabelle.

Befehl	Funktion
/n	Springt aus einer geöffneten Transaktion direkt zurück in das SAP-Easy-Access-Menü.
/nXXXX	Springt aus einer geöffneten Transaktion direkt zurück in das SAP-Easy-Access-Menü und startet dort direkt die Transaktion mit dem Transaktionscode XXXX.
/oXXXX	Öffnet einen neuen Modus und startet dort direkt die Transaktion mit dem Transaktionscode XXXX.
/o	Zeigt eine Liste der aktuell geöffneten Modi.
/i	Schließt den aktuell geöffneten Modus. Ist der aktuelle Modus der einzige Modus, wird der Benutzer vom SAP-System abgemeldet und das SAP-System geschlossen.
/nend	Meldet den Benutzer vom SAP-System ab und schließt das SAP-System.

Befehle zur Eingabe im Befehlsfeld

In SAP-Datenbildern gibt es verschiedene Felder, in die Sie Daten eingeben können. In einigen dieser Felder können Sie ein Häkchen ☑ erkennen, das das Feld als *Mussfeld* kennzeichnet. In Mussfeldern ist eine Eingabe unbedingt erforderlich, damit das SAP-System fortfahren kann. Ohne die Informationen dieses Feldes kann das SAP-System den Geschäftsvorgang nicht ausführen. Die folgende Abbildung zeigt ein Beispiel für ein Datenbild im SAP-System.

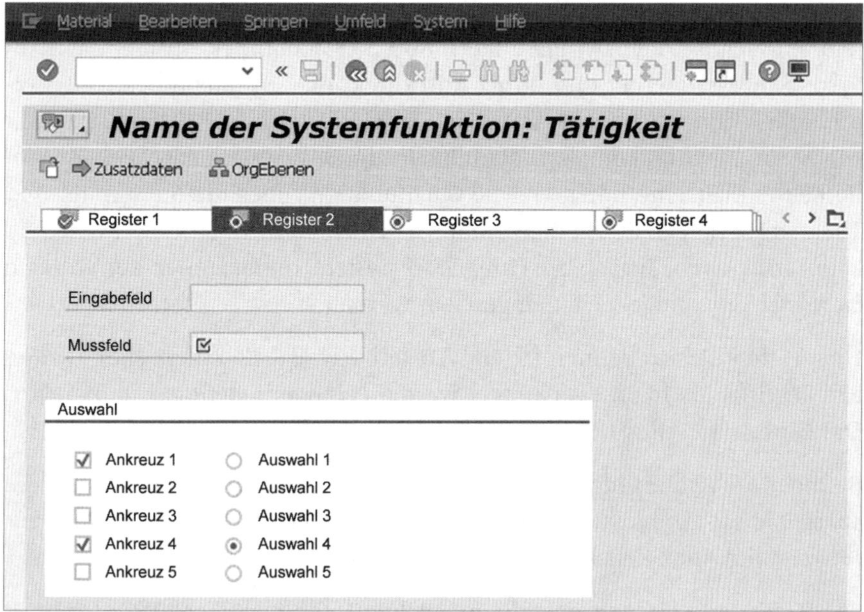

Elemente des SAP-Bildes (Dieses Bild ist eine Zusammenstellung verschiedenster Bildelemente und hat keine Entsprechung im SAP-System.)

Im SAP-System gibt es die Möglichkeit, über *Ankreuzfelder* Einstellungen vorzunehmen. Hier können Sie zu einem Auswahlpunkt mehrere Häkchen setzen. Über *Auswahlknöpfe* können ebenfalls Einstellungen vorgenommen werden, hier ist aber immer nur die Auswahl eines einzigen Punktes möglich.

Um sehr große Mengen an Informationen in einem Bild übersichtlich darstellen zu können, werden Informationen in *Registerkarten* gruppiert, die zur Anzeige direkt ausgewählt werden können. Sind mehr Registerkarten vorhanden, als zur Anzeige auf dem Bild Platz ist, kann rechts neben den Registerkarten mit den Schaltflächen [<] und [>] zwischen den Registerkarten geblättert werden. Mit [⧉] erhalten Sie eine Auflistung aller Registerkarten, aus der Sie direkt einen Informationsbereich zur Anzeige auswählen können.

1.2 Hilfefunktionen

Das SAP-System bietet unterschiedliche Hilfefunktionen an, die das Arbeiten deutlich vereinfachen. Die wichtigsten dieser Funktionen werden in diesem Abschnitt beschrieben.

In der Menüleiste können Sie unter dem Menüpunkt **Hilfe** verschiedene Hilfefunktionen aufrufen. Wählen Sie **Hilfe ▸ SAP Bibliothek**, springt das SAP-System in das Internet und öffnet dort direkt die SAP-Bibliothek. Die SAP-Bibliothek beinhaltet die gesamte Dokumentation zum SAP-System; sie stellt gewissermaßen das komplette Handbuch zum SAP-System dar. Die SAP-Bibliothek enthält eine umfangreiche Suchfunktion, über die Sie Kapitel und Themen speziell zu Ihrer Fragestellung aufrufen können. Die SAP-Bibliothek kann auch ohne Zugang zu einem SAP-System online unter der Adresse *http://help.sap.com* jederzeit eingesehen werden.

Über **Hilfe ▸ Glossar** können Sie ein Wörterbuch zu SAP öffnen. Hier werden alle Begriffe, die in SAP verwendet werden, eindeutig definiert und erklärt. Das Glossar ist Teil der SAP-Bibliothek und ebenfalls online zu erreichen.

Befinden Sie sich in einer Transaktion, und benötigen Sie Informationen, die speziell diese Transaktion betreffen, erhalten Sie unter **Hilfe ▸ Hilfe zur Anwendung** einen detaillierten erklärenden Text zu dieser Transaktion.

Die folgende Abbildung zeigt die möglichen Feldhilfen des SAP-Systems. Zu jedem Feld im SAP-System erhalten Sie durch Drücken der F1-Taste oder über die Schaltfläche der Systemfunktionsleiste in einem separaten Fenster erklärende Informationen. Die F1-Hilfe funktioniert auch bei Menüs und Meldungen des SAP-Systems.

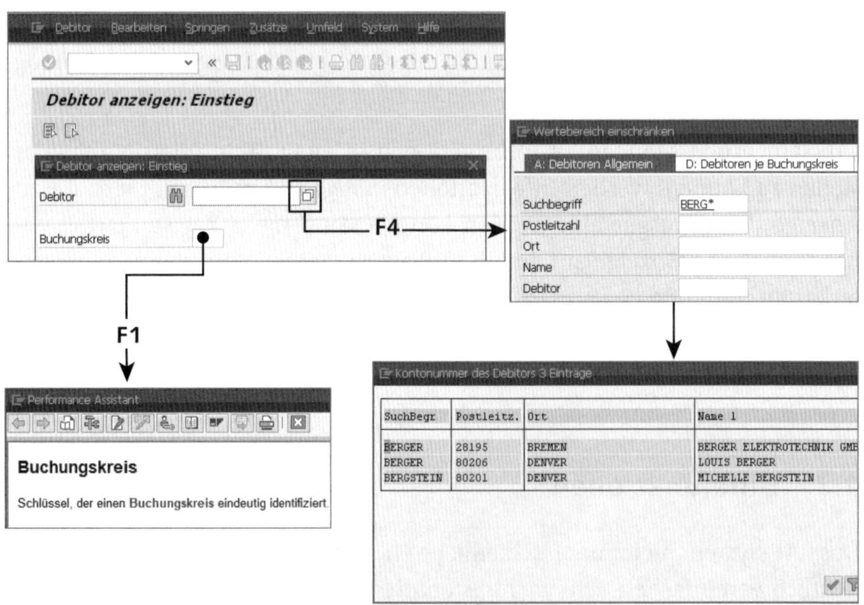

Feldhilfe mit den Funktionstasten F1 und F4

Manche Felder im SAP-System werden am rechten Feldrand mit dem Symbol ⧉ gekennzeichnet, sobald Sie den Cursor darin platzieren. Durch einen Klick auf dieses Symbol oder durch Drücken der [F4]-Taste öffnen Sie die Wertehilfe. Die Wertehilfe zeigt eine Auswahlliste mit den möglichen Werten, die Sie in das entsprechende Feld eintragen können. Ist die Liste der möglichen Auswahl sehr groß, können Sie in einem weiteren Fenster die Suche einschränken. In Feldern, in denen eine Datumseingabe erfolgt, wird Ihnen mit der [F4]-Hilfe ein Kalender angezeigt, in dem Sie ein Datum auswählen können.

HINWEIS

Jokerzeichen oder Wildcards bei der Suche

In den Suchhilfen der [F4]-Hilfe ist es möglich, mit sogenannten Jokerzeichen oder Wildcards zu arbeiten. Ein Sternchen (*) steht dabei für beliebig viele Zeichen, ein Plus (+) für genau ein Zeichen.

Beispiele für Suchen mit den Jokerzeichen:

- Die Suche nach Schmi* ergibt die Suchergebnisse Schmidt, Schmitt, Schmitz, Schmiede, Schmidtchen.
- Die Suche nach *schmi* ergibt zusätzlich Großschmidt, Kleinschmitt.
- Die Suche nach Me+er ergibt die Suchergebnisse Meyer, Meier, Meter.

1.3 Organisationseinheiten

Jedes Unternehmen ist individuell strukturiert. Der Aufbau und die interne Organisation des Unternehmens hängen von den unterschiedlichsten Faktoren ab, unter anderem von seiner Größe, der Branche, in der es tätig ist, oder von seiner Geschäftsform. Die Struktur eines großen, international tätigen Konzerns kann sehr komplex sein; die Struktur eines kleineren Unternehmens mit nur wenigen Standorten ist entsprechend einfacher.

Im SAP-System wird die Unternehmensstruktur über *Organisationseinheiten* abgebildet. Dies geschieht im *Customizing* durch die Systemadministration. Mithilfe des Customizings wird das SAP-System an die speziellen Bedürfnisse des Unternehmens angepasst. Durch die Einrichtung der Organisationseinheiten wird die betriebliche Ausprägung einzelner Teilbereiche des Unternehmens im SAP-System festgelegt und so der Rahmen für die Geschäftsprozesse gebildet. Organisationseinheiten werden von unterschiedlichen Fachbereichen des Unternehmens genutzt. Es gibt bereichsübergreifende und bereichsspezifische Organisationseinheiten. So wird die Organisationseinheit Werk von Vertrieb, Materialwirtschaft und Produktion genutzt, die Organisationseinheit Verkaufsorganisation findet dagegen nur im Verkauf Verwendung. Die Organisationseinheiten beeinflussen außerdem die Datenhaltungsebenen der Stammdaten.

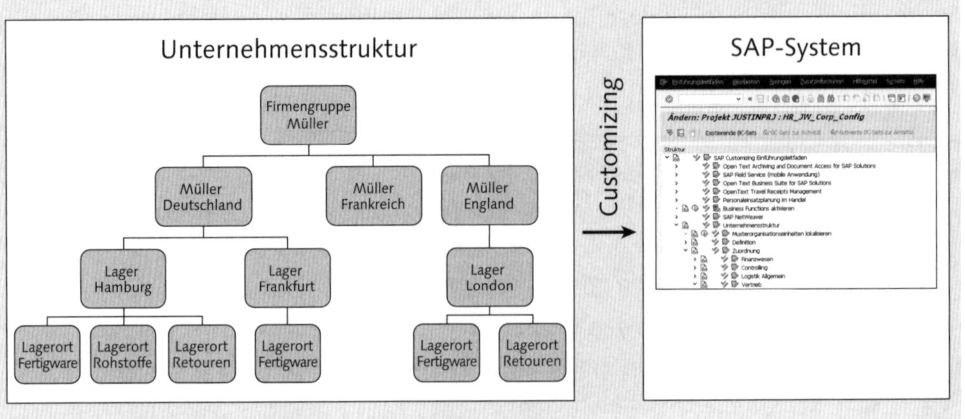

Organisationseinheiten im SAP-System

Für jeden Geschäftsvorfall, den Sie im SAP-System veranlassen, benötigt das SAP-System die Information, in welchen Organisationseinheiten der Vorgang stattfindet. Gleichgültig, ob Sie einen Auftrag erfassen, einen Warenausgang buchen oder eine Rechnung erstellen: Das SAP-System muss immer wissen, an welcher Stelle Ihres Unternehmens der Vorgang geschieht.

Stellen Sie sich folgende Situation vor: Sie arbeiten in einem Unternehmen mit mehreren Werken. Eines der Werke hat seinen Sitz in Hamburg, das andere in Frankfurt, das dritte in London. Buchen Sie beispielsweise einen Warenausgang im SAP-System, benötigt das SAP-System die Information, in welchem Werk der Abgang genau stattfindet. Nur so ist sichergestellt, dass Sie jederzeit die richtige Information über die aktuellen Lagerbestände in den verschiedenen Werken im SAP-System erkennen können. In der Buchhaltung gibt es die gleiche Situation: Wenn Sie etwas verkaufen und die dazugehörige Rechnung schreiben, benötigt das SAP-System die Information, in welcher Ihrer Buchhaltungen die Forderung gegenüber dem Kunden entsteht.

Das SAP-System versucht, die Organisationseinheiten auf der Basis von Voreinstellungen oder früheren Belegen vorzuschlagen. Kann es keinen Vorschlag unterbreiten, müssen Sie als Anwender angeben, in welchen Organisationseinheiten der aktuelle Geschäftsvorgang stattfindet.

Im Vertrieb sind insgesamt neun Organisationseinheiten relevant. Vier dieser Organisationseinheiten werden auch in den Bereichen *Einkauf* und *Produktion* genutzt und deshalb als zentrale Organisationseinheiten der Logistik bezeichnet. Sie sind in der folgenden Abbildung dargestellt:

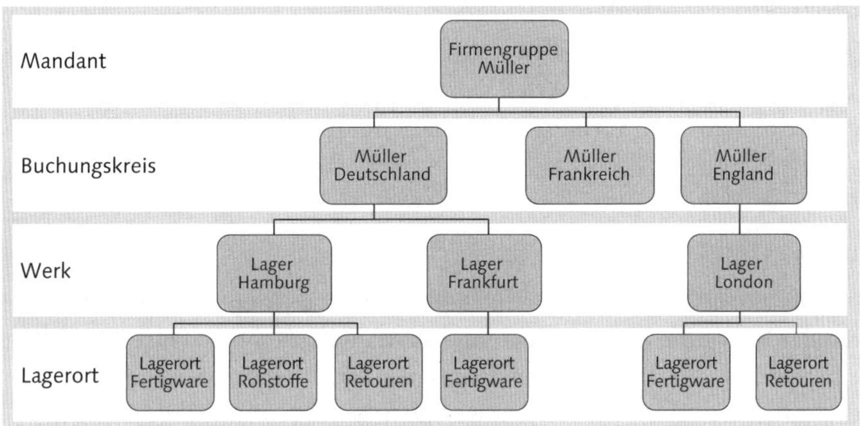

Zentrale Organisationseinheiten der Logistik

Mandant

Die höchste Organisationseinheit im SAP-System ist der Mandant. Er stellt eine eigene organisatorische und handelsrechtliche Einheit dar. Der Mandant verfügt über einen eigenen, abgeschlossenen Datenbereich.

Aus betriebswirtschaftlicher Sicht stellt der Mandant das gesamte Unternehmen dar, inklusive all seiner untergeordneten Unternehmen und Strukturen.

Den Mandanten geben Sie bereits bei der Anmeldung am SAP-System an. Üblicherweise steht Ihnen ein Mandant zur Verfügung, in dem Ihr Unternehmen geführt wird. Zusätzlich können aber auch Test- oder Entwicklungsmandanten zur Verfügung stehen, die das Ausprobieren bestimmter Vorgänge in einem für sich abgeschlossenen Datenbereich außerhalb des »echten« SAP-Systems erlauben.

Buchungskreis

Der Buchungskreis ist die Organisationseinheit des Rechnungswesens, für die eine eigene, in sich abgeschlossene Buchhaltung geführt wird. Auf der Ebene des Buchungskreises können die Bilanz und die Gewinn- und Verlustrechnung erstellt werden.

Innerhalb eines Mandanten können mehrere verschiedene Buchungskreise, das heißt eigenständige Buchhaltungen geführt werden. So können zum Gesamtunternehmen mehrere Firmen oder Ländergesellschaften mit jeweils eigenen Buchhaltungen gehören.

Bei allen für die Buchhaltung relevanten Vorgängen muss der Buchungskreis angegeben werden. Im Vertrieb wird bei der Auftragserfassung bereits festgelegt, in welchem Buchungskreis die Forderung gegenüber dem Kunden gebucht wird.

Werk

Auf der Ebene des Werks finden alle Vorgänge des Unternehmens statt, die mit der Bewegung oder Bearbeitung von Material zu tun haben. Ein Werk ist ein Standort oder eine Niederlassung des Unternehmens, an dem Waren gelagert, produziert oder instandgehalten werden. Sämtliche Warenbewegungen im Unternehmen finden auf der Ebene des Werks statt.

Aus Sicht des Vertriebs stellt das Werk in erster Linie ein Verteilzentrum dar, von dem aus Waren und Dienstleistungen ausgeliefert werden.

Innerhalb eines Buchungskreises kann es mehrere Werke geben. Ein Werk ist aber immer eindeutig einem Buchungskreis zugeordnet.

Das Werk müssen Sie bei jeder Warenbewegung im SAP-System angeben. Außerdem wird bereits bei der Auftragserfassung festgelegt, aus welchem Werk die Lieferung erfolgen soll.

Lagerort

Der Lagerort ermöglicht eine Unterscheidung von Lagerbeständen im Werk. So können unterschiedliche Lagerorte für Fertigwaren, Halbfabrikate oder Rohstoffe im Werk definiert werden. Eine andere Unterscheidung wäre die Aufteilung in Lagerorte für Flüssigkeiten, Schüttgut und Stückgut.

In einem Werk kann es mehrere verschiedene Lagerorte geben; ein Lagerort ist hingegen genau einem Werk zugeordnet.

Bei jeder Warenbewegung muss der Lagerort im SAP-System angegeben werden.

HINWEIS

Lagerort

Der Lagerort ist nicht gleichbedeutend mit dem einzelnen Lagerplatz eines Materials, sondern grenzt einzelne Bereiche ab. Lagerorte müssen nicht zwingend eine physische Entsprechung im Lager haben. Zur Organisation des Lagers über Lagernummern und Lagertypen bis auf die Ebene des Lagerplatzes steht in SAP die eigene Komponente Warehouse Management zur Verfügung.

Darüber hinaus gibt es fünf weitere Organisationseinheiten, die ausschließlich vom Vertrieb genutzt werden. Diese lernen Sie in den folgenden Abschnitten kennen.

Verkaufsorganisation

Der Verkauf und der Vertrieb an Kunden finden auf der Ebene der Verkaufsorganisation statt. Die Verkaufsorganisation ist verantwortlich für den Vertrieb von Materialien oder Dienstleistungen und führt die entsprechenden Verkaufsverhandlungen. Sie ist für den kompletten Verkaufsvorgang verantwortlich.

In einem Unternehmen kann es eine oder mehrere Verkaufsorganisationen geben. Die Unterscheidung kann nach geografischen Gesichtspunkten oder nach nationalen Verantwortungsbereichen erfolgen. So können in Ihrem Unternehmen verschiedene Verkaufsorganisationen für unterschiedliche Länder, Regionen oder Orte definiert sein.

Jeder Vorgang im Vertrieb wird einer Verkaufsorganisation zugeordnet. Die Verkaufsorganisation ist die höchste Organisationsebene im Vertrieb, für die Vertriebsauswertungen erstellt und Summen gebildet werden können.

In einem Buchungskreis können mehrere Verkaufsorganisationen tätig sein. Eine Verkaufsorganisation ist hingegen immer genau einem Buchungskreis zugeordnet.

Außerdem kann eine Verkaufsorganisation verschiedene Werke als Auslieferungswerke nutzen. Dabei ist es auch möglich, der Verkaufsorganisation ein Auslieferungswerk zuzuordnen, das nicht im selben Buchungskreis liegt.

Vertriebsweg

Mit dem Vertriebsweg kennzeichnen Sie die Art und Weise, wie Waren von Ihrem Unternehmen in den Markt gebracht werden. Sie sind im Sinne von Vertriebskanälen oder Absatzschienen zu verstehen. Verschiedene Vertriebswege können beispielsweise Endkundenverkauf, Einzelhandel, Großhandel oder Online-Shopping sein.

Mithilfe des Vertriebswegs haben Sie die Möglichkeit, Zuständigkeiten zu regeln und Vertriebsstatistiken zu differenzieren. Außerdem ist es möglich, die Verkaufspreise für unterschiedliche Vertriebswege individuell zu gestalten.

Innerhalb einer Verkaufsorganisation können mehrere Vertriebswege genutzt werden. Umgekehrt ist es möglich, dass verschiedene Verkaufsorganisationen dieselben Vertriebswege nutzen.

Sparte

Mithilfe der Sparte werden Materialien oder Dienstleistungen unterteilt. Je nachdem, wie breit Ihr Unternehmen aufgestellt ist, könnten Sie beispielsweise Ihre Materialien in die Sparten Möbel, Elektrogeräte und Zubehörteile einteilen.

Über die Sparte haben Sie die Möglichkeit, Produktgruppen zu schaffen und Preisvereinbarungen mit Kunden auf bestimmte Sparten zu beschränken. Auswertungen sind ebenfalls pro Sparte möglich.

Jedem Verkaufsmaterial wird genau eine Sparte zugeordnet. Verkaufsvorgänge können jedoch auch spartenübergreifend, das heißt für mehrere verschiedene Sparten erfolgen. Eine Verkaufsorganisation kann Materialien aus mehreren Sparten vertreiben.

Vertriebsbereich

Der Vertriebsbereich stellt streng genommen keine eigene Organisationseinheit dar. Er wird gebildet aus der Kombination der bereits beschriebenen Organisationseinheiten Verkaufsorganisation, Vertriebsweg und Sparte.

Der Vertriebsbereich legt für eine Verkaufsorganisation fest, welche Vertriebswege genutzt werden und welche Sparten möglich sind. Er wird nicht im SAP-System definiert, sondern lediglich als Begriff verwendet. Wie in der Abbildung gezeigt, ergibt sich aus der Verkaufsorganisation 1000, dem Vertriebsbereich 10 und der Sparte 10 der Vertriebsbereich 1000/10/10.

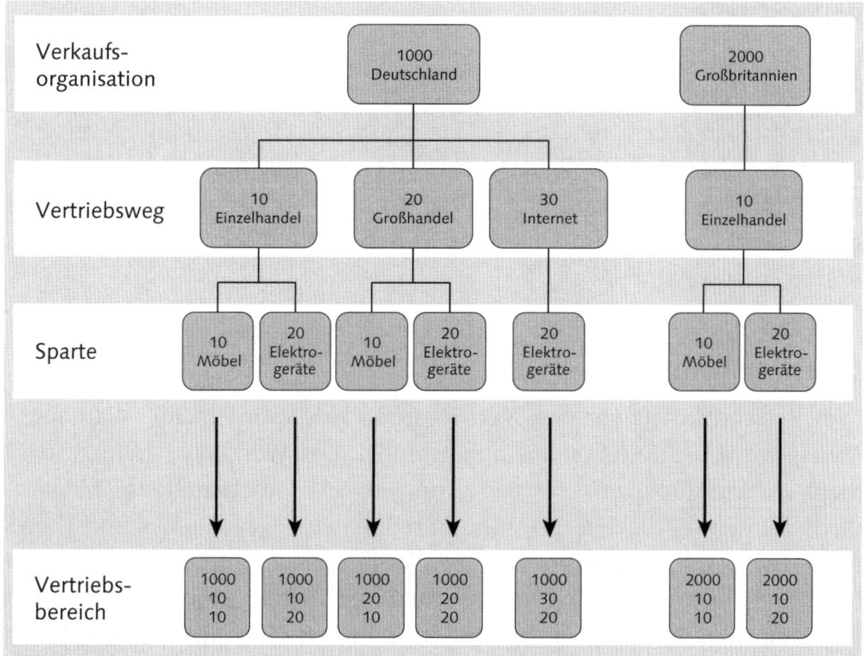

Der Vertriebsbereich als Kombination aus Verkaufsorganisation, Vertriebsweg und Sparte

Jeder Vorgang im Vertrieb ist genau einem Vertriebsbereich zugeordnet, der im Vertriebsbeleg festgeschrieben wird und nicht geändert werden kann. Bei der Erstellung oder Bearbeitung eines Belegs wird, abhängig vom Vertriebsbereich, auf verschiedene Stammdaten zugegriffen. So können in Abhängigkeit von Verkaufsorganisation, Vertriebsweg und Sparte unterschiedliche Daten zum Kunden, zum Material oder zu Preisen und Konditionen aus den Stammdaten in den Beleg übernommen werden. Die Funktion der Belege wird in Abschnitt 1.5 beschrieben. Die Abhängigkeit der Stammdaten von den Organisationseinheiten ist Inhalt von Kapitel 2, »Der Kundenstammsatz«, und Kapitel 3, »Der Materialstammsatz«.

HINWEIS

Vertriebslinie

Neben dem Vertriebsbereich wird häufig auch der Begriff der Vertriebslinie im Zusammenhang mit dem Vertrieb in SAP genannt. Als Vertriebslinie wird die Kombination aus Verkaufsorganisation und Vertriebsweg bezeichnet.

Versandstelle

Die Versandstelle ist die Stelle im Unternehmen, von der aus der tatsächliche physische Versand der Ware erfolgt. Innerhalb eines Werks kann es mehrere Versandstellen geben, zum Beispiel eine Poststelle für den Kleinteileversand, eine Lkw-Laderampe für Sperrgut und einen Güterbahnhof für große Mengen Schüttgut. Dabei kann eine Versandstelle auch von mehreren Werken gemeinsam genutzt werden, was jedoch die räumliche Nähe der beiden Werke voraussetzt.

Lagernummer und Lagertyp

Die Versandaktivitäten des Vertriebsprozesses werden im Warehouse Management des SAP-Systems durchgeführt. Das Warehouse Management dient zur vollständigen Lagerverwaltung in SAP. Im Warehouse Management werden die beiden Organisationseinheiten Lagernummer und Lagertyp verwendet. Die Lagernummer beschreibt einen kompletten physischen Lagerkomplex, und der Lagertyp ist eine Lagerfläche, Lagereinrichtung oder Lagerzone innerhalb des Lagers. Im Verkauf haben die beiden Organisationseinheiten keine entscheidende Funktion. Innerhalb der Versandaktivitäten werden sie jedoch genutzt und deshalb in diesem Buch an einigen Stellen angesprochen.

1.4 Transaktionen

Sie bedienen das SAP-System über sogenannte *Transaktionen*. Eine Transaktion ist, technisch betrachtet, ein einzelnes Anwendungsprogramm, mit dem Sie einen bestimmten Geschäftsvorfall im SAP-System veranlassen, zum Beispiel einen Kundenauftrag erfassen. Mit Transaktionen können Sie außerdem auch Stammdaten pflegen oder Informationen aus dem SAP-System für Berichte auslesen.

Im SAP-Easy-Access-Menü sind die Transaktionen nach den Fachbereichen des Unternehmens gegliedert. Durch diese Sortierung können Sie Transaktionen einfach suchen und finden. Im SAP-Easy-Access-Menü erkennen Sie eine Transaktion an dem Bausteinsymbol vor der Transaktionsbezeichnung. Transaktionen können Sie entweder über das SAP-Easy-Access-Menü mit einem Doppelklick oder durch die Eingabe des Transaktionscodes im Befehlsfeld aufrufen. Der Umgang mit dem SAP-Easy-Access-Menü wurde in Abschnitt 1.1, »Im SAP-System navigieren«, ausführlich erklärt.

Die Transaktionscodes des Vertriebs tragen normalerweise den Buchstaben V am Anfang des Codes:

- Transaktionscode VA21 – Kundenangebot erstellen
- Transaktionscode VA01 – Kundenauftrag anlegen
- Transaktionscode VL01N – Auslieferung erstellen
- Transaktionscode VF01 – Faktura erzeugen

Bei Transaktionscodes, die einen Nummernschlüssel enthalten, kann über die Nummer die Art der Transaktion erkannt werden. So bedeutet eine Endung auf 1 meist »anlegen«, auf 2 »ändern« und auf 3 »anzeigen«:

- Transaktionscode VA01 – Kundenauftrag anlegen
- Transaktionscode VA02 – Kundenauftrag ändern
- Transaktionscode VA03 – Kundenauftrag anzeigen
- Transaktionscode VK01 – Kundenstammsatz anlegen
- Transaktionscode VK02 – Kundenstammsatz ändern
- Transaktionscode VK03 – Kundenstammsatz anzeigen

In der Statusleiste können Sie sich den Transaktionscode der Transaktion anzeigen lassen, in der Sie sich gerade befinden. Klicken Sie dafür in der Statusleiste auf die Schaltfläche , und wählen Sie den Eintrag **Transaktionscode** aus.

Im SAP-Easy-Access-Menü können Sie sich die Transaktionscodes zu jeder Transaktion anzeigen lassen. Die Anzeige der Transaktionscodes im Menü ist in den SAP-Standardeinstellungen nicht eingeschaltet. Wenn Sie in der Menüleiste unter **Zusätze ▸ Einstellungen im Ankreuzfeld** den Punkt **Technische Namen anzeigen** aktivieren, werden Ihnen im SAP-Easy-Access-Menü vor den einzelnen Transaktionsbezeichnungen auch die Transaktionscodes angezeigt.

In diesem Buch werden Ihnen bei jeder Aktion im SAP-System sowohl der Menüpfad als auch der Transaktionscode angegeben.

Wenn Sie innerhalb einer Transaktion auf die Schaltfläche (**Enter** oder **Weiter**) in der Systemfunktionsleiste klicken oder die ↵-Taste drücken, prüft das SAP-System Ihre Eingaben und zieht die zugehörigen Stammdaten. Erst wenn Sie eine Transaktion mit Klick auf (**Sichern**) beenden und ausführen, werden die Daten im SAP-System gespeichert und gegebenenfalls weiterverarbeitet.

1.5 Belege

Immer wenn Sie eine Transaktion, die einen Geschäftsvorfall ausführt, durch einen Klick auf [Symbol] (**Sichern**) beenden, erzeugt das SAP-System einen Beleg, wie in der folgenden Abbildung gezeigt. Der Beleg dokumentiert den Geschäftsvorgang mit allen notwendigen Informationen. Die bekannte Regel »Keine Buchung ohne Beleg« gilt für das SAP-System in jedem denkbaren Fall: Legen Sie beispielsweise einen Kundenauftrag an, wird dieser als Beleg im SAP-System abgelegt. Buchen Sie einen Warenausgang, wird im SAP-System ein entsprechender Materialbeleg erzeugt, der die Warenbewegung dokumentiert. Erstellen Sie später die Rechnung an den Kunden, wird ein Fakturabeleg im SAP-System angelegt und gleichzeitig im Finanzwesen ein Buchhaltungsbeleg erzeugt, der die notwendigen Buchungen auf den Sachkonten dokumentiert.

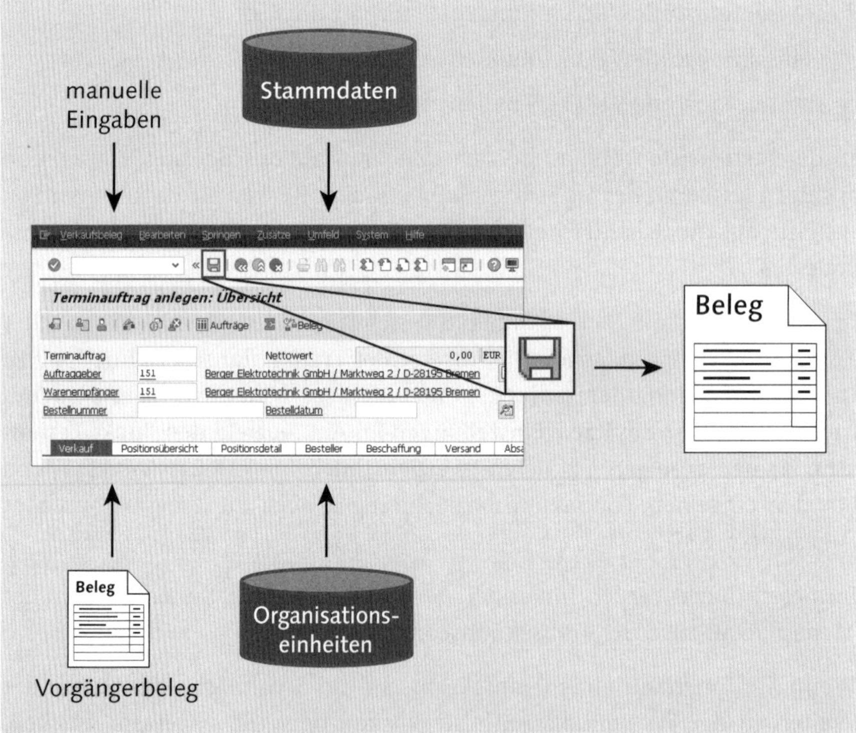

Beleg anlegen

Jeder Beleg erhält eine Nummer, über die er im SAP-System eindeutig zu identifizieren ist. Für die verschiedenen Belege (Auftrag, Warenausgangsbeleg, Faktura etc.) werden unterschiedliche Nummernkreise definiert, sodass an der Nummer bereits die Art des Belegs erkannt werden kann. Außerdem hat jeder Beleg ein Belegdatum.

Jeder Beleg enthält genau einen Kopf, in dem Daten festgehalten werden, die für den gesamten Beleg gelten. In der Bestellung sind dies zum Beispiel der Lieferant, die Zahlungsbedingungen und die Einkaufsorganisation. Auch Belegnummer und Belegdatum stehen im Kopf des Belegs. Der Beleg enthält über Ihren Benutzernamen ebenso die Information, wer den Beleg angelegt hat, sodass immer nachvollziehbar ist, wer für den Geschäftsvorgang oder Prozessschritt verantwortlich ist.

Außerdem enthält ein Beleg eine oder mehrere Positionen. Die Daten der Position gelten nur für diese eine Position und beeinflussen nicht die Daten anderer Positionen. Im Beispiel des Kundenauftrags sind dies das Material, die Menge und der Verkaufspreis.

Wenn Sie eine Transaktion starten, zieht das SAP-System möglichst viele Informationen aus bereits vorhandenen Datenquellen. So können Daten aus den Stammdaten, den Organisationseinheiten oder aus Belegen zu vorangegangenen Vorgängen stammen. Wenn Sie Daten manuell eingeben und mit [↵] bestätigen, prüft das SAP-System Ihre Eingaben und versucht, mit den neuen Informationen bereits vorliegende Daten zu übernehmen.

Legen Sie beispielsweise einen Auftrag eines Kunden an, können Sie manuell angeben, auf welches Angebot an den Kunden Sie sich bei diesem Auftrag beziehen. Das SAP-System zieht aus dem Beleg *Angebot* den Auftraggeber und den Warenempfänger, das Material und den Preis. Aus den Stammdaten übernimmt es die Materialbezeichnung und die Anlieferadresse. Abhängig von den Organisationseinheiten, die im Angebot festgelegt wurden, wird die Versandstelle vorgeschlagen.

Erst wenn alle notwendigen Informationen in der Transaktion vorhanden sind, die zur Ausführung des Geschäftsvorgangs benötigt werden, kann die Transaktion mit einem Klick auf [Sichern-Symbol] (**Sichern**) ausgeführt werden, und der Beleg wird im SAP-System erzeugt.

HINWEIS

Ändern von Stammdaten

Das SAP-System übernimmt die benötigten Informationen aus den Stammdaten und schreibt diese in den betreffenden Beleg. Eine spätere Änderung der Stammdaten hat keine Auswirkungen auf den Beleg. Die Daten im Beleg bleiben erhalten, selbst wenn sie von den Informationen in den Stammdaten abweichen.

1.6 Die Belegkette im Vertriebsprozess

Die Tätigkeiten des Verkaufs sind eingebettet in den Gesamtprozess des Vertriebs. Im Verkauf sind Sie üblicherweise für die Angebotserstellung, die Preisverhandlung mit dem Kunden und die Auftragserfassung zuständig. Die Bereitstellung und der Versand der Waren bis hin zur Fakturierung der gelieferten Waren erfordern aber weitere, in der folgenden Abbildung gezeigte Schritte, die meist von unterschiedlichen Abteilungen des Unternehmens verantwortet und durchgeführt werden. Bei jedem der einzelnen Schritte werden im SAP-System Belege erzeugt, die den aktuellen Prozessschritt dokumentieren. Die einzelnen Belege beziehen sich dabei auf die Vorgängerbelege und übernehmen die meisten Informationen von dort. Vorgängerbelege werden auch als Referenzbelege bezeichnet. Es ist immer auch möglich, Belege einzeln anzulegen, das heißt ohne Vorgängerbeleg. Die notwendigen Informationen müssen Sie dann mit der Hand in das SAP-System eingeben.

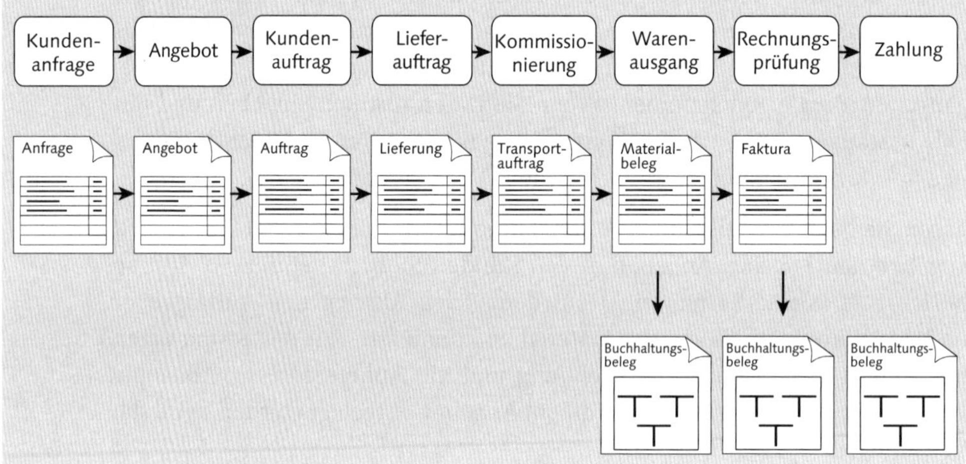

Prozess- und Belegkette im Vertrieb

Der Vertriebsprozess besteht im Normalfall aus den folgenden Schritten:

Phase I – Verkauf

1 Kundenanfrage (Kapitel 6)
Das Unternehmen erhält eine Anfrage von einem Interessenten, in der dieser eine bestimmte Menge eines Materials oder einer Dienstleistung zu einem festgelegten Termin erfragt. Eine Anfrage kann im SAP-System mit dem Beleg *Anfrage* erfasst werden.

2 **Angebot (Kapitel 6)**
Wurde im Unternehmen ein Preis für das angefragte Material oder die Dienstleistung kalkuliert, kann dieser dem Interessenten als Angebot mitgeteilt werden.

3 **Kundenauftrag (Kapitel 7)**
Das Unternehmen erhält vom Kunden den Auftrag zur Lieferung eines bestimmten Materials oder einer Dienstleistung. Mit dem Kundenauftrag wird auch der Termin der Anlieferung beim Kunden definiert. Um einen Auftragsbeleg im SAP-System zu erzeugen, ist es nicht zwingend notwendig, zuvor ein Angebot erstellt zu haben.

Phase II – Versand

4 **Auslieferung (Kapitel 8)**
Die Auslieferung bezeichnet den Punkt im Vertriebsprozess, an dem die Aufforderung zur Zusammenstellung und zum Versand einer Lieferung an das Lager ergeht. Dieser Prozessschritt ist nicht gleichzusetzen mit der körperlichen Auslieferung der Waren! Im Auslieferungsbeleg erhält das Lager lediglich die Information, dass eine bestimmte Menge eines Materials zu einem festgesetzten Zeitpunkt beim Kunden eintreffen soll, sodass im Lager die entsprechenden Maßnahmen getroffen werden können. Der Auslieferungsbeleg wird oft auch als Lieferbeleg oder einfach nur als Lieferung bezeichnet.

5 **Kommissionierung (Kapitel 9)**
Das Kommissionieren bezeichnet das Zusammenstellen der Waren. Dabei wird als Beleg ein interner Transportauftrag erzeugt, mit dem die Warenbewegungen innerhalb des Lagers dokumentiert werden: die Entnahme der Waren aus dem Lagerplatz und ihr Verbringen zur Packstelle oder zur Versandstelle. Die Ware ist dabei weiterhin im Lagerbestand des Unternehmens. Dabei können durch den Transportauftrag weitere Prozesse angestoßen werden, zum Beispiel eine Qualitätsprüfung, die Routenfindung für den Transport zum Warenempfänger oder die Optimierung der Verpackung. Diese Prozesse sind Teil der Lagerverwaltung (Warehouse Management) mit SAP und nicht Bestandteil dieses Buches.

6 **Warenausgang (Kapitel 9)**
Mit dem Warenausgang verlässt die Ware das Unternehmen und wird an den Kunden geliefert. Im Moment des Warenausgangs verringert sich der Lagerbestand im Unternehmen, und die Warenbewegung wird in

einem Materialbeleg dokumentiert. Gleichzeitig wird ein Buchhaltungsbeleg erzeugt, mit dem die wertmäßige Veränderung des Lagerbestands in der Buchhaltung gebucht wird.

Phase III – Rechnungsstellung und Zahlungsabwicklung

7 **Rechnungsstellung (Kapitel 10)**
Der Vertriebsprozess endet mit der Rechnungsstellung. Nachdem die Lieferung des Auftrags an den Kunden erfolgt ist, stellt das Unternehmen den vereinbarten Preis in Rechnung. Dieser Vorgang wird im Vertrieb als Faktura bezeichnet; entsprechend wird ein Fakturabeleg im SAP-System erstellt. Parallel wird ein Buchhaltungsbeleg erzeugt, der im Rechnungswesen die Forderung des Unternehmens auf das Debitorenkonto des Kunden bucht.

8 **Zahlung**
Die Zahlung des Kunden für das gelieferte Material oder die gelieferte Dienstleistung ist nicht Teil des Vertriebsprozesses. Die Zahlungsüberwachung und weitere Einforderung der Zahlung sind Teil des Rechnungswesens. Der bei der Zahlung erzeugte Buchhaltungsbeleg bezieht sich auf den Buchhaltungsbeleg aus der Rechnungsstellung. Da der Vorgang der Zahlung im Rechnungswesen in einem eigenen Prozess stattfindet, ist er nicht Gegenstand dieses Buches.

Selbstverständlich sind im Vertrieb verschiedenste Sonderfälle möglich, die eine Abweichung vom Standardprozess bedeuten. Sie können auf die Angebotserstellung verzichten und direkt den Kundenauftrag erfassen. Auch die Reihenfolge der einzelnen Prozessschritte kann in bestimmten Fällen variieren. Wird von einem Kunden Vorkasse verlangt, können Sie erst eine Faktura erzeugen und die Zahlung abwarten, bevor der Lieferbeleg erstellt wird und der Versand beginnt. Die zuvor gezeigte Abbildung zeigt die Abfolge des Standardprozesses!

Jeder Beleg hat eine Belegart. Mit der Belegart wird die weitere Verarbeitung des Belegs im Vertriebsprozess gesteuert. Über die Belegart werden bestimmte Funktionen des Prozesses automatisch ausgeführt. Für die Verkaufsbelege wird über die Belegart unter anderem gesteuert:

- ob eine Preisfindung stattfinden soll,
- ob eine Verfügbarkeitsprüfung zum Material stattfinden soll,

- ob zum Beleg eine Auslieferung und eine Versandterminierung erfolgen soll,
- ob eine Nachricht an den Kunden erfolgen soll,
- ob eventuelle Bedarfe aus dem Verkaufsbeleg an die Produktion übergeben werden sollen.

Es gibt zum Beispiel folgende Belegarten:

- **AN (Angebot)**
  Wählen Sie im Verkauf als Belegart AN (Angebot) aus, ist für das SAP-System definiert, dass eine Preisfindung stattfindet und eine Nachricht an den Kunden übermittelt wird. Eine Auslieferung aufgrund des Angebots ist dagegen ausgeschlossen.
- **TA (Terminauftrag)**
  Die Verkaufsbelegart TA (Terminauftrag) steuert ebenfalls, dass eine Preisfindung stattfindet. Als Nachricht an den Kunden wird eine Auftragsbestätigung geschickt. Für diese Belegart ist außerdem definiert, dass ein Lieferbeleg erzeugt werden kann und somit die Auslieferung der Waren möglich ist. Diese wird getrennt angestoßen.
- **SO (Sofortauftrag)**
  Durch die Verkaufsbelegart SO (Sofortauftrag) werden Aufträge im SAP-System abgebildet, bei denen die Ware sofort dem Lager entnommen wird. In diesem Fall wird der Lieferbeleg direkt mit der Sicherung des Auftrags erzeugt.
- **KL (Kostenlose Lieferung)**
  Mit der Verkaufsbelegart KL (Kostenlose Lieferung) wird die Preisfindung ausgeschlossen; die Auslieferung der Ware an den Kunden erfolgt trotzdem.

Im Normalfall sind im Unternehmen spezielle Belegarten definiert, die exakt auf die Bedürfnisse des eigenen Geschäfts zugeschnitten sind. In diesem Buch werden nur die Belegarten des Standardsystems beschrieben und ihre praktische Anwendung erklärt.

Neben der Verkaufsbelegart, die die Belege des Verkaufs steuert, gibt es noch die Lieferungsart und die Fakturaart. Mit der Lieferungsart wird die Weiterverarbeitung der Auslieferung im Lager gesteuert; mit der Fakturaart werden die möglichen Belege der Fakturierung definiert.

1.7 Zusammenfassung

Die Navigation durch das SAP-System erfolgt über das SAP-Easy-Access-Menü, aus dem heraus Transaktionen zur Ausführung von Geschäftsvorgängen aufgerufen werden. Zur Vereinfachung können Sie im Menü Favoriten anlegen oder direkt die Transaktionscodes im Befehlsfeld der Systemfunktionsleiste eingeben. Das Befehlsfeld bietet darüber hinaus die Möglichkeit, durch kleine Befehle die Arbeit effizienter zu gestalten.

Organisationseinheiten werden genutzt, um die Unternehmensstruktur im SAP-System für rechtliche und betriebswirtschaftliche Zwecke abzubilden. Das SAP-System benötigt bei jedem Vorgang die Information, an welcher Stelle des Unternehmens gerade gehandelt wird. Nur so ist die Richtigkeit aller Daten im SAP-System gewährleistet.

Geschäftsvorgänge werden im SAP-System durch Transaktionen ausgeführt. Nachdem Sie eine Transaktion aufgerufen haben, nutzt sie Informationen aus unterschiedlichen Quellen, um den Geschäftsvorgang vorzunehmen. Erst durch das Speichern der Daten werden die Informationen gesichert und ein Beleg erzeugt.

Belege dokumentieren die Geschäftsprozesse im SAP-System. Belege sind meist Teil einer Belegkette, die den gesamten Prozess im SAP-System dokumentiert. Die Schritte des Vertriebsprozesses können in Sonderfällen variieren.

Die möglichen Varianten des Vertriebsprozesses werden über Belegarten gesteuert. Jeder Beleg hat eine Belegart, über die die Art der Weiterverarbeitung des Belegs gelenkt wird. Es gibt Verkaufsbelegarten, Lieferungsarten und Fakturaarten, die in jedem Unternehmen individuell eingerichtet werden können.

Teil I

Diese Daten benötigen Sie für einen effizienten Vertrieb

Daten, die über einen längeren Zeitraum gleich bleiben und immer wieder genutzt werden, werden in den Stammdaten gespeichert. Einmal angelegt, stehen sie fachbereichsübergreifend allen berechtigten Benutzern zur Verfügung.

Im Vertrieb sind vor allem die Kunden- und die Materialstammdaten relevant. Haben Sie in den Kundenstammdaten die Adresse des Kunden gepflegt, reicht beim Erfassen des Kundenauftrags die Angabe der Kundennummer. Das SAP-System übernimmt anschließend automatisch die Adressinformationen in das Auftragsformular. Neben den reinen Kunden- und Materialdaten gibt es Informationen, die in Kombination von Material und Kunde zu speichern sind. Sie können in Kunden-Material-Infosätzen für einen bestimmten Kunden eine spezielle Materialnummer und -bezeichnung speichern.

Um schnell und fehlerfrei mit dem SAP-System arbeiten zu können, sollten Sie möglichst viele Informationen in den Stammdaten hinterlegen. Das SAP-System kann dann beim Anlegen eines neuen Geschäftsvorfalls die meisten Daten bereits vorschlagen.

Konditionen werden ebenfalls in den Stammdaten gespeichert. Sie erlauben es, neben Preisen auch mögliche Rabatte, Frachtkosten und anderes mehr zu hinterlegen. Mit diesen Konditionssätzen können Sie für verschiedene Verkaufsorganisationen und Vertriebswege, aber auch für bestimmte Kundengruppen oder Sonderaktionen automatisch die richtigen Verkaufspreise ermitteln lassen.

2 Der Kundenstammsatz

Informationen zu Kunden werden in Kundenstammsätzen gespeichert. Neben dem Namen und der Anschrift enthält der Kundenstammsatz auch Daten zu den Lieferbedingungen oder zur Bankverbindung des Kunden. Die Daten des Kundenstammsatzes werden sowohl vom Vertrieb als auch von der Buchhaltung genutzt.

In diesem Kapitel lernen Sie,

- wie der Kundenstammsatz aufgebaut ist,
- welche Daten im Kundenstammsatz hinterlegt werden,
- wie Sie einen Kundenstammsatz anlegen, ändern oder anzeigen,
- wie Sie einen Kunden sperren,
- wie Sie die Datenerfassung vereinfachen,
- wie Sie mit Einmalkunden im SAP-System umgehen,
- wie Sie ein Kundenstammblatt erstellen.

2.1 Einführung

Der Kundenstammsatz wird von den Abteilungen Vertrieb und Buchhaltung des Unternehmens gemeinsam verwendet. Für jeden Bereich sind jeweils unterschiedliche Daten relevant, die aber in einem einzigen gemeinsamen Stammsatz gespeichert werden. Zusätzlich gibt es gemeinschaftlich genutzte Informationen. Der Kundenstammsatz ist deshalb in drei Bereiche gegliedert:

- **Allgemeine Daten**
  Dieser Datenbereich enthält allgemeine Informationen über den Kunden wie den Namen, die Anschrift oder die Kommunikationssprache. Darüber hinaus werden hier allgemeine Steuerungsinformationen wie die Umsatzsteuer-Identifikationsnummer oder die Bankverbindung hinterlegt. Allgemeine Daten sind mandantenweit gültig, das heißt, sie gelten für das gesamte Unternehmen.

- **Vertriebsdaten**
  Hier hinterlegt der Vertrieb die für ihn relevanten Informationen. Dies sind zum Beispiel das zuständige Verkaufsbüro, die Incoterms oder das Werk, aus dem der Kunde beliefert wird. Die Daten werden für den jeweiligen Vertriebsbereich gepflegt und deshalb auch Vertriebsbereichsdaten genannt. Damit ein Auftrag für einen Kunden angelegt werden kann, müssen die Vertriebsbereichsdaten unbedingt gepflegt sein.
- **Buchhaltungsdaten**
  In den Buchhaltungsdaten werden Daten hinterlegt, die speziell im Rechnungswesen benötigt werden. Dies sind beispielsweise Daten zur Kontoführung, zum Zahlungsverkehr oder die Ansprechpartner in der Buchhaltungsabteilung des Kunden. Die Informationen werden auf der Ebene des Buchungskreises gespeichert und deshalb auch als Buchungskreisdaten bezeichnet. Um eine Faktura für einen Kunden zu erzeugen, müssen zwingend die Buchhaltungsdaten im Stammsatz vorhanden sein.

Sowohl Buchhaltung als auch Vertrieb pflegen die Kundenstammdaten. Dabei wird durch die getrennten Bereiche des Stammsatzes sichergestellt, dass jeder Fachbereich des Unternehmens nur für ihn relevante Daten bearbeitet. Die Steuerung der Bearbeitungsmöglichkeiten für Buchhaltung und Vertrieb erfolgt über die Transaktionen zur Pflege der Kundenstammdaten. Abschnitt 2.2, »Die Transaktionen zum Kundenstammsatz«, behandelt die verschiedenen Transaktionen.

Der Kundenstammsatz wird in Sichten gegliedert, die jeweils zusammenhängende Informationen enthalten. Es stehen bis zu zehn Sichten zur Verfügung:

- **Allgemeine Daten**
  - Adresse
  - Steuerungsdaten
  - Zahlungsverkehr
  - Marketing
  - Abladestellen
  - Exportdaten
- **Buchungskreisdaten**
  - Kontoführung
  - Zahlungsverkehr

  - Korrespondenz
  - Versicherung
- **Vertriebsbereichsdaten**
  - Verkauf
  - Versand
  - Faktura
  - Partnerrollen

Für Sie als Verkäufer ist in erster Linie die Sicht **Vertriebsbereichsdaten** sowie in den allgemeinen Daten die Anschrift relevant. Welche Inhalte Sie im Detail pflegen müssen, wird in Abschnitt 2.3, »Kundenstammsatz anlegen«, beschrieben.

Wenn Sie einen Kundenstammsatz neu anlegen, müssen Sie eine Kontengruppe angeben. Die Kontengruppe steuert im weiteren Verlauf der Stammsatzbearbeitung unter anderem, ob die Kundennummer vom SAP-System oder vom Benutzer vergeben wird. Außerdem hat sie Einfluss auf die Bilder, die Ihnen angezeigt werden, und auf die Felder, die ausgefüllt werden müssen.

Ist ein Kunde beispielsweise nur Auftraggeber, die Warenlieferung erfolgt aber immer an einen anderen Partner, müssen keine Daten zu Abladestellen und Warenannahmezeiten beim Auftraggeber gepflegt werden. Über die Kontengruppe können Sie festlegen, dass zu diesem Kunden die entsprechenden Sichten und Felder überhaupt nicht zur Pflege eingeblendet werden. Im Unternehmen sollten die möglichen Kontengruppen vorgegeben und ihre Unterschiede bekannt sein.

2.2 Die Transaktionen zum Kundenstammsatz

Je nach Organisation eines Unternehmens sind Sie für die Pflege der gesamten Kundenstammdaten verantwortlich oder nur für einen bestimmten Bereich. Bei der bereichsweisen Pflege sind Vertrieb und Buchhaltung jeweils getrennt für ihre Daten verantwortlich und können die für sie notwendigen Anpassungen vornehmen. Die allgemeinen Daten können dabei von beiden Bereichen bearbeitet werden. Ist die Pflege der Kundendaten komplett an einer Stelle des Unternehmens zusammengefasst, spricht man auch von der zentralen Pflege.

Welche Daten Sie pflegen können, wird über den Transaktionscode gesteuert. Die Transaktionen *Pflege Einkauf*, *Pflege Buchhaltung* und *Zentrale Pflege* sind für die Pflege des Kundenstammsatzes relevant.

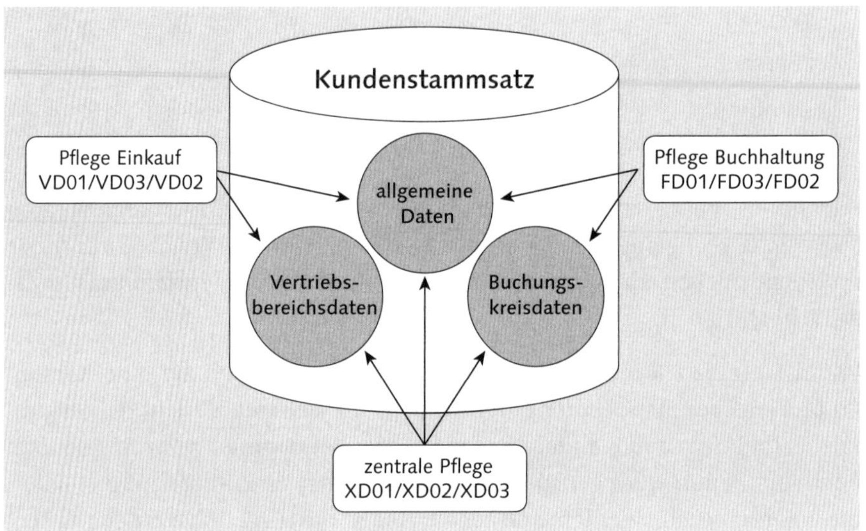

Transaktionscodes zur Pflege des Kundenstammsatzes

- **Transaktion XD01/XD02/XD03**
  Mit der Transaktion zur zentralen Pflege der Kundenstammdaten bearbeiten Sie alle Bereiche des Stammsatzes, das heißt, Sie haben Zugriff auf die allgemeinen Daten, die Buchhaltungsdaten und die Vertriebsdaten. Die Transaktionen sind im SAP-Easy-Access-Menü unter **SAP Menü ▸ Logistik ▸ Vertrieb ▸ Stammdaten ▸ Geschäftspartner ▸ Kunde** zu finden. Dort ist in den drei Unterordnern **Anlegen**, **Ändern** und **Anzeigen** die jeweilige Transaktion hinterlegt.
- **Transaktion VD01/VD02/VD03**
  Diese Transaktion dient zur Pflege der Vertriebsbereichsdaten und der allgemeinen Daten des Kundenstammsatzes. Über diese Anwendung haben Sie keinen Zugriff auf die Buchhaltungsdaten. Die einzelnen Transaktionen befinden sich im SAP-Easy-Access-Menü ebenfalls unter **SAP Menü ▸ Logistik ▸ Vertrieb ▸ Stammdaten ▸ Geschäftspartner ▸ Kunde** in den drei bekannten Unterordnern **Anlegen**, **Ändern** und **Anzeigen**.
- **Transaktion FD01/FD02/FD03**
  Die Transaktion des Rechnungswesens erlaubt die Pflege der Buchhaltungsdaten und der allgemeinen Daten. Die Bearbeitung der Vertriebsda-

ten ist nicht möglich. Im SAP-Easy-Access-Menü liegt die Transaktion bei den Anwendungen des Rechnungswesens unter **SAP Menü ▸ Rechnungswesen ▸ Finanzwesen ▸ Debitoren ▸ Stammdaten.**

Die Position der Transaktionen im SAP-Easy-Access-Menü können Sie in der folgenden Abbildung erkennen.

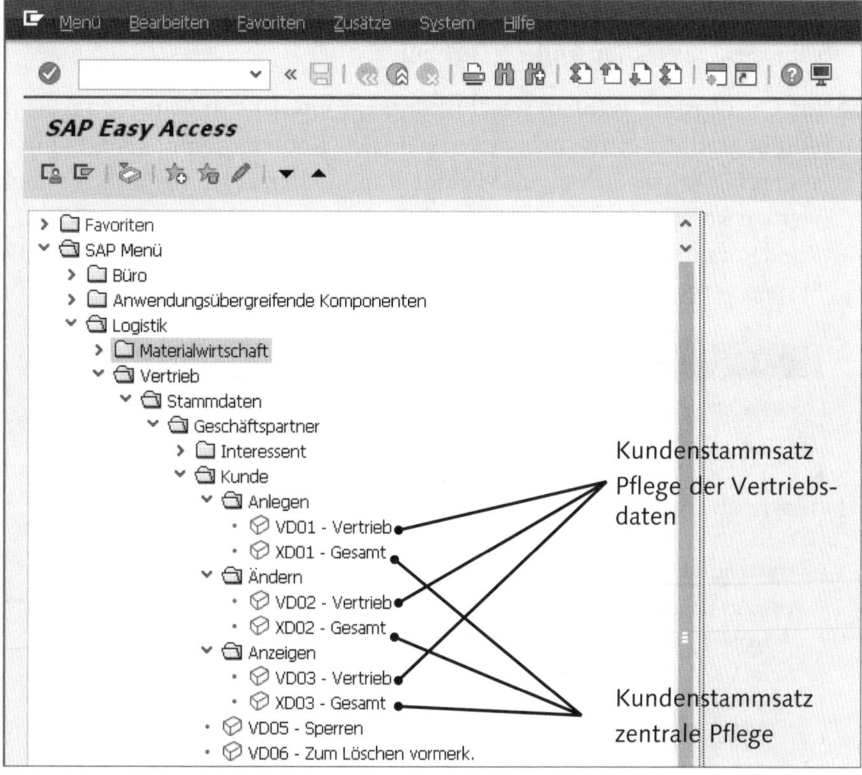

Die Transaktionen zur Pflege des Kundenstammsatzes im SAP-Easy-Access-Menü

HINWEIS

Bezeichnung des Kunden im Stammsatz

In den Transaktionen zum Kundenstammsatz wird der Kunde grundsätzlich mit dem buchhalterischen Begriff *Debitor* bezeichnet. Das Feld **Debitor** steht in allen Transaktionen zum Kundenstamm für die Kundennummer. Der Name wird in einem gesonderten Feld **Name** eingetragen.

2.3 Kundenstammsatz anlegen

Mit Transaktion XD01 legen Sie den Kundenstammsatz an. Sollten Sie nur Vertriebs- oder Buchhaltungsdaten pflegen, nutzen Sie Transaktion VD01 oder FD01. Gehen Sie wie folgt vor:

1. Rufen Sie die Transaktion über den Pfad **SAP Menü ▸ Logistik ▸ Vertrieb ▸ Stammdaten ▸ Geschäftspartner ▸ Kunde ▸ Anlegen** oder durch die Eingabe des Transaktionscodes XD01 auf.

2. Im Einstiegsbild wählen Sie die Kontengruppe aus, indem Sie im Feld **Kontengruppe** rechts auf [▾] klicken. Die Kontengruppe steuert unter anderem, welche Sichten und Felder zum Kunden angezeigt und gepflegt werden können. Je nach gewählter Kontengruppe können Sie auch die Kundennummer im Feld **Debitor** selbst festlegen, oder sie wird vom SAP-System vergeben.

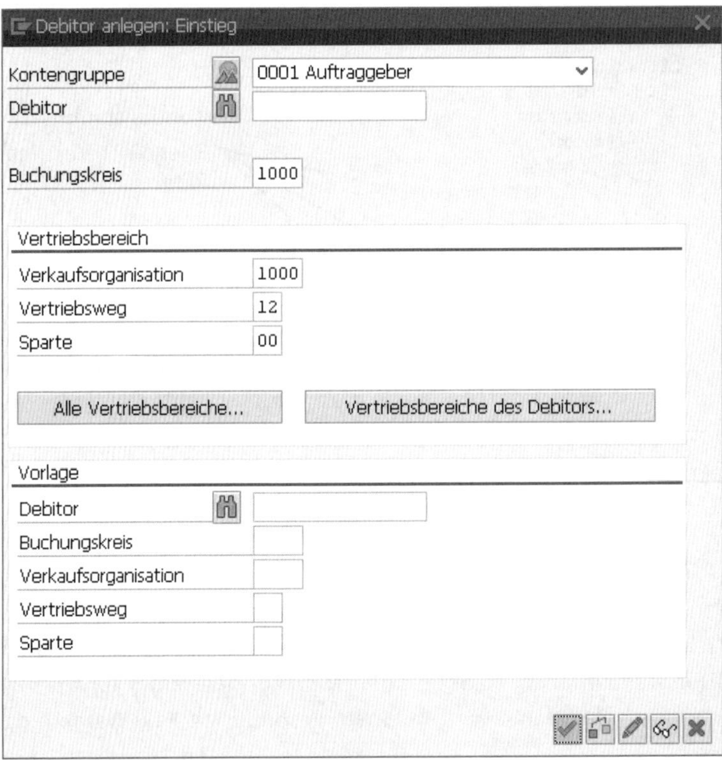

3. Neben der Kontengruppe müssen Sie die Organisationseinheiten eingeben, in denen der Kunde erstellt wird. Geben Sie im Feld **Buchungskreis** den Buchungskreis an, für den der Debitor angelegt wird. Außerdem

geben Sie im Bildbereich **Vertriebsbereich** den Vertriebsbereich an, indem Sie die notwendigen Eingaben zu **Verkaufsorganisation**, **Vertriebsweg** und **Sparte** vornehmen.

HINWEIS

Eingabe des Vertriebsbereichs

Sie können sich die Eingabe der Vertriebsbereiche erleichtern, indem Sie im Bereich **Vertriebsbereich** die Schaltflächen [Alle Vertriebsbereiche...] und [Vertriebsbereiche des Debitors...] nutzen.

Wenn Sie auf die Schaltfläche [Alle Vertriebsbereiche...] klicken, erhalten Sie eine Liste aller definierten Vertriebsbereiche und können dort direkt den Vertriebsbereich auswählen.

Durch Anklicken der Schaltfläche [Vertriebsbereiche des Debitors...] erhalten Sie eine Auflistung aller Vertriebsbereiche, für die der Kunde bereits gepflegt wurde.

4 Über die [↵]-Taste oder ✔ erreichen Sie den Datenbereich der allgemeinen Daten im Kundenstammsatz. Es stehen verschiedene Registerkarten zur Verfügung, die Sie direkt per Mausklick auswählen können. Mit den Schaltflächen (**Vorige Registerkarte anzeigen**) und (**Nächste Registerkarte anzeigen**) in der Anwendungsfunktionsleiste können Sie zwischen den Registern wechseln.

5 Auf der Registerkarte **Adresse** pflegen Sie die Angaben zur Anschrift des Kunden. In den Bereichen **Name** und **Straßendresse** tragen Sie Namen und Anschrift Ihres Kunden ein.

6 Im Bereich **Kommunikation** können Sie in den entsprechenden Feldern Telefonnummer, Telefaxnummer und E-Mail-Adresse hinterlegen. Im Feld **Sprache** legen Sie die Kommunikationssprache für den Kunden fest. Nachrichten wie Lieferschein oder Faktura werden in dieser Sprache an den Kunden gesendet.

7 Den Eintrag im Feld **Suchbegriff**, der in den SAP-Suchhilfen genutzt wird, können Sie nach eigenen Kriterien vergeben: Er kann zum Beispiel ein Teil des Namens oder ein Kürzel zur organisatorischen Zuordnung sein.

8 In einigen Informationsbereichen gibt es die Möglichkeit, durch Klicken der Schaltfläche (**Weitere Felder**) zusätzliche Felder einzublenden und zu pflegen.

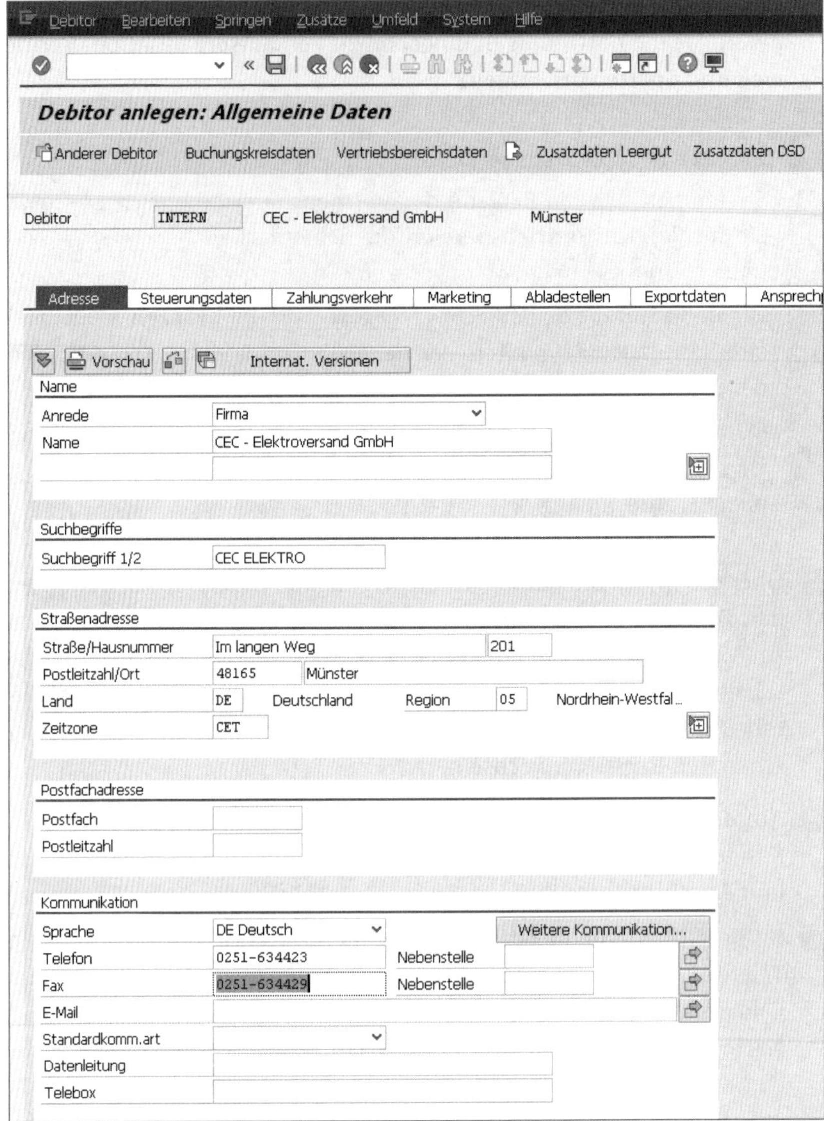

Durch Anklicken der Schaltfläche (**Alle weiteren Felder**) werden weitere Adressfelder angezeigt, sodass Sie auch zusätzliche Adressinformationen angeben können. Sie schließen die Felder, indem Sie die Schaltfläche (**Weitere Felder beenden**) anklicken. Mit einem Klick auf (**Nächste Registerkarte anzeigen**) können Sie direkt zur nächsten Registerkarte springen.

9 Sie gelangen auf die Registerkarte **Steuerungsdaten**. Diese Sicht enthält Informationen, die vorrangig für das Rechnungswesen interessant sind: Geben Sie im Feld **Ust-ID.Nr** die Umsatzsteuer-Identifikationsnummer an.

Ist der Kunde gleichzeitig Lieferant Ihres Unternehmens, können Sie im Feld **Kreditor** die zugehörige Verknüpfung hinterlegen. Die Buchhaltung kann dann die offenen Forderungen und Verbindlichkeiten des Partners verrechnen. Klicken Sie auf [Symbol], um zur nächsten Registerkarte zu gelangen.

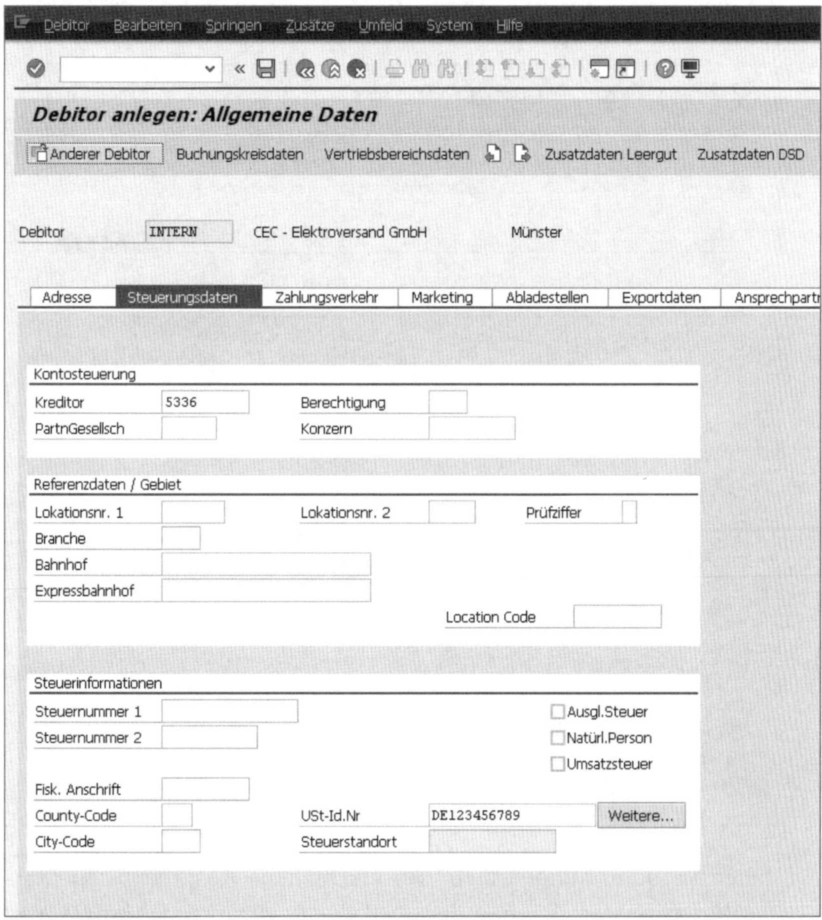

10 In den allgemeinen Daten des Kundenstammsatzes stehen, abhängig von der Kontengruppe, noch die Registerkarten **Zahlungsverkehr**, **Marketing**, **Abladestellen**, **Exportdaten** oder **Ansprechpartner** zur Verfügung:

Auf der Registerkarte **Zahlungsverkehr** können Sie unter anderem die Bankverbindung des Kunden hinterlegen. Auf der Registerkarte **Marke-**

ting werden Marktdaten zum Kunden gespeichert, zum Beispiel der Nielsen-Bezirk oder der Jahresumsatz.

Unter **Abladestellen** können Sie verschiedene Warenannahmepunkte des Kunden hinterlegen, inklusive der jeweiligen Warenannahmezeiten.

Die Registerkarte **Exportdaten** dient zur Speicherung von exportrelevanten Informationen und zur Einrichtung möglicher Exportbeschränkungen.

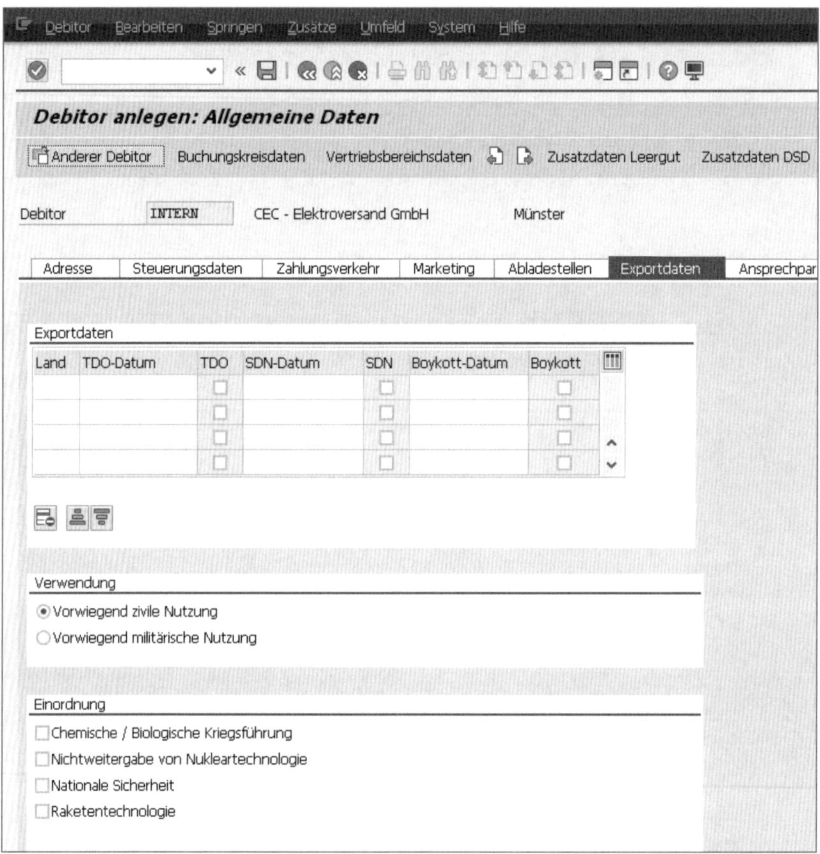

Haben Sie beim Kunden mehrere verschiedene Ansprechpartner, an die Sie Waren senden, können diese auf der Registerkarte **Ansprechpartner** hinterlegt werden. Pflegen Sie die notwendigen Daten.

11 Klicken Sie in der Anwendungsfunktionsleiste auf die Schaltfläche Buchungskreisdaten, um in die Buchhaltungsdaten, die Sicht **Debitor anlegen: Buchungskreisdaten**, zu gelangen. Die Daten auf den vier Registerkarten **Kontoführung**, **Zahlungsverkehr**, **Korrespondenz** und **Versicherung** werden in erster Linie vom Rechnungswesen genutzt.

12 Gehen Sie zunächst mit einem Klick auf die Registerkarte **Kontoführung**. Das Feld **Abstimmkonto** im Bereich **Kontoführung** ist hier von besonderer Relevanz. Das Abstimmkonto ist ein Sachkonto in der Hauptbuchhaltung, auf dem alle Forderungen gegenüber Kunden gesammelt werden. Ein Eintrag im Feld **Abstimmkonto** ist zwingend erforderlich, da es ohne Abstimmkonto nicht möglich ist, eine Faktura zum Kunden zu buchen.

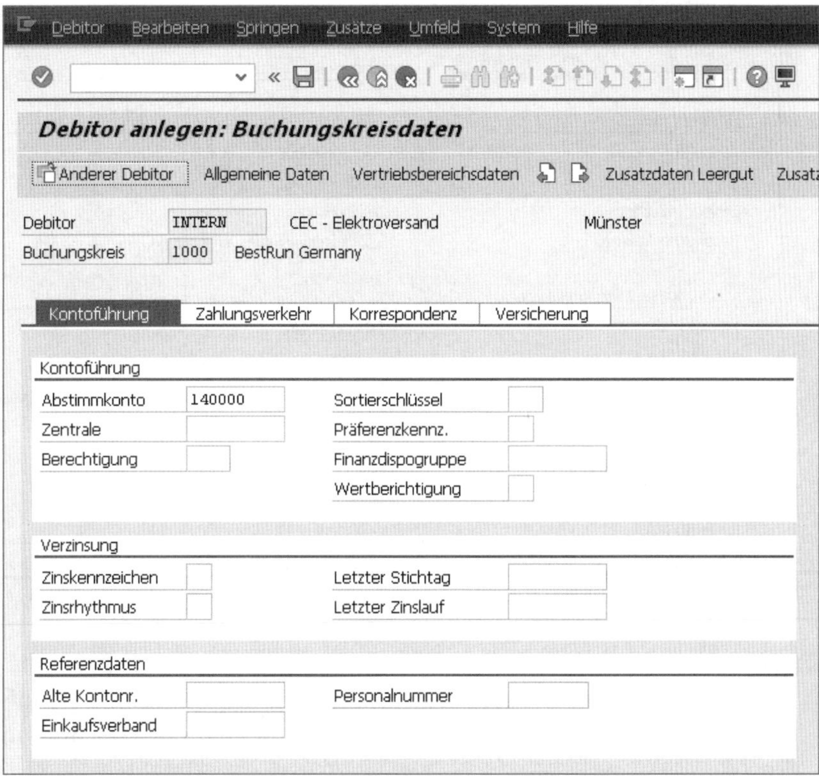

13 Wechseln Sie auf die Registerkarte **Zahlungsverkehr**. Hier hinterlegen Sie die Informationen zur Zahlungsabwicklung mit dem Kunden. Im Feld **Zahlwege** wird zum Beispiel festgelegt, ob die Zahlung per Überweisung, Bankabbuchung etc. erfolgt. Der Eintrag **A** steht dabei für Bankabbuchung. Alternativ könnte unter anderem auch **C** für Scheck oder **V** für interne Verrechnung genutzt werden. Im Feld **Zahlungsbedingung** gibt es eigene Zahlungsbedingungen für reine Buchhaltungsvorgänge, die zum Beispiel bei Kontenklärungen zwischen der eigenen und der Buchhaltung des Kunden zum Tragen kommen.

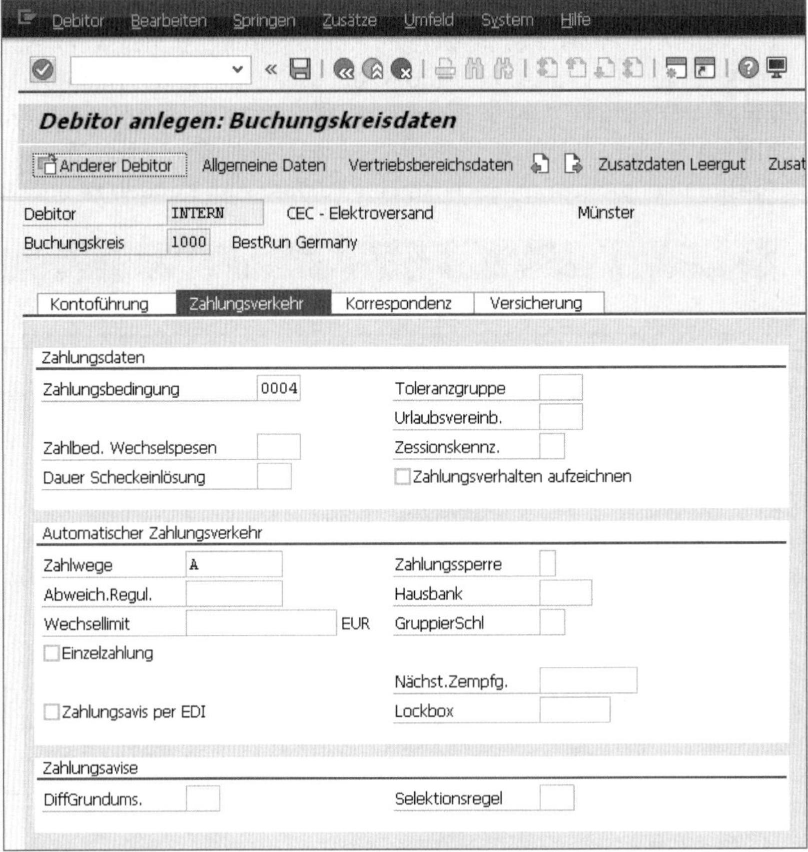

14 Mit einem Klick auf die Schaltfläche Vertriebsbereichsdaten erreichen Sie die für den Vertrieb maßgebenden Daten. Die erste Registerkarte **Verkauf** beinhaltet Daten, die in der Verkaufsphase mit dem Kunden wichtig sind.

15 Zuerst pflegen Sie den Bereich **Auftrag**: Im Feld **Verkaufsbüro** können Sie die für den Kunden verantwortliche Zweigniederlassung Ihres Unternehmens festlegen. Das Feld **Verkäufergruppe** erlaubt die Zuordnung eines bestimmten Verkäufers zum Kunden. Auf einer Auftragsbestätigung an den Kunden werden dann die entsprechenden Informationen mitgedruckt. Beide Felder werden außerdem zum Erstellen von Auswertungen genutzt.

Mit den Feldern **Kundenbezirk** und **Kundengruppe** können Sie eine detaillierte Gruppierung von Kunden vornehmen. Der Kundenbezirk dient dabei einer geografischen Einteilung der Kunden. Die Kundengruppe bezeichnet eine bestimmte Gruppe von Kunden, beispielsweise Versandhandel, Großhandel oder Einzelhandel. Beide Felder können bei der Preisfindung berücksichtigt werden und erlauben so eine sehr differenzierte Preisermittlung.

Im Feld **Währung** legen Sie die Standardwährung für den Kunden fest (hier EUR). Die Fakturierung an den Kunden erfolgt in dieser Währung.

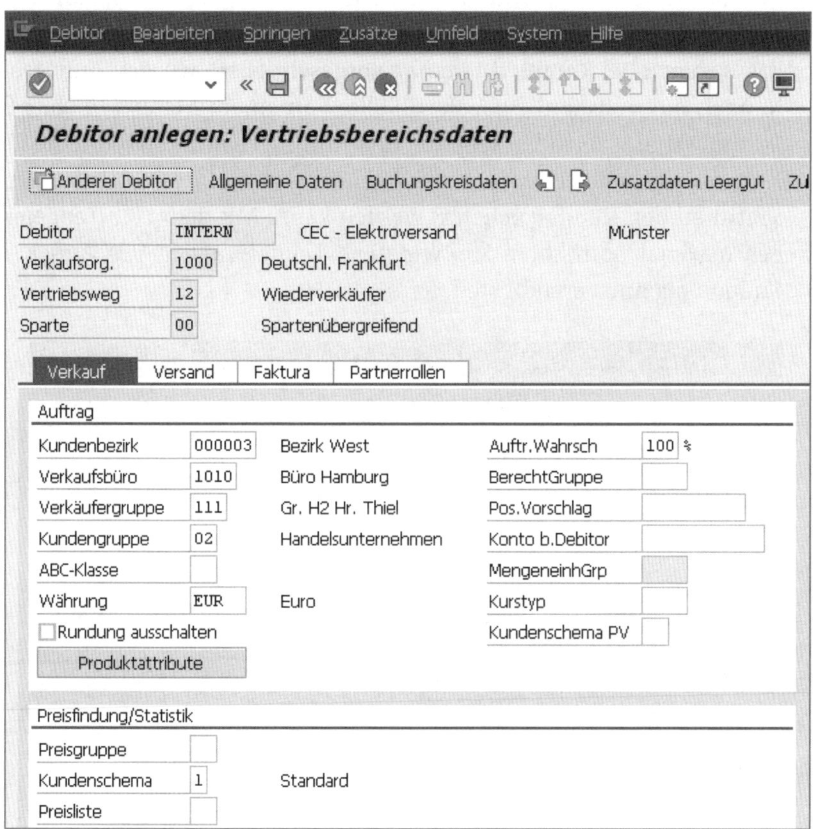

Haben Sie alle Daten gepflegt, springen Sie mit einem Klick auf [Icon] in die nächste Sicht der Vertriebsbereichsdaten.

16 Als Nächstes gelangen Sie auf die Registerkarte **Versand**. Die Daten dieser Sicht steuern die Auslieferung der Waren an den Kunden.

17 Sie können mit dem Feld **Lieferpriorität** im Bereich **Versand** festlegen, mit welchem Vorrang der Kunde bei Auslieferungen berücksichtigt wird. Mit dem Feld **Versandbedingung** beeinflussen Sie die Versandstellen- und Routenfindung für diesen Kunden. Auf diese Weise können Sie unter anderem festlegen, ob der Kunde vorzugsweise per Kurierfahrt oder per Spedition beliefert werden soll. Im Feld **Auslieferungswerk** bestimmen Sie, aus welchem Ihrer Werke der Kunde vorzugsweise beliefert werden soll.

Mit dem Häkchen bei **AuftrZusammenführung** können Sie festhalten, dass mehrere Aufträge des Kunden zu einer Lieferung zusammengefasst werden dürfen. Entfernen Sie das Häkchen, wird pro Auftrag eine eigene Lieferung veranlasst.

18 Im Bildbereich **Teillieferungen** können Sie festlegen, ob ein Auftrag des Kunden in mehrere Einzellieferungen aufgeteilt werden darf. Setzen Sie das Häkchen bei **Komplettlieferung vorgeschrieben**, werden Aufträge des Kunden nur vollständig geliefert. Sollte von einem Material nicht genug Lagerbestand vorhanden sein, um den Auftrag zu erfüllen, wird die Lieferung erst ausgeführt, wenn genug Ware vorhanden ist und alles in einem Schritt an den Kunden geliefert werden kann. Mit dem Feld **Teillieferungen maximal** bestimmen Sie, wie viele Teillieferungen pro Auftrag des Kunden maximal erlaubt sind.

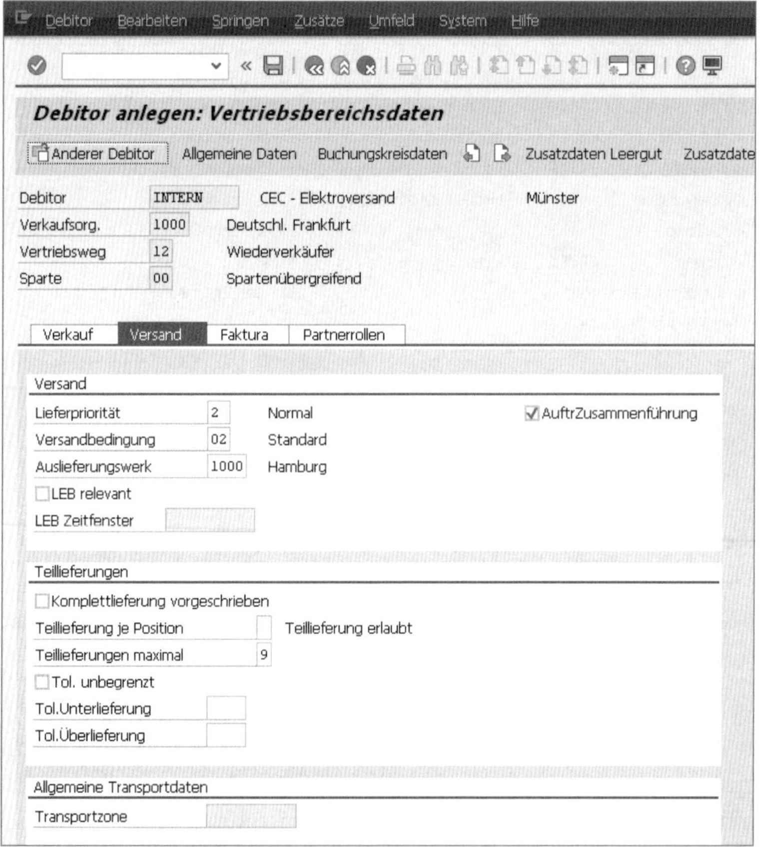

Nachdem Sie die Daten des Versands gepflegt haben, wechseln Sie auf die Registerkarte **Faktura**, indem Sie auf [icon] klicken.

19 Auf der Registerkarte **Faktura** werden alle Daten gepflegt, die zur Rechnungsstellung an den Kunden notwendig sind.

Im Feld **Incoterms** legen Sie die Lieferbedingung mit den international gültigen dreibuchstabigen Codes fest. Die Codes sind im SAP-System hinterlegt und können mit der [F4]-Taste ausgewählt werden. Je nach gewählter Lieferbedingung müssen Sie auch das nachfolgende Feld ausfüllen, um den Ort des Gefahrenübergangs zu definieren.

Im Feld **Zahlungsbedingung** können Sie diese durch einen im SAP-System vordefinierten vierstelligen Schlüssel angeben. Zur Auswahl können Sie ebenfalls die [F4]-Hilfe nutzen. Die Inhalte der beiden Felder werden beim Anlegen eines Auftrags in den Verkaufsbeleg übernommen.

20 Im Bildbereich **Steuern** müssen Sie festlegen, ob der Kunde mehrwertsteuerpflichtig ist. Positionieren Sie dazu den Cursor in der Spalte **Steuerklassifikation**, und wählen Sie mit [F4] zwischen den Einträgen **0** (**steuerbefreit**) und **1** (**steuerpflichtig**).

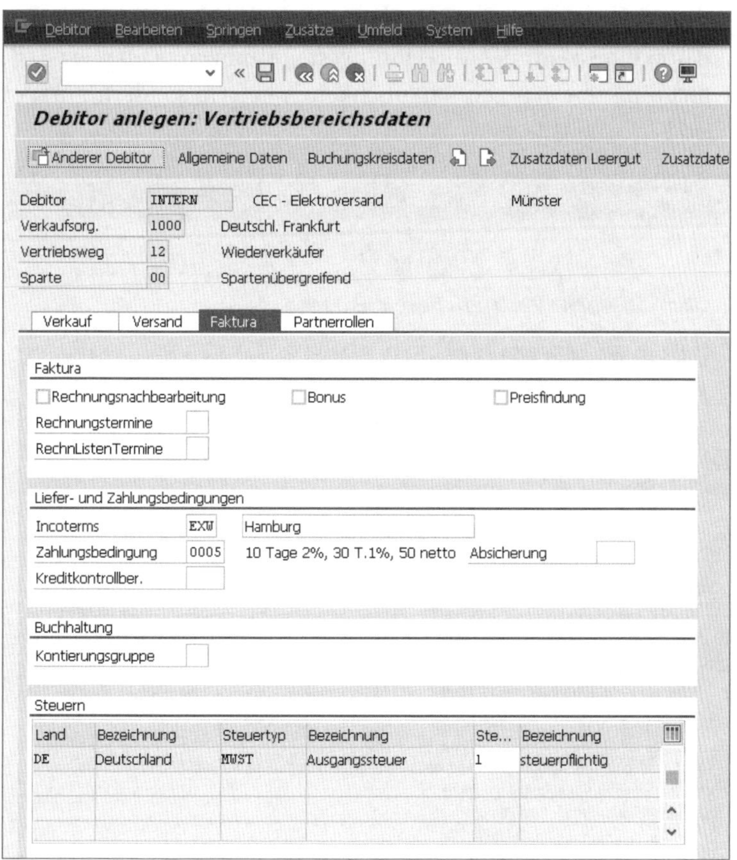

Haben Sie alle notwendigen Daten gepflegt, wechseln Sie zur nächsten Registerkarte **Partnerrollen**, indem Sie auf [icon] klicken.

21 Auf der Registerkarte **Partnerrollen** definieren Sie, wer für den Kunden welche Rollen einnimmt. Ein Kunde kann gegenüber Ihrem Unternehmen in verschiedenen Rollen auftreten:

- Der **Auftraggeber** (AG) erteilt dem Unternehmen den Auftrag.
- An den **Warenempfänger** (WE) wird die Ware/Dienstleistung geliefert.
- An den **Rechnungsempfänger** (RE) schickt das Unternehmen die Faktura.
- Der **Regulierer** (RG) ist für die Bezahlung der Faktura zuständig.

Standardmäßig setzt das SAP-System für alle vier Rollen den Kunden selbst fest. Ein Standardkunde gibt dem Unternehmen den Auftrag, erhält die Ware und die Rechnung und ist für die Regulierung der Rechnung verantwortlich. Es ist aber auch möglich, dass unterschiedliche Partner die einzelnen Rollen einnehmen. So muss der Kunde nicht unbedingt selbst für die Bezahlung der Rechnung zuständig sein, sondern kann dafür eine zentrale Abrechnungsstelle nutzen. Oder er lässt die Ware nicht in seine eigenen Räumlichkeiten liefern, sondern nutzt einen externen Lagerdienstleister.

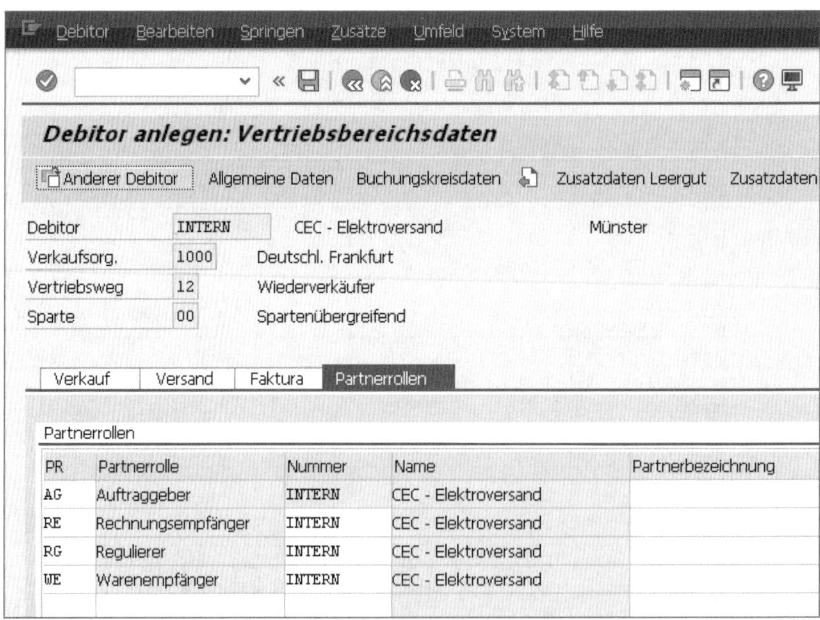

Auf der Registerkarte **Partnerrollen** können Sie in der Tabelle die verschiedenen Partner pflegen. Suchen Sie in der Spalte **Partnerrolle** die entsprechende Rolle, und geben Sie in der Spalte **Nummer** die Kundennummer des Partners ein, der die Rolle übernehmen soll. Für den Partner muss demnach auch ein Kundenstammsatz im SAP-System angelegt sein.

Möchten Sie eine weitere Partnerrolle hinzufügen, können Sie unter dem letzten Eintrag der Tabelle in der Spalte **PR** eine neue Rolle eintragen.

HINWEIS

Mehrere Partner für eine Rolle

Ein Kunde kann auch mehrere Partner für eine einzelne Rolle festlegen. So könnte ein Kunde beispielsweise zwei Warenempfänger benennen und nach Bedarf die Lieferung an einen der beiden veranlassen. Sind mehrere Partner für eine Rolle im Kundenstammsatz angegeben, müssen Sie beim Erfassen des Auftrags angeben, wer genau in diesem Fall die Rolle ausfüllen soll.

22 Sie können jederzeit in vorherige Bilder und Registerkarten zurückspringen, um dort Daten zu überprüfen oder zu korrigieren. Klicken Sie dazu direkt auf die entsprechende Registerkarte. Zwischen den einzelnen Datenbereichen können Sie mit den Schaltflächen [Allgemeine Daten], [Buchungskreisdaten] und [Vertriebsbereichsdaten] wechseln.

23 Haben Sie die Daten im Kundenstammsatz vollständig gepflegt, speichern Sie die Daten mit einem Klick auf die Schaltfläche (**Sichern**). Erst dann wird der Stammsatz im SAP-System wirklich angelegt und gespeichert. Sollten Sie die Transaktion vorzeitig verlassen, werden Sie vom System gewarnt und gefragt, ob Sie die Daten sichern möchten. Das Anlegen der Stammdaten wird durch eine Systemmeldung bestätigt.

Sie haben nun einen Kundenstammsatz angelegt und können diesen im SAP-System verwenden. Erfassen Sie einen Kundenauftrag und geben die Nummer des Kunden an, werden die Daten aus dem Stammsatz in den Auftrag übernommen.

VIDEO

Kundenstammsatz anlegen

Im folgenden Video sehen Sie, wie ein Kundenstammsatz angelegt wird. Sie erhalten Einblick in die Struktur und Daten des Kundenstammsatzes:

http://s-prs.de/v4465tb

2.4 Kundenstammsatz anzeigen und ändern

Sie haben jederzeit die Möglichkeit, die Daten eines Kundenstammsatzes anzuzeigen oder zu ändern. Zum Anzeigen der Kundenstammdaten verwenden Sie Transaktion XD03 und zum Ändern Transaktion XD02. Möchten Sie nur Buchungskreisdaten anzeigen oder ändern, nutzen Sie entsprechend die Transaktionen FD03 und FD02, für die Vertriebsbereichsdaten VD03 und VD02.

Die Menüführung in den einzelnen Transaktionen ist grundsätzlich gleich. Deshalb wird im Folgenden lediglich Transaktion XD02 zum Ändern eines Kundenstammsatzes beschrieben. Gehen Sie wie folgt vor:

1. Rufen Sie unter **SAP Menü ▸ Logistik ▸ Vertrieb ▸ Stammdaten ▸ Geschäftspartner ▸ Kunde ▸ Ändern** Transaktion XD02 auf.
2. Das Einstiegsbild der Transaktion öffnet sich. Dort geben Sie im Feld **Debitor** die Nummer des Kunden an. Außerdem pflegen Sie die Daten zum Buchungskreis und zum Vertriebsbereich in den gleichnamigen Feldern. Mit [↵] oder [✔] springen Sie in die einzelnen Datenbilder.
3. Sie können nun in den Stammdaten zum Kunden Änderungen vornehmen. Die Navigation innerhalb des Stammsatzes entspricht dabei genau dem in Abschnitt 2.3, »Kundenstammsatz anlegen«, beschriebenen Vorgehen: Mit den Schaltflächen [Allgemeine Daten], [Buchungskreisdaten] und [Vertriebsbereichsdaten] können Sie zwischen den drei Datenbereichen springen. In jedem Datenbereich können Sie über die Registerkarten die für Sie wichtigen Daten erreichen.
4. Haben Sie alle Änderungen vorgenommen, klicken Sie auf die Schaltfläche [💾] **(Sichern)**, um Ihre Änderungen zu speichern.

Daten, die Sie bereits vor der Änderung in Belege übernommen haben, werden durch eine Änderung der Stammdaten nicht verändert. Ein Kundenauftrag, der gestern erfasst wurde, beinhaltet die Zahlungsbedingungen, die gestern gültig waren. Haben Sie heute eine Änderung der Zahlungsbedingungen vorgenommen, hat dies Auswirkung auf alle kommenden Kundenaufträge, aber nicht auf Aufträge der Vergangenheit.

Die einzige Ausnahme bildet die Kundenadresse. Sie wird immer aus den aktuell gültigen Stammdaten übernommen. So wird verhindert, dass eine heutige Auslieferung an eine Adresse erfolgt, die bei der Auftragserfassung in der Vergangenheit gültig war.

HINWEIS

Direkter Wechsel von Anzeigen zu Ändern

Haben Sie mit Transaktion XD03 einen Kundenstammsatz zur Anzeige aufgerufen, und möchten Sie nun direkt Änderungen vornehmen, müssen Sie nicht zurück in das SAP-Easy-Access-Menü springen und dort Transaktion XD02 aufrufen. Mit der Schaltfläche **(Anzeigen/Ändern)** wechselt das System direkt in die Änderungstransaktion.

2.5 Änderungen im Kundenstammsatz nachverfolgen

Sie können vorgenommene Änderungen im Kundenstammsatz nachverfolgen und damit nachvollziehen, welche Änderungen wann und von wem durchgeführt wurden. Sie können mithilfe dieser Funktion mögliche Fehleingaben mit den Kollegen besprechen und zukünftige Fehler vermeiden.

1. Öffnen Sie im SAP-Easy-Access-Menü unter **SAP Menü ▸ Logistik ▸ Vertrieb ▸ Stammdaten ▸ Geschäftspartner ▸ Kunde ▸ Anzeigen** Transaktion XD03 zum Anzeigen des Kundenstammsatzes.

2. Tragen Sie im Einstiegsbild die Angaben zur Kundennummer ein, sowie zum Buchungskreis und zum Vertriebsbereich, wie in Abschnitt 2.4, »Kundenstammsatz anzeigen und ändern«, beschrieben, und drücken Sie [↵], oder klicken Sie auf **(Weiter)**.

3. Das SAP-System springt zu den Datenbildern des Kundenstammsatzes. Gleichgültig, in welchem Datenbild Sie sich befinden, wählen Sie in der Menüleiste **Umfeld ▸ Kontoänderungen ▸ Alle Felder**, und Sie erhalten eine Liste aller geänderten Felder.

4. Klicken Sie auf die Schaltfläche [Alle Änderungen]. Zu den einzelnen Feldern werden das Änderungsdatum sowie der alte und der neue Feldwert aufgelistet.

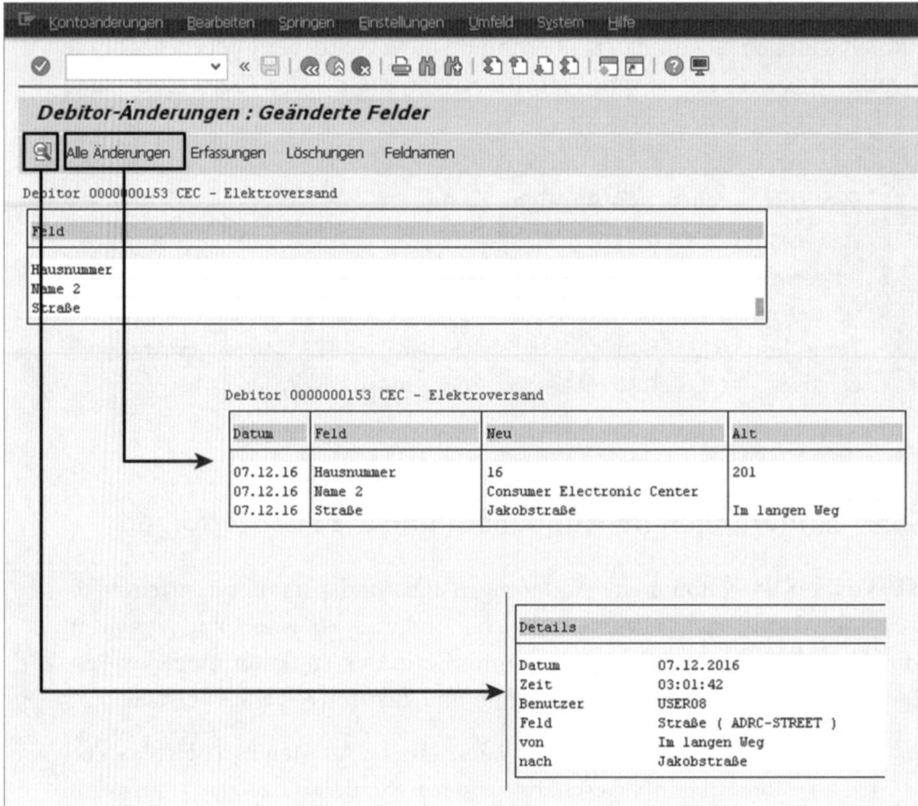

5 Um sich Details zur Änderung eines Feldes anzeigen zu lassen, klicken Sie auf eine Zeile der Liste. Durch Klicken auf die Schaltfläche (**Auswählen**) erhalten Sie weitere Details zur Änderung des Feldes. Sie können hier unter anderem den Benutzernamen des Benutzers sehen, der die Änderung vorgenommen hat.

2.6 Kunden sperren

In manchen Fällen kann es notwendig sein, Kunden von den Vertriebsaktivitäten Ihres Unternehmens auszuschließen. Sollte beispielsweise ein Kunde seinen Zahlungsverpflichtungen Ihnen gegenüber nicht nachkommen, können Sie festlegen, dass auch keine Ware mehr von Ihrem Unternehmen an den Kunden geliefert wird.

Eine solche Kundensperre ist im SAP-System über den Kundenstammsatz möglich.

1 Rufen Sie unter **SAP Menü ▸ Logistik ▸ Vertrieb ▸ Stammdaten ▸ Geschäftspartner ▸ Kunde** Transaktion VD05 (Sperren) auf. Sie können auch den Transaktionscode direkt im Befehlsfeld eingeben.

2 Geben Sie im Einstiegsbild im Feld **Debitor** die Kundennummer des Kunden ein, für den Sie eine Sperre einrichten möchten. Tragen Sie außerdem in den Feldern **Verkaufsorganisation**, **Vertriebsweg** und **Sparte** die Daten des Vertriebsbereichs ein. Mit [↵] oder ✓ springen Sie weiter zu den Sperrdaten.

3 Es öffnet sich das Fenster **Debitor sperren/entsperren: Details Vertriebsbereich**. Sie haben hier die Möglichkeit, verschiedene Sperren für den Kunden einzurichten. Vier verschiedene Sperrarten stehen zur Verfügung:

- **Auftragssperre**
- **Liefersperre**
- **Fakturasperre**
- **Sperre Vertriebsunterstützung**

4 Im Bereich **Auftragssperre** können Sie festlegen, dass keine Aufträge des Kunden mehr erfasst werden können. Dabei können Sie zwischen **alle Vertriebsbereiche** und **ausgewählter Vertriebsbereich** unterscheiden. Setzen Sie die Sperre für alle Vertriebsbereiche, gilt die Sperre für alle Vertriebsbereiche und damit auch für alle Verkaufsorganisationen Ihres Unternehmens, die mit dem Kunden Geschäfte abwickeln. Nehmen Sie die Sperre nur für den von Ihnen ausgewählten Vertriebsbereich vor, können andere Teile Ihres Unternehmens weiterhin Waren oder Dienstleistungen an den Kunden verkaufen.

Die Sperren werden gesetzt, indem Sie den Cursor im entsprechenden Feld positionieren und die [F4]-Auswahlhilfe aufrufen.

5 Nehmen Sie eine **Liefersperre** vor, werden zu den erfassten Aufträgen des Kunden keine Lieferungen mehr ausgeführt. Auch hier können Sie die Sperre für den von Ihnen ausgewählten Vertriebsbereich setzen oder auf alle Vertriebsbereiche ausdehnen. Die Sperre erfolgt ebenfalls mit der [F4]-Auswahlhilfe.

6 Mit einer **Fakturasperre** wird die Fakturierung an den Kunden gestoppt. Dabei können Sie mit der F4-Hilfe die Sperre auch nur auf Gutschriften an den Kunden beschränken. Die Sperre kann für den ausgewählten oder für alle Vertriebsbereiche erfolgen.

7 Nachdem Sie die Kundensperren eingerichtet haben, klicken Sie die Schaltfläche (**Sichern**) an, um die Sperren im SAP-System wirksam werden zu lassen. Auch hier gilt: Erst mit dem Sichern werden Ihre Sperren aktiv. Die Sperre wirkt sich nur auf zukünftige Vorgänge aus.

Sie haben nun einen Kunden für bestimmte Vorgänge gesperrt. Möchten Sie die Sperre aufheben, gehen Sie analog vor: Rufen Sie Transaktion VD05 auf, und entfernen Sie die Sperrkennzeichen. Vergessen Sie auch hier nicht zu sichern.

HINWEIS

Sperre direkt aus dem Kundenstammsatz

Befinden Sie sich in einer Transaktion zum Anzeigen (XD03) oder Ändern (XD02) eines Kunden, können Sie direkt aus den Stammdaten zu den Sperren springen. Wählen Sie dazu in der Menüleiste **Zusätze ▸ Sperrdaten**.

VIDEO

Kunden sperren

Im folgenden Video wird erklärt, wie Sie einen Kunden sperren. Dabei werden die unterschiedlichen Möglichkeiten und ihre Auswirkungen gezeigt:

http://s-prs.de/v4465hs

2.7 Vereinfachung der Datenerfassung

Das Anlegen eines Kunden können Sie sich erleichtern, indem Sie Daten aus einem bereits vorliegenden Kundenstammsatz kopieren. Nutzen Sie hierzu die Möglichkeit der Vorlage in Transaktion XD01.

1. Rufen Sie Transaktion XD01 über den Pfad **SAP Menü ▸ Logistik ▸ Vertrieb ▸ Stammdaten ▸ Geschäftspartner ▸ Kunde ▸ Anlegen** oder durch die Eingabe des Transaktionscodes auf.

2. Im Einstiegsbild geben Sie im Feld **Buchungskreis** den Buchungskreis und den Vertriebsbereich in den Feldern **Verkaufsorganisation**, **Vertriebsweg** und **Sparte** an, für den der Kundenstammsatz angelegt werden soll.

3. Geben Sie im Bildbereich **Vorlage** im Feld **Debitor** die Nummer des Kunden an, von dem die Daten kopiert werden sollen. Außerdem müssen Sie den **Buchungskreis**, die **Verkaufsorganisation**, den **Vertriebsweg** und die **Sparte** eintragen, aus denen die Kundenstammdaten übernommen werden sollen. Drücken Sie [↵], oder klicken Sie auf [✔], um in die Datenbilder zum Kundenstammsatz zu gelangen.

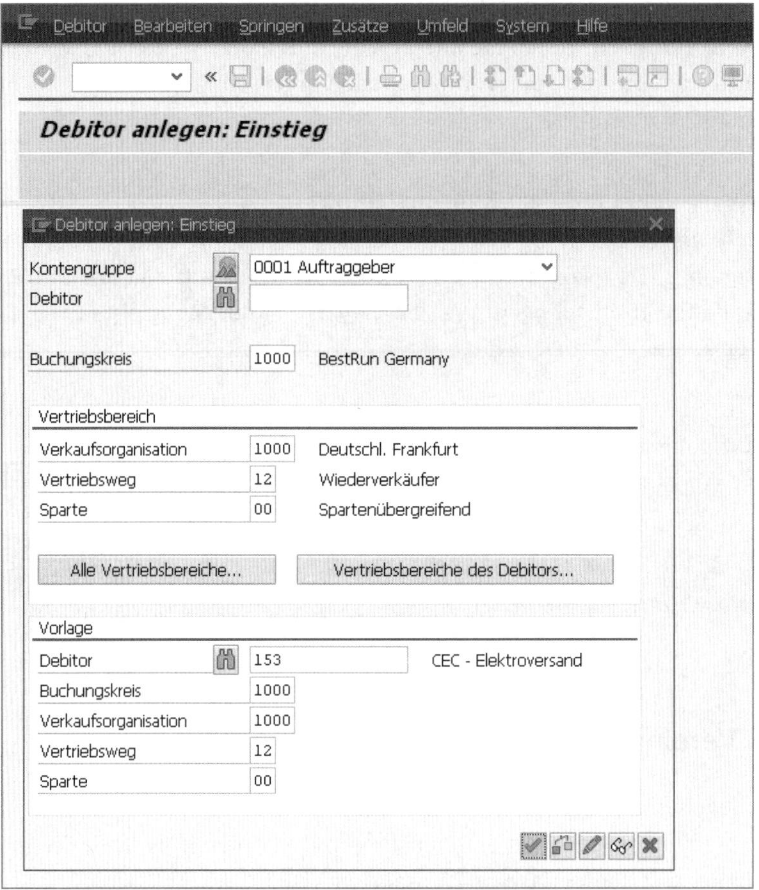

4 Sie befinden sich nun in den bekannten Datenbildern des Kundenstammsatzes und können hier die Daten erfassen, wie in Abschnitt 2.3, »Kundenstammsatz anlegen«, beschrieben. Die meisten Felder sind nun mit Daten aus dem Vorlagekunden gefüllt. Diese Daten können jederzeit von Ihnen überschrieben werden.

5 Es erscheint sehr unwahrscheinlich, dass ein neuer Kunde die gleichen Adress- und Bankdaten wie ein bereits vorhandener Kunde hat. Deshalb werden in den allgemeinen Daten die Felder auf den Registerkarten **Adresse** und **Zahlungsverkehr** nicht vom Vorlagekunden übernommen. Die dortigen Eintragungen müssen Sie in jedem Fall manuell vornehmen.

6 Speichern Sie Ihre Daten durch einen Klick auf die Schaltfläche (**Sichern**). Dabei werden lediglich die neuen Stammdaten gespeichert; es wird keine dauerhafte Verknüpfung zum Vorlagekunden hergestellt.

2.8 Einmalkunden

Möchten Sie mit einem Kunden einen Geschäftsvorfall abwickeln, für den Sie aber keinen eigenen Stammsatz anlegen möchten, können Sie ihn als Einmalkunden im SAP-System behandeln. Dies kann der Fall sein, wenn ein Kunde nur einmalig einen Auftrag bei Ihnen platziert. Oder Sie möchten einem Partner, zu dem kein Stammsatz im System vorhanden ist, ein Muster zur Ansicht schicken und deshalb einmalig einen Kundenauftrag für diesen Partner im System erfassen. Einmalkunden werden auch als CpD-Kunden (Conto pro Diverse) bezeichnet.

Im Standardsystem ist für Einmalkunden ein eigener Stammsatz mit der Nummer 100016 hinterlegt. Der Name des Kunden ist Einmalkunde, der Suchbegriff lautet CPD.

Geben Sie im Rahmen einer Anfrage oder eines Auftrags die Kundennummer des CpD-Kunden an, übernimmt das System keine Daten aus den Stammdaten. Stattdessen werden Sie aufgefordert, die notwendigen Informationen manuell einzugeben. Bei einem Auftrag müssen dann unter anderem Name und Adresse angegeben werden, beim Erstellen der Faktura werden Sie eventuell aufgefordert, Bankverbindung, Steuernummer etc. manuell einzutragen. Die Daten des Einmalkunden werden nur im Beleg hinterlegt, es wird jedoch kein Stammsatz erstellt. Benötigen Sie später einen Stammsatz für den Kunden, müssen Sie diesen erneut anlegen.

2.9 Kundenstammblatt erstellen

Manchmal kann es hilfreich sein, die Stammdaten zu einem Kunden auf einem einzigen Formular zusammenzufassen. Sie können so beispielsweise einem Kunden eine Auflistung seiner Stammdaten zukommen lassen, mit der Bitte, diese zu prüfen. Oder Sie nutzen die Aufstellung als Grundlage für die Verhandlung mit dem Kunden, um neue Konditionen und Bedingungen mit ihm zu vereinbaren.

Die Auflistung der wichtigsten Daten ist mit dem Kundenstammblatt in SAP möglich. Zur Erstellung eines Kundenstammblatts nutzen Sie Transaktion VC/2. So geht's:

1. Rufen Sie Transaktion VC/2 im SAP-Easy-Access-Menü über den Pfad **SAP Menü ▸ Logistik ▸ Vertrieb ▸ Stammdaten ▸ Infosystem ▸ Geschäfts-**

partner auf, oder geben Sie den Transaktionscode direkt im Befehlsfeld ein.

2 Im Einstiegsbild geben Sie im Feld **Kundennummer** die Nummer des Kunden an. Sie können das Datenstammblatt auch für mehrere Kunden gleichzeitig aufrufen. Nutzen Sie hierzu das Feld **bis** oder die Schaltfläche (**Mehrfachselektion**). Verwenden Sie dafür die Mehrfachselektion, die in Kapitel 15, »Listen«, detailliert beschrieben wird.

3 Geben Sie in den gleichnamigen Feldern die Verkaufsorganisation, den Vertriebsweg und die Sparte an, um den Vertriebsbereich zu definieren.

4 Wenn Sie auf (**Ausführen**) klicken, beginnt das SAP-System mit der Erstellung des Kundenstammblatts. Das Kundenstammblatt enthält nicht nur Daten aus dem Kundenstammsatz: Im unteren Bildbereich des folgenden Beispiel-Kundenstammblatts erkennen Sie an den Einträgen **letzter Auftrag**, **letzte Lieferung** und **letzte Faktura**, wann die letzten Verkaufsvorgänge an den Kunden vorgenommen wurden. Abhängig von den Einstellungen im SAP-System, werden hier auch die Umsätze über das Geschäftsjahr kumuliert angezeigt.

Der Eintrag **rückständige Aufträge** zeigt an, wie viele Aufträge für den Kunden im SAP-System stehen, zu denen noch keine Auslieferung erzeugt werden konnte. Dies kann der Fall sein, wenn zum bestellten Material kein Lagerbestand verfügbar ist. Unter **liefergesperrte Aufträge** und **fakturagesperrte Aufträge** unten im Bild sehen Sie, wie viele Aufträge des Kunden gerade gesperrt sind. Sperren werden unter anderem bei der Retouren- und Gutschriftsabwicklung gesetzt, die in Teil V, »Reklamationen und Sonderfälle«, dieses Buches beschrieben werden.

5 In der Anzeige des Kundenstammblattes können Sie mit der Schaltfläche (**Auswählen**) direkt in die Stammdaten des Kunden springen. Mit einem Klick auf (**Drucken**) können Sie das Kundenstammblatt ausdrucken.

Innerhalb des letzten Abschnitts **Schnellinfo** des Kundenstammblatts erkennen Sie neben den offenen Aufträgen und offenen Lieferungen jeweils eine Schaltfläche . Mit dieser Schaltfläche können Sie direkt in eine Liste der offenen Belege springen.

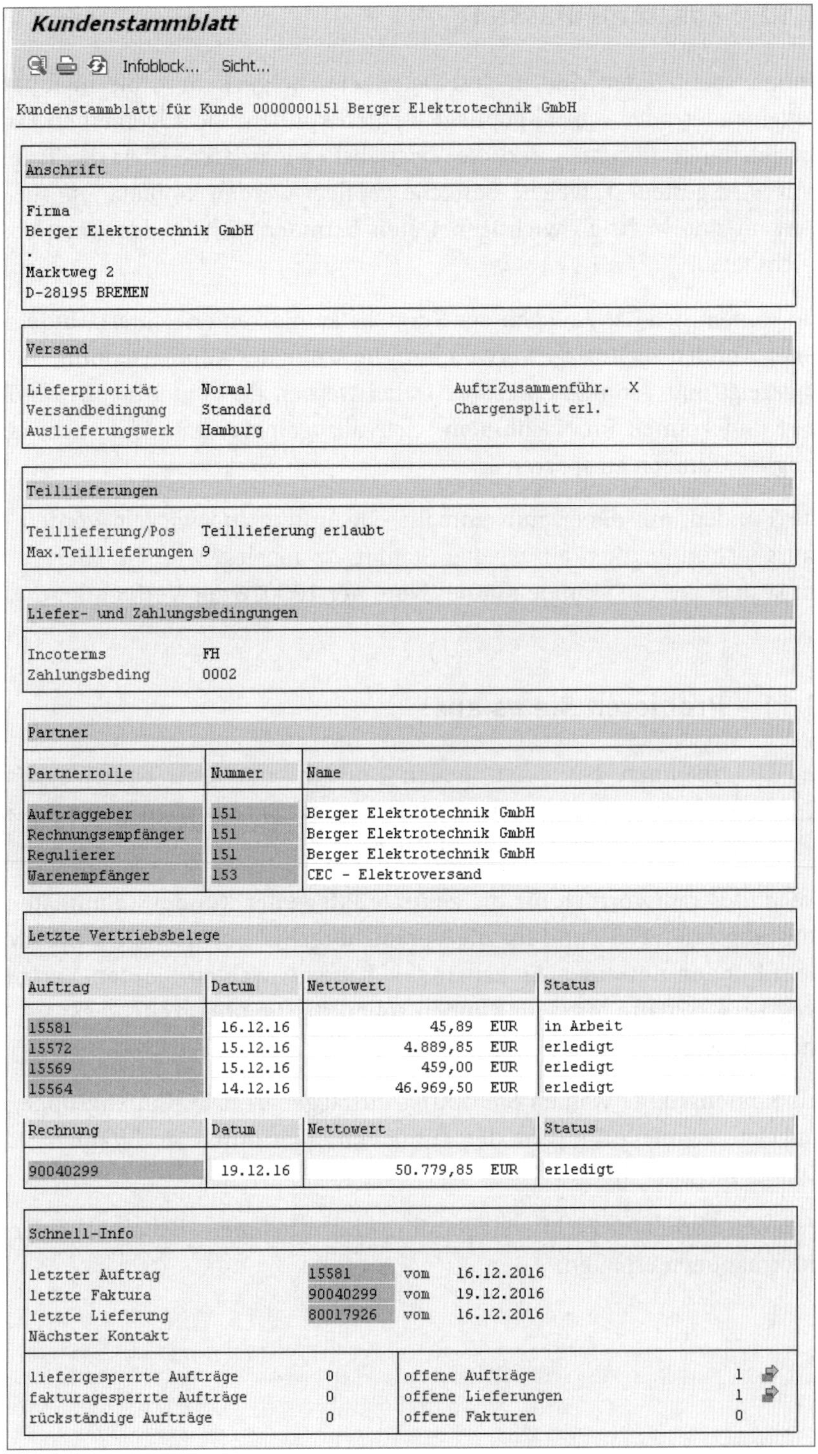

Kundenstammblatt

Infoblock... Sicht...

Kundenstammblatt für Kunde 0000000151 Berger Elektrotechnik GmbH

Anschrift

Firma
Berger Elektrotechnik GmbH
.
Marktweg 2
D-28195 BREMEN

Versand

Lieferpriorität	Normal	AuftrZusammenführ.	X
Versandbedingung	Standard	Chargensplit erl.	
Auslieferungswerk	Hamburg		

Teillieferungen

Teillieferung/Pos	Teillieferung erlaubt
Max.Teillieferungen	9

Liefer- und Zahlungsbedingungen

Incoterms	FH
Zahlungsbeding	0002

Partner

Partnerrolle	Nummer	Name
Auftraggeber	151	Berger Elektrotechnik GmbH
Rechnungsempfänger	151	Berger Elektrotechnik GmbH
Regulierer	151	Berger Elektrotechnik GmbH
Warenempfänger	153	CEC - Elektroversand

Letzte Vertriebsbelege

Auftrag	Datum	Nettowert	Status
15581	16.12.16	45,89 EUR	in Arbeit
15572	15.12.16	4.889,85 EUR	erledigt
15569	15.12.16	459,00 EUR	erledigt
15564	14.12.16	46.969,50 EUR	erledigt

Rechnung	Datum	Nettowert	Status
90040299	19.12.16	50.779,85 EUR	erledigt

Schnell-Info

letzter Auftrag	15581	vom	16.12.2016
letzte Faktura	90040299	vom	19.12.2016
letzte Lieferung	80017926	vom	16.12.2016
Nächster Kontakt			

liefergesperrte Aufträge	0	offene Aufträge	1
fakturagesperrte Aufträge	0	offene Lieferungen	1
rückständige Aufträge	0	offene Fakturen	0

2.10 Zusammenfassung

Kundenstammdaten sind in drei Datenbereiche gegliedert, die unabhängig voneinander oder zentral gepflegt werden können: die allgemeinen Daten, die Buchungskreisdaten und die Vertriebsbereichsdaten. Über die Transaktion wird gesteuert, welche Bereiche gepflegt werden können. Die für den Verkauf und Vertrieb wichtigen Daten befinden sich in den Vertriebsbereichsdaten.

Sie können sich das Anlegen der Kundenstammdaten erleichtern, indem Sie einen Kunden als Vorlage verwenden. Die Daten des Kundenstamms können angezeigt und verändert werden. Dabei werden die Änderungen protokolliert und können im Nachhinein nachvollzogen werden. Außerdem ist es möglich, Kunden zu sperren.

Für Kunden, mit denen nur einmalig ein Auftrag abgewickelt werden soll, muss nicht unbedingt ein eigener Stammsatz angelegt werden. Hierzu steht im System der CpD-Kunde mit der Nummer 100016 zur Verfügung.

2.11 Probieren Sie es aus!

Ihr Unternehmen hat einen neuen Kunden, mit dem eine langfristige Geschäftsbeziehung aufgenommen werden soll. Sie erwarten zukünftig zahlreiche Aufträge von diesem neuen Partner.

Sie sind verantwortlich für die zentrale Pflege der Kundenstammdaten im Buchungskreis 1000 und für die Verkaufsorganisation 1000. Da es sich bei dem Kunden um einen Einzelhändler handelt, wählen Sie den Vertriebsweg 12. Geschäfte mit dem Kunden sollen spartenübergreifend (Sparte 00) möglich sein.

Als Kontengruppe wählen Sie 0001 (Auftraggeber). Die Kontengruppe verlangt die manuelle Vergabe der Kundennummer durch Sie. Wählen Sie als Kundennummer 90110.

Von den einzelnen Fachbereichen Ihres Unternehmens haben Sie folgende Informationen erhalten:

Allgemeine Daten	
Name	T&H Soundsystems GbR
Suchbegriff	T&H SOUNDSYSTEMS
Straße	Großer Platz 53
Ort	40210 Düsseldorf
Land	Deutschland
Region	Nordrhein-Westfalen
Transportzone	D000040000 (Düsseldorf)
Umsatzsteuer-ID	DE123456789
Buchhaltungsdaten	
Abstimmkonto	140000
Zahlungsbedingungen	0001 (sofort zahlbar ohne Abzug)
Zahlwege	Bankeinzug
Vertriebsdaten	
Kundenbezirk	000003 (Bezirk West)
Verkaufsbüro	1000 (Frankfurt)
Verkäufergruppe	103 (Hr. Ludwig)
Kundengruppe	02 (Handelsunternehmen)
Währung	EUR
Lieferpriorität	02 (Normal)
Versandbedingung	02 (Standard)
Auslieferungswerk	1000
Incoterms	FH (Frei Haus)
Zahlungsbedingung	0002 14 Tage 3 % Skonto 30 Tage 2 % Skonto 45 Tage ohne Abzug
Steuerklassifikation	1 (steuerpflichtig)

HINWEIS

Organisationseinheiten und Voreinstellungen der Übung

In dieser Übung werden die Organisationseinheiten und Voreinstellungen des International Demonstration and Education Systems (IDES) von SAP SE verwendet. Die Organisationseinheiten können in Ihrem Unternehmen und Ihrem System anders sein. Ebenso kann die Datenauswahl zu Zahlungsbedingungen, Transportzonen oder Kundenbezirken in Ihrem System nicht mit den Vorgaben der Übung übereinstimmen. Bitte machen Sie sich mit den Organisationseinheiten und den Voreinstellungen des Unternehmens vertraut, und verwenden Sie diese in der Übung.

Aufgabe 1

Legen Sie einen Kundenstammsatz für den neuen Kunden an.

Aufgabe 2

Der Kunde teilt Ihnen mit, dass sich seine Adresse verändert hat. Die neue Anschrift lautet Hartmannweg 68, 40219 Düsseldorf. Außerdem wurden im Vertrieb die Zahlungsbedingungen auf 0004 (14 Tage 3 % Skonto, 30 Tage 2 % Skonto, 60 Tage ohne Abzug) geändert.

Nehmen Sie die entsprechenden Änderungen im Kundenstammsatz vor.

Aufgabe 3

Lassen Sie sich die Stammdaten zum Kunden T&H Soundsystems GbR anzeigen. Prüfen Sie, ob die Änderungen richtig protokolliert wurden.

Aufgabe 4

Für einen weiteren Neukunden sollen Stammdaten im System angelegt werden. Für die Firma Willrich Akustik GmbH wird die Kundennummer 90220 vergeben. Es liegen folgende Daten vor:

Allgemeine Daten	
Name	Willrich Akustik GmbH
Suchbegriff	WILLRICH AKUSTIK
Straße	Jägergasse 7
Ort	34131 Kassel
Land	Deutschland
Region	Hessen
Umsatzsteuer-ID	DE987654321

Die übrigen Daten sind identisch mit dem Kunden T&H Soundsystems GbR, allerdings ist für die Willrich Akustik GmbH die Verkäufergruppe 101 (Fr. Mayer) zuständig.

Die Willrich Akustik GmbH hat kein eigenes Lager, sondern lagert ihre Waren bei der T&H Soundsystems GbR. Sie geben deshalb in den Partnerrollen der Willrich Akustik GmbH die T&H Soundsystems GbR als Warenempfänger an.

Legen Sie auch den Kundenstammsatz für die Willrich Akustik GmbH an. Um sich die Arbeit zu erleichtern, kopieren Sie den Stammsatz des Kunden T&H Soundsystems GbR und ändern nur die abweichenden Daten.

3 Der Materialstammsatz

Im Materialstammsatz speichern die unterschiedlichen Fachbereiche oder Abteilungen eines Unternehmens die jeweils für sie relevanten Daten zu einem Produkt oder einer Ware. Obwohl jeder Fachbereich unterschiedliche Daten benötigt, werden diese in einem einzigen gemeinsamen Stammsatz gespeichert. Für den Vertrieb sind dies unter anderem die Mindestmenge für Aufträge oder die Bearbeitungszeit, die zum Versand eines Materials benötigt wird.

In diesem Kapitel lernen Sie,

- wie der Materialstammsatz aufgebaut ist,
- welche Transaktionen zum Materialstammsatz zur Verfügung stehen,
- wie Sie einen Materialstammsatz anlegen und bearbeiten,
- wie Sie einen Materialstammsatz erweitern,
- wie Sie die Datenerfassung vereinfachen können.

3.1 Einführung

Als Material wird in SAP jedes Gut bezeichnet, das Gegenstand der Geschäftstätigkeit ist. Mit einem Material wird gehandelt, es wird bei der Fertigung eingesetzt, verbraucht oder erzeugt. Im Sinne des Vertriebs ist ein Material das Produkt, der Artikel oder allgemein die Ware, die verkauft und an Kunden ausgeliefert wird.

Der Materialstammsatz enthält die zentralen Informationen des Unternehmens über ein Material. Ein Teil der Informationen zu einem Material ist für jeden Fachbereich identisch. So hat ein Material überall im Unternehmen dieselbe Bezeichnung oder dasselbe Gewicht.

Verschiedene Fachbereiche des Unternehmens benötigen spezielle Informationen zu Materialien. So sind für die Produktion, die Qualitätsprüfung, den Einkauf, den Vertrieb oder das Lager unterschiedliche Daten relevant. Jeder

Fachbereich verfügt speziell für seine Belange über erforderliche Daten, die er im Materialstammsatz hinterlegt und pflegt.

Der Materialstammsatz ist entsprechend den Fachbereichen in Sichten gegliedert, um einen schnellen Zugriff auf die jeweils relevanten Daten zu gewährleisten. Generell kann ein Materialstammsatz folgende Sichten enthalten:

- **Grunddaten**
  Daten, die für alle Bereiche gelten, werden in den Grunddaten gespeichert. Dies sind beispielsweise die Basismengeneinheit, das Gewicht oder das Volumen des Materials.
- **Vertriebsdaten**
  Hier werden grundlegende Daten für den Verkauf und Versand des Materials hinterlegt, unter anderem die Mindestauftragsmenge, der Steuersatz und das Auslieferungswerk.
- **Einkaufsdaten**
  Der Einkauf des Unternehmens hinterlegt Informationen wie die zuständige Einkäufergruppe, akzeptierte Überlieferungsmengen oder Importdaten im Materialstamm.
- **Dispositionsdaten**
  Für die Bedarfsplanung werden Angaben zum Dispositionsverfahren, zur Bestellmengenermittlung oder zur Art der Beschaffung gespeichert.
- **Produktionsdaten**
  Für die Produktion relevante Daten sind zum Beispiel die Rüst- und Bearbeitungszeiten.
- **Lagerungsdaten**
  Hier werden Informationen hinterlegt, die die Lagerung allgemein betreffen, zum Beispiel bestimmte Temperatur- und Raumbedingungen oder Haltbarkeitsdaten. Hier kann auch der Lagerplatz des Materials hinterlegt werden.
- **Lagerverwaltungsdaten**
  Daten zur Lagerverwaltung enthalten unter anderem Informationen zur Ein- und Auslagerung oder die maximale und minimale Lagerplatzmenge.
- **Daten zum Qualitätsmanagement**
  In diesem Bereich wird in erster Linie eingestellt, ob für das Material das Qualitätsmanagement aktiv ist und wie es gesteuert wird.

- **Buchhaltungsdaten**
  In den Buchhaltungsdaten wird das Bewertungsverfahren für den Materialbestand festgelegt. Darüber hinaus kann gesteuert werden, welches Bestandskonto im Finanzwesen genutzt wird.
- **Aktuelle Materialbestände**
  Die Sichten zu den Beständen können vom Benutzer nicht gepflegt werden. In den Sichten werden die aktuellen Lagerbestandsmengen des Materials für verschiedene Bestandsarten und Sonderbestände angezeigt.

Die Abbildung zeigt eine Auswahl der für den Vertrieb wichtigen Sichten. Außerdem sind die Organisationseinheiten angegeben, für die die Sichten gepflegt werden.

Die Sichten des Materialstammsatzes mit den zugehörigen Organisationseinheiten

Die Stammdaten des Materials sind abhängig von den Organisationseinheiten. Während die Materialbezeichnung oder das Gewicht im gesamten Unternehmen gleich sind, können beispielsweise die Daten zur Lagerung in Abhängigkeit von Werk und Lagerort unterschiedlich sein. Haben Sie beispielsweise im Werk Frankfurt einen Lagerplatz festgelegt und im Stammsatz hinterlegt, kann das gleiche Material im Werk London an einem anderen Lagerplatz aufbewahrt werden. Die unterschiedlichen Sichten des Materialstammsatzes haben unterschiedliche Organisationseinheiten, denen sie zugeordnet werden.

Neben den Daten der einzelnen Fachbereiche gibt es im Materialstammsatz Zusatzdaten, die fachbereichsübergreifende Informationen enthalten. Dies sind zum Beispiel verschiedensprachige Materialbezeichnungen, die Umrechnung von Mengeneinheiten oder zum Material gehörende Dokumente. Die Zusatzdaten sind unabhängig von den Organisationseinheiten und deshalb mandantenweit gültig.

Beim Anlegen des Materialstammsatzes müssen Sie eine Branche und eine Materialart auswählen. Beides sind steuernde Elemente für den Stammsatz. Die Kombination aus Branche und Materialart beeinflusst, welche Sichten und Felder Sie im Materialstamm nutzen können. Wählen Sie beispielsweise die Branche *Handel* und die Materialart *Handelsware* aus, können zum Material Vertriebsdaten angelegt werden, Produktionsdaten hingegen nicht. Wählen Sie als Branche *Maschinenbau* und als Materialart *Fertigerzeugnisse* aus, können sowohl Vertriebs- als auch Produktionsdaten angelegt werden, während mit der Materialart *Rohstoff* beides nicht möglich ist. Die Materialart beeinflusst darüber hinaus unter anderem, welche Konten im Finanzwesen zum Material gebucht werden und ob für das Material die Bestandsführung aktiviert wird. Die möglichen Materialarten sind im Unternehmen festgelegt und die Unterschiede den Mitarbeitern üblicherweise bekannt. Ist ein branchenübergreifendes Arbeiten notwendig, sollten auch hier die notwendigen Informationen beim Mitarbeiter vorliegen.

3.2 Die Transaktionen zum Materialstammsatz

Die Transaktionen zum Materialstammsatz haben die Codes MM01 (Materialstammsatz anlegen), MM02 (Materialstammsatz ändern) und MM03 (Materialstammsatz anzeigen). Im SAP-Easy-Access-Menü finden Sie die drei Transaktionen über **SAP Menü ▸ Logistik ▸ Vertrieb ▸ Stammdaten ▸ Produkte ▸ Sonstiges Material**.

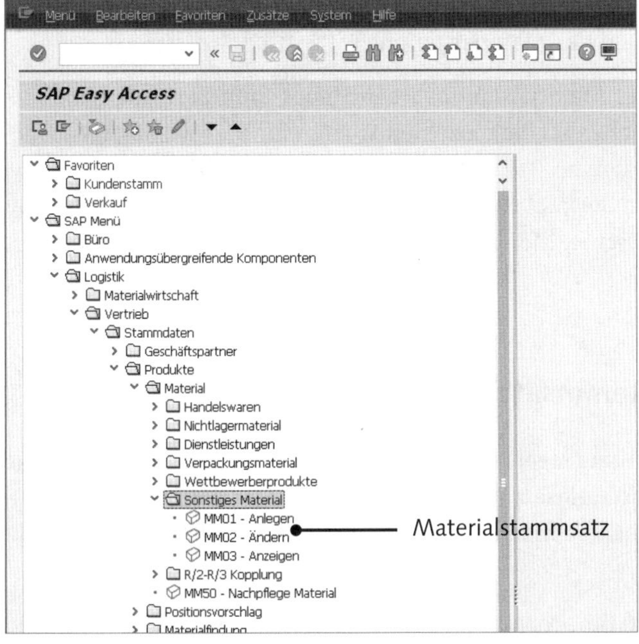

Die Transaktionen zur Pflege des Materialstammsatzes im SAP-Easy-Access-Menü

Der Einstieg in die Transaktionen zum Materialstamm ist dreistufig aufgebaut: In jeder der Transaktionen zum Materialstammsatz wählen Sie im ersten Schritt ❶ das Material aus, das Sie anlegen, ändern oder anzeigen möchten. Im zweiten Schritt ❷ wählen Sie aus, welche Sichten des Materialstamms Sie benötigen. Danach müssen Sie noch die Organisationseinheiten angeben, in denen die Bearbeitung erfolgen soll (Schritt ❸).

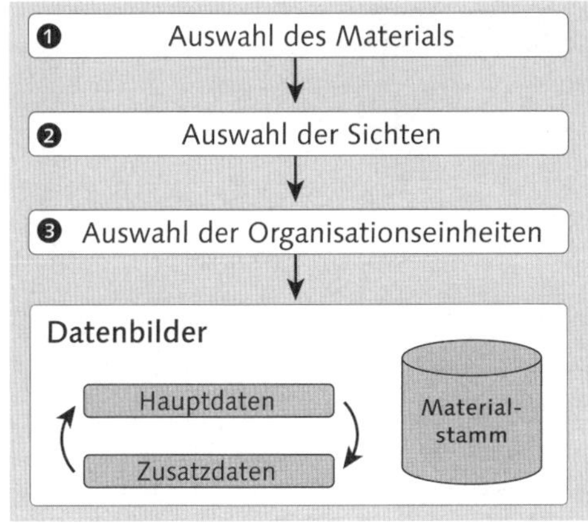

Einstieg in die Transaktionen zum Materialstammsatz

Erst nachdem Sie all diese Eingaben vorgenommen haben, gelangen Sie zu den eigentlichen Daten des Materialstamms.

Der Datenbereich des Materialstamms ist in Haupt- und Zusatzdaten aufgeteilt. In den Hauptdaten sind die einzelnen Sichten für die jeweiligen Fachbereiche hinterlegt. In den Zusatzdaten befinden sich unternehmensweit gültige Daten. Dies sind zum Beispiel verschiedensprachige Materialbezeichnungen, die Umrechnung zwischen Mengeneinheiten oder zusätzliche Textinformationen zum Material.

3.3 Materialstammsatz anlegen

Einen Materialstammsatz legen Sie mithilfe von Transaktion MM01 an. Wie schon beim Kundenstammsatz sind die Informationen des Materialstammsatzes in verschiedenen Sichten angeordnet, die Sie nacheinander mit Inhalten füllen.

1 Rufen Sie Transaktion MM01 im SAP-Easy-Access-Menü über den Pfad **SAP Menü ▸ Logistik ▸ Vertrieb ▸ Stammdaten ▸ Produkte ▸ Sonstiges Material** oder durch Eingabe des Transaktionscodes im Befehlsfeld auf.

2 Im Einstiegsbild der Transaktion geben Sie die Branche und die Materialart in den entsprechenden Feldern an. Beide Einträge steuern, welche Sichten und Felder im weiteren Verlauf gepflegt werden können. Je nach Materialart können Sie entweder im Feld **Material** die Materialnummer selbst wählen, oder sie wird vom SAP-System vergeben, wenn das Material angelegt ist. Mit der [↵]-Taste schließen Sie den ersten Schritt ab.

3 Das Fenster zur Sichtenauswahl wird geöffnet, in dem alle zur Verfügung stehenden Sichten angezeigt werden. Durch einen Klick auf die quadratischen Schaltflächen vor der Sichtbezeichnung können Sie auswählen, welche Sichten Sie anlegen möchten. Ein erneuter Klick hebt die Markierung der Sicht wieder auf. Indem Sie auf die Schaltflächen (**Alle markieren**) und (**Alle Mark. löschen**) klicken, können Sie in einem Schritt alle Sichten auswählen bzw. die Auswahl komplett aufheben.

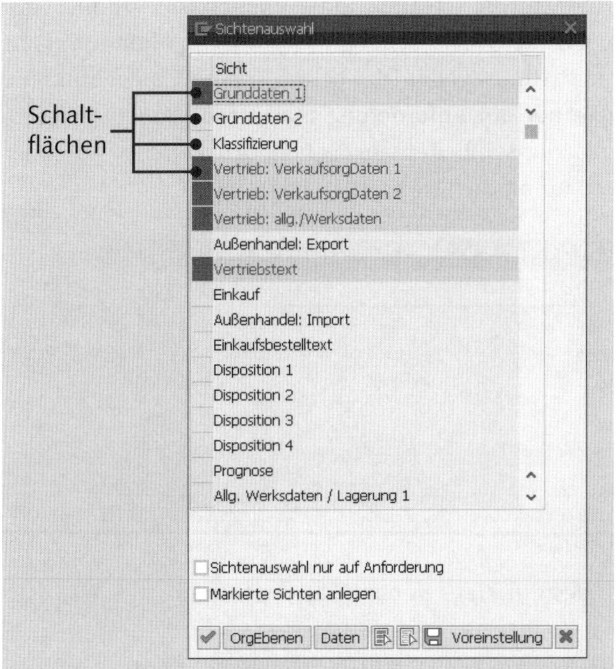

Im Unternehmen sind Sie wahrscheinlich nur für das Anlegen bestimmter Sichten für Ihren Fachbereich verantwortlich. Über die Schaltfläche Voreinstellung können Sie Ihre persönliche Auswahl speichern. Wenn Sie dann die Sichtenauswahl erneut aufrufen, sind Ihre Sichten bereits markiert, und Sie ersparen sich die erneute Auswahl.

Mit dem Häkchen zu **Sichtenauswahl nur auf Anforderung** können Sie den Schritt der Sichtenauswahl unterdrücken. Hierzu ist es zwingend notwendig, dass Sie eine persönliche Voreinstellung Ihrer Sichten festgelegt haben. Mit **Markierte Sichten anlegen** ist es möglich, die ausgewählten Sichten anzulegen, ohne Eingaben in den Sichten vorgenommen zu haben. Mit [↵] oder verlassen Sie die Sichtenauswahl.

4 Als Nächstes öffnet sich das Bild zur Eingabe der Organisationsebenen. Hier geben Sie an, für welche Organisationseinheiten Ihre folgenden Angaben gelten. Das heißt, das Material wird nur für die Organisationseinheiten angelegt, die Sie vorgeben. Welche Organisationseinheiten Sie pflegen müssen, hängt von der Auswahl der Sichten ab. Abgesehen von den Grunddaten, die mandantenweit gelten, ist jede andere Sicht von den Organisationseinheiten abhängig.

5 Möchten Sie Felder für die Organisationseinheiten mit Werten vorbelegen, klicken Sie auf die Schaltfläche Voreinstellung. Sie können dann die Eingabe der Organisationsebenen abschalten, indem Sie das Ankreuzfeld **OrgEbenen/Profile nur auf Anforderung** markieren. Haben Sie alle notwendigen Organisationseinheiten angegeben, drücken Sie [↵], oder Sie klicken Sie auf ✔, um in die Datenbilder zu gelangen.

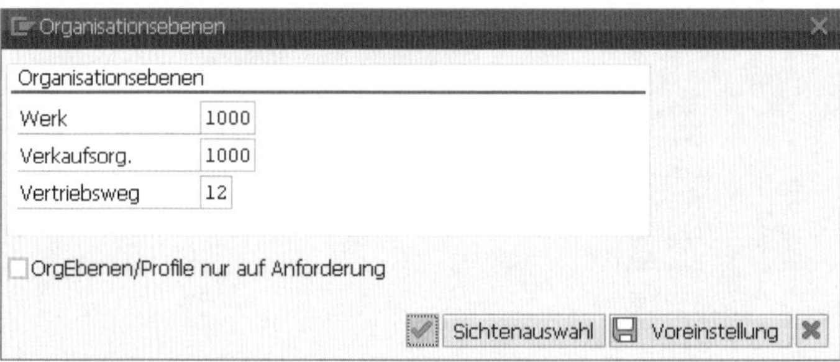

HINWEIS

Vereinfachung des Einstiegs in den Materialstamm

Haben Sie die Voreinstellungen für die Sichten und Organisationsebenen vorgenommen sowie mit **Sichtenauswahl nur auf Anforderung** und **OrgEbenen/Profile nur auf Anforderung** die Eingabefenster unterdrückt, springen Sie mit [↵] aus dem Einstiegsbild direkt in die Datenbilder. Dies erspart langwierige und immer gleiche Eingaben. Möchten Sie Ihre Voreinstellungen ändern oder aufheben, können Sie im Einstiegsbild über die Schaltflächen Sichtenauswahl und OrgEbenen jederzeit wieder in die Auswahlfenster wechseln.

In den folgenden Schritten pflegen Sie die eigentlichen Informationen des Materialstamms. Es stehen bis zu 15 verschiedene Sichten für die verschiedenen Fachbereiche des Unternehmens zur Verfügung, die Sie sich über Registerkarten anzeigen lassen können. Abhängig von Materialart und Branche, werden Ihnen normalerweise aber weniger Sichten angezeigt. Für einzelne Fachbereiche kann es mehrere Sichten geben; so stehen für den Vertrieb vier

Registerkarten zur Verfügung. Die Beschreibungen dieses Buches beschränken sich auf die für Sie als Vertriebler relevanten Sichten.

Auf den Datenbildern werden alle Registerkarten angezeigt und können ausgewählt werden, unabhängig davon, welche Sichten Sie im vorangehenden Schritt markiert haben. Ihre ausgewählten Sichten sind lediglich mit einem Ordnersymbol [Symbol] markiert. Drücken Sie auf [↵], springt das System weiter in die nächste markierte Sicht; die nicht ausgewählten Sichten werden übersprungen.

HINWEIS

Sichten beim Anlegen eines Materialstammsatzes

Beim Anlegen eines Materialstammsatzes wählen Sie im Einstiegsbild die anzulegenden Sichten aus. Im Datenbild können Sie aber auch alle anderen Sichten anklicken. Befinden Sie sich in einer Sicht, die ein Mussfeld enthält, benötigt das SAP-System unbedingt eine Eingabe in diesem Feld, bevor Sie in eine weitere Sicht springen können. Springen Sie beim Anlegen eines Materials versehentlich in eine Ihnen unbekannte Sicht, kann es sein, dass das System Eingaben in Feldern verlangt, deren Bedeutung Sie nicht kennen. Es empfiehlt sich daher, vorsichtig durch die Sichten zu navigieren. Wenn Sie mit [↵] zwischen den Sichten wechseln, vermeiden Sie das unabsichtliche Springen in unbekannte Datenbilder!

In jeder Sicht des Materialstamms erkennen Sie im oberen Bildbereich die Materialnummer und den Materialkurztext. Der Materialkurztext enthält die maximal 40 Zeichen lange Bezeichnung des Materials. Mit der Schaltfläche [i] öffnet sich ein weiteres Fenster mit der Information, in welcher Materialart und Branche das Material angelegt wurde. Hier können Sie auch erkennen, wann und durch wen der Materialstammsatz angelegt oder verändert wurde.

HINWEIS

Beschriebene Sichten dieses Buches

Die nachfolgende Beschreibung zeigt die für den Vertrieb direkt relevanten Sichten **Grunddaten 1**, **Vertrieb: VerkOrg 1**, **Vertrieb: VerkOrg 2**, **Vertrieb: allg./Werk** und **Vertriebstext**. Außerdem wird kurz auf die Sicht **Buchhaltung 1** eingegangen, die zwar im Normalfall von der Buchhaltung gepflegt wird, zum Buchen eines Warenausgangs aber zwingend notwendig ist. Es wird davon ausgegangen, dass bei der Sichtenauswahl auch nur diese Sichten ausgewählt oder vorbelegt wurden!

Nachdem Sie die Sichten und Organisationseinheiten ausgewählt haben, gelangen Sie zur Sicht **Grunddaten 1**. Hier werden Informationen abgelegt, die für das Material mandantenweit gelten. Gehen Sie hier folgendermaßen vor:

1. Im Feld **Basismengeneinheit** legen Sie die Mengeneinheit fest, in der das Material im Unternehmen geführt wird. Mithilfe von **Warengruppe** können Sie die Materialien gruppieren. Sie wird nur für Auswertungen und Analysen genutzt.

2. Die Felder **Bruttogewicht**, **Nettogewicht**, **Volumen** und **Grösse/Abmessung** enthalten grundlegende Informationen zum Material. Um den Auslieferungsbeleg zu erstellen, müssen diese Daten zwingend gepflegt sein. Unter **EAN** sehen Sie den weltweit genormten eindeutigen Zahlencode zur Identifizierung des Materials. Mit [Enter] springt das System direkt in die nächste, von Ihnen in der Sichtenauswahl selektierte Sicht. Alternativ können Sie die nächste Sicht auch per Mausklick auf die Registerkarte erreichen.

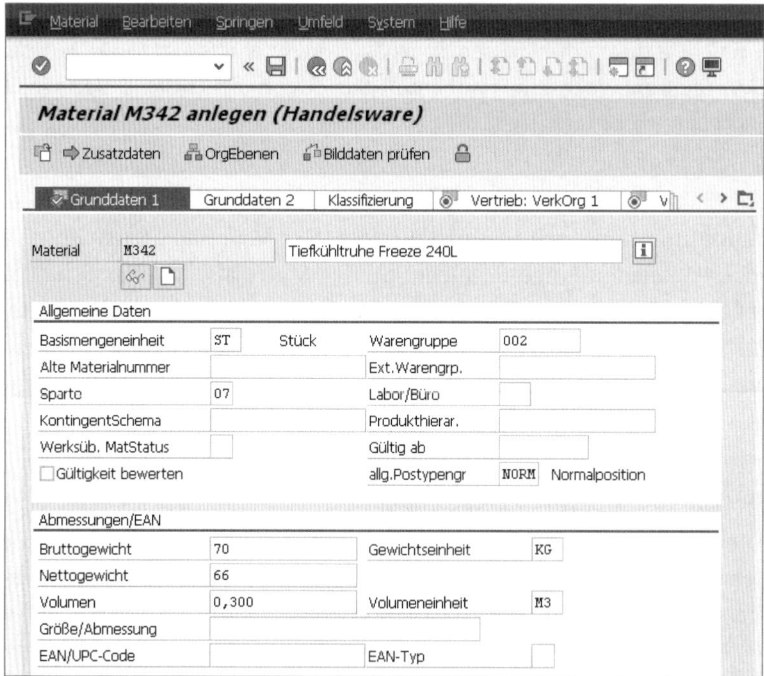

3. Pflegen Sie die Sicht **Vertrieb: VerkOrg 1**. Diese Daten werden pro Verkaufsorganisation und Vertriebsweg geführt, das heißt, es können pro Verkaufsorganisation und Vertriebsweg unterschiedliche Daten hinter-

legt werden. Im oberen Bildbereich unter der Materialnummer erkennen Sie, für welche Organisationseinheiten die angezeigten Daten gültig sind.

4 Im Bereich **Allgemeine Daten** der Sicht **Vertrieb: VerkOrg 1** wird die Basismengeneinheit aus der Sicht **Grunddaten** übernommen. Möchten Sie das Material jedoch in einer anderen Einheit verkaufen, können Sie im Feld **Verkaufsmengeneinh.** eine Mengeneinheit für den Verkauf pflegen.

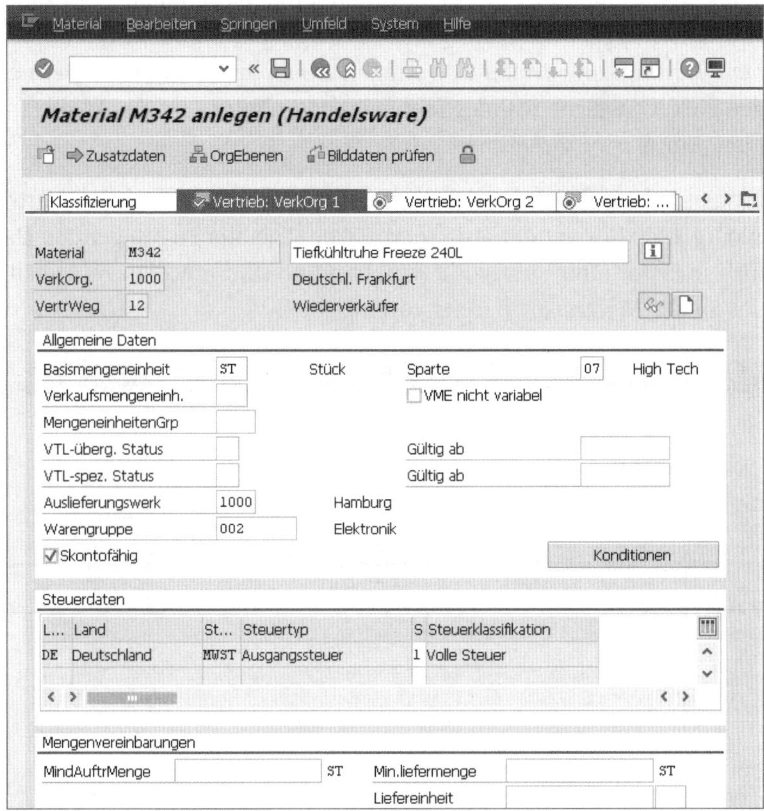

Im Feld **Sparte** können Sie das Material der Organisationseinheit Sparte zuordnen. Wie im Unterabschnitt »Sparte« in Abschnitt 1.3, »Organisationseinheiten«, beschrieben, kann ein Material lediglich einer Sparte angehören.

Im Feld **Auslieferungswerk** können Sie festlegen, aus welchem Werk das Material standardmäßig ausgeliefert werden soll.

Mit der Schaltfläche [Konditionen] springen Sie direkt in die Pflege des Verkaufspreises zum Material. Der gepflegte Preis gilt für den Verkauf innerhalb der Verkaufsorganisation und des Vertriebswegs, die zu

Beginn der Materialanlage ausgewählt wurden. Kapitel 5 beschreibt die Funktion der Konditionen und gibt einen Einblick in die Preisfindung.

5 Im Bildbereich **Steuerdaten** müssen Sie in der Spalte **Steuerklassifikation** der Tabelle angeben, ob für das Material im Verkauf die volle, halbe oder gar keine Mehrwertsteuer anfällt. Sie treffen die Auswahl, indem Sie den Cursor im Feld platzieren und die [F4]-Taste drücken.

6 Im unteren Bildbereich **Mengenvereinbarungen** können Sie im Feld **MindAuftrMenge** festlegen, welche Menge ein Kunde mindestens in einem Auftrag zum Material bestellen muss. Im Feld **Min.liefermenge** legen Sie fest, welche Mindestmenge benötigt wird, um die Auslieferung an den Kunden vorzunehmen.

7 Springen Sie in die nächste Sicht, indem Sie die Registerkarte **Vertrieb: VerkOrg 2** anklicken oder auf [↵] drücken. Die hier zu pflegenden Daten haben in erster Linie steuernde Funktion und sind meistens in Abhängigkeit von der Materialart bereits voreingestellt.

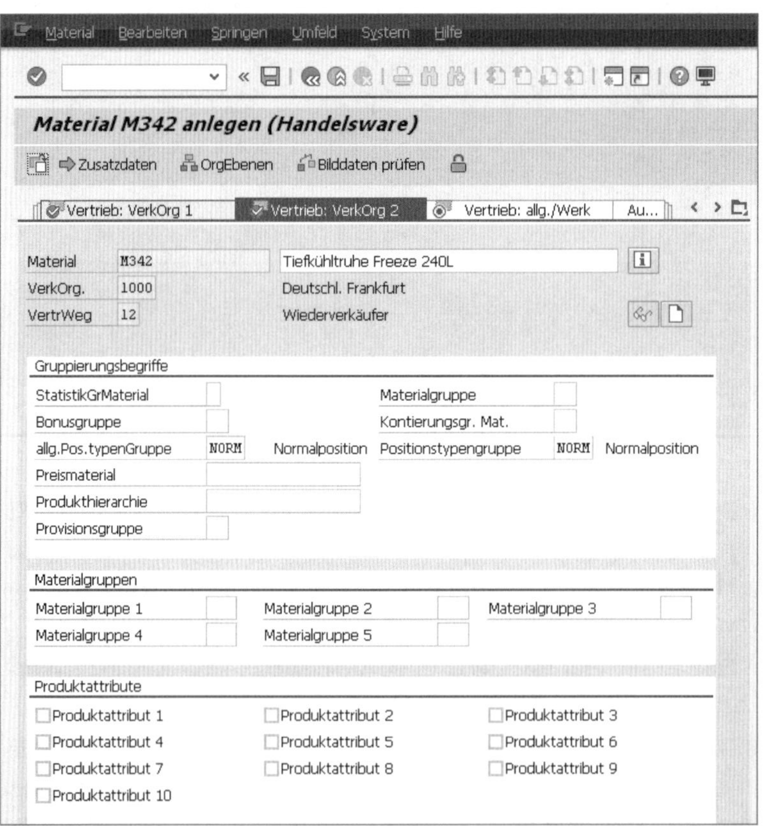

Als Verkäufer sollten Sie besonderes Augenmerk auf das Feld **Preismaterial** legen: In diesem Feld können Sie ein anderes Material angeben, das zur Preisfindung bei Auftragserfassung und Faktura verwendet wird. Für das Material, in dessen Stammsatz das Preismaterial hinterlegt ist, gelten damit immer die gleichen Preiskonditionen wie für das Preismaterial.

8 Wechseln Sie in die Sicht **Vertrieb: allg./Werk**. Die Materialdaten dieser Sicht gelten nur für das einzelne Werk und sind daher nicht von Verkaufsorganisation und Vertriebsweg abhängig.

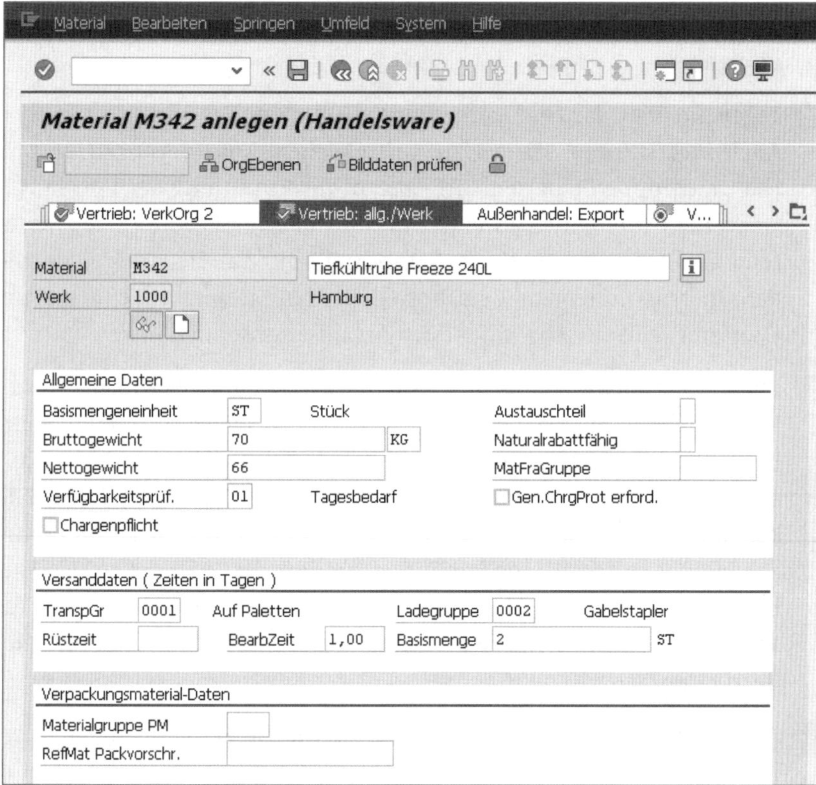

9 Im Bildbereich **Allgemeine Daten** erkennen Sie teilweise Informationen, die aus vorangehenden Eingaben übernommen wurden. Dies sind vor allem die Mengeneinheit im Feld **Basismengeneinheit** sowie die Gewichtsdaten in den Feldern **Bruttogewicht** und **Nettogewicht**.

Im Feld **Verfügbarkeitsprüf.** wird festgelegt, ob und welche Art von Verfügbarkeitsprüfung für das Material durchgeführt wird. Die Verfügbarkeit des Materials wird dann bei jeder Erfassung eines Kundenauftrags geprüft.

10 In der Sicht ist vor allem der Bildbereich **Versanddaten** interessant. Hier wird das Material im Feld **TranspGr** einer Transportgruppe zugeordnet. In der Transportgruppe werden Materialien zusammengefasst, die gleiche Anforderungen hinsichtlich der Routenfindung für den Transport zum Kunden haben. So kann für das SAP-System unterschieden werden, ob der Transport per Paketdienst, Spedition auf Palette oder als Schüttgut erfolgt.

11 Legen Sie über das Feld **Ladegruppe** die Art der Verladung im Lager fest. Auch hier werden Materialien mit gleichen Anforderungen gruppiert. Die Ladegruppe dient dem SAP-System zur Ermittlung der Versandstelle. So werden Kleingüter an eine Versandstelle für Pakete gesteuert, während große Güter von einer Versandstelle für Paletten ausgeliefert werden. Informationen zur Versandstelle finden Sie auch im Unterabschnitt »Versandstelle« in Abschnitt 1.3, »Organisationseinheiten«.

12 Pflegen Sie anschließend die Felder **Rüstzeit** und **BearbZeit**, wird die Kapazitätsplanung im Versand gesteuert. Die Rüstzeit ist mengenunabhängig und beschreibt die Zeit, die beispielsweise benötigt wird, um einen Gabelstapler, mit dem die Verladung auf den Lkw erfolgt, auf ein bestimmtes Material einzustellen. Die Bearbeitungszeit ist die Zeit, die abhängig von der Menge benötigt wird, um das Material zu versenden, beispielsweise für das Verpacken. Beide Felder geben die Zeit in Tagen an. Im Feld **Basismenge** wird eingetragen, auf welche Menge sich die Bearbeitungszeit bezieht.

13 Als Nächstes pflegen Sie die Sicht **Vertriebstext**. Sie können hier zu jedem Material einen speziellen Informationstext anlegen, der auf dem Lieferschein und der Faktura mitausgedruckt wird, zum Beispiel Sicherheitshinweise, DIN-Vorgaben etc. Der Text kann in unterschiedlichen Sprachen gepflegt werden. Abhängig von der im Kundenstammsatz eingestellten Kommunikationssprache (siehe Abschnitt 2.3, »Kundenstammsatz anlegen«), wird auf Lieferschein und Faktura der entsprechende Vertriebstext aufgedruckt.

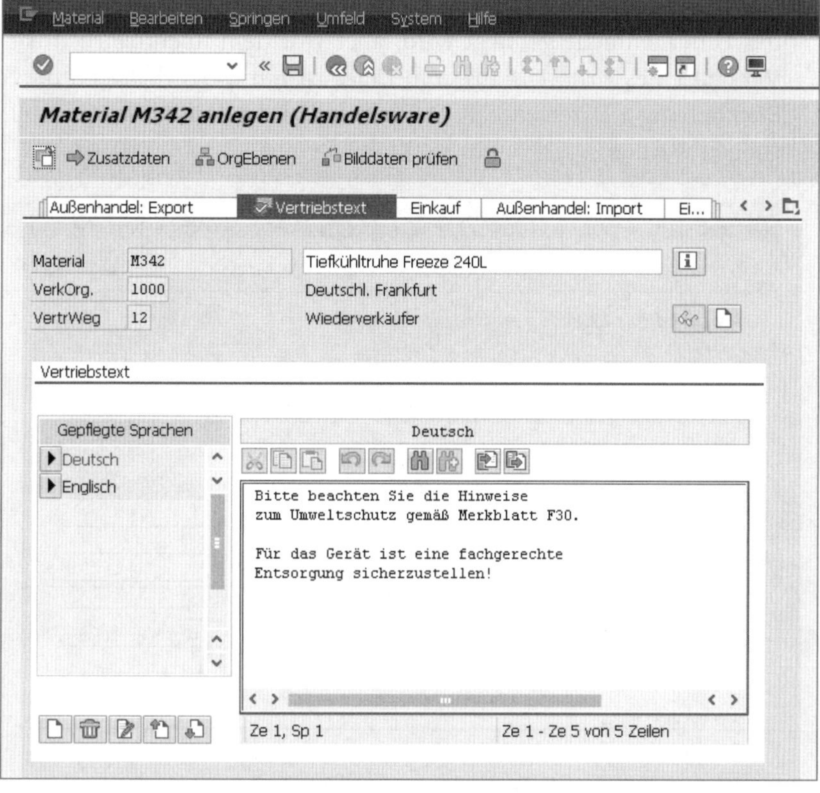

14 Die Sprache, in der Sie im SAP-System navigieren, ist im Materialstamm voreingestellt, und der entsprechende Text kann direkt im Textfeld angegeben werden. Möchten Sie den Bestelltext in einer zusätzlichen Sprache pflegen, wählen Sie [Icon] (**Text anlegen**).

15 Im nun folgenden Fenster können Sie unter **Text anlegen in Sprache** die Sprache auswählen, in der Sie den Text pflegen möchten. Wenn Sie dies mit [↵] oder [✓] bestätigen, erscheint die neue Sprache im Materialstammsatz, und der dazugehörige Text kann im Textfeld eingegeben werden. Klicken Sie auf die Schaltfläche [▶] vor der Sprachbezeichnung, damit Ihnen der Text im Textfeld in der jeweiligen Sprache angezeigt wird.

Solange der Cursor im Textfeld steht, können Sie nicht mit [↵] in die nächste Sicht wechseln. Klicken Sie an eine beliebige Stelle außerhalb des Textfeldes, und drücken Sie danach [↵], um in die nächste Sicht zu gelangen. Oder klicken Sie direkt auf die nächste Sicht, die Sie pflegen möchten.

16 Es folgt die Sicht **Buchhaltung 1**, die üblicherweise nicht vom Vertrieb des Unternehmens gepflegt wird, aber trotzdem unentbehrlich ist: Ein Verkauf eines Materials aus dem Lager ist nur möglich, wenn die Sicht **Buchhaltung 1** Daten enthält. Deshalb soll hier auf diese Sicht kurz eingegangen werden.

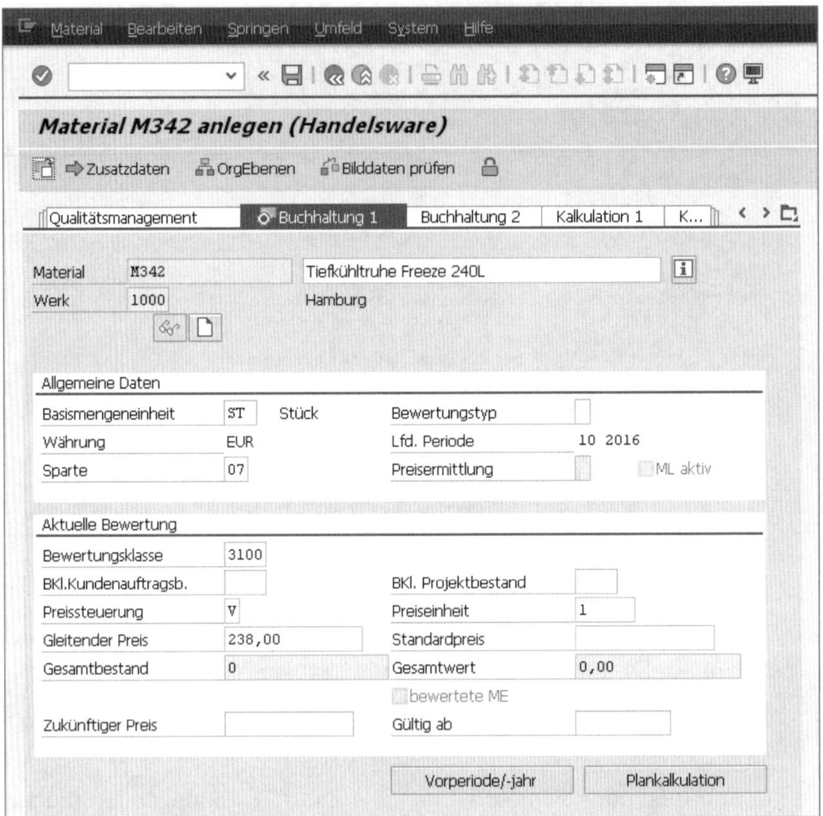

Die Lagerbestände eines Materials werden nicht nur mengen-, sondern auch wertmäßig erfasst. Der Lagerbestand stellt auch einen Vermögenswert des Unternehmens dar, und so ist es notwendig, diesen Bestandswert jederzeit zu kennen und das Unternehmen so zu bewerten. Verkaufen Sie ein Material unter dem Bewertungspreis, machen Sie buchhalterisch einen Verlust. In der Bilanz des Unternehmens werden Ihre Bestände unter der Position Vorräte aufgeführt.

Die Daten der Sicht **Buchhaltung 1** steuern die Lagerbestandsbewertung des Materials. Dabei kann zwischen Gleitendem Durchschnittspreis (**V**) und Standardpreis (**S**) gewählt werden. Beim Gleitenden Durchschnittspreis werden die Lagerbestände mit dem Durchschnitt der Einkaufspreise bewertet. Beim Standardpreis wird ein fester Preis vorgegeben, mit dem die Bewertung erfolgt. Im Feld **Preissteuerung** wählen Sie die Art der Bewertung aus. Es handelt sich um ein Mussfeld mit den beiden Auswahlmöglichkeiten **S** und **V**. Wurde **S** gewählt, müssen Sie unter **Standardpreis** festlegen, mit welchem Preis eine Mengeneinheit des Materials bewertet wird. Haben Sie **V** gewählt, können Sie unter **Gleitender Preis** einen Preis vorgeben, der aber beim nächsten Wareneingang mit dem aktuellen Einkaufspreis aktualisiert wird.

HINWEIS

Anzeige »Gleitender Preis« bei gewähltem Standardpreis

Ist zur Materialbewertung der Standardpreis (S) im Materialstamm ausgewählt und ein Preis unter **Standardpreis** festgelegt, wird im Feld **Gleitender Preis** trotzdem der Durchschnittspreis für das Material mitgeschrieben. Diese Berechnung und Anzeige des Durchschnittspreises ist rein informell und gibt Ihnen die Möglichkeit, zu große Differenzen zwischen festgelegtem Bewertungspreis und durchschnittlichem Preis zu erkennen. Die Bewertung des Materials erfolgt mit dem Standardpreis!

Im Mussfeld **Bewertungsklasse** geben Sie einen Schlüssel an, der gemeinsam mit der Materialart die zu buchenden Sachkonten beim Wareneingang und -ausgang steuert. Die Auswahl der Bewertungsklassen ist bereits durch die Materialart beschränkt und sollte im Unternehmen klar vorgegeben sein.

Unabhängig davon, in welcher Sicht des Materialstamms Sie sich gerade befinden, gibt es in der Anwendungsfunktionsleiste die Schaltfläche [⇨ Zusatzdaten] (**Absprung zu Zusatzdaten**). Klicken Sie die Schaltfläche an, um zusätzliche Daten aufrufen, die nicht in den Sichten der Hauptdaten enthalten sind. Das **Zusatzdaten**-Bild enthält bis zu acht Registerkarten mit weiteren Informationen zum Material. Die beiden für Sie als Verkäufer wichtigsten Registerkarten sind **Kurztexte** und **Mengeneinheiten**.

17 Auf der Registerkarte **Kurztexte** pflegen Sie die Materialbezeichnung in verschiedenen Sprachen. Haben Sie den Materialkurztext in Englisch gepflegt, wird den Kunden die entsprechende Materialbezeichnung in Auftragsbestätigungen, Lieferscheinen oder Fakturen in der Kommunikationssprache Englisch angezeigt.

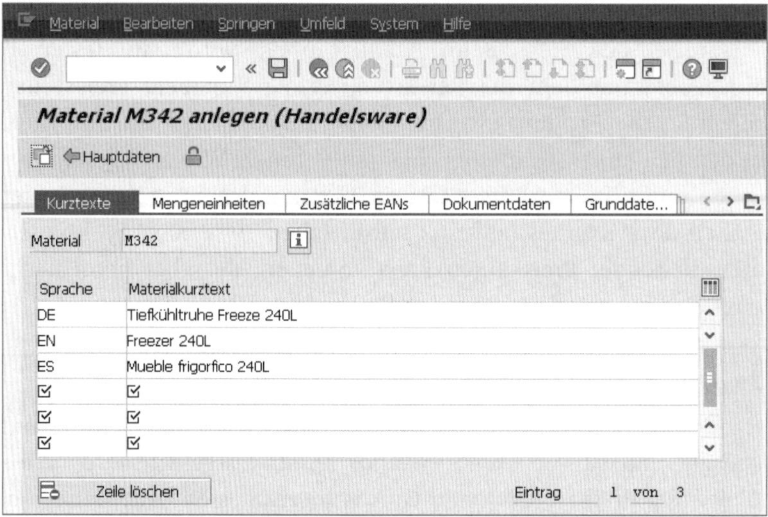

18 Auf der Registerkarte **Mengeneinheiten** der Zusatzdaten legen Sie die Umrechnung zwischen verschiedenen Mengeneinheiten fest. Haben Sie in der Sicht **Grunddaten** als Basismengeneinheit **ST** (Stück) und in der Sicht **Vertrieb: VerkOrg 1** als Verkaufsmengeneinheit ebenfalls **ST** gewählt, benötigt das System die Information, wie viele Stück sich in einem Karton befinden. Diese Festlegung treffen Sie in den Zusatzdaten auf der Registerkarte **Mengeneinheiten**.

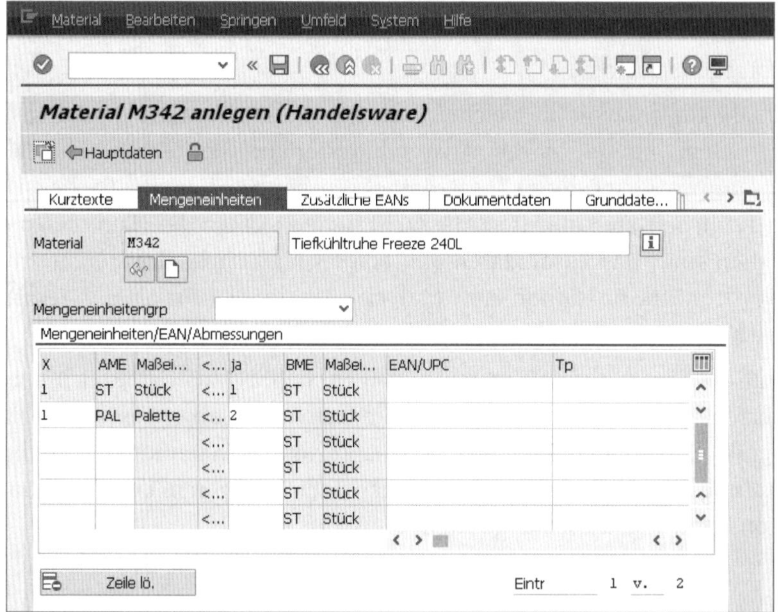

Sie können aus den Zusatzdaten über die Schaltfläche Hauptdaten (**Springen zu Hauptdaten**) jederzeit zurück auf die Hauptarbeitsebene springen.

19 Haben Sie einen Materialstammsatz angelegt, können Sie die Daten mit einem Klick auf die Schaltfläche (**Sichern**) sichern. Haben Sie die Materialnummer nicht selbst vergeben, können Sie in der darauffolgenden Meldung die Nummer sehen, die das System dem Material zugeteilt hat.

VIDEO

Materialstammsatz anlegen

Das folgende Video zeigt, wie Sie einen Materialstammsatz in SAP anlegen. Dabei wird erklärt, wie der Materialstammsatz aufgebaut ist und welche Daten für den Vertrieb relevant sind:

http://s-prs.de/v4465nm

3.4 Materialstammsatz anzeigen und ändern

Sie können die Stammdaten zu einem Material mit Transaktion MM03 (Material anzeigen) jederzeit anzeigen. Sie finden die Transaktion im SAP-Easy-Access-Menü über **SAP Menü ▸ Logistik ▸ Vertrieb ▸ Stammdaten ▸ Produkte ▸ Sonstiges Material**. Der Einstieg in den Materialstammsatz erfolgt, wie in Abschnitt 3.3, »Materialstammsatz anlegen«, beschrieben. Allerdings stehen in der Sichtenauswahl lediglich die zum Material angelegten Sichten zur Verfügung.

Mit Transaktion MM02 (Material ändern), die Sie ebenfalls über **SAP Menü ▸ Logistik ▸ Vertrieb ▸ Stammdaten ▸ Produkte ▸ Sonstiges Material** im SAP-Easy-Access-Menü finden, können Sie einen bereits angelegten Materialstammsatz ändern. Es sind nur Änderungen in bereits angelegten Sichten möglich. In der Sichtenauswahl werden Ihnen demnach nur die bereits vorhandenen Sichten vorgeschlagen. Möchten Sie eine neue Sicht hinzufügen, verwenden Sie die Transaktion zum Anlegen eines Materialstammsatzes (siehe Abschnitt 3.6, »Materialstammsatz erweitern«).

Die Änderungen im Stammsatz werden mit (**Sichern**) gesichert und sind damit für jeden nachfolgenden Vorgang gültig. Daten, die vor der Änderung bereits aus den Stammdaten in Belege übernommen wurden, bleiben im Beleg jedoch unverändert. Hat das SAP-System zum Beispiel für einen Kundenauftrag aus dem Materialstammsatz das Gewicht in den Verkaufsbeleg geschrieben, hat eine spätere Änderung im Stammsatz keine Auswirkung auf den bereits bestehenden Verkaufsbeleg.

3.5 Änderungen im Materialstammsatz nachverfolgen

Änderungen im Materialstammsatz werden vom System festgehalten und sind mit Transaktion MM04 jederzeit nachzuvollziehen. Dazu gehen Sie folgendermaßen vor:

1. Rufen Sie Transaktion MM04 im SAP-Easy-Access-Menü über den Pfad **SAP Menü ▸ Logistik ▸ Materialwirtschaft ▸ Materialstamm ▸ Material ▸ Änderungen anzeigen ▸ Aktive Änderungen** auf.
2. Es öffnet sich das Einstiegsbild, in dem Sie im Feld **Material** die Nummer des Materials eingeben, dessen Änderungen Sie anzeigen möchten. Außerdem können Sie weitere Einschränkungen zu den Organisationseinheiten vornehmen. Mit [Icon] führen Sie die Suche nach den Änderungen aus.

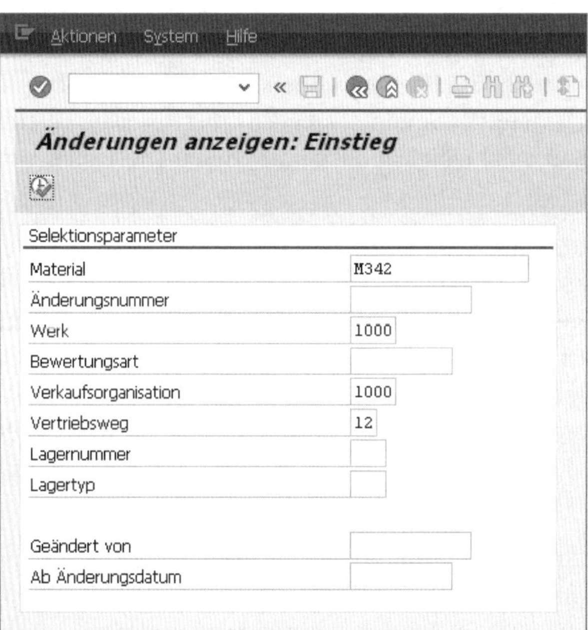

Das SAP-System erstellt daraufhin eine Liste der vorgenommenen Änderungen. Sie erhalten eine Aufstellung mit den Terminen und Uhrzeiten, zu denen Änderungen im Materialstammsatz vorgenommen wurden. In der Spalte **Name** erkennen Sie, wer die Änderungen ausgeführt hat. Markieren Sie eine Zeile, und klicken Sie auf die Schaltfläche [icon], um detailliert zu sehen, welche Änderungen vorgenommen wurden. Alternativ können Sie die Detailansicht mit einem Doppelklick auf die Zeile öffnen.

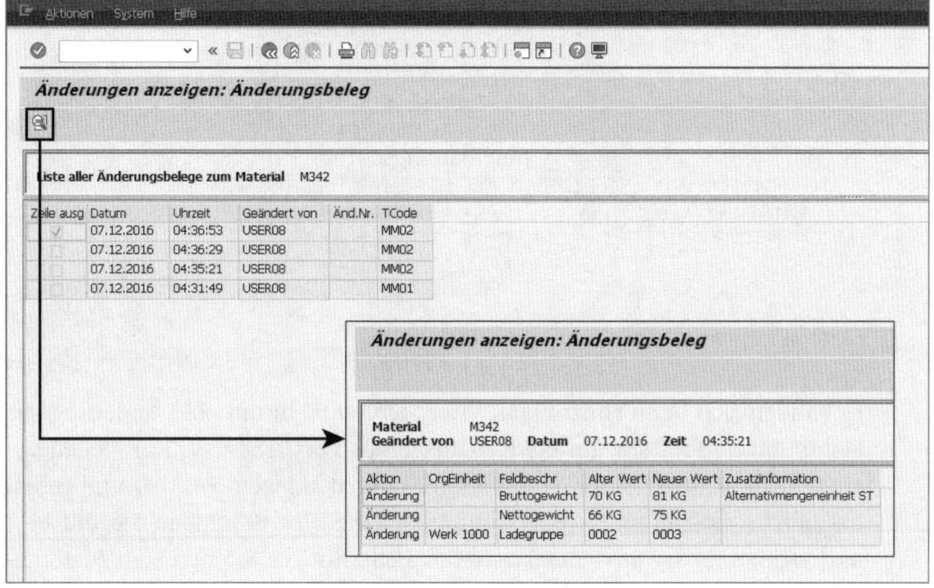

Änderungen im Materialstammsatz

3.6 Materialstammsatz erweitern

Ein Materialstammsatz wird von verschiedenen Fachbereichen und Organisationseinheiten des Unternehmens genutzt. Dabei ist jeder Fachbereich und jede Organisationseinheit für die Pflege der Daten verantwortlich. Die Reihenfolge der Pflege ist nicht vorgegeben, jeder Bereich legt seine Daten an, sobald die notwendigen Informationen vorliegen.

Es kann vorkommen, dass bei der Neuanlage eines Materialstamms nur die Grunddaten und die Buchhaltungsdaten bekannt sind. In diesem Fall werden nur diese Sichten im Materialstammsatz angelegt, indem in Transaktion

MM01 (Material anlegen) bei der Sichtenauswahl nur **Grunddaten** und **Buchhaltung** ausgewählt werden. In den Sichten zum Vertrieb sind noch keine Daten gespeichert. Möchten Sie die Vertriebsdaten zum Materialstammsatz hinzufügen, können Sie dies mit Transaktion MM01 (Material anlegen) tun. Das Vorgehen entspricht dabei genau der in Abschnitt 3.3, »Materialstammsatz anlegen«, beschriebenen Neuanlage eines Materials.

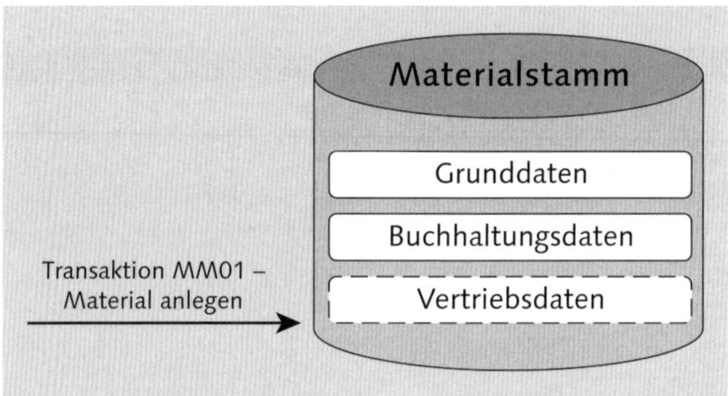

Materialstammsatz erweitern

Es handelt sich beim Hinzufügen Ihrer Sichten nicht um eine Änderung des Stammsatzes, sondern um die Neuanlage der Vertriebssicht. Zur Neuanlage einer Sicht wählen Sie die Transaktion Material anlegen (MM01) und geben die bereits existierende Materialnummer ein. Dies bestätigen Sie mit ↵ und wählen in der Sichtenauswahl die Sicht aus, die Sie neu zum Materialstammsatz hinzufügen möchten. Mit ↵ gelangen Sie zur bekannten Auswahl der Organisationseinheiten, die Sie nach deren Eingabe wieder mit ↵ bestätigen. Da der Materialstammsatz grundsätzlich bereits vorhanden ist, erhalten Sie die Meldung **Das Material existiert bereits und wird erweitert**. Sie können nun die Daten in der neuen Sicht anlegen; die bereits vorhandenen Daten der anderen Sichten werden davon nicht beeinflusst.

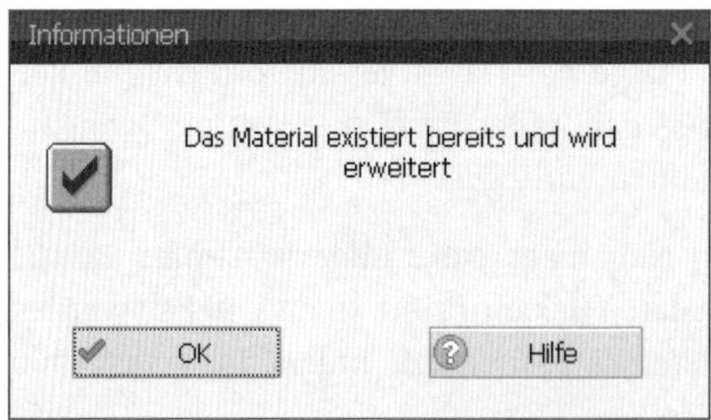

Möchten Sie ein Material in mehreren Organisationseinheiten nutzen, ist die Situation ähnlich. Haben Sie die Vertriebsdaten in den Sichten **Vertrieb: VerkOrg 1**, **Vertrieb: VerkOrg 2** und **Vertrieb: allg./Werk** nur für die Verkaufsorganisation Deutschland angelegt, ist der Vertrieb in einer anderen Verkaufsorganisation nicht möglich. Sie müssen die Vertriebssichten des Materials erneut mit Transaktion MM01 anlegen und diesmal bei der Auswahl der Organisationseinheiten die entsprechende Verkaufsorganisation angeben. Sie können dann für diese Verkaufsorganisation die Daten pflegen, die durchaus von den Daten der ursprünglichen Verkaufsorganisation abweichen können. So könnte in der Verkaufsorganisation Großbritannien ein anderes Werk des Unternehmens für die Auslieferung des Materials verantwortlich sein als in Deutschland, oder die Mindestauftragsmengen sind in den Verkaufsorganisationen verschieden und werden deshalb auch unterschiedlich gepflegt.

VIDEO

Materialstammsatz erweitern

In diesem Video sehen Sie, wie Sie beim Anlegen zusätzlicher Sichten im Materialstamm vorgehen müssen:

http://s-prs.de/v4465gn

3.7 Datenerfassung vereinfachen

Sie können das Anlegen der Materialstammsätze vereinfachen, indem Sie mit Vorlagen arbeiten. Beim Anlegen eines Materialstammsatzes mit Transaktion MM01 können Sie im Bereich **Vorlage** im Feld **Material** eine Materialnummer zu einem Materialstammsatz angeben, aus dem Daten in den neu anzulegenden Stammsatz übernommen werden sollen.

1. Rufen Sie Transaktion MM01 auf. Sie finden die Transaktion im SAP-Easy-Access-Menü über **SAP Menü ▸ Logistik ▸ Vertrieb ▸ Stammdaten ▸ Produkte ▸ Sonstiges Material**.

2. Geben Sie nun im Einstiegsbild im Bereich **Vorlage** die Materialnummer des Materials ein, das Sie als Vorlage nutzen möchten. Anschließend drücken Sie [↵].

3. Wählen Sie nun die Sichten aus, die Sie im Materialstammsatz anlegen möchten, und drücken Sie [↵].

4. Wählen Sie anschließend die Organisationseinheiten aus. Da die Stammdaten pro Organisationseinheit unterschiedlich sein können, müssen Sie angeben, in welchen Organisationseinheiten der Materialstammsatz angelegt wird und – abweichend von der »normalen« Anlage – aus welchen Organisationseinheiten im Vorlagestammsatz die Daten übernommen werden sollen. Mit [↵] erreichen Sie die Datenbilder.

5. In den Datenbildern werden sämtliche Daten aus der Vorlage übernommen. Dies gilt auch für die Bezeichnung des Materials. Alle Vorschlagsdaten können geändert werden. Haben Sie die Daten des Materials gepflegt, können Sie den Materialstammsatz mit (**Sichern**) speichern.

Möchten Sie einen Materialstammsatz lediglich für eine neue Organisationseinheit erweitern, können Sie die Vorlagefunktion ebenfalls nutzen:

1. Rufen Sie Transaktion MM01 auf.

2. Geben Sie im Einstiegsbild oben im Feld **Material** und unten im Feld **Vorlage Material** die gleiche, bereits vorhandene Materialnummer ein, und bestätigen Sie sie mit [↵].

3. Im nächsten Bild wählen Sie die Sichten aus, die nun auch für eine neue Organisationseinheit angelegt werden sollen. Mit [↵] wechseln Sie zur Eingabe der Organisationseinheiten.

4 Anschließend geben Sie die Vorlage-Organisationseinheit sowie die Organisationseinheit an, in der die Sichten nun auch verfügbar sein sollen.

5 Die ausgewählten Sichten werden geöffnet und mit Vorschlagswerten aus der Vorlage-Organisationseinheit gefüllt. Sie können die vorgegebenen Daten ändern und sie mit einem Klick auf (**Sichern**) speichern.

3.8 Zusammenfassung

Materialstammsätze sind in Sichten untergliedert, die den Fachbereichen des Unternehmens entsprechen. Jeder Fachbereich im Unternehmen pflegt die für ihn relevanten Sichten. Die Grunddaten und die Zusatzdaten sind, unabhängig von den Organisationseinheiten, im gesamten Unternehmen gültig. Die Daten der einzelnen Fachbereiche stehen in Abhängigkeit zu den Organisationseinheiten, sodass in unterschiedlichen Werken oder Verkaufsorganisationen verschiedene Daten hinterlegt sein können.

Die Daten des Materialstammsatzes können angezeigt oder geändert werden. Die Änderung von Daten im Stammsatz kann nur in bereits angelegten Sichten geschehen. Soll der Stammsatz um eine Sicht erweitert werden, muss die Transaktion zum Anlegen eines Materialstammsatzes genutzt werden. Einzelne Sichten und ganze Stammsätze können mit einer Vorlage angelegt werden, sodass die manuellen Dateneingaben reduziert werden.

Die Änderungen im Materialstammsatz werden protokolliert und können mit der Transaktion zum Anzeigen von Änderungen nachverfolgt werden.

3.9 Probieren Sie es aus!

Ihr Unternehmen handelt mit Hi-Fi- und Sound-Geräten aller Art. In naher Zukunft möchten Sie einen neuen Kopfhörer auf den Markt bringen. Der Kopfhörer trägt die Bezeichnung Kopfhörer DreamSound 500.

Stammdaten zum Material sind im SAP-System noch nicht vorhanden. Das Material soll mit der Branche Maschinenbau und der Materialart Handelsware angelegt werden. Vorerst ist die Nutzung nur im Werk 1000 vorgesehen. Sie möchten den Kopfhörer nur an Händler abgeben und wählen deshalb die Verkaufsorganisation 1000 und den Vertriebsweg 12.

HINWEIS

Organisationseinheiten und Voreinstellungen der Übung

In dieser Übung werden die Organisationseinheiten und Voreinstellungen des International Demonstration and Education Systems (IDES) von SAP SE verwendet. Die Organisationseinheiten können in Ihrem Unternehmen und dem Ihnen vorliegenden System anders sein. Ebenso kann die Datenauswahl zu Zahlungsbedingungen, Transportzonen oder Kundenbezirken in Ihrem System nicht mit den Vorgaben der Übung übereinstimmen. Bitte machen Sie sich mit den Organisationseinheiten und den Voreinstellungen des Unternehmens vertraut, und verwenden Sie diese in der Übung.

Sie sind verantwortlich für das erste Anlegen der Materialstammdaten. Außerdem gehört die Pflege der Daten für den Fachbereich Vertrieb zu Ihren Aufgaben. Folgende Informationen liegen Ihnen vor:

Materialnummer	M100
Sicht Grunddaten 1	
Materialkurztext	Kopfhörer DreamSound 500
Basismengeneinheit	ST (Stück)
Warengruppe	002 (Elektronik)
Bruttogewicht	0,9 kg
Nettogewicht	0,7 kg
EAN-Code	4004042010238
Sicht Vertrieb: VerkOrg 1	
Sparte	07 (High Tech)
Auslieferungswerk	1000 (Hamburg)
Steuerklassifikation	1 (steuerpflichtig)
Mindestauftragsmenge	5 Stück
Mindestliefermenge	5 Stück
Sicht Vertrieb: VerkOrg 2	
Keine zusätzlichen Angaben notwendig	

Sicht Vertrieb: allg/Werk	
Transportgruppe	0001
Ladegruppe	0003
Zusatzdaten	
Englische Bezeichnung	Headphones DreamSound 500
Französische Bezeichnung	Casque d'écoute DreamSound 500

Aufgabe 1

Legen Sie die Materialstammdaten für das neue Material Kopfhörer DreamSound 500 an. Pflegen Sie die Daten für die Sichten **Grunddaten 1**, **Vertrieb: VerkOrg 1**, **Vertrieb: VerkOrg 2** und **Vertrieb: allg./Werk**.

Aufgabe 2

Wenige Tage später erhalten Sie die Information, dass die Buchhaltungsdaten ebenfalls von Ihnen angelegt werden sollen, da der eigentlich zuständige Sachbearbeiter in der Buchhaltung erkrankt ist. Legen Sie zum bereits vorhandenen Materialstammsatz M100 die Sicht **Buchhaltung** im Werk 1000 neu an. Folgende Daten sind Ihnen bekannt:

Sicht Buchhaltung	
Bewertungsklasse	3100
Preissteuerung	V (Gleitender Durchschnittspreis)
Gleitender Preis	158 EUR

Aufgabe 3

Der Kopfhörer soll zukünftig auch direkt an den Endkonsumenten verkauft werden. Zu diesem Zweck wurde ein eigener Vertriebsweg 10 im SAP-System eingerichtet. Darüber hinaus ist die Verkaufsorganisation 1000 für den Verkauf verantwortlich. Die Vertriebsdaten in den Sichten **Vertrieb: VerkOrg 1**, **Vertrieb: VerkOrg 2** und **Vertrieb: allg./Werk** sind die gleichen wie für den Vertriebsweg 12.

Erweitern Sie die Stammdaten des Materials für das Werk 1000, die Verkaufsorganisation 1000 und den Vertriebsweg 10. Nutzen Sie hierbei die Möglichkeit der Vorlage!

Aufgabe 4

Sie erhalten die Information, dass für den Vertriebsweg 10 die Mindestauftragsmenge nur ein Stück beträgt. Nehmen Sie im Materialstammsatz die entsprechende Änderung in der Sicht **Vertrieb: VerkOrg 1** vor!

Aufgabe 5

Lassen Sie sich die Änderungen zum Material M100 anzeigen.
Können Sie erkennen, wann die Änderung vorgenommen wurde?

Aufgabe 6

Neben dem Kopfhörer soll auch ein neuer MP3-Player in das lieferbare Programm Ihres Unternehmens aufgenommen werden. Der MP3-Player hat die Bezeichnung MP3 Sound Pro und wird im Werk 1000 gelagert. Der Verkauf liegt in den Händen der Verkaufsorganisation 1000, der Vertriebsweg ist 12. Als Branche wird wieder Maschinenbau, als Materialart Handelsware gewählt.

Es liegen folgende Informationen für die Bereiche Einkauf und Buchhaltung vor:

Materialnummer	M200
Sicht Grunddaten 1	
Materialkurztext	MP3 Sound Pro
Basismengeneinheit	ST (Stück)
Warengruppe	002 (Elektronik)
Bruttogewicht	0,07 kg
Nettogewicht	0,07 kg
EAN-Code	4004042010245
Sicht Vertrieb: VerkOrg 1	
Sparte	07 (High Tech)
Auslieferungswerk	1000 (Hamburg)
Steuerklassifikation	1 (steuerpflichtig)
Mindestauftragsmenge	3 Stück

Sicht Vertrieb: VerkOrg 2	
Keine zusätzlichen Angaben notwendig	
Sicht Vertrieb: allg/Werk	
Transportgruppe	0001
Ladegruppe	0003
Sicht Buchhaltung	
Bewertungsklasse	3100
Preissteuerung	V (Gleitender Durchschnittspreis)
Gleitender Preis	72 EUR

Lagerbestandsbuchung zu den angelegten Materialien

Die gerade im SAP-System von Ihnen angelegten Materialien M100 (Kopfhörer DreamSound 500) und M200 (MP3 Sound Pro) können nur verkauft und ausgeliefert werden, wenn eine entsprechende Menge im System vorhanden ist.

Die Beschaffung der beiden Materialien ist Aufgabe des Einkaufs. Die Buchung des Wareneingangs wird üblicherweise im Lager vorgenommen. Um im weiteren Verlauf der Übungen erfolgreich arbeiten zu können, muss die Wareneingangsbuchung allerdings durch Sie vorgenommen werden. Im Folgenden wird Ihnen Schritt für Schritt erklärt, wie Sie den Warenzugang buchen, ohne auf Hintergründe einzugehen. Dabei handelt es sich um einen sehr abgekürzten Weg, der sich nicht am klassischen Beschaffungsprozess orientiert.

Nehmen Sie die beschriebene Wareneingangsbuchung von 1.500 Stück pro Material unbedingt vor. Sie können die weiteren Übungen des Buches sonst nicht erfolgreich durchführen!

1. Öffnen Sie Transaktion MIGO. Im SAP-Easy-Access-Menü können Sie die Transaktion über **SAP Menü ▸ Logistik ▸ Materialwirtschaft ▸ Bestandsführung ▸ Warenbewegung** finden.
2. Wählen Sie im linken Feld unter der Anwendungsfunktionsleiste den Eintrag **Wareneingang** aus.
3. Rechts daneben wählen Sie im Feld den Eintrag **R10 Sonstige** aus.

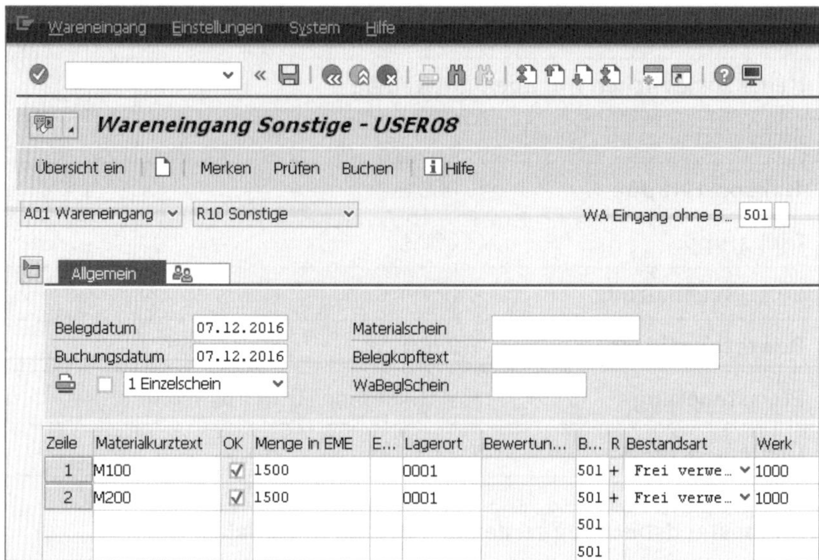

4. Im linken der beiden rechten Felder geben Sie **501** ein.
5. Das ganz rechte Feld bleibt leer.
6. Drücken Sie anschließend auf [↵].
7. Sollten im unteren Bildbereich die drei Registerkarten **Material**, **Menge** und **Wo** angezeigt werden, klicken Sie links daneben auf die Schaltfläche (**Detaildaten schließen**).
8. Geben Sie in der ersten Zeile der Tabelle in der Spalte **Materialkurztext** die Materialnummer **M100** ein.
9. Geben Sie in der zweiten Zeile in der Spalte **Materialkurztext** die Materialnummer **M200** ein.
10. Geben Sie in beiden Zeilen in der Spalte **Menge in EME** die Menge **1500** ein.
11. Tragen Sie außerdem in beiden Zeilen in der Spalte **Lagerort** den Lagerort **0001** und in der Spalte **Werk** das Werk **1000** ein.
12. Klicken Sie anschließend auf (**Sichern**), um den Wareneingang zu buchen.

Sie haben nun zu den beiden Materialien jeweils einen Lagerbestand von 1.500 Stück im System eingebucht. Diese Menge steht Ihnen jetzt zur Bearbeitung der weiteren Übungen zur Verfügung.

4 Der Kunden-Material-Infosatz

4

Um dem Kunden den bestmöglichen Service zu bieten, kann ein Unternehmen zum Material speziell auf den Kunden zugeschnittene Informationen speichern. Auf diese Weise kann der Kunde zum Beispiel mit einer kundeneigenen Artikelnummer oder -bezeichnung bestellen.

In diesem Kapitel lernen Sie,

- wie der Kunden-Material-Infosatz aufgebaut ist,
- welche Daten im Kunden-Material-Infosatz gespeichert werden,
- welche Transaktionen zum Kunden-Material-Infosatz zur Verfügung stehen,
- wie Sie einen Kunden-Material-Infosatz anlegen und bearbeiten.

4.1 Einführung

Im Kunden-Material-Infosatz hinterlegen Sie kundenspezifische Informationen zu einem Material. Hauptsächlich sind dies die beim Kunden verwendete Materialnummer und die vom Kunden genutzte Materialbezeichnung. Diese Informationen helfen dem Kunden beispielsweise im Wareneingang, da die Mitarbeiter im Wareneingang auf diese Weise direkt wissen, welche Materialien sie einbuchen müssen.

Außerdem können Sie spezielle Einstellungen zu Versand und Lieferung im Kunden-Material-Infosatz vornehmen: Zum Beispiel könnten Sie im Kundenstammsatz eingestellt haben, dass der Kunde generell keine Teillieferungen akzeptiert. Sollten für ein bestimmtes Material Teillieferungen zum Kunden erlaubt sein, können Sie diese Information in der Kombination von Kunde und Material im Kunden-Material-Infosatz hinterlegen. Das Gleiche gilt für die Mindestliefermenge: Haben Sie im Materialstammsatz eine Mindestliefermenge festgelegt, möchten für einen einzelnen Kunden aber eine andere Mindestliefermenge festlegen, können Sie die entsprechende Einstellung im Kunden-Material-Infosatz vornehmen.

Legen Sie einen Kundenauftrag an, werden Daten aus den Stammdaten übernommen. Hierbei haben die Daten im Kunden-Material-Infosatz immer Vorrang vor den Kunden- und Materialstammdaten. Werden bei der Auftragserfassung Kunde und Material angegeben, prüft das System zuerst im Kunden-Material-Infosatz, ob Informationen zur Kunden-Material-Kombination hinterlegt sind. Ist dies nicht der Fall, werden die Daten aus dem Kunden- und dem Materialstamm übernommen.

Der Kunden-Material-Infosatz wird ausschließlich vom Vertrieb genutzt. Er ist deshalb nur von den Organisationseinheiten Verkaufsorganisation und Vertriebsweg abhängig. Für jede Vertriebslinie können demnach unterschiedliche Daten im Kunden-Material-Infosatz hinterlegt werden.

HINWEIS

Bezeichnung des Kunden-Material-Infosatzes im Alltag

Die Bezeichnung *Kunden-Material-Infosatz* ist im täglichen Gebrauch sehr lang und entsprechend unbequem. Der Kunden-Material-Infosatz wird deshalb im ständigen Umgang oft einfach nur als Infosatz bezeichnet. Im SAP-System werden in unterschiedlichen Bereichen Infosätze genutzt: So wird in der Beschaffung der Einkaufsinfosatz genutzt, und im Qualitätsmanagement wird ein Qualitätsinfosatz gepflegt. Achten Sie deshalb in der Kommunikation darauf, dass alle Beteiligten wirklich vom gleichen Infosatz sprechen!

4.2 Die Transaktionen zum Kunden-Material-Infosatz

Die Transaktionen zum Kunden-Material-Infosatz finden Sie im SAP-Easy-Access-Menü unter **SAP Menü ▸ Logistik ▸ Vertrieb ▸ Stammdaten ▸ Absprachen ▸ Kunden-Material-Info**.

Mit Transaktion VD51 können Sie einen Kunden-Material-Infosatz anlegen, und mit Transaktion VD52 können Sie ihn ändern. Zum Anzeigen des Infosatzes stehen zwei Transaktionen zur Verfügung: Transaktion VD53 zeigt Kunden-Material-Infosätze in Abhängigkeit vom Kunden an, und mit Transaktion VD54 können sie in Abhängigkeit vom Material angezeigt werden. In der folgenden Abbildung sehen Sie den Kunden-Material-Infosatz im SAP-Easy-Access-Menü.

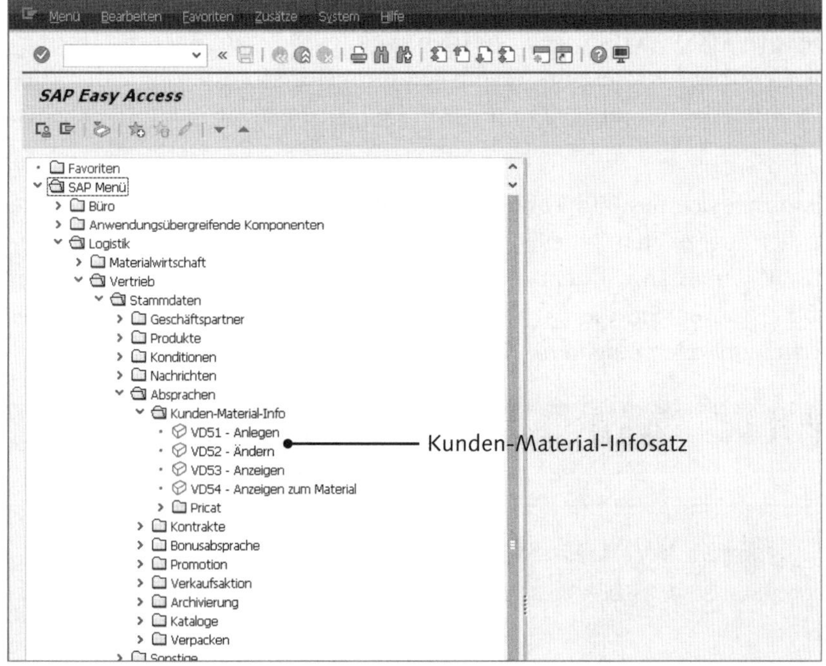

Die Transaktionen zum Kunden-Material-Infosatz im SAP-Easy-Access-Menü

4.3 Kunden-Material-Infosatz anlegen

In diesem Abschnitt erfahren Sie, wie Sie mit Transaktion VD51 einen Kunden-Material-Infosatz anlegen. So geht's:

1. Rufen Sie Transaktion VD51 über den Pfad **SAP Menü ▸ Logistik ▸ Vertrieb ▸ Stammdaten ▸ Absprachen ▸ Kunden-Material-Info** oder durch die Eingabe des Transaktionscodes in das Befehlsfeld auf.

2. Geben Sie im Einstiegsbild der Trcansaktion **Kunden-Material-Info anlegen** im Feld **Kunde** die Nummer des Kunden ein, für den Sie den Infosatz anlegen möchten.

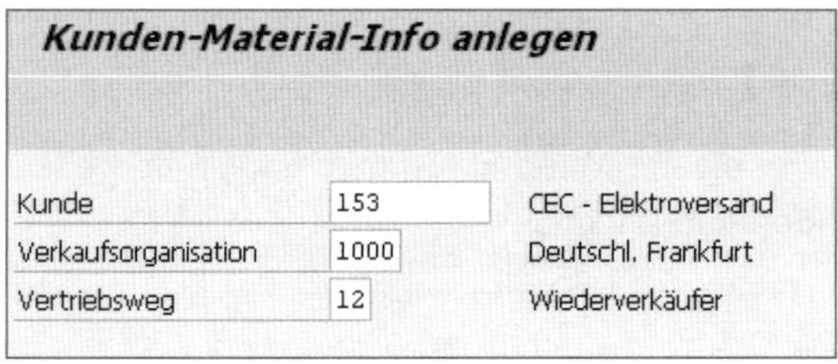

3. Geben Sie im Feld **Verkaufsorganisation** die Verkaufsorganisation (im Beispiel 1000) und im Feld **Vertriebsweg** (hier 12 für Wiederverkäufer) den Vertriebsweg an, um festzulegen für welche Vertriebslinie der Kunden-Material-Infosatz gelten soll. Mit [↵] gelangen Sie in ein Übersichtsbild.

4. Es öffnet sich das Bild **Kunden-Material-Info: Übersichtsbild**. Geben Sie in der angezeigten Tabelle in der Spalte **Materialnummer** die Nummer des Materials an, zu dem der Kunden-Material-Infosatz erzeugt werden soll. Drücken Sie die [↵]-Taste, und das SAP-System übernimmt die Materialbezeichnung in die Tabelle.

5. Hat Ihnen der Kunde eine eigene Materialnummer mitgeteilt, geben Sie diese in der Spalte **Kundenmaterial** an.

6 Geben Sie in der Tabelle alle Materialien an, zu denen Sie in Verbindung mit dem in Schritt 2 angegebenen Kunden Kunden-Material-Infosätze anlegen möchten.

7 Positionieren Sie den Cursor in der ersten Zeile der Tabelle, und klicken Sie auf die Schaltfläche (**Detail Info**). Sie erreichen das Positionsbild, in dem Sie die Daten des Kunden-Material-Infosatzes pflegen können.

8 Im Datenbild erkennen Sie im Feld **Kundenmaterial** die Kundenmaterialnummer aus dem Übersichtsbild. Im Feld **Kundenmaterialbez.** können Sie angeben, wie das Material beim Kunden bezeichnet ist. Im Feld **Suchbegriff** können Sie einen eigenen Suchbegriff definieren, der in den SAP-Suchhilfen genutzt wird.

9 Die Felder in den Bildbereichen **Versand** und **Teillieferung** kennen Sie bereits aus dem Kunden- und dem Materialstammsatz. Im Kunden-Material-Infosatz können Sie abweichende Einstellungen vornehmen, die dann nur für die spezielle Kombination aus Kunde und Material gültig sind.

10 Klicken Sie auf die Schaltfläche (**Texte**), um zusätzliche Text zum Kunden-Material-Infosatz zu pflegen.

11 Es öffnet sich das Bild **Kunden-Material-Info anzeigen: Texte**. Die Texte, die Sie in diesem Bild speichern, können auf der Auftragsbestätigung oder dem Lieferschein mitausgedruckt werden, sodass der spezielle Kunde bei der Lieferung des Materials immer die festgelegte Information erhält.

Geben Sie in der Spalte **Spr** die Sprache an, in der Sie den Text pflegen möchten. Mit der F4-Taste können Sie in der Auswahlhilfe die möglichen Sprachschlüssel erkennen. Im Feld **Textanfang** geben Sie den Text ein. Sollte der Text länger sein als das Feld, können Sie mit der Schaltfläche (**Detail**) oder einem Doppelklick auf das Textfeld in einen separaten Editor springen und dort auch sehr lange Texte hinterlegen. Aus dem Editor gelangen Sie mit (**Zurück**) wieder zurück in die Textübersicht.

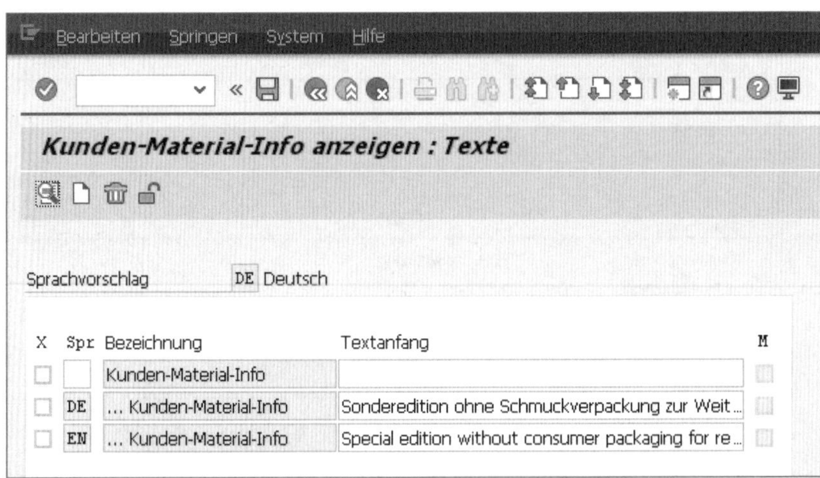

12 Möchten Sie den Text noch in einer anderen Sprache pflegen, klicken Sie auf die Schaltfläche (**Anlegen**). Es wird eine neue Zeile zur Textübersicht hinzugefügt, in der Sie, wie im vorangehenden Schritt beschrieben, den Text in einer anderen Sprache pflegen können.

Möchten Sie einen Text löschen, positionieren Sie den Cursor in der Textzeile, und klicken Sie auf die Schaltfläche (**Löschen**).

13 Klicken Sie die Schaltfläche (**Sichern**) an, um den Kunden-Material-Infosatz zu speichern. Nicht gespeicherte Daten gehen verloren.

Die Daten des Kunden-Material-Infosatzes stehen nun im SAP-System zur Verfügung und werden beim Anlegen eines Kundenauftrags mit Priorität vor den Kunden- und Materialstammdaten in den Beleg übernommen.

VIDEO

Kunden-Material-Infosatz anlegen

Im folgenden Video sehen Sie, wie Sie einen Kunden-Material-Infosatz erzeugen; die wichtigsten Daten des Kunden-Material-Infosatzes werden erklärt.

http://s-prs.de/v4465ks

4.4 Kunden-Material-Infosatz ändern

Die Daten im Kunden-Material-Infosatz können geändert werden. Zum Ändern steht Transaktion VD52 zur Verfügung. Gehen Sie folgendermaßen vor:

1 Rufen Sie die Transaktion im SAP-Easy-Access-Menü über den Pfad **SAP Menü ▸ Logistik ▸ Vertrieb ▸ Stammdaten ▸ Absprachen ▸ Kunden-Material-Info** auf. Alternativ können Sie auch den Transaktionscode VD52 im Befehlsfeld eingeben.

2 Es öffnet sich das Bild **Kunden-Material-Info ändern: Übersichtsbild**. Geben Sie die Kundennummer im Feld **Kunde** sowie die Verkaufsorganisation und den Vertriebsweg in den gleichnamigen Feldern ein.

Zusätzlich haben Sie im Feld **Material** die Möglichkeit, die Auswahl auf bestimmte Materialien zu begrenzen. Geben Sie dazu einfach ein Material in diesem Feld ein. Den genauen Umgang mit der Selektion lernen Sie in Kapitel 15, »Listen«.

3 Klicken Sie auf (**Ausführen**), um in das Übersichtsbild des Kunden-Material-Infosatzes zu gelangen. Hier werden alle Materialien aufgelistet, zu denen in Kombination mit dem gewählten Kunden ein Kunden-Material-Infosatz existiert.

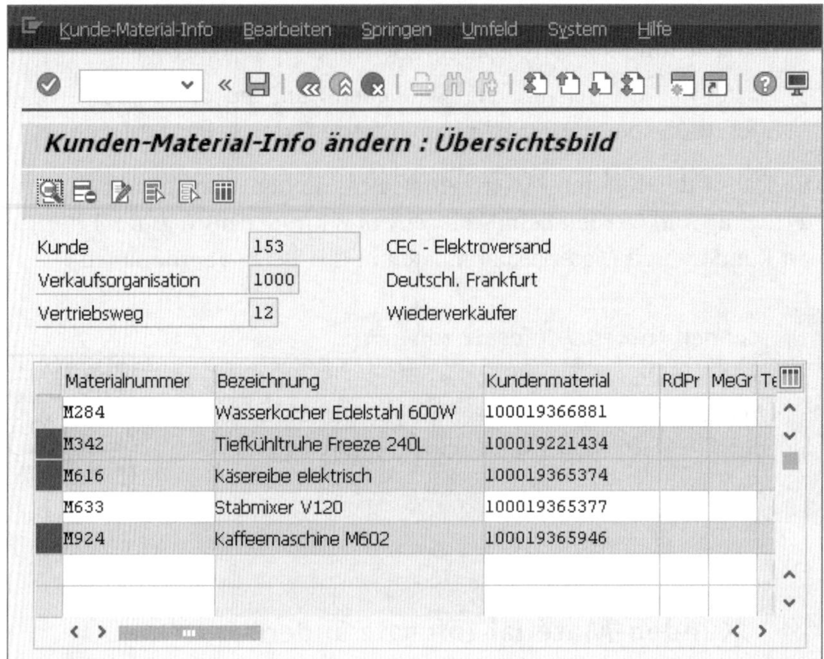

4 Markieren Sie die Infosätze, die Sie bearbeiten möchten, indem Sie das Quadrat links vor der einzelnen Zeile anklicken. Markierte Infosätze werden orange dargestellt. In unserem Beispiel sind das Tiefkühltruhe, Käsereibe und Kaffeemaschine. Durch einen Klick auf die Schaltfläche (**Alle markieren**) können Sie alle angezeigten Kunden-Material-Infosätze markieren. Die Schaltfläche (**Zurücknehmen**) hebt sämtliche Markierungen auf.

5 Klicken Sie nun auf die Schaltfläche (**Detail Info**). Das SAP-System springt in das Datenbild zum ersten markierten Infosatz. Im Datenbild können Sie Änderungen im Kunden-Material-Infosatz vornehmen.

6 Mit der Schaltfläche (**Nächste Info**) können Sie direkt zum nächsten Infosatz weiterspringen, den Sie im Übersichtsbild markiert haben. Mit der Schaltfläche (**Vorherige Info**) springen Sie zum vorherigen Infosatz zurück. Nehmen Sie in jedem Infosatz die notwendigen Änderungen vor.

7 Haben Sie die Änderung der Kunden-Material-Infosätze abgeschlossen, speichern Sie Ihre Eingaben mit der Schaltfläche (**Sichern**).

4.5 Kunden-Material-Infosatz anzeigen

Zum Anzeigen von Kunden-Material-Infosätzen stehen im SAP-Easy-Access-Menü über **SAP Menü ▸ Logistik ▸ Vertrieb ▸ Stammdaten ▸ Absprachen ▸ Kunden-Material-Info** zwei Transaktionen zur Verfügung: Diese beiden Transaktionen verwenden Sie so, wie Sie es in den vorangehenden Abschnitten gelernt haben.

Transaktion VD53 dient zur Anzeige von Infosätzen zu einem Kunden. Hier geben Sie im Einstiegsbild einen Kunden ein und erhalten nach Anklicken der Schaltfläche (**Ausführen**) im Übersichtsbild die zum Kunden gehörenden Kunden-Material-Infosätze.

Mit Transaktion VD54 öffnen Sie die Anzeige von Infosätzen zu einem Material. Im Einstiegsbild geben Sie ein Material an und klicken auf (**Ausführen**), und es werden Ihnen im Übersichtsbild die zum Material gehörigen Kunden-Material-Infosätze angezeigt.

4.6 Liste der Kunden-Material-Infosätze erstellen

Neben der in der Transaktion zum Kunden-Material-Infosatz angezeigten Übersicht können Sie auch eine eigene Liste von Infosätzen erzeugen. So geht's:

1. Verwenden Sie hierzu Transaktion VD59, die Sie im SAP-Easy-Access-Menü unter **SAP Menü ▸ Logistik ▸ Vertrieb ▸ Stammdaten ▸ Infosystem ▸ Absprachen** finden, oder geben Sie den Transaktionscode im Befehlsfeld ein.
2. Sie gelangen in das Einstiegsbild, in dem Sie Suchkriterien vorgeben können, um die Menge der angezeigten Kunden-Material-Infosätze einzuschränken. Mit einem Klick auf (**Ausführen**) werden die Kunden-Material-Infosätze nach den angegebenen Kriterien durchsucht und die entsprechende Liste erzeugt.
3. Diese Liste können Sie mit den Schaltflächen (**Sortieren aufsteigend**) und (**Sortieren absteigend**) sortieren oder mit (**Tabellenkalkulation**) in Microsoft Excel ausgeben.

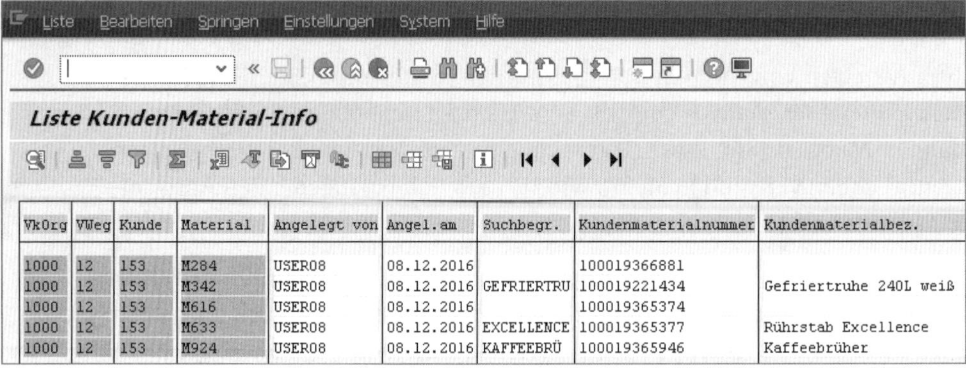

VkOrg	VWeg	Kunde	Material	Angelegt von	Angel.am	Suchbegr.	Kundenmaterialnummer	Kundenmaterialbez.
1000	12	153	M284	USER08	08.12.2016		100019366881	
1000	12	153	M342	USER08	08.12.2016	GEFRIERTRU	100019221434	Gefriertruhe 240L weiß
1000	12	153	M616	USER08	08.12.2016		100019365374	
1000	12	153	M633	USER08	08.12.2016	EXCELLENCE	100019365377	Rührstab Excellence
1000	12	153	M924	USER08	08.12.2016	KAFFEEBRÜ	100019365946	Kaffeebrüher

Die vielfältigen Möglichkeiten der Selektionsbilder und der Umgang mit Listen werden detailliert in Kapitel 15 beschrieben.

4.7 Zusammenfassung

Der Kunden-Material-Infosatz wird verwendet, um Materialdaten kundenspezifisch zu erfassen. So lassen sich abweichend von Kunden- und Materialstammsätzen Informationen in der Kombination von Kunde und Material speichern. Beim Anlegen eines Kundenauftrags haben die Daten des Kunden-Material-Infosatzes Priorität vor den Daten des Kunden- und des Materialstammsatzes.

Über die Liste der Kunden-Material-Infosätze erhalten Sie jederzeit einen aktuellen Stand der vorliegenden Infosätze.

4.8 Probieren Sie es aus!

Mit dem Kunden T&H Soundsystems GbR wurde vereinbart, dass die beim Material Kopfhörer DreamSound 500 gültige Mindestliefermenge von fünf Stück in seinem Fall nicht gilt. Stattdessen wurde eine Mindestliefermenge von zwei Stück vereinbart. Dafür akzeptiert der Kunde ab heute für dieses Material eine Überlieferung von bis zu 5 %. Außerdem möchte der Kunde seine Aufträge an Ihr Unternehmen zukünftig nur noch mit seiner eigenen Materialnummer schreiben, um den Aufwand in seiner Einkaufsabteilung zu reduzieren.

HINWEIS

Benötigte Daten aus vorangehenden Übungen

In dieser Übung wird auf Daten aus Kapitel 2 und Kapitel 3 zurückgegriffen. Die Aufgaben zum Kunden-Material-Infosatz können nur durchgeführt werden, wenn die Übungen zum Kundenstammsatz (Kapitel 2) und zum Materialstammsatz (Kapitel 3) vollständig bearbeitet wurden.

Sie sind dafür verantwortlich, die notwendigen Kunden-Material-Infosätze im SAP-System anzulegen, um dem Kunden den größtmöglichen Service zu bieten. Die Materialien werden von der Verkaufsorganisation 1000 über den Vertriebsweg 12 verkauft.

Folgende Informationen liegen Ihnen vor:

Kopfhörer DreamSound 500	
Materialnummer des Kunden	5500003233
Mindestliefermenge	2 Stück
Toleranz Überlieferung	5 %
MP3 Sound Pro	
Materialnummer des Kunden	5500006171

Aufgabe 1

Legen Sie die beiden Kunden-Material-Infosätze zum Kunden an.

Aufgabe 2

Der Kunde teilt Ihnen mit, dass das Material Kopfhörer DreamSound 500 bei ihm eine andere Bezeichnung hat. Der Kunde verwendet für das Material die Bezeichnung Monster Beat Ohrenschale. Ändern Sie den Kunden-Material-Infosatz entsprechend ab.

Aufgabe 3

Erstellen Sie im SAP-System eine Liste aller Kunden-Material-Infosätze zum Kunden T&H Soundsystems GbR.

5 Konditionen

Die finanzielle Vereinbarung, die Sie mit Ihrem Kunden über die Lieferung einer Ware oder eines Produkts treffen, beschränkt sich nicht nur auf den reinen Preis. Darüber hinaus gehören noch weitere Elemente zur Preisermittlung, zum Beispiel Mengenrabatte, Mindermengenzuschläge, Frachtkosten oder Ähnliches. Diese unterschiedlichen Preisbestandteile werden als Konditionen bezeichnet.

In diesem Kapitel erfahren Sie,

- welche Bestandteile Konditionen haben können,
- wie Konditionen in Konditionssätzen abgebildet werden,
- welche Funktion Konditionsarten im SAP-System haben,
- wie Sie Preise anlegen und pflegen,
- wie Sie Rabatte anlegen und pflegen,
- wie Sie Naturalrabatte anlegen und pflegen.

5.1 Einführung

Grundsätzlich wird zwischen Konditionen und Zahlungsbedingungen unterschieden: Konditionen betreffen die Preisvereinbarungen, während Zahlungsbedingungen den Zeitpunkt der Zahlung festlegen. Die folgende Abbildung gibt Ihnen einen Überblick über die Bedeutung von Konditionen und Zahlungsbedingungen.

In den Zahlungsbedingungen wird bestimmt, bis zu welchem Zeitpunkt die Bezahlung der an den Kunden gelieferten Waren erfolgen muss. In vielen Fällen wird außerdem eine Skontovereinbarung getroffen, die dem Kunden bei Zahlung innerhalb einer kurzen Frist einen Abschlag erlaubt. Zahlungsbedingungen sind nicht direkt Teil der Konditionen, sondern werden in den Vertriebsbereichsdaten des Kundenstammsatzes (siehe Kapitel 2) gepflegt. Das Skonto aus den Zahlungsbedingungen hat aber Einfluss auf die Preise, die in den Konditionen errechnet werden.

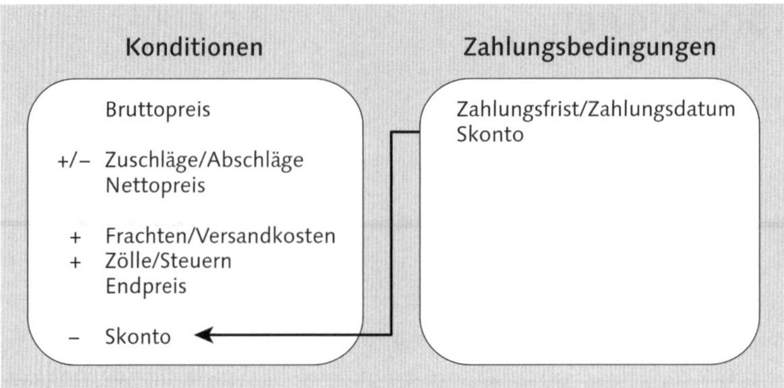

Konditionen und Zahlungsbedingungen

Konditionen sind Vereinbarungen mit dem Kunden über Preise, Rabatte oder Zusatzkosten und können grundsätzlich vier Bestandteile haben:

- **Preis**
  Der Preis ist der festgelegte Wert des Materials. Der Preis kann in Abhängigkeit der Menge oder des Auftragswerts gestaffelt sein.
- **Zu- und Abschläge**
  Hier handelt es sich um mögliche Rabatte, die generell oder ab bestimmten Mengen oder Auftragswerten gewährt werden. Gegenteilig kann es auch Zuschläge im Verkauf geben, beispielsweise bei der Bestellung geringer Mengen (Mindermengenzuschlag) durch den Kunden oder wenn aufgrund sehr kurzer Lieferzeiten eine Produktion am Wochenende erfolgen muss (Wochenendzuschlag).
- **Frachten**
  Nicht immer sind Fracht-, Transport- oder Versandkosten im Preis direkt enthalten. Sie können gesondert berechnet werden und sind ebenfalls abhängig von Mengen oder Werten. So wird oft ab einer bestimmten Auftragsmenge versandkostenfrei geliefert.
- **Steuern und Zölle**
  Zölle sind Abgaben, die beim Transport von Waren über Landesgrenzen hinweg fällig werden können. Steuern sind neben der Mehrwertsteuer auch besondere Verbrauchssteuern oder Produktionsabgaben, wie beispielsweise Mineralölsteuer oder Tabaksteuer.

Die Zu- und Abschläge, die Frachten sowie die Steuern und Zölle werden auch als Preisfaktoren bezeichnet und können in drei verschiedenen Arten auftreten:

- **Absolut**
  Rabatte, Frachtkosten, Zölle etc. können mit absoluten Werten festgelegt werden. Beispielsweise könnten Sie als Verkäufer mit dem Kunden für einen bestimmten Auftrag 50 EUR Rabatt vereinbaren. Oder die Frachtkosten werden mit 100 EUR absolut festgelegt. Die Kondition Preis wird immer absolut angegeben.
- **Mengenabhängig**
  Mengenabhängige Konditionen sind pro Mengeneinheit vereinbart. So könnten Sie pro bestelltes Stück einen Rabatt von 2 EUR vereinbaren oder die Frachtkosten mit 100 EUR pro Palette festlegen.
- **Prozentual**
  Sie haben die Möglichkeit, Konditionen auch prozentual zu vereinbaren. Zum Beispiel können Sie als Verkäufer 5 % Rabatt gewähren. Auch Frachtkosten oder Zölle können mit einem bestimmten Prozentsatz vom Warenwert berechnet werden.

Für Konditionen ist eine Staffelung möglich, das heißt, der Preis kann in Abhängigkeit der bestellten Menge variieren. Oder Sie gewähren ab einem Auftrag, der über einem bestimmten Wert liegt, einen höheren Rabatt. Beispiele für Staffeln in Konditionen könnten sein:

- Als Preis für eine Ware sind 5 EUR vereinbart, ab einer Abnahmemenge von 1.000 Stück beträgt der Preis 4,50 EUR, ab einer Menge von 5.000 Stück 4 EUR.
- Es wurde ein genereller Rabatt von 3 % vereinbart. Ab einem Bestellwert von 10.000 EUR erhöht sich der Rabatt auf 5 %, ab 50.000 EUR auf 6 %.
- Die Frachtkosten betragen 100 EUR pro Palette. Bei einer Abnahme von zehn Paletten erfolgt die Lieferung an den Kunden versandkostenfrei.

Im SAP-System werden in der Hauptsache vier Preise unterschieden. Diese Preise werden in Angeboten oder Aufträgen, abhängig von den Konditionen, errechnet und angezeigt:

- **Bruttopreis**
  Der Bruttopreis ist der vereinbarte Grundpreis des Materials. Er wird im Unternehmen auch oft als Listenpreis oder unverbindliche Preisempfehlung bezeichnet.
- **Nettopreis**
  Der Nettopreis ist der Preis unter der Berücksichtigung der Zu- und Abschläge. Der Nettopreis muss vom Kunden an Ihr Unternehmen gezahlt werden.

- **Endpreis**
  Der Endpreis beinhaltet neben den Zu- und Abschlägen auch die Frachten, Zölle und Steuern. Er stellt den auf der Rechnung angegebenen finalen Preis dar.
- **Verrechnungspreis**
  Beim Verrechnungspreis handelt es sich um den Bewertungspreis, der im Materialstammsatz festgelegt oder vom System errechnet wurde. Er wird als eigene Kondition in Angebote oder Aufträge übernommen und dient der Prüfung des Deckungsbeitrags. Sie haben so die Möglichkeit, den wirtschaftlichen Nutzen direkt im Kundenauftrag zu erkennen. Genauere Informationen zur Materialbewertung erhalten Sie in Kapitel 3, »Der Materialstammsatz«; auf den Kundenauftrag wird in Kapitel 7 detailliert eingegangen.

Die Steuerung der Konditionen und damit die Berechnung der Preise erfolgt im SAP-System mithilfe von Konditionsarten. Für jede Konditionsart kann in mehreren Schlüsselkombinationen der genaue Wert der Kondition festgelegt werden.

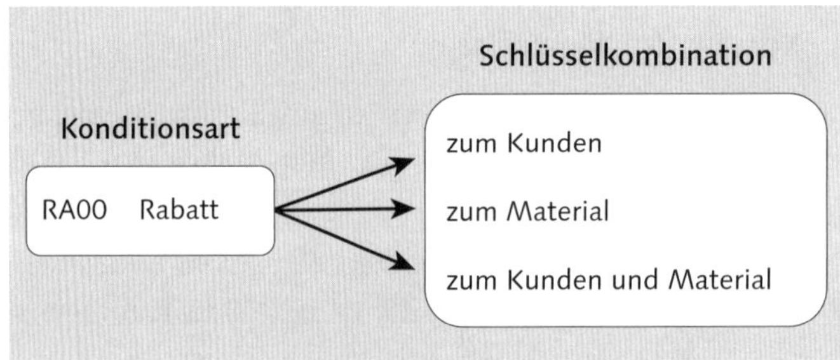

Konditionsart und Schlüsselkombination

Die Konditionsart und Schlüsselkombinationen der Abbildung stellen lediglich Beispiele dar. Es sind verschiedenste Ausprägungen möglich. Generell haben Konditionsart und Schlüsselkombination die in den folgenden Abschnitten beschriebene Funktion.

Konditionsart

Die Konditionsart ist ein vierstelliger Schlüssel, mit dem für das SAP-System die Berechnungslogik einer Kondition definiert wird. Konditionsarten werden im Unternehmen durch die Systemverwaltung definiert und eingestellt. Die Konditionsarten sind deshalb von Unternehmen zu Unternehmen sehr unterschiedlich, was den vielfältigen Möglichkeiten der Preisberechnung entspricht. Informieren Sie sich deshalb im Unternehmen genau, welche Konditionsarten genutzt werden und welche Auswirkungen diese genau haben.

Schlüsselkombination

Konditionen können, abhängig von verschiedenen Schlüsselkombinationen, im SAP-System hinterlegt werden. Sie können einen Rabatt für einen Kunden generell festlegen, das heißt, gleichgültig, welches Material dieser Kunde bestellt, es wird immer ein bestimmter Rabatt berücksichtigt. Sie könnten aber auch einem Material einen festen Rabatt zuweisen und so definieren, dass dieses Material, unabhängig davon, welcher Kunde es bestellt, immer mit diesem Rabatt verkauft wird. Darüber hinaus ist es möglich, einen Rabatt für einen Kunden in Kombination mit einem bestimmten Material zu gewähren, das heißt, immer wenn dieser Kunde dieses Material bestellt, erhält er den vereinbarten Rabatt.

Die Pflege der Konditionen erfordert immer die Auswahl einer Konditionsart, mit der im System die Logik der Kondition (Preis, prozentualer Rabatt, absoluter Rabatt etc.) definiert wird. Abhängig von der Konditionsart, müssen Sie außerdem die Schlüsselkombination angeben, um zu definieren, auf welcher Ebene (Material, Kunde, Kunde und Material etc.) die Kondition gelten soll.

Wird ein Kundenauftrag erfasst, prüft das SAP-System, welche Konditionen gepflegt sind, und übernimmt die entsprechenden Daten in den Auftrag. Dabei prüft das SAP-System immer »vom Speziellen zum Allgemeinen«. Bei der Ermittlung des Preises prüft das SAP-System zuerst, ob speziell für die Kombination aus Kunde und Material des Auftrags ein Preis hinterlegt ist. Erst wenn dies nicht der Fall ist, wird der allgemeine Preis des Materials gezogen.

5.2 Preise

Für den Preis ist im SAP-System die Konditionsart PR00 vorgesehen. In dieser Konditionsart ist definiert, dass es sich bei der Kondition um einen festen Geldbetrag handelt, der als Basis für die Berechnung der weiteren Preisfaktoren dienen kann.

Preise können, abhängig vom Unternehmen, in verschiedenen Schlüsselkombinationen auftreten. Dieser Abschnitt geht auf die Schlüsselkombinationen Material und Material/Kunde ein. Mit der Schlüsselkombination Material legen Sie einen Preis für ein Material fest, der allgemeingültig ist. Mit der Schlüsselkombination Material/Kunde können Sie kundenindividuell einen Preis für ein Material festlegen.

Die Pflege der Preise erfolgt unabhängig von der Schlüsselkombination in Transaktion VK11.

Die Transaktionen für Preise

Zum Anlegen der Konditionssätze für Preise nutzen Sie Transaktion VK11. Die Konditionssätze können mit Transaktion VK12 geändert und mit Transaktion VK13 angezeigt werden. Über das SAP-Easy-Access-Menü können Sie die Transaktionen im Ordner **SAP Menü ▸ Logistik ▸ Vertrieb ▸ Stammdaten ▸ Konditionen ▸ Selektion über Konditionsart** aufrufen.

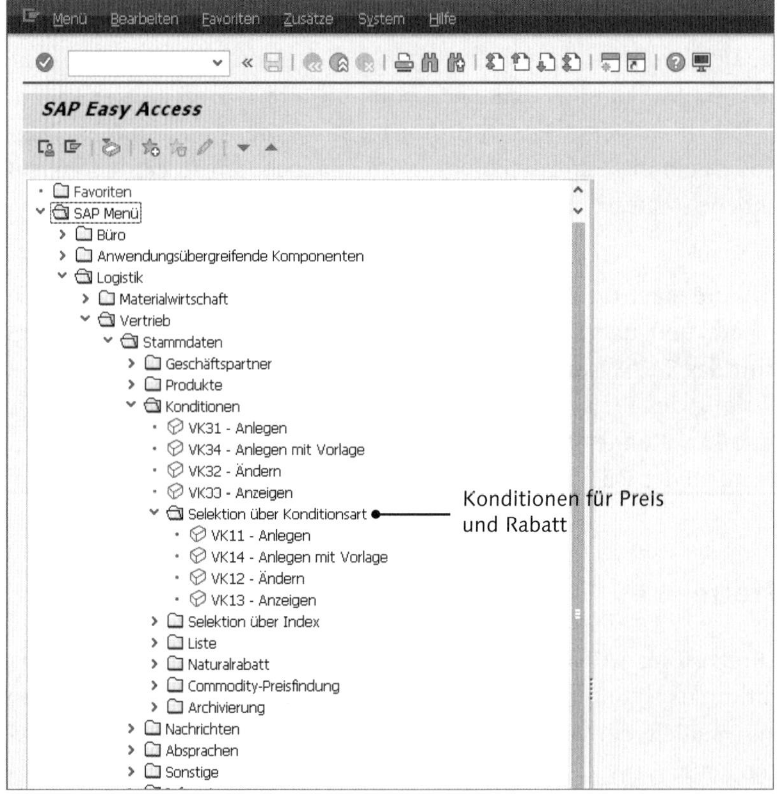

Die Transaktionen zur Konditionspflege im SAP-Easy-Access-Menü

5

Materialpreis anlegen

Zum Anlegen eines Materialpreises öffnen Sie Transaktion VK11 und führen die folgenden Schritte durch:

1 Rufen Sie Transaktion VK11 im SAP-Easy-Access-Menü über den Pfad **SAP Menü ▸ Logistik ▸ Vertrieb ▸ Stammdaten ▸ Konditionen ▸ Selektion über Konditionsart** auf, oder geben Sie den Transaktionscode direkt im Befehlsfeld ein.

2 Es öffnet sich das Bild **Konditionssätze anlegen**. Geben Sie im Feld **Konditionsart** den Schlüssel **PR00** ein. Sie können die Konditionsart direkt in das Feld eingeben oder mit der F4-Hilfe auswählen. Klicken Sie auf die Schaltfläche Schlüsselkombination.

3 Es öffnet sich ein Fenster, das die möglichen Schlüsselkombinationen für die Konditionsart anzeigt. Da ein reiner Materialpreis angelegt werden soll, wählen Sie die Schlüsselkombination **Material mit Freigabestatus**, indem Sie den Auswahlknopf vor dem Eintrag markieren. Mit einem Klick auf ✓ (**Auswählen**) bestätigen Sie Ihre Auswahl und erreichen das Datenbild zur Pflege des Konditionssatzes.

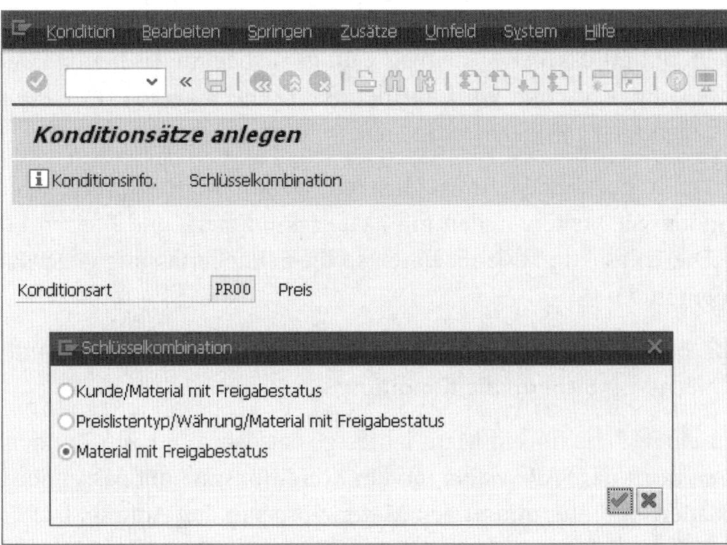

4 Im Datenbild **Preis (PR00) anlegen: Schnellerfassung**, in das Sie als Nächstes gelangen, füllen Sie die Felder **Verkaufsorganisation** und **Vertriebsweg** mit den Organisationseinheiten, für die der Preis gelten soll.

5 Geben Sie in der Tabelle in der Spalte **Material** die Nummer des Materials ein, für das der Preis gelten soll. In der Tabellenüberschrift erkennen Sie die Schlüsselkombination, für die Sie den Materialpreis anlegen.

6 Tragen Sie in die Spalte **Betrag** den Materialpreis ein. Außerdem geben Sie in der Spalte **Einh.** die Währung an, in der der Preis angegeben wird.

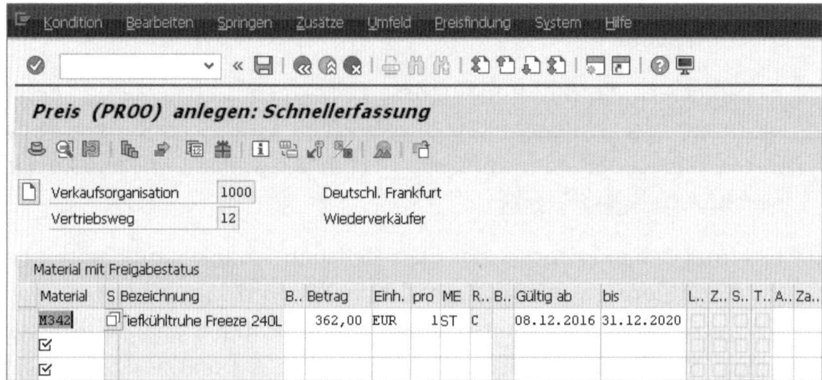

7 Die Spalten **Gültig ab** und **bis** erlauben Ihnen die Angabe eines Zeitraums, in dem der Materialpreis gelten soll. Die Kondition gilt dann nur innerhalb dieses Gültigkeitszeitraums. Wenn Sie hier keine Angaben machen, nimmt das SAP-System als Gültigkeitsbeginn das heutige Datum an; das Gültigkeitsende wird auf den 31.12.9999 gesetzt. Der Preis ist damit unendlich gültig. Drücken Sie anschließend die [↵]-Taste.

8 Sie haben in der Tabelle die Möglichkeit, weitere Materialpreise zu erfassen, indem Sie weitere Zeilen mit Materialnummern und Preisen bestücken. Die Transaktion erlaubt Ihnen so die Schnellerfassung vieler Preise in einem Bild.

9 Haben Sie alle Materialien mit ihren Preisen erfasst, sichern Sie mit der Schaltfläche (**Sichern**) die Konditionssätze.

Sie haben einen Preis für ein Material festgelegt. Wird nun ein Kundenauftrag erfasst, prüft das SAP-System, ob ein Konditionssatz mit passender Gültigkeit existiert und übernimmt den Materialpreis in den Auftrag. Die Erfassung von Kundenaufträgen wird in Kapitel 7, »Der Kundenauftrag«, detailliert beschrieben.

HINWEIS

Materialpreis im Materialstamm pflegen

Es ist möglich, einen Materialpreis direkt aus dem Materialstammsatz heraus festzulegen. Wenn Sie einen Materialstammsatz anlegen oder ändern, können Sie in der Sicht **Vertrieb: VerkOrg 1** durch Anklicken der Schaltfläche [Konditionen] direkt in das gerade kennengelernte Datenbild des Konditionssatzes springen. Das genaue Vorgehen können Sie in Kapitel 3, »Der Materialstammsatz«, nachlesen.

VIDEO

Preiskondition für Material anlegen

Das folgende Video zeigt die Anlage eines Konditionssatzes für ein Material. Dabei wird speziell auf die Funktion der Schlüsselkombination eingegangen:

http://s-prs.de/v4465pq

Kundenindividuellen Materialpreis mit Staffel anlegen

Möchten Sie einen Materialpreis festlegen, der nur für einen einzelnen Kunden gültig sein soll, nutzen Sie ebenfalls Transaktion VK11. Die Konditionsart lautet wieder PR00; es muss lediglich eine andere Schlüsselkombination ausgewählt werden. Im Folgenden wird zusätzlich die Pflege von Staffelkonditionen beschrieben. So geht's:

1. Rufen Sie Transaktion VK11 durch die Eingabe des Transaktionscodes im Befehlsfeld oder im SAP-Easy-Access-Menü über den Pfad **SAP Menü ▸ Logistik ▸ Vertrieb ▸ Stammdaten ▸ Konditionen ▸ Selektion über Konditionsart** auf.

2. Es öffnet sich das Bild **Konditionssätze anlegen**. Geben Sie im Feld **Konditionsart** die Konditionsart **PR00** an. Klicken Sie auf die Schaltfläche [Schlüsselkombination], um die richtige Schlüsselkombination auszuwählen.

3. Als Nächstes erscheint das Pop-up-Fenster **Schlüsselkombination**. Um den Materialpreis kundenindividuell festzulegen, wählen Sie die Schlüsselkombination **Kunde/Material mit Freigabestatus** aus, indem Sie den entsprechenden Auswahlknopf markieren. Klicken Sie auf [✔] (**Auswählen**), um in das Datenbild des Konditionssatzes zu gelangen.

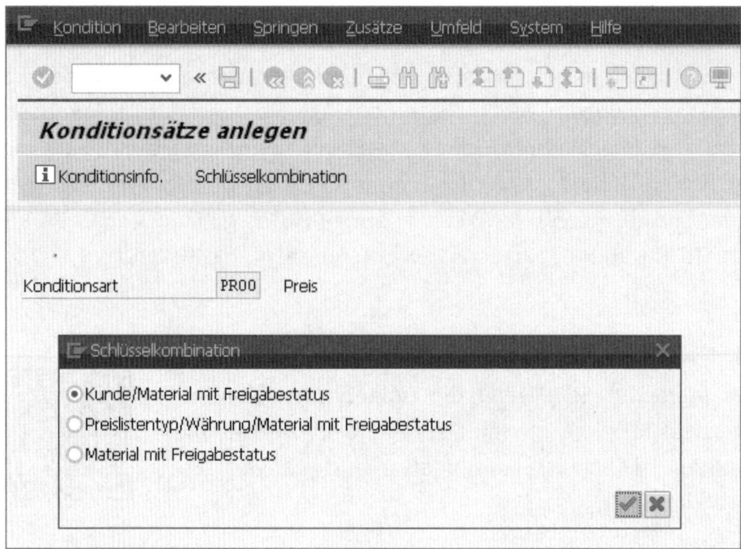

4 Im Datenbild müssen Sie neben der **Verkaufsorganisation** und dem **Vertriebsweg** im Feld **Kunde** die Nummer des Kunden angeben, für den der kundenindividuelle Preis gelten soll.

5 Füllen Sie die Felder der Tabelle aus: In der Spalte **Material** geben Sie die Nummer des Materials an, für das der Preis gelten soll, in der Spalte **Betrag** tragen Sie den Preis ein. Mit den Spalten **Gültig ab** und **bis** können Sie den Gültigkeitszeitraum der Kondition festlegen.

6 Möchten Sie den Preis in Abhängigkeit der Abnahmemenge staffeln, klicken Sie auf die Schaltfläche (**Staffeln**). Das SAP-System springt in ein weiteres Bild zur Pflege von Staffelpreisen.

7 Im Bild **Preis PR00 anlegen: Staffeln** füllen Sie in der Staffeltabelle die Felder der Spalten **Staffelmenge** und **Betrag**. Geben Sie unter **Staffelmenge** jeweils die Menge an, ab der der in derselben Zeile stehende Preis in der Spalte **Betrag** gelten soll.

5

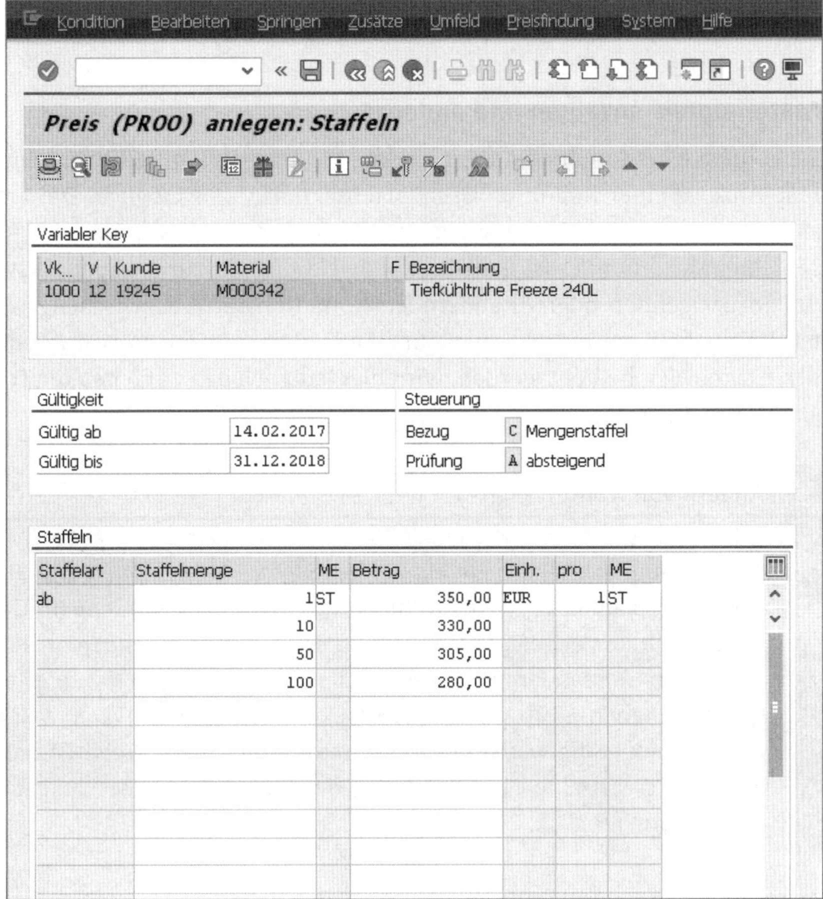

Achten Sie darauf, dass die Staffelmenge von oben nach unten aufsteigend sein muss, um eine klare Staffel zu definieren. Im vorliegenden Beispiel gilt ab dem ersten Stück ein Preis von 350 EUR pro Stück. Ab zehn Stück reduziert sich der Preis auf 330 EUR, ab 50 Stück auf 305 EUR.

8 Springen Sie mit (**Zurück**) zurück in die Sicht des Konditionssatzes. Klicken Sie auf (**Sichern**), um den Konditionssatz zu speichern.

Sie haben einen kundenindividuellen Preis für ein Material im SAP-System angelegt. Wird ein Kundenauftrag erfasst, der diesen Kunden und dieses Material enthält, wird der entsprechende Preis in den Auftrag übernommen. Aufgrund der hinterlegten Preisstaffelung wird, abhängig von der Auftragsmenge, der richtige Preis gewählt. Für andere Kunden wird dieser Preis nicht berücksichtigt. Die Auftragserfassung wird in Kapitel 7, »Der Kundenauftrag«, detailliert erklärt.

Materialpreis anzeigen und ändern

Sie können eine Kondition ändern, indem Sie Transaktion VK12 verwenden. Eine Anzeige einer Kondition ist mit Transaktion VK13 möglich. Die Transaktionen entsprechen in ihrer Benutzerführung der Transaktion zum Anlegen einer Kondition; es ist lediglich ein Selektionsbild zur genauen Auswahl der anzuzeigenden oder zu ändernden Konditionssätze dazwischengeschaltet. Da die beiden Transaktionen zum Ändern und Anzeigen von Konditionen exakt gleich bedient werden, wird hier lediglich das Vorgehen für Transaktion VK12 beschrieben.

HINWEIS

Ändern von Konditionen

Das Ändern von Konditionen sollte nur im Ausnahmefall geschehen, meist wenn nachträglich ein Tippfehler aufgefallen ist. Ändert sich eine Kondition planmäßig, sollte ein neuer Konditionssatz mit neuem Gültigkeitszeitraum angelegt werden. Dies erlaubt es unter anderem, auch zukünftige Preisänderungen bereits im SAP-System zu hinterlegen. Dadurch haben Sie im SAP-System exakt angegeben, wann welche Konditionen gültig waren oder sein werden. Auf diese Weise ist unter anderem das exakte Nachvollziehen der Konditionsentwicklung und Preishistorie möglich.

So gehen Sie vor, um Konditionen zu ändern:

1 Rufen Sie Transaktion VK12 im SAP-Easy-Access-Menü über den Pfad **SAP Menü ▸ Logistik ▸ Vertrieb ▸ Stammdaten ▸ Konditionen ▸ Selektion über Konditionsart** auf, oder geben Sie den Transaktionscode direkt in das Befehlsfeld ein.

2 Geben Sie im Einstiegsbild von Transaktion VK12 die Konditionsart im Feld **Konditionsart** an, und wählen Sie über die Schaltfläche Schlüsselkombination die richtige Schlüsselkombination. Möchten Sie lediglich den reinen Materialpreis ändern, wählen Sie die Schlüsselkombination **Material mit Freigabestatus**. Möchten Sie einen kundenindividuellen Preis bearbeiten, klicken Sie auf die Schlüsselkombination **Kunde/Material mit Freigabestatus**.

3 Sie kommen in ein Auswahlbild, in dem Sie, abhängig von der gewählten Schlüsselkombination, genauer festlegen, zu welchem Material und/oder Kunden Sie Konditionen ändern möchten. Geben Sie hier in den gleichnamigen Feldern die Verkaufsorganisation und den Vertriebsweg an, für den die Änderung vorgenommen wird.

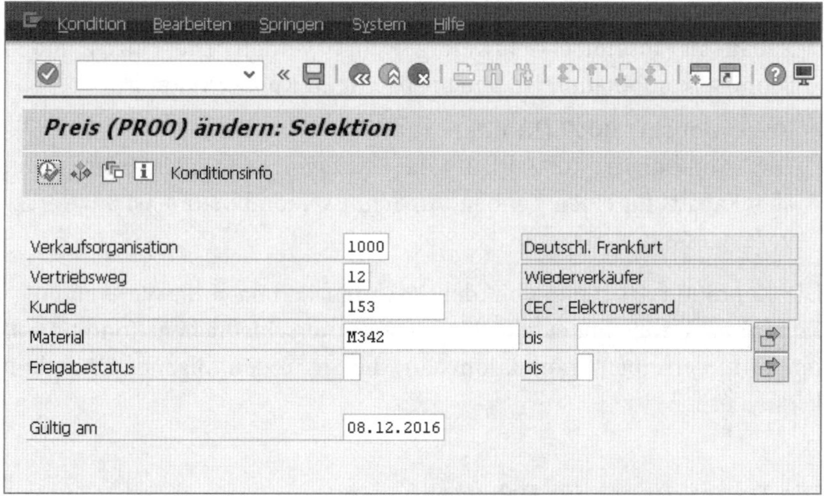

4 Geben Sie in den Feldern **Kunde** und **Material** an, für welchen Kunden oder welches Material Sie die Preise ändern möchten.

Im Feld **Gültig am** legen Sie fest, zu welchem Gültigkeitszeitpunkt die Kondition angezeigt oder geändert werden soll. Das System schlägt hier selbst das Tagesdatum vor, der Eintrag kann aber von Ihnen geändert werden. Durch Anklicken der Schaltfläche (**Ausführen**) erreichen Sie das bereits bekannte Datenbild zur Konditionspflege.

5 Nehmen Sie die notwendigen Änderungen der Konditionen vor, und speichern Sie Ihre Änderungen mit (**Sichern**).

5.3 Rabatte

Rabatte stellen einen Abschlag auf einen vereinbarten Grundpreis dar. Sie können in unterschiedlichen Schlüsselkombinationen definiert werden, die in verschiedenen Konditionsarten festgelegt sind.

Für Rabatte sind im SAP-System mehrere Konditionsarten vorgesehen. Einige Konditionsarten für Rabatte sind:

- **Konditionsart K004 (Rabatt Material)**
  Der Rabatt für ein bestimmtes Material wird mit der Konditionsart K004 als absoluter Geldwert festgelegt. Als Schlüsselkombination ist nur Material voreingestellt.
- **Konditionsart K005 (Rabatt Material pro Kunde)**
  Mit diesem Rabatt kann einem Kunden für ein bestimmtes Material ein Rabatt als absoluter Geldwert gewährt werden. Die einzige mögliche Schlüsselkombination ist dementsprechend Kunde/Material.
- **Konditionsart K007 (Kundenrabatt)**
  Die Konditionsart K007 erlaubt die Festlegung eines generellen prozentualen Rabatts für einen Kunden. Als Schlüsselkombination ist Sparte/Kunde voreingestellt.

Die Konditionsart steuert bei den Rabatten demnach die Verwendung der Kondition. Dabei findet die Pflege der unterschiedlichen Konditionsarten immer in derselben Transaktion statt, die Sie in den folgenden Abschnitten kennenlernen.

Die Transaktionen für Rabatte

Das Anlegen, Ändern und Anzeigen von Rabatten erfolgt in den gleichen Transaktionen wie die Preispflege. Im SAP-Easy-Access-Menü finden Sie über SAP Menü ▸ Logistik ▸ Vertrieb ▸ Stammdaten ▸ Konditionen ▸ Selektion über Konditionsart Transaktion VK11 zum Anlegen, Transaktion VK12 zum Ändern und Transaktion VK13 zum Anzeigen von Konditionssätzen.

Rabatt anlegen

Die generelle Verwendung von Transaktion VK11 ist Ihnen bereits aus Abschnitt 5.2, »Preise«, bekannt: Nach der Auswahl der Konditionsart wählen Sie die Schlüsselkombination, um festzulegen, in welcher Kombination die Rabatte gelten. Anschließend definieren Sie die Daten der Schlüsselkombination, um danach die Werte der Kondition anzugeben. Da sich das Vorgehen für die verschiedenen Konditionsarten nur in Nuancen unterscheidet, wird im Folgenden lediglich die Anlage eines Kundenrabatts mit der Konditionsart K007 beschrieben. Gehen Sie wie folgt vor:

1. Rufen Sie Transaktion VK11 durch die Eingabe des Transaktionscodes im Befehlsfeld oder im SAP-Easy-Access-Menü über den Pfad **SAP Menü ▸ Logistik ▸ Vertrieb ▸ Stammdaten ▸ Konditionen ▸ Selektion über Konditionsart** auf.
2. Im Einstiegsbild zur Konditionspflege tragen Sie im Feld **Konditionsart** die Konditionsart K007 für den Kundenrabatt ein.
3. Mit der Schaltfläche Schlüsselkombination können Sie die Schlüsselkombination auswählen. Für die Konditionsart K007 steht nur die Schlüsselkombination **Sparte/Kunde** zur Verfügung. Mit ✓ (**Auswählen**) gelangen Sie zur Pflege des Konditionssatzes in das Datenbild **Konditionssätze anlegen**.

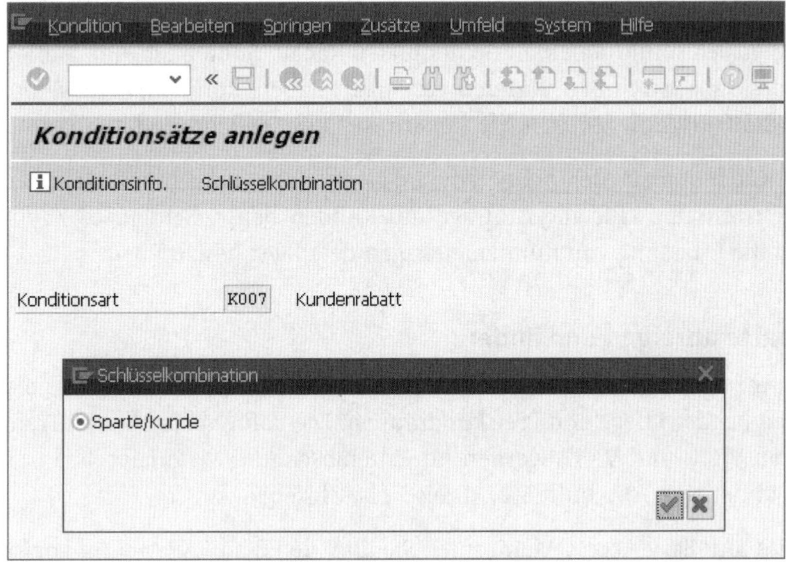

4. Geben Sie die Organisationseinheiten Verkaufsorganisation und Vertriebsweg in den entsprechenden Feldern an. Da die Schlüsselkombination auch die Sparte berücksichtigt, müssen Sie das Feld **Sparte** ebenfalls ausfüllen und damit festlegen, für welchen Produktbereich der Rabatt gewährt wird.

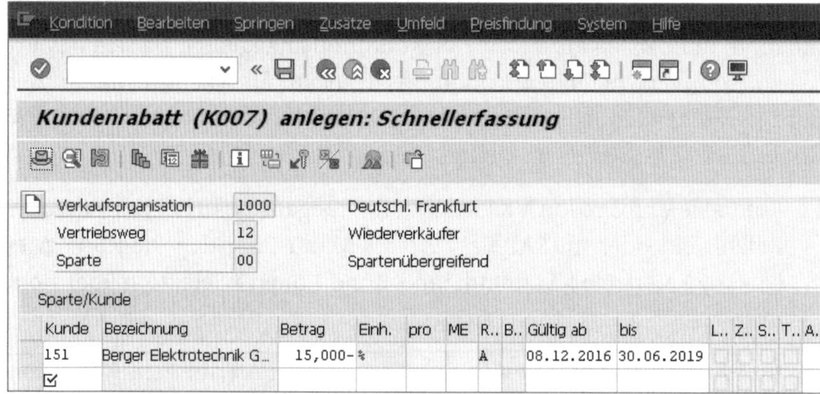

5 In der Tabelle des Konditionssatzes geben Sie in der ersten Spalte unter **Kunde** die Nummer des Kunden an, für den der Rabatt gelten soll.

Im Feld **Betrag** geben Sie den Prozentsatz an, der dem Kunden bei seinen Aufträgen gewährt werden soll. In den Feldern **Gültig ab** und **bis** können Sie einen Gültigkeitszeitraum für den Rabatt festlegen. Drücken Sie [↵].

6 Das Feld **Einh.** wird automatisch vom SAP-System mit % gefüllt. Es handelt sich somit um einen prozentualen Rabatt. Sollten Sie eine Staffelung des Rabatts mit dem Kunden vereinbart haben, können Sie diese mit (**Staffeln**) festlegen. Mit (**Sichern**) sichern Sie den Kundenrabatt.

Der Kundenrabatt, den Sie gerade angelegt haben, wird innerhalb des Gültigkeitszeitraums für alle Aufträge des Kunden berücksichtigt. In Kapitel 7 wird die Erfassung von Kundenaufträgen detailliert beschrieben.

Rabatte anzeigen und ändern

Das Anzeigen und Ändern von Rabattkonditionen entspricht exakt dem Vorgehen bei der Pflege von Preiskonditionen. Die dafür vorhandenen Transaktionen VK12 und VK13 werden im Unterabschnitt »Materialpreis anzeigen und ändern« in Abschnitt 5.2, »Preise«, beschrieben.

1 Im SAP-Easy-Access-Menü rufen Sie über den Pfad **SAP Menü ▸ Logistik ▸ Vertrieb ▸ Stammdaten ▸ Konditionen ▸ Selektion über Konditionsart** Transaktion VK12 auf.

2 Füllen Sie im Einstiegsbild das Feld **Konditionsart** mit der Konditionsart des Rabatts, den Sie ändern möchten.

3 Wählen Sie anschließend über die Schaltfläche [Schlüsselkombination] die Schlüsselkombination aus, zu der Sie den Rabatt ändern möchten.

4 Im folgenden Auswahlbild können Sie, abhängig von der gewählten Schlüsselkombination, genauer festlegen, zu welchem Material und/oder Kunden Sie Konditionen ändern möchten. Tragen Sie hier in den gleichnamigen Feldern die Verkaufsorganisation und den Vertriebsweg ein, für den die Änderung vorgenommen wird.

5 Geben Sie im Feld **Kunde** an, für welchen Kunden Sie den Rabatt ändern möchten.

Das Feld **Gültig am** legt fest, zu welchem Gültigkeitszeitpunkt die Kondition angezeigt oder geändert werden soll. Hier wird vom System das Tagesdatum vorgeschlagen. Sie können aber einen beliebigen Eintrag vornehmen.

6 Klicken Sie auf die Schaltfläche (**Ausführen**), um das bereits bekannte Datenbild zur Konditionspflege zur erreichen.

7 Tragen Sie die notwendigen Änderungen der Konditionen ein. Speichern Sie anschließend mit (**Sichern**) Ihre Änderungen.

5.4 Naturalrabatte

Im Gegensatz zum üblichen Preisrabatt werden bei der Verwendung von Naturalrabatten zusätzliche Waren geliefert. Dabei wird zwischen Draufgabe und Dreingabe unterschieden:

- **Draufgabe**
  Bei einer Draufgabe bestellt und bezahlt der Kunde eine bestimmte Menge eines Materials. Ihm wird als Rabatt jedoch eine zusätzliche Menge geliefert. Dabei muss es sich bei der Draufgabe nicht unbedingt um das gleiche Material handeln. Beispiele für einen Naturalrabatt als Draufgabe könnten sein:
  - Bei der Abnahme von zehn CD-Rohlingen wird dem Kunden zusätzlich ein elfter CD-Rohling kostenlos geliefert.
  - Bei der Abnahme von fünf Kubikmetern Sand wird dem Kunden zusätzlich eine Schaufel kostenlos geliefert.
- **Dreingabe**
  Mit einer Dreingabe bestellt und erhält der Kunde eine bestimmte Menge eines Materials. Er muss jedoch eine definierte Menge des Materials nicht bezahlen. Ein Naturalrabatt als Dreingabe könnte folgendes Beispiel sein:

Bei der Abnahme von zehn CD-Rohlingen werden dem Kunden nur neun Stück berechnet. Das zehnte Stück seiner Bestellung wird kostenfrei geliefert.

Der Naturalrabatt wird im Standard-SAP-System mit der Konditionsart NA00 festgelegt. Für Naturalrabatte steht eine eigene Transaktion zur Verfügung, die im Folgenden beschrieben wird.

Die Transaktionen für Naturalrabatte

Konditionssätze für Naturalrabatte werden im SAP-System mit Transaktion VBN1 angelegt. Zum Ändern und Anzeigen stehen die Transaktionen VBN2 und VBN3 zur Verfügung. Sie finden die drei Transaktionen im SAP-Easy-Access-Menü über **SAP Menü ▸ Logistik ▸ Vertrieb ▸ Stammdaten ▸ Konditionen ▸ Naturalrabatt.** Die Transaktionen stimmen in ihrem Handling mit den bereits bekannten Transaktionen zur Preispflege überein.

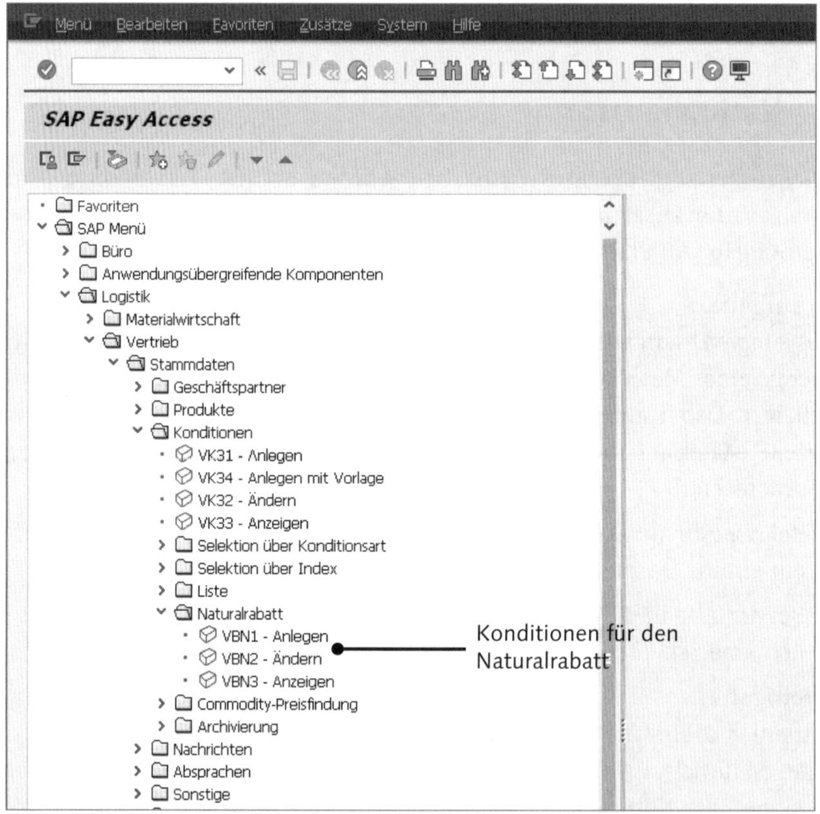

Die Transaktionen zum Naturalrabatt im SAP-Easy-Access-Menü

Naturalrabatt als Dreingabe anlegen

In diesem Abschnitt erfahren Sie, wie Sie einen Naturalrabatt als Dreingabe anlegen. Gehen Sie dazu wie folgt vor:

1. Wählen Sie zum Anlegen der Dreingabe Transaktion VBN1 aus, die Sie über **SAP Menü ▸ Logistik ▸ Vertrieb ▸ Stammdaten ▸ Konditionen ▸ Naturalrabatt** im SAP-Easy-Access-Menü finden.
2. Geben Sie im Feld **Rabattart** die Konditionsart für den Naturalrabatt an. Sie lautet NA00 und kann entweder direkt eingetragen oder über die [F4]-Hilfe ausgewählt werden. Klicken Sie anschließend auf die Schaltfläche [Schlüsselkombination].
3. Im nun erscheinenden Pop-up-Fenster können Sie für den Naturalrabatt nur **Kunde/Material** als einzige Schlüsselkombination auswählen. Der Naturalrabatt wird immer für einen bestimmten Kunden und ein bestimmtes Material festgelegt. Klicken Sie die Schaltfläche ✔ (**Weiter**) an, um in das Datenbild für den Naturalrabatt zu gelangen.

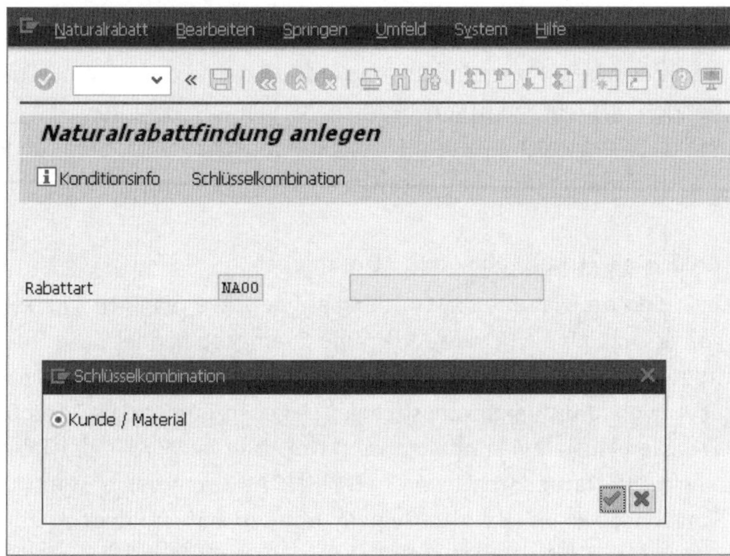

4. Geben Sie in den Feldern **Verkaufsorganisation** und **Vertriebsweg** an, für welche Organisationseinheiten Ihres Unternehmens der Naturalrabatt gelten soll.
5. Im Feld **Kunde** geben Sie die Nummer des Kunden an, für den Sie Naturalrabatte pflegen möchten. Mit der [F4]-Hilfe können Sie nach Kunden suchen.

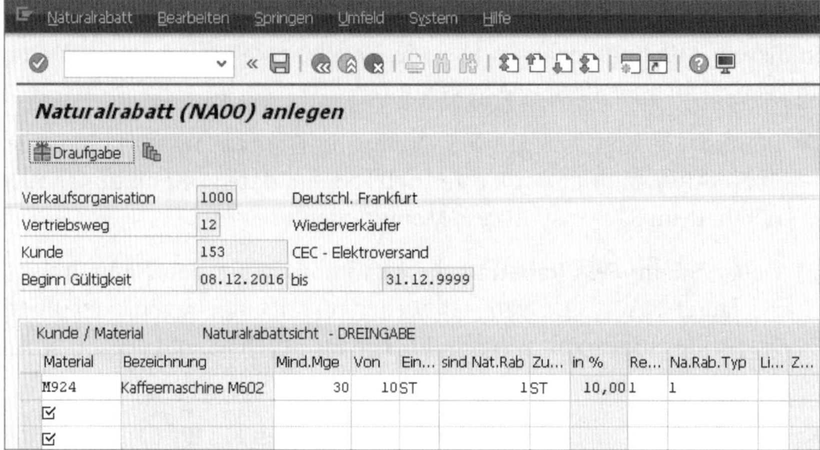

6 Mit den Feldern zur **Gültigkeit** können Sie einen Zeitraum festlegen, in dem der Naturalrabatt für den Kunden gewährt wird. Stellen Sie das Anfangs- und das Enddatum für die Gültigkeit ein. Eine unendliche Gültigkeit des Naturalrabatts wird mit dem Datum **31.12.9999** dargestellt.

7 In der Überschriftenzeile der Tabelle wird Ihnen angezeigt, ob es sich beim zu pflegenden Naturalrabatt um eine Dreingabe oder eine Draufgabe handelt. Durch Anklicken der Schaltfläche Dreingabe bzw. Draufgabe können Sie zwischen Drauf- und Dreingabe umschalten. Stellen Sie mithilfe der Schaltfläche den Naturalrabatt als Dreingabe ein.

HINWEIS

Die Ansichten »Draufgabe« und »Dreingabe«

Im Datenbild des Naturalrabatts ist erst auf den zweiten Blick zu erkennen, ob es sich um eine Drauf- oder eine Dreingabe handelt. Die Überschrift in der Datentabelle verrät Ihnen die Einstellung: Die Schaltfläche in der Anwendungsfunktionsleiste zeigt dagegen immer das Gegenteil der aktuellen Einstellung und dient zum Umschalten. Wird in der Tabellenüberschrift **Naturalrabattsicht – DREINGABE** angezeigt, steht nur die Schaltfläche Draufgabe zur Verfügung, um den Naturalrabatt zu einer Draufgabe zu ändern. Zeigt die Tabellenüberschrift **Naturalrabattsicht – DRAUFGABE** an, können Sie als Schaltfläche nur Dreingabe auswählen und so zur Dreingabe wechseln. Die Schaltfläche zeigt also an, zu welcher Art von Naturalrabatt Sie wechseln können; die Tabellenüberschrift zeigt die tatsächliche Einstellung an!

8 In der Datentabelle geben Sie in der ersten Spalte **Material** die Nummer des Materials an, für das dem Kunden eine Dreingabe gewährt wird.

9 Geben Sie in der Spalte **Mind.Mge** die Menge an, ab der Sie einen Naturalrabatt gewähren. Erhalten Sie vom Kunden einen Auftrag für das Material unterhalb dieser Menge, wird kein Naturalrabatt gewährt.

10 In der Spalte **Von** geben Sie die Berechnungsbasis an, anhand derer der Naturalrabatt berechnet wird. Die Menge der Dreingabe geben Sie in die Spalte **sind Nat.Rab** ein. Außerdem müssen Sie in der Spalte **EinhNR** die Mengeneinheit der Dreingabe angeben. Drücken Sie [↵]. Die Spalte **in %** zeigt Ihnen an, welchem Rabattwert in Prozent der eingegebene Naturalrabatt entspricht.

11 In der Tabelle können Sie für den Kunden Naturalrabatte für mehrere verschiedene Materialien pflegen, indem Sie in den nächsten Zeilen weitere Materialnummern angeben und die entsprechenden Rabattdaten festlegen.

12 Haben Sie alle Dreingaben für den Kunden gepflegt, sichern Sie die Daten mit der Schaltfläche [Sichern].

Sie haben den Konditionssatz zur Dreingabe angelegt. Beim Erfassen eines Kundenauftrags werden die Daten des Konditionssatzes geprüft, und die Dreingabe wird bei der Preisberechnung berücksichtigt. In Kapitel 7, »Der Kundenauftrag«, erhalten Sie genauere Informationen zur Auftragserfassung.

Naturalrabatt als Draufgabe anlegen

Das Anlegen einer Draufgabe erfolgt grundsätzlich genauso wie das Anlegen einer Dreingabe. Einzig in der Datentabelle werden andere Daten angegeben.

Wählen Sie im SAP-Easy-Access-Menü über **SAP Menü ▸ Logistik ▸ Vertrieb ▸ Stammdaten ▸ Konditionen ▸ Naturalrabatt** Transaktion VBN1 aus (die Vorgehensweise gleicht den Eingaben zur Dreingabe).

1 Geben Sie im Feld **Rabattart** die Konditionsart **NA00** an.

2 Wählen Sie mit der Schaltfläche [Schlüsselkombination] die Schlüsselkombination aus, und klicken Sie auf [✔] (**Weiter**), um in das eigentliche Datenbild zu gelangen.

3. Geben Sie in den entsprechenden Feldern die Verkaufsorganisation, den Vertriebsweg, die Nummer des Kunden und die Gültigkeit ein.

4. Klicken Sie die Schaltfläche [Dreingabe] bzw. [Draufgabe] an, um die Draufgabe einzustellen.

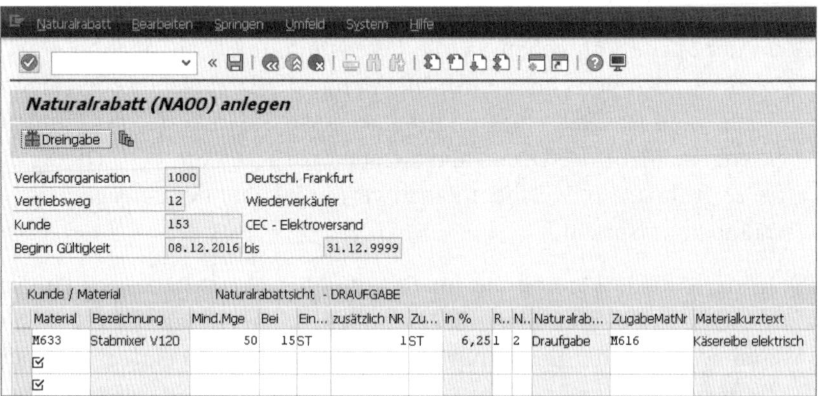

5. In der Spalte **Material** geben Sie an, für welches Material die Draufgabe gelten soll.

6. Tragen Sie in der Spalte **Mind.Mge** die Menge ein, ab der der Naturalrabatt gewährt wird. Erhalten Sie einen Auftrag unterhalb dieser Menge, wird der Naturalrabatt nicht berücksichtigt.

7. Geben Sie in der Spalte **Bei** an, auf welcher Basis die Draufgabe berechnet wird. In der Spalte **zusätzlich NR** geben Sie die Menge der Draufgabe an. Zusätzlich müssen Sie in der Spalte **EinhNR** die Mengeneinheit des Naturalrabatts festlegen.

8. In der Spalte **ZugabeMatNr** können Sie angeben, welches Material dem Kunden als Draufgabe gewährt wird. Enthält die Spalte keinen Eintrag, wird die Draufgabe in dem Material geleistet, für das der Konditionssatz angelegt wurde. Drücken Sie [↵].

9. In der Spalte **in %** erhalten Sie die Information, welchem Rabattwert in Prozent der eingegebene Naturalrabatt entspricht.

10. Mit der Schaltfläche [Sichern] sichern Sie den Konditionssatz zum Naturalrabatt.

Sie haben nun die Draufgabe in einem Konditionssatz festgeschrieben. Wird in einem Kundenauftrag für den genannten Kunden das angegebene Material erfasst, wird die Draufgabe berücksichtigt. Üblicherweise ist das System so eingestellt, dass für die Draufgabe eine eigene Auftragsposition ohne

Preisberechnung erzeugt wird. Detaillierte Informationen zur Auftragserfassung finden Sie in Kapitel 7, »Der Kundenauftrag«.

Naturalrabatte anzeigen und ändern

Zum Ändern und Anzeigen von Naturalrabatten gibt es die Transaktionen VBN2 und VBN3. Die grundsätzliche Bedienung der beiden Transaktionen entspricht dem bereits bekannten Vorgehen zur Pflege von Konditionssätzen und ist aus Unterabschnitt »Materialpreis anzeigen und ändern« in Abschnitt 5.2, »Preise«, bereits bekannt:

1. Rufen Sie Transaktion VBN2 auf. Sie erreichen die Transaktion über den Menüpfad **SAP Menü ▸ Logistik ▸ Vertrieb ▸ Stammdaten ▸ Konditionen ▸ Naturalrabatt**.
2. Geben Sie im Einstiegsbild im Feld **Konditionsart** die Konditionsart **NA00** für den Naturalrabatt ein.
3. Klicken Sie auf die Schaltfläche Schlüsselkombination, und wählen Sie die einzig mögliche Schlüsselkombination **Kunde/Material** aus.
4. Geben Sie im anschließenden Auswahlbild Kunde und Material an, für die der Naturalrabatt gilt. Tragen Sie die Verkaufsorganisation und den Vertriebsweg ein, für den Sie die Änderung durchführen möchten.

   Das Feld **Gültig am** legt fest, zu welchem Gültigkeitszeitpunkt die Naturalrabatte angezeigt oder geändert werden sollen. Hier wird vom SAP-System das Tagesdatum vorgeschlagen. Sie können aber einen beliebigen Eintrag vornehmen.
5. Klicken Sie die Schaltfläche (**Ausführen**) an, um das bereits bekannte Datenbild zur Konditionspflege zur erreichen.
6. Nehmen Sie die notwendigen Änderungen der Konditionen vor. Speichern Sie anschließend mit (**Sichern**) Ihre Änderungen.

5.5 Preishistorie für ein Material

Sie haben die Möglichkeit, im SAP-System die Preisentwicklung für ein Material nachzuverfolgen. Dabei können Ihnen vergangene Konditionen sowie bereits für zukünftige Gültigkeitszeiträume hinterlegte Preise aufgelistet werden. Mit Transaktion V/LD können Sie Listen zu verschiedenen Konditionsarten aufrufen. Um eine Preishistorie zu erstellen, gehen Sie wie folgt vor:

1 Öffnen Sie die Transaktion im SAP-Easy-Access-Menü über den Pfad **SAP Menü ▸ Logistik ▸ Vertrieb ▸ Stammdaten ▸ Konditionen ▸ Liste**, oder geben Sie den Transaktionscode V/LD direkt im Befehlsfeld ein.

2 Es öffnet sich das Einstiegsbild der Transaktion. Um eine Liste der Materialpreise zu erhalten, tragen Sie im Feld **Konditionsliste** den Wert **15** ein und klicken auf die Schaltfläche (**Ausführen**).

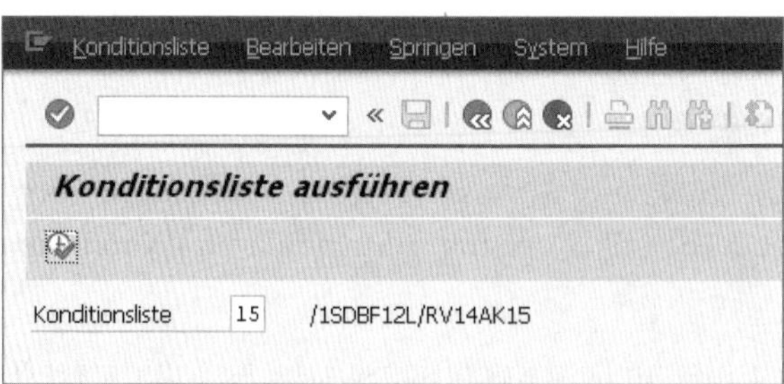

3 Im folgenden Selektionsbild **Materialpreis** können Sie im Feld **Material** einschränken, für welche Materialien die Liste erstellt werden soll. Geben Sie hier die Nummer des Materials ein, für das Sie eine Preishistorie benötigen.

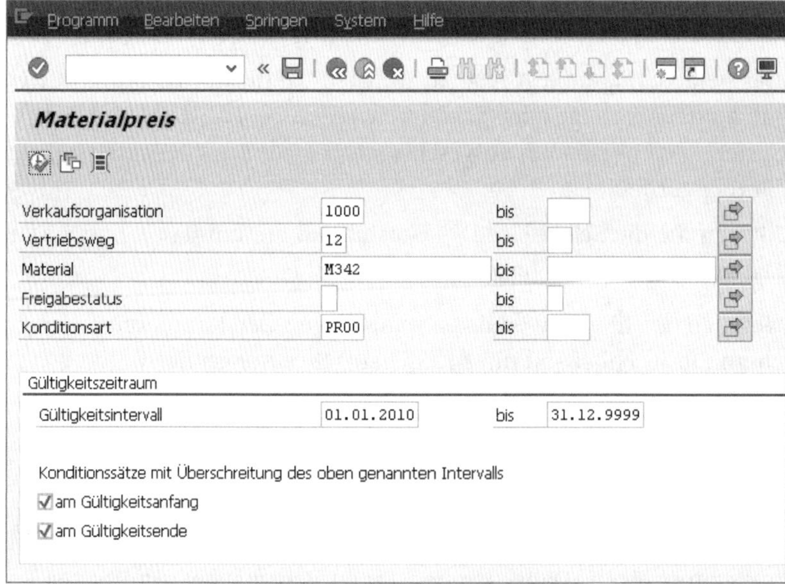

4 Im Bildbereich **Gültigkeitszeitraum** können Sie ein **Gültigkeitsintervall** angeben, hier die Zeitspanne vom **01.01.2011 bis** zum **31.12.9999**. Das SAP-System wird alle Preiskonditionen innerhalb dieses Zeitraums anzeigen. Bestimmen Sie den Zeitraum, für den Sie die Preishistorie benötigen. Mit (**Ausführen**) rufen Sie die Preishistorie auf.

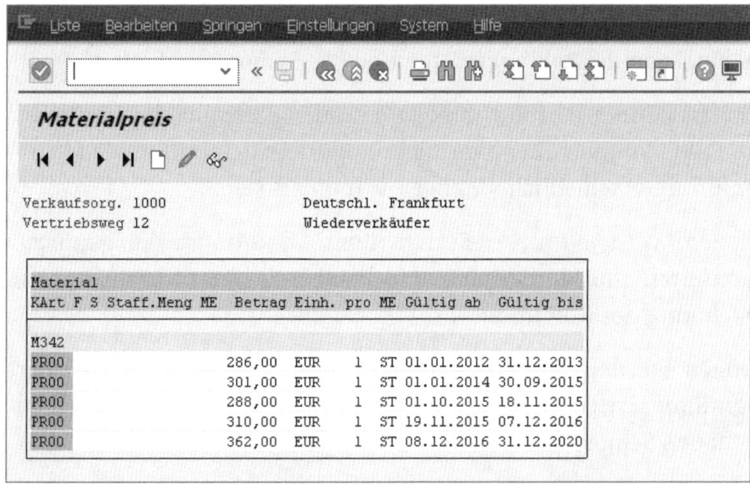

In der Liste werden Ihnen chronologisch die Preise des Materials aufgelistet. Die Spalte **KArt** zeigt die Konditionsart an, und in der Spalte **Betrag** erkennen Sie den Materialpreis. Die beiden letzten Spalten **Gültig ab** und **Gültig bis** stellen die jeweiligen Gültigkeitszeiträume der Kondition dar.

HINWEIS

Historie zu anderen Konditionsarten

In Transaktion V/LD ist es auch möglich, die Entwicklung anderer Konditionsarten zu erkennen. Wählen Sie dazu im Einstiegsbild im Feld **Konditionsliste** mithilfe von F4 eine andere Liste aus. So können Sie sich zum Beispiel auch kundenindividuelle Preise (Nr. 16) oder Rabatte (Nr. 17) auflisten lassen.

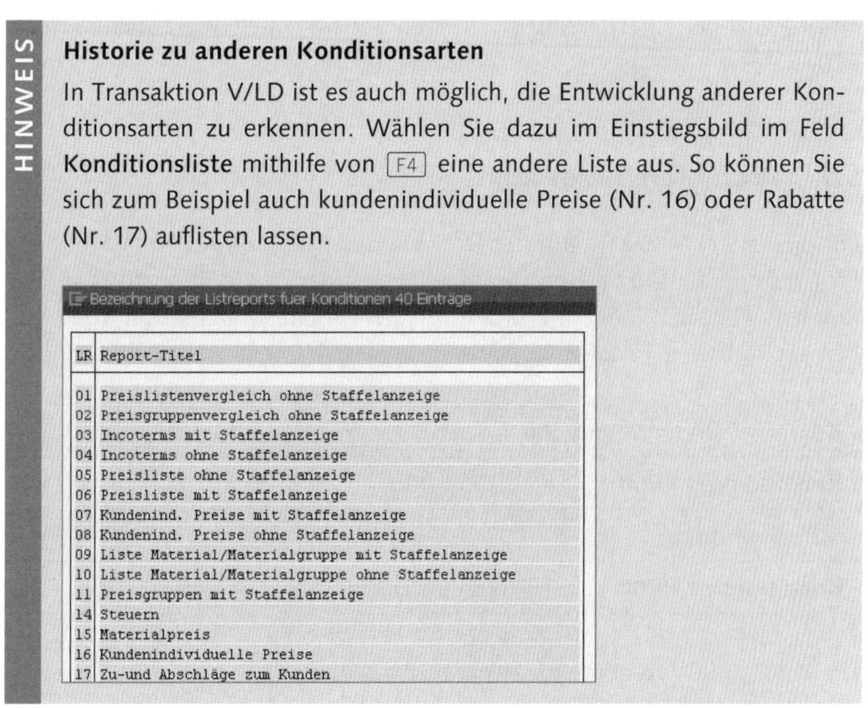
Bezeichnung der Listreports fuer Konditionen 40 Einträge

LR	Report-Titel
01	Preislistenvergleich ohne Staffelanzeige
02	Preisgruppenvergleich ohne Staffelanzeige
03	Incoterms mit Staffelanzeige
04	Incoterms ohne Staffelanzeige
05	Preisliste ohne Staffelanzeige
06	Preisliste mit Staffelanzeige
07	Kundenind. Preise mit Staffelanzeige
08	Kundenind. Preise ohne Staffelanzeige
09	Liste Material/Materialgruppe mit Staffelanzeige
10	Liste Material/Materialgruppe ohne Staffelanzeige
11	Preisgruppen mit Staffelanzeige
14	Steuern
15	Materialpreis
16	Kundenindividuelle Preise
17	Zu-und Abschläge zum Kunden

5.6 Zusammenfassung

Konditionen sind die Vereinbarung mit dem Kunden über Preis, Zu- und Abschläge, Frachten und Zölle oder Steuern. In den Zahlungsbedingungen werden hingegen die Zahlungsfristen und das Skonto verabredet.

Konditionen können absolut, prozentual oder mengenabhängig berechnet werden. Dabei können über eine Staffelung zusätzlich unterschiedliche Konditionen für unterschiedliche Mengen vereinbart sein.

Konditionen werden im SAP-System über Konditionsarten gepflegt. Die Konditionsarten sind vordefiniert und beinhalten sämtliche Informationen zur Berechnung der Kondition.

Konditionen werden im SAP-System in Konditionssätzen gespeichert. Je nach Konditionsart ist die Festlegung der Konditionen in Abhängigkeit von verschiedenen Schlüsselkombinationen möglich.

Sind zu einer Konditionsart mehrere Konditionssätze vorhanden, prüft das System »vom Speziellen zum Allgemeinen« und ermittelt so die richtigen Konditionen.

Bei Naturalrabatten wird zwischen Drauf- und Dreingabe unterschieden. Während der Kunde bei einer Draufgabe zusätzlich zu seinem Auftrag Ware erhält, wird bei einer Dreingabe ein Teil der bestellten Ware nicht berechnet.

5.7 Probieren Sie es aus!

Für die Artikel M100 (Kopfhörer DreamSound 500) und M200 (MP3 Sound Pro) wurden die Verkaufspreise festgelegt, zu denen Sie die Artikel an Ihre Kunden abgeben. Generell wurden für die Verkaufsorganisation 1000 und den Vertriebsweg 12 folgende Preise festgelegt:

Kopfhörer DreamSound 500	
Konditionsart PR00	295 EUR
MP3 Sound Pro	
Konditionsart PR00	155 EUR

Die Preise sollen ab heute für zwei Jahre gültig sein.

HINWEIS

Benötigte Daten aus vorangehenden Übungen

Die Übung greift auf Daten zu, die Sie in den Übungen von Kapitel 2, »Der Kundenstammsatz«, und Kapitel 3, »Der Materialstammsatz«, angelegt haben. Die Vorgänge im SAP-System funktionieren nur dann einwandfrei, wenn die vorangegangenen Übungen richtig durchgeführt wurden.

Aufgabe 1

Legen Sie für beide Materialien die entsprechenden Materialpreise an. Achten Sie darauf, den Gültigkeitszeitraum wie vorgegeben festzulegen.

Aufgabe 2

Mit der Willrich Akustik GmbH wurde ein spezieller Preis für den Kopfhörer DreamSound 500 vereinbart: Der Preis für die Willrich Akustik GmbH beträgt 283,50 EUR. Bei einer Abnahme von 25 Stück sinkt der Preis auf 271,30 EUR. Diese spezielle Vereinbarung gilt ab heute für sechs Monate.

Legen Sie den kundenindividuellen Preis für den Kopfhörer DreamSound 500 und den Kunden Willrich Akustik GmbH an. Achten Sie darauf, dass dem Kunden eine Staffelung des Preises zugesagt wurde.

Aufgabe 3

Die T&H Soundsystems GbR soll generell auf jede Bestellung einen Rabatt von 8,5 % erhalten. Die Vereinbarung gilt ab dem kommenden Monat und ist sechs Monate gültig. Der Rabatt soll spartenübergreifend gültig sein (Sparte 00).

Pflegen Sie den Kundenrabatt mit der Konditionsart K007.

Aufgabe 4

Für das Material MP3 Sound Pro wurde der T&H Soundsystems GbR im Falle eines Auftrags innerhalb der nächsten vier Wochen ein Naturalrabatt zugesagt. Bei einer Abnahme von 30 Stück oder mehr des MP3-Players erhält das Unternehmen pro zehn Stück MP3-Player einen Kopfhörer DreamSound 500 kostenfrei als Draufgabe.

Legen Sie den Naturalrabatt an.

Teil II

Verkauf

Teil II dieses Buches wendet sich der Verkaufsphase im Vertriebsprozess zu. In dieser Phase fragt Ihr Kunde bei Ihrem Unternehmen eine bestimmte Ware oder Dienstleistung an. Auf der Basis dieser Anfrage bieten Sie einem Kunden Waren zu bestimmten Preisen und Bedingungen an. Die Nutzung von Anfragen und Angeboten ist im SAP-System möglich, aber nicht unbedingt notwendig.

Waren die Verkaufsgespräche mit dem Kunden erfolgreich, kann der Kundenauftrag im SAP-System erfasst werden. Der Kundenauftrag ist die Basis für die weitere Abwicklung des Vertriebsprozesses. Auf der Grundlage des vom Kunden eingehenden Auftrags wird der Versand der Ware an den Kunden ausgelöst.

Kundenaufträge können sich auf vorangehende Angebote an den Kunden beziehen. Ein solcher Bezug ist aber nicht zwingend erforderlich. So kann auch ohne vorangehendes Angebot ein Auftrag vom Kunden erteilt werden.

6 Anfrage und Angebot

Mit der Anfrage eines potenziellen Kunden wird Ihr Unternehmen aufgefordert mitzuteilen, zu welchen Konditionen Sie eine bestimmte Menge eines Materials oder einer Dienstleistung liefern können. Ist Ihr Unternehmen interessiert, den mit der Anfrage avisierten Auftrag zu erhalten, senden Sie dem möglichen Kunden daraufhin ein Angebot zu.

In diesem Kapitel lernen Sie,

- welche Daten in Anfragen und Angeboten festgehalten werden,
- wie Sie Anfragen erfassen können,
- wie Sie Angebote erfassen können,
- welche Auswirkungen Anfragen und Angebote im SAP-System haben.

6.1 Einführung

Mit einer Anfrage teilt ein potenzieller Kunde sein Interesse an der Lieferung eines Produkts durch Ihr Unternehmen mit. Die Anfrage beinhaltet auch die mögliche Menge und den Termin, zu dem die Lieferung erwartet wird. Wird eine Anfrage im SAP-System erfasst, kann ein Angebot mit Bezug zu dieser Anfrage erstellt werden. Eine Anfrage gilt als erledigt, sobald ein Angebot zur Anfrage erstellt wurde.

Das Angebot bezieht sich üblicherweise auf die Anfrage. Wurde die Anfrage im SAP-System bereits erfasst, können die Daten des Angebots aus der Anfrage übernommen werden. Die Erstellung eines Angebots im SAP-System ist aber auch ohne vorangehende Anfrage möglich. Ein Angebot enthält immer ein Gültigkeitsdatum, bis zu dem sich Ihr Unternehmen an das Angebot gebunden fühlt. Akzeptiert der Kunde das Angebot, kann der Kundenauftrag mit Bezug zum Angebot erzeugt werden. Ein Angebot ist aus Systemsicht erst dann erledigt, wenn mit einem oder mehreren Aufträgen die Angebotsmenge erreicht wurde oder das Gültigkeitsdatum überschritten wird.

Anfragen werden im SAP-System mit der Belegart AF angelegt. Für Angebote wird die Belegart AG genutzt. Genauere Informationen zu Belegarten und ihrer individuellen Nutzung im Unternehmen erhalten Sie in Kapitel 1, »Was Sie zum Arbeiten mit SAP wissen sollten«.

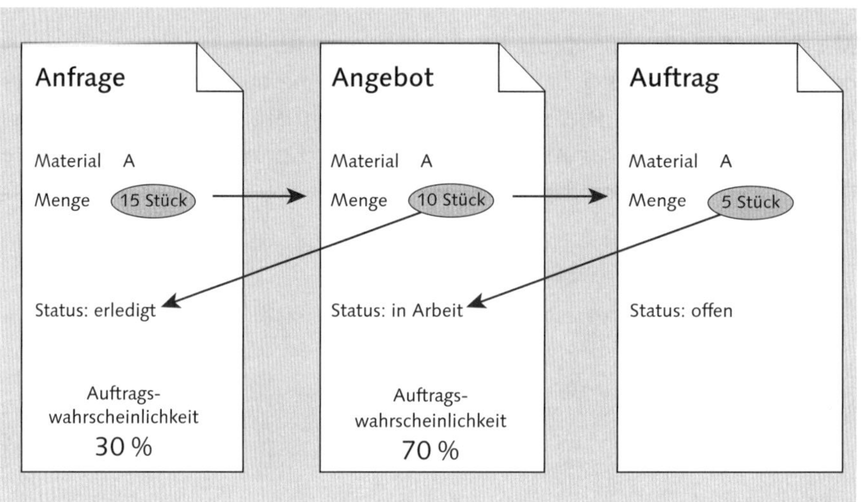

Anfrage und Angebot

Anfragen und Angebote werden vom SAP-System mit einer Auftragswahrscheinlichkeit gewichtet, die zur Prognose der zu erwartenden Umsätze genutzt wird. Die Auftragswahrscheinlichkeit wird im Unternehmen individuell durch die Systemadministration festgelegt. Im Standard-SAP-System sind Anfragen mit einer Auftragswahrscheinlichkeit von 30 % und Angebote mit einer Auftragswahrscheinlichkeit von 70 % definiert. Aufgrund des Gesamtwerts und der Auftragswahrscheinlichkeit kann der zu erwartende Umsatz des Unternehmens prognostiziert werden.

6.2 Die Transaktionen zur Anfrage

Zum Anlegen einer Anfrage dient Transaktion VA11. Anfragen können Sie mit Transaktion VA12 ändern und mit Transaktion VA13 anzeigen. Alle drei Transaktionen finden Sie über **SAP Menü ▸ Logistik ▸ Vertrieb ▸ Verkauf ▸ Anfrage** im SAP-Easy-Access-Menü.

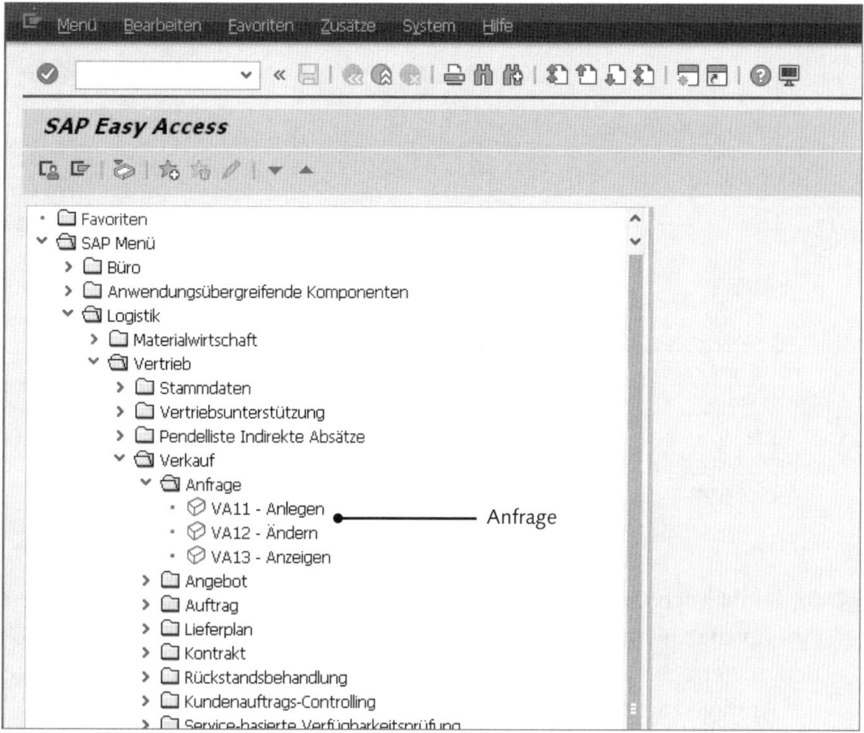

Die Transaktionen zur Anfrage im SAP-Easy-Access-Menü

In den folgenden Abschnitten lernen Sie diese Transaktionen nun im Einsatz kennen.

6.3 Anfragen anlegen

Fragt ein Kunde eine Ware oder Dienstleistung bei Ihrem Unternehmen an, erfassen Sie eine Anfrage im SAP-System. Das Anlegen einer Anfrage erfolgt mit Transaktion VA11. Öffnen Sie die Transaktion, und gehen Sie dann in folgenden Schritten vor:

1. Rufen Sie Transaktion VA11 im SAP-Easy-Access-Menü über den Pfad **SAP Menü ▸ Logistik ▸ Vertrieb ▸ Verkauf ▸ Anfrage** auf, oder geben Sie den Transaktionscode direkt im Befehlsfeld ein.

2. Es öffnet sich das Bild **Anfrage anlegen: Einstieg**. Geben Sie im Feld **Anfrageart** die Belegart **AF** ein. Alternativ können Sie die Belegart **AF** über die F4-Hilfe auswählen.

Verkaufsbeleg Bearbeiten Springen Umfeld System Hilfe

Anfrage anlegen: Einstieg

Anlegen mit Bezug Verkauf Positionsübersicht Besteller

Anfrageart	AF	Anfrage

Organisationsdaten

Verkaufsorganisation	1000	Deutschl. Frankfurt
Vertriebsweg	12	Wiederverkäufer
Sparte	00	Spartenübergreifend
Verkaufsbüro		
Verkäufergruppe		

3 Im Bildbereich **Organisationsdaten** geben Sie die Organisationseinheiten ein, für die Sie die Anfrage erfassen möchten. Haben Sie alle Informationen eingetragen, drücken Sie die [↵]-Taste, um in die Erfassungsmaske der Anfrage zu gelangen.

HINWEIS

Organisationsdaten im Einstiegsbild

Bei den Organisationsdaten im Einstiegsbild handelt es sich nicht um Musseingaben. Lassen Sie die Felder im Einstieg komplett leer, werden im weiteren Verlauf die Organisationsdaten aus den Stammdaten des Kunden und des Materials übernommen. Sollte der Kunde für mehrere Organisationseinheiten angelegt sein, werden Sie vom SAP-System aufgefordert, zwischen den möglichen Organisationseinheiten zu wählen. Genauere Informationen zu den Organisationseinheiten erhalten Sie in Kapitel 1, »Was Sie zum Arbeiten mit SAP wissen sollten«.

4 Im Erfassungsbild für die Anfrage sollte die Registerkarte **Positionsübersicht** bereits geöffnet sein. Ist dies nicht der Fall, klicken Sie auf die Registerkarte **Positionsübersicht**, um die wichtigsten Informationen auf einen Blick zu finden.

5 Geben Sie im Feld **Auftraggeber** die Nummer des Kunden an, von dem Sie den Auftrag erwarten. Über die [F4]-Hilfe können Sie den Kunden suchen. Drücken Sie nach der Eingabe des Auftraggebers auf [↵].

6 Das SAP-System übernimmt aus den Stammdaten die Anschrift des Kunden. Das Feld **Warenempfänger** wird entsprechend der Einstellung der Partnerrollen im Kundenstammsatz vom System gefüllt. Sie haben hier die Möglichkeit, auch einen alternativen Warenempfänger für die Anfrage anzugeben, sofern für ihn ein Kundenstammsatz vorhanden ist. Tragen Sie hierzu im Feld **Warenempfänger** die Nummer des Kunden ein.

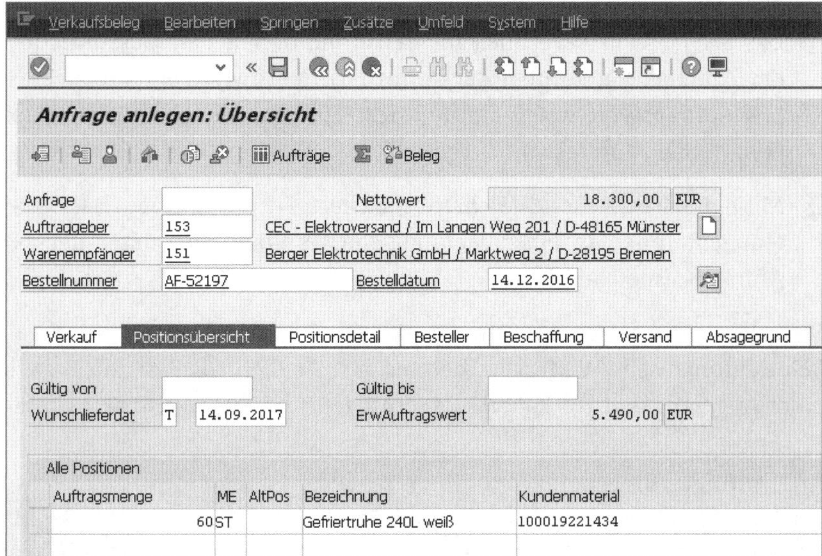

7 Im Feld **Bestellnummer** können Sie ein vom Kunden in der Anfrage angegebenes Kennzeichen oder eine Nummer angeben. Im Feld **Bestelldatum** tragen Sie das Datum der Anfrage ein. Beide Felder haben im SAP-System keine weitere steuernde Funktion: Sie erleichtern unter Umständen das Wiederfinden einer Anfrage im System und können auf Schreiben an den Kunden mitaufgedruckt werden.

8 Auf der Registerkarte **Positionsübersicht** wird vom SAP-System im Feld **Wunschlieferdatum** das heutige Datum vorgeschlagen. Hat der Kunde in seiner Anfrage ein Datum angegeben, zu dem er die Lieferung wünscht, können Sie dies im Feld **Wunschlieferdatum** erfassen.

9 Geben Sie in der Positionsübersicht in der Spalte **Material** die Nummer des Materials an, das der Kunde anfragt. In der Spalte **Auftragsmenge** geben Sie die angefragte Menge an. Drücken Sie [↵].

10 Aus den Materialstammdaten werden die Mengeneinheit in der Spalte **ME** und die **Bezeichnung** des Materials übernommen. Sollte ein Kunden-

Material-Infosatz zum angegebenen Kunden und Material existieren, werden auch aus diesem Stammsatz Daten übernommen, zum Beispiel die Kundenmaterialnummer in der Spalte **Kundenmaterial**.

Fragt der Kunde mehrere Materialien an, können Sie diese in mehreren Positionen erfassen. Geben Sie hierzu in der zweiten Zeile ebenfalls Materialnummer und Menge in den Spalten **Material** und **Auftragsmenge** an.

11 Das SAP-System berechnet aus den Konditionen den Gesamtnettowert der Anfrage. Sie können diesen im Feld **Nettowert** erkennen. Im Feld **Erw.Auftragswert** wird aufgrund der Auftragswahrscheinlichkeit der zu erwartende Auftragswert dargestellt.

12 Mit der Schaltfläche (**Sichern**) speichern Sie die Anfrage. Das SAP-System teilt Ihnen in einer Meldung die Nummer mit, unter der es die Anfrage gespeichert hat.

Sie haben die Anfrage des Kunden im SAP-System erfasst. Die Anfrage löst keine automatische Weiterverarbeitung aus. Sie dient als Basis zur Erstellung eines Angebots und zur Kalkulation erwarteter Auftragswerte und Umsätze.

VIDEO

Anfrage anlegen

In diesem Video sehen Sie, wie eine Anfrage eines Kunden im SAP-System angelegt wird. Darüber hinaus lernen Sie, welche Informationen in der Anfrage relevant sind:

http://s-prs.de/v4465yl

6.4 Anfrage anzeigen und ändern

Der Anfragebeleg im SAP-System kann mit Transaktion VA13 angezeigt werden. Änderungen im Beleg sind mit Transaktion VA12 möglich. Beide Transaktionen sind absolut gleich aufgebaut; deshalb wird im Folgenden das Vorgehen nur anhand von Transaktion VA12 zum Ändern einer Anfrage beschrieben.

1 Öffnen Sie Transaktion VA12 im SAP-Easy-Access-Menü über den Pfad **SAP Menü ▸ Logistik ▸ Vertrieb ▸ Verkauf ▸ Anfrage**. Alternativ können Sie den Transaktionscode auch direkt im Befehlsfeld eingeben.

2 Es öffnet sich das Bild **Anfrage ändern: Einstieg**. Tragen Sie im Feld **Anfrage** die Nummer der Anfrage ein, die Sie ändern möchten. Das SAP-System schlägt im Feld automatisch die letzte Anfrage vor, die Sie bearbeitet haben.

Sollte Ihnen die Nummer der Anfrage nicht bekannt sein, können Sie im Bildbereich **Suchkriterien** über die vom Kunden angegebene Bestellnummer oder die Kundennummer suchen. Geben Sie dazu im Feld **Bestellnummer** oder **Auftraggeber** (Kunde) die vorhandenen Informationen ein, und klicken Sie auf die Schaltfläche [Suche ausführen]. Alternativ können Sie natürlich auch mit der [F4]-Hilfe suchen.

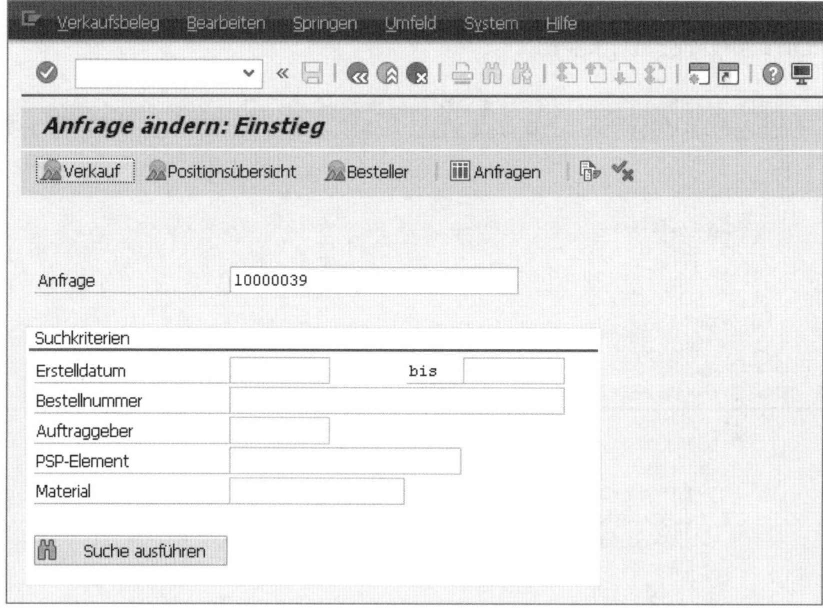

3 Nachdem Sie die Nummer der Anfrage ermittelt und im Feld **Anfrage** eingetragen haben, drücken Sie [↵] und gelangen in die aus dem Anlegen einer Anfrage bekannte Datenmaske der Anfrage.

4 In der Anfrage können Sie nun Änderungen vornehmen. Abhängig vom Stand der Weiterverarbeitung der Anfrage, können einzelne Felder für Änderungen gesperrt sein. So ist es nicht möglich, das Material oder die Menge in einer Anfrage zu ändern, wenn zur Anfrage bereits ein Angebot erstellt wurde.

5 Mit [Sichern-Symbol] (**Sichern**) werden Ihre Änderungen im System gespeichert.

Die Änderungen in einer Anfrage werden nur im Beleg der Anfrage gespeichert. Wurde zur Anfrage bereits ein Angebot oder ein Auftrag erzeugt, werden die Änderungen des Angebots nicht in die nachfolgenden Belege übernommen.

6.5 Die Transaktionen zum Angebot

Das Anlegen eines Angebots geschieht mit Transaktion VA21. Änderungen können mit Transaktion VA22 vorgenommen werden. Möchten Sie ein Angebot anzeigen, wählen Sie Transaktion VA23. Die drei Transaktionen sind im SAP-Easy-Access-Menü über **SAP Menü ▸ Logistik ▸ Vertrieb ▸ Verkauf ▸ Angebot** zu finden.

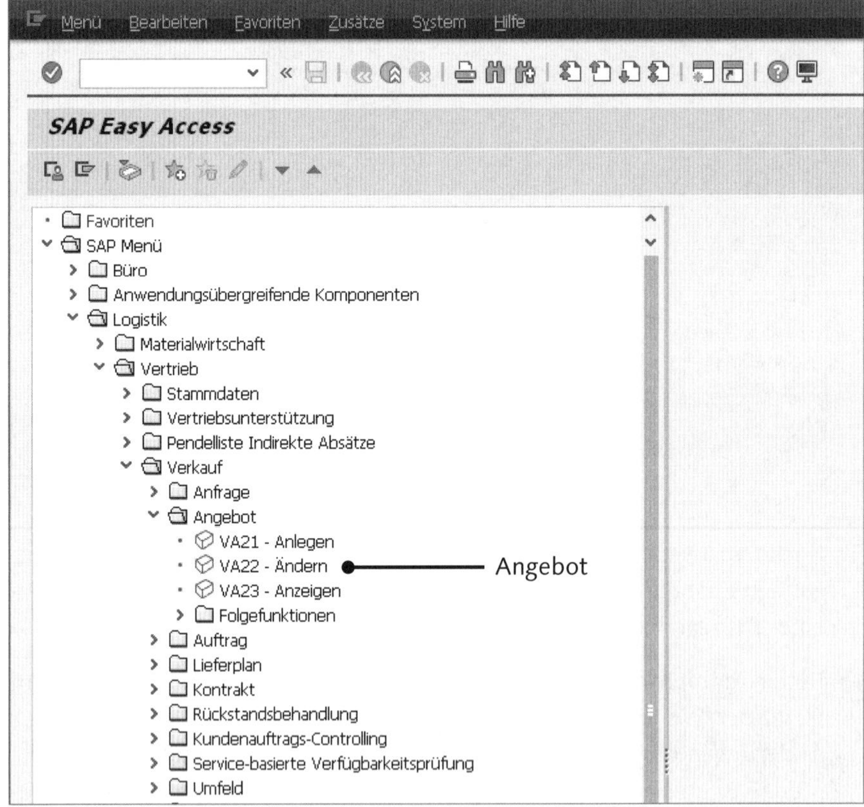

Die Transaktionen zum Angebot im SAP-Easy-Access-Menü

6.6 Angebot mit Bezug zur Anfrage anlegen

Möchten Sie die Anfrage eines Kunden mit einem Angebot beantworten, können Sie im SAP-System ein Angebot anlegen. Sollte bereits die entsprechende Anfrage im System vorliegen, können Sie sich auf diese Anfrage beziehen. Das SAP-System übernimmt dann die wichtigsten Daten wie Kunde, Material, Menge und Wunschliefertermin aus der Anfrage, sodass sie nicht erneut eingegeben werden müssen. Sie legen ein Angebot mit Transaktion VA21 an. So geht's:

1. Rufen Sie im SAP-Easy-Access-Menü Transaktion VA21 über den Pfad **SAP Menü ▸ Logistik ▸ Vertrieb ▸ Verkauf ▸ Angebot** auf, oder geben Sie den Transaktionscode im Befehlsfeld ein.
2. Es öffnet sich das Bild **Angebot anlegen: Einstieg**. Im Feld **Angebotsart** geben Sie die Belegart **AG** ein.

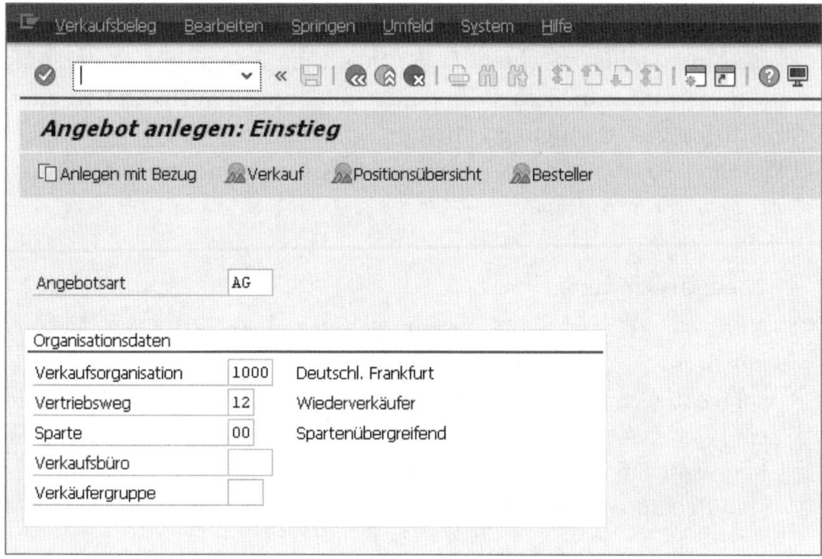

3. Da Sie sich beim Anlegen des Angebots auf die Anfrage beziehen möchten, klicken Sie auf die Schaltfläche [Anlegen mit Bezug]. Es öffnet sich nun das Pop-up-Fenster **Anlegen mit Bezug**, um den Bezug zur Anfrage herzustellen.
4. Sollte die Registerkarte **Anfrage** nicht bereits automatisch ausgewählt sein, klicken Sie sie an.

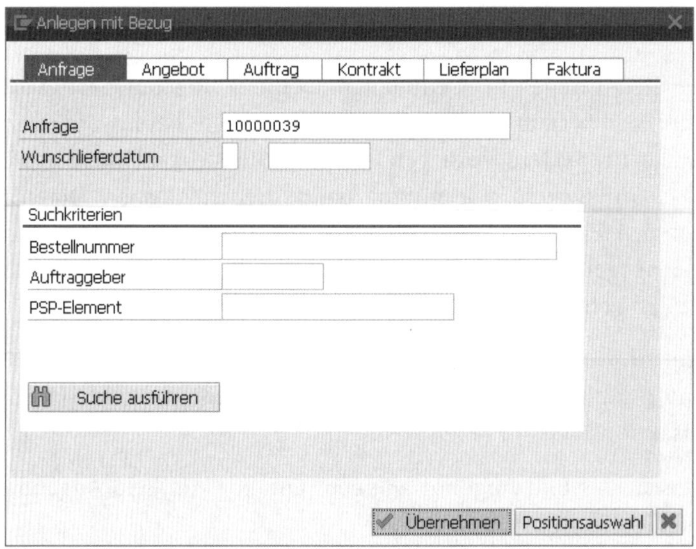

Geben Sie im Feld **Anfrage** die Nummer der Anfrage an, zu der Sie ein Angebot erstellen möchten. Sollte Ihnen die Belegnummer der Anfrage nicht bekannt sein, stehen Ihnen der Bildbereich **Suchkriterien** oder die [F4]-Hilfe zur Verfügung. Mit der Schaltfläche [✔ Übernehmen] öffnet das System das Datenbild des Angebots und übernimmt direkt die Daten aus der gewählten Anfrage.

HINWEIS

Erledigte Anfragen

Eine Anfrage gilt im SAP-System als erledigt, sobald Sie ein Angebot mit Bezug zu dieser Anfrage erzeugt haben. Die Menge im Angebot kann dabei von der Menge der Anfrage abweichen. Es ist nicht möglich, ein zweites Angebot mit Bezug zu dieser Anfrage zu erstellen. Das System weist Sie mit der Fehlermeldung **Die Vorlage wurde bereits vollständig kopiert oder abgesagt** darauf hin.

5 Das Datenbild des Angebots entspricht dem der Anfrage. Sie können die Daten ändern, die aus der Anfrage übernommen wurden. So könnten Sie eine geringere Menge oder ein anderes Lieferdatum anbieten, als der Kunde angefragt hat.

Im Feld **Gültig bis** müssen Sie ein Datum angeben, mit dem Sie festlegen, wie lange die Konditionen des Angebots gelten.

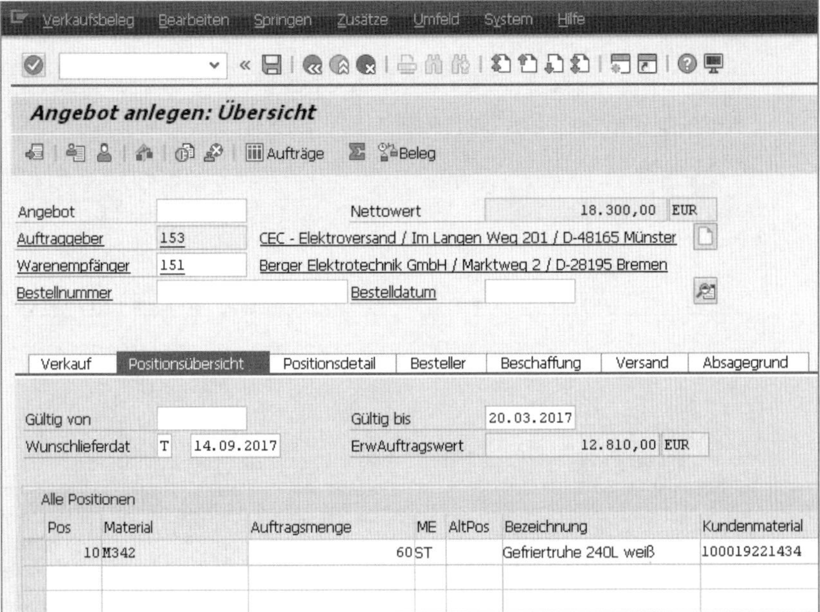

6 Positionieren Sie den Cursor in einem Feld der Positionszeile, und klicken Sie auf die Schaltfläche (**Konditionen Pos.**). Sie erreichen ein neues Bild mit der Aufstellung der Konditionen zur Position.

Im Konditionsbild werden Ihnen die Details zur Ermittlung des Angebotspreises dargestellt. Die Konditionen wurden beim Anlegen des Angebots aus den vorliegenden Konditionssätzen ermittelt. In der Spalte **KArt** erkennen Sie die Konditionsart. Die Spalte **Betrag** zeigt den Konditionsbetrag, und die Spalte **Konditionswert** zeigt den Wert der Kondition in der Anfrage. In Kapitel 5 werden die Konditionen und die Pflege der Konditionssätze detailliert beschrieben.

Möchten Sie dem Kunden das Material zu anderen Konditionen anbieten, können Sie Preise und Rabatte in der Spalte **Betrag** ändern. In der Spalte **KArt** können Sie neue Konditionen hinzufügen. Scrollen Sie dazu an das Ende der Liste, und geben Sie die entsprechende Konditionsart ein.

Durch Anklicken von (**Zurück**) springen Sie zurück in die Datenmaske des Angebots.

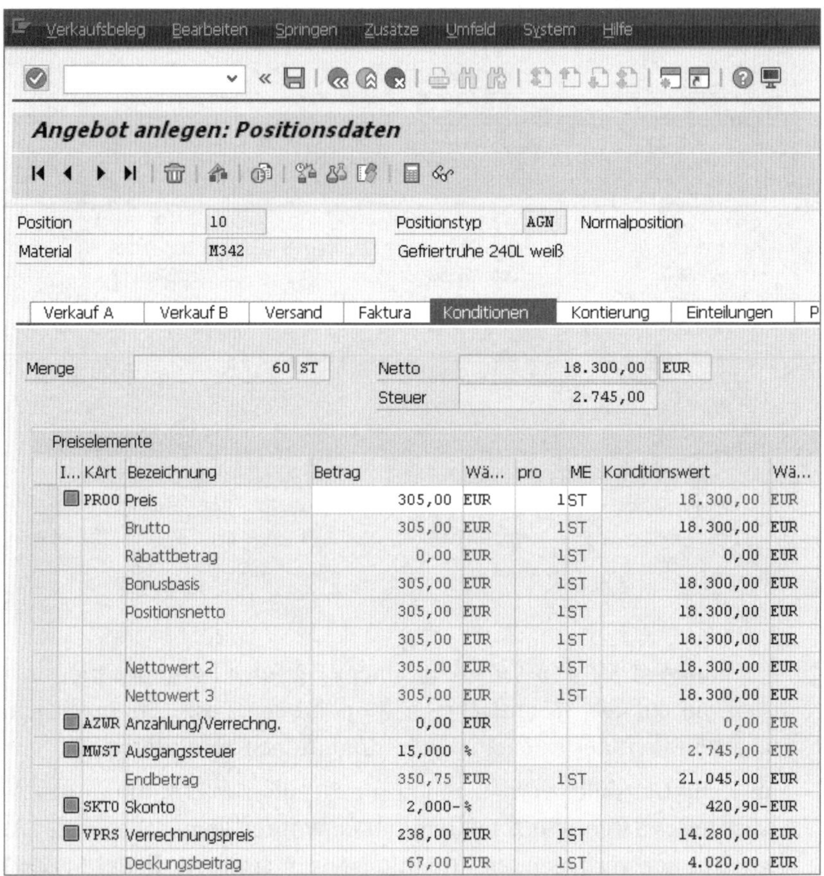

I...	KArt	Bezeichnung	Betrag	Wä...	pro	ME	Konditionswert	Wä...
	PR00	Preis	305,00	EUR	1	ST	18.300,00	EUR
		Brutto	305,00	EUR	1	ST	18.300,00	EUR
		Rabattbetrag	0,00	EUR	1	ST	0,00	EUR
		Bonusbasis	305,00	EUR	1	ST	18.300,00	EUR
		Positionsnetto	305,00	EUR	1	ST	18.300,00	EUR
			305,00	EUR	1	ST	18.300,00	EUR
		Nettowert 2	305,00	EUR	1	ST	18.300,00	EUR
		Nettowert 3	305,00	EUR	1	ST	18.300,00	EUR
	AZWR	Anzahlung/Verrechng.	0,00	EUR			0,00	EUR
	MWST	Ausgangssteuer	15,000	%			2.745,00	EUR
		Endbetrag	350,75	EUR	1	ST	21.045,00	EUR
	SKTO	Skonto	2,000-	%			420,90-	EUR
	VPRS	Verrechnungspreis	238,00	EUR	1	ST	14.280,00	EUR
		Deckungsbeitrag	67,00	EUR	1	ST	4.020,00	EUR

7 Zum Speichern des Angebots klicken Sie auf (**Sichern**). Mit einer Meldung bestätigt das System die Nummer des Angebots.

Sie haben nun ein Angebot für den Kunden erfasst. Im Unternehmen ist das SAP-System üblicherweise so eingerichtet, dass das Angebot automatisch an den Kunden versendet wird. Klären Sie individuell im Unternehmen, ob und für welchen Zeitpunkt der automatische Versand des Angebots festgelegt ist.

VIDEO

Angebot anlegen mit Bezug zur Anfrage

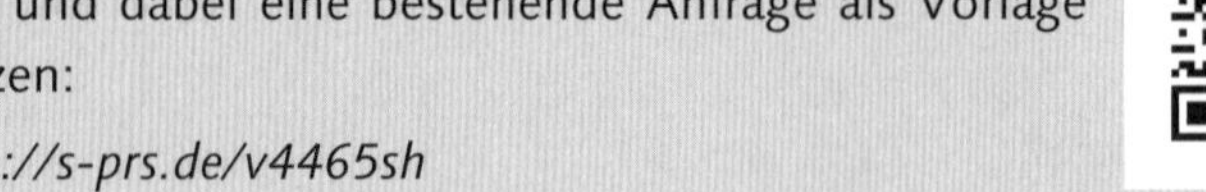

Das Video erklärt, wie Sie ein Angebot anlegen können und dabei eine bestehende Anfrage als Vorlage nutzen:

http://s-prs.de/v4465sh

6.7 Angebot anzeigen und ändern

Ein Angebot kann mit Transaktion VA23 angezeigt werden. Änderungen sind mit Transaktion VA22 möglich. Achten Sie darauf, dass das Angebot unter Umständen bereits direkt nach dem Anlegen an den Kunden versendet wurde. In diesem Fall sind Änderungen eventuell nur noch eingeschränkt möglich.

Die Bedienung der beiden Transaktionen entspricht exakt dem Vorgehen, das bereits in Abschnitt 6.4, »Anfrage anzeigen und ändern«, für Anfragen dargestellt wurde. Hier die Vorgehensweise in Kürze:

1. Rufen Sie Transaktion VA22 auf. Sie finden die Transaktion im SAP-Easy-Access-Menü über den Pfad **SAP Menü ▸ Logistik ▸ Vertrieb ▸ Verkauf ▸ Angebot.**
2. Im Einstiegsbild tragen Sie im Feld **Angebot** die Nummer des Angebots ein. Vom System wird selbstständig die Nummer des letzten Angebots vorgeschlagen, das Sie bearbeitet haben.
3. Drücken Sie [↵], und Sie gelangen in die bekannte Datenmaske zum Angebot.
4. Nehmen Sie die notwendigen Änderungen im Angebot vor.
5. Speichern Sie die Änderungen im Angebot mit 💾 **(Sichern).**

Änderungen des Angebots haben keine Auswirkungen auf bereits angelegte Kundenaufträge. Die Änderungen betreffen nur das Angebot.

6.8 Listen zu Anfragen und Angeboten

Zu Anfragen und Angeboten können verschiedene Listen erzeugt werden. Die Transaktionen zu den Listen befinden sich im SAP-Easy-Access-Menü unter **SAP Menü ▸ Logistik ▸ Vertrieb ▸ Verkauf ▸ Infosystem** in den beiden Ordnern **Anfragen** und **Angebote.** Die am häufigsten genutzten Listen sind:

- VA15 – Liste von Anfragen zu einem Auftraggeber
- VA25 – Liste von Angeboten zu einem Auftraggeber
- SDQ1 – Liste von Angeboten, die bald ablaufen werden
- SDQ2 – Liste von Angeboten, die bereits abgelaufen sind

Die Listen zu den ablaufenden Angeboten helfen im Verkauf, zu den an Kunden unterbreiteten Angeboten auch Aufträge zu akquirieren. Aufgrund der Liste können Kunden mit offenen Angeboten kontaktiert werden, um den entsprechenden Auftrag einzuwerben.

Die Bedienung des Selektionsbildes und der Anzeigeoptionen bei Listen wird in Kapitel 15, »Listen«, ausführlich beschrieben.

6.9 Zusammenfassung

Anfrage und Angebot sind Teil der Verkaufsphase. Mit der Anfrage bekundet ein Kunde sein Interesse an Waren aus Ihrem Unternehmen. Mit dem Angebot teilen Sie dem Kunden genaue Angaben über mögliche Mengen, Termine und Preise mit.

Eine Anfrage wird im SAP-System erfasst. Sie erzeugt keine direkte Weiterverarbeitung, sondern kann als Basis für ein Angebot herangezogen werden. In die Prognose der Umsätze geht eine Anfrage mit einer Gewichtung von 30 % ein.

Ein Angebot kann mit Bezug zu einer Anfrage erfasst werden. Es ist aber auch möglich, ein Angebot ohne Vorlage anzulegen. Wird ein Angebot mit Bezug zu einer Anfrage erzeugt, werden die Daten der Anfrage in das Angebot übernommen. Die aus der Vorlage übernommenen Daten können geändert werden. Auch für die Konditionen ist im Angebot eine Änderung möglich.

Das Angebot wird nach dem Sichern automatisch an den Kunden verschickt. Der Versand wird in jedem Unternehmen individuell gehandhabt.

6.10 Probieren Sie es aus!

Die Willrich Akustik GmbH stellt eine Anfrage an Ihr Unternehmen. Es werden 70 Stück des Kopfhörers DreamSound 500 (Materialnummer M100) angefragt. Die Lieferung soll heute in einer Woche erfolgen. In der Anfrage ist die Anfragenummer des Kunden AF-2000568X angegeben. Sie haben die Aufgabe, die Anfrage im SAP-System zu erfassen und ein entsprechendes Angebot zu erstellen.

Aufgabe 1

Legen Sie die Anfrage des Kunden Willrich Akustik GmbH an. Achten Sie darauf, auch die Anfragenummer des Kunden im Kundenauftrag zu hinterlegen!

Aufgabe 2

Nach der Speicherung des Angebots möchten Sie prüfen, ob die Daten des Warenempfängers richtig in das Angebot übernommen wurden. Zeigen Sie die gerade angelegte Anfrage an, und kontrollieren Sie den Warenempfänger. Welcher Warenempfänger wird angezeigt?

Aufgabe 3

Sie möchten dem Kunden zu seiner Anfrage ein Angebot unterbreiten. Dazu legen Sie ein Angebot an und beziehen sich auf die bereits im System erfasste Anfrage.

Das Angebot soll für die kommenden sechs Wochen gültig sein. Da Sie eine so große Menge an Kopfhörern nicht an einen einzelnen Kunden verkaufen möchten, reduzieren Sie die Angebotsmenge auf 50 Stück.

Legen Sie das Angebot an!

Aufgabe 4

Im Nachhinein stellen Sie fest, dass Sie den Preis des Angebots nicht geprüft haben. Zeigen Sie das Angebot an, und prüfen Sie, ob die Konditionen des Angebots denen entsprechen, die Sie in der Übung aus Kapitel 5, »Konditionen«, festgelegt haben!

Aufgabe 5

Der Preis im Angebot soll auf 265 EUR gesenkt werden. Ändern Sie das Angebot!

7 Der Kundenauftrag

Ihr Kunde beauftragt Sie über seine Bestellung mit der Produktion oder Bereitstellung einer bestimmten Menge von Waren zu einem festgelegten Termin. Im SAP-System wird dafür ein Kundenauftrag erfasst. Auf der Basis dieses Kundenauftrags können der Produktions- oder Versandprozess angestoßen werden.

In diesem Kapitel lernen Sie,

- welche Daten in einem Kundenauftrag festgehalten sind,
- wie Sie einen Kundenauftrag erfassen,
- wie Sie einen Kundenauftrag mit Bezug zu einem Angebot erfassen,
- wie der Auftrag auf Vollständigkeit hin geprüft wird,
- wie die Warenverfügbarkeit geprüft wird,
- wie Sie die Belegkette nachvollziehen können.

7.1 Einführung

Mit dem Kundenauftrag wird Ihr Unternehmen aufgefordert, eine definierte Menge eines Materials zu vereinbarten Konditionen und zu einem bestimmten Termin bereitzustellen. Abhängig vom Geschäftsmodell Ihres Unternehmens, können dem Kundenauftrag längere Verkaufsgespräche oder eine Anfrage und ein Angebot vorausgehen.

So ist es im Maschinenbau üblich, dass sich Kunde und Verkäufer in vorheriger Kommunikation über die Modalitäten eines Verkaufs abstimmen. Andererseits ist es auch möglich, dass der Kundenauftrag Ihr Unternehmen ohne längere Verkaufs- oder Verhandlungsphase erreicht. Ein Beispiel hierzu wäre die Bestellhotline eines Versandhauses.

Im SAP-System können Kundenaufträge demnach mit oder ohne Bezug zu einem Angebot erstellt werden. Wird Bezug auf ein im SAP-System vorliegendes Angebot genommen, werden sämtliche Daten von dort übernommen und müssen nicht erneut eingegeben werden.

Kundenaufträge werden mit der Belegart TA (Terminauftrag) erfasst. Weitere Belegarten wie SO (Sofortauftrag) oder BV (Barverkauf) sind im Standard-SAP-System vorgesehen und haben eine veränderte Weiterverarbeitung zur Folge. Sie werden in Kapitel 14, »Spezielle Verkaufsvorgänge«, eingehend erklärt. Im Folgenden wird der »normale« Kundenauftrag mit der Belegart TA beschrieben. Außerdem erhalten Sie detaillierte Informationen zum Umgang mit Kundenaufträgen.

7.2 Die Transaktionen zum Kundenauftrag

Die Transaktionen zum Kundenauftrag finden Sie im SAP-Easy-Access-Menü über den Pfad **SAP Menü ▸ Logistik ▸ Vertrieb ▸ Verkauf ▸ Auftrag**. Mit Transaktion VA01 werden Aufträge angelegt, mit Transaktion VA02 geändert und mit Transaktion VA03 angezeigt.

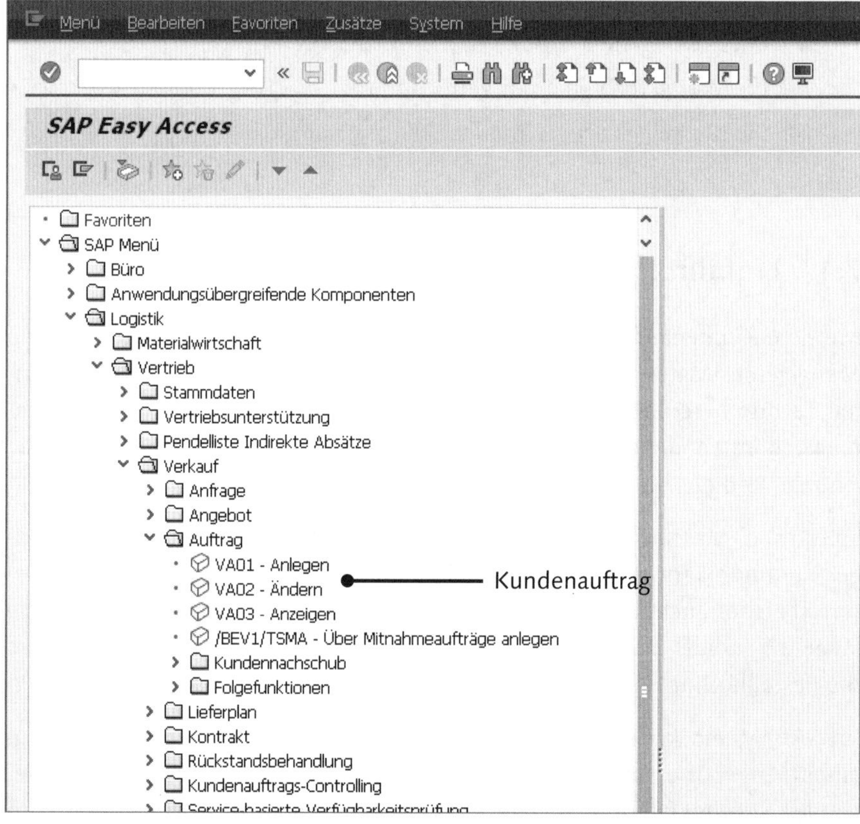

Die Transaktionen zum Kundenauftrag im SAP-Easy-Access-Menü

Die Transaktionen des Kundenauftrags entsprechen in Aufbau und Bedienung den Transaktionen zu Anfrage und Angebot, die Sie in Kapitel 6 kennengelernt haben.

7.3 Kundenauftrag anlegen

Wenn Sie den Auftrag eines Kunden erhalten, erfassen Sie eine Reihe von Daten im SAP-System. Dabei müssen Sie für das SAP-System die Belegart angeben, um die Weiterverarbeitung des Kundenauftrags zu definieren. Die wichtigsten Angaben darüber hinaus sind Kunde, Material und Menge.

Kundenaufträge werden mit Transaktion VA01 angelegt. Gehen Sie wie folgt vor:

1. Rufen Sie Transaktion VA01 im SAP-Easy-Access-Menü über den Pfad **SAP Menü ▸ Logistik ▸ Vertrieb ▸ Verkauf ▸ Auftrag** auf, oder geben Sie den Transaktionscode direkt im Befehlsfeld ein.
2. Geben Sie im Einstiegsbild der Transaktion im Feld **Auftragsart** die Belegart **TA** ein. Alternativ können Sie die Belegart mit der [F4]-Hilfe auswählen.
3. Tragen Sie im Bildbereich **Organisationsdaten** die Organisationseinheiten ein, für die der Kundenauftrag angelegt wird. Pflegen Sie dazu die Felder **Verkaufsorganisation**, **Vertriebsweg** und **Sparte**. Drücken Sie anschließend die [↵]-Taste, und Sie erreichen die Dateneingabemaske des Kundenauftrags.

HINWEIS

Organisationsdaten im Einstiegsbild

Die Daten zu den Organisationseinheiten müssen nicht unbedingt eingegeben werden. Wenn Sie im Einstiegsbild keine Angaben zu den Organisationseinheiten vornehmen, werden diese aus den Kunden- und Materialstammsätzen übernommen. Bei Kunden, die in mehreren Organisationseinheiten Ihres Unternehmens angelegt sind, werden Sie vom System zu einer klaren Eingabe aufgefordert. Organisationseinheiten werden in Kapitel 1, »Was Sie zum Arbeiten mit SAP wissen sollten«, behandelt.

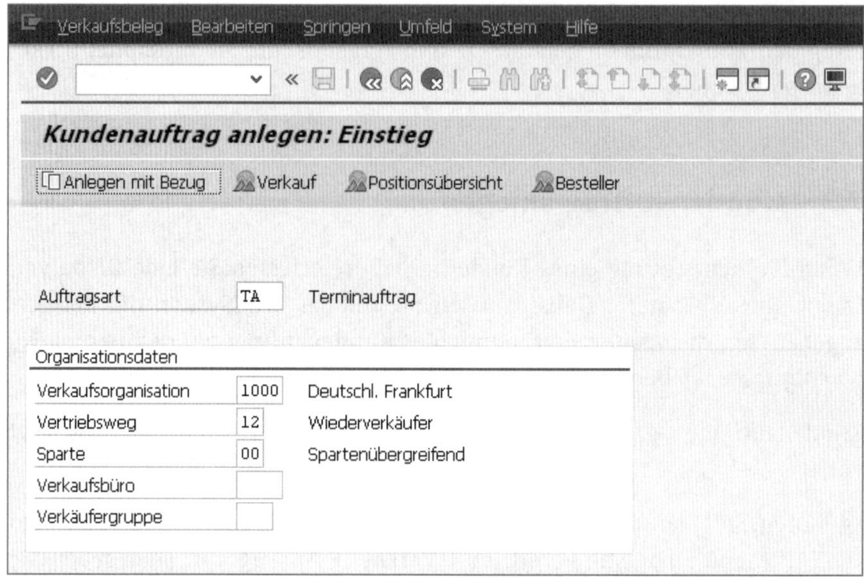

4 In der Erfassungsmaske wird die Registerkarte **Verkauf** geöffnet und angezeigt. Sollte dies nicht der Fall sein, klicken Sie die Registerkarte **Verkauf** an, um die zentralen Daten des Kundenauftrags zu sehen.

Geben Sie im Feld **Auftraggeber** die Nummer des Kunden an, der Ihnen den Auftrag erteilt hat. Nutzen Sie die [F4]-Hilfe, falls Sie die Nummer des Kunden nicht kennen.

Sobald Sie [↵] drücken, übernimmt das SAP-System aus den Kundenstammdaten die Anschrift des Kunden. Das Feld **Warenempfänger** wird aus den Kundenstammdaten mit der Partnerrolle Warenempfänger gefüllt.

5 Die Felder **Bestellnummer** und **Bestelldatum** geben Ihnen die Möglichkeit, die Nummer und das Datum einzutragen, die der Kunde auf seiner Bestellung angegeben hat. Beide Felder haben keine steuernde Funktion im SAP-System. Sie können aber auf Auftragsbestätigungen, Lieferscheinen oder Rechnungen mitangedruckt werden. Außerdem können Sie über die Bestellnummer des Kunden den Auftrag im SAP-System suchen.

6 Im Feld **Wunschlieferdatum** können Sie das vom Kunden angegebene Lieferdatum eintragen. Im Feld wird vom SAP-System ein Datum sieben Werktage in der Zukunft vorgeschlagen.

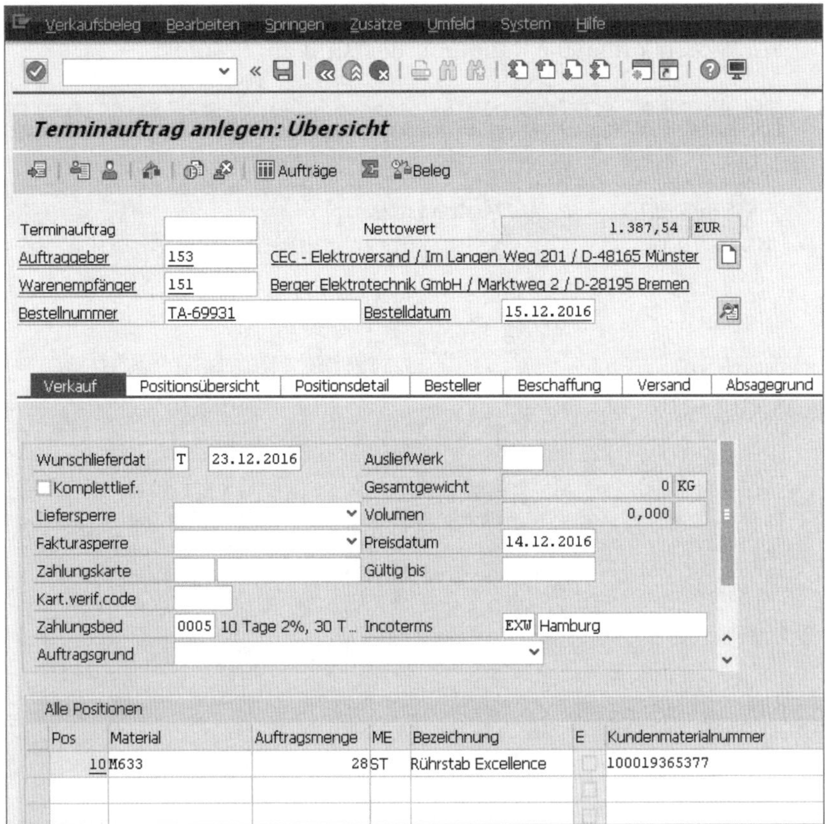

7 In der Spalte **Material** der Positionen geben Sie die Nummer des Materials an, das der Kunde bestellt, und unter **Auftragsmenge** tragen Sie die Menge ein. Drücken Sie danach [↵].

8 Die Mengeneinheit in der Spalte **ME** und die Bezeichnung des Materials werden aus den Materialstammdaten übernommen. Ist zur Kombination aus Kunde und Material ein Kunden-Material-Infosatz vorhanden, werden die entsprechenden Daten ebenfalls in den Kundenauftrag übernommen. Dies ist zum Beispiel im Feld **Kundenmaterialnummer** der Fall.

9 Bestellt der Kunde mehrere Materialien, können diese in mehreren Positionen erfasst werden. Geben Sie hierzu in den nächsten Zeilen in den Spalten **Material** und **Auftragsmenge** jeweils die Materialnummer und die Menge ein.

10 Das SAP-System übernimmt aus den Konditionssätzen die Preise und Konditionen. Klicken Sie auf die Positionszeile des Kundenauftrags. Kli-

cken Sie anschließend auf die Schaltfläche (**Konditionen Pos.**). Das SAP-System öffnet die Konditionsübersicht zur Position.

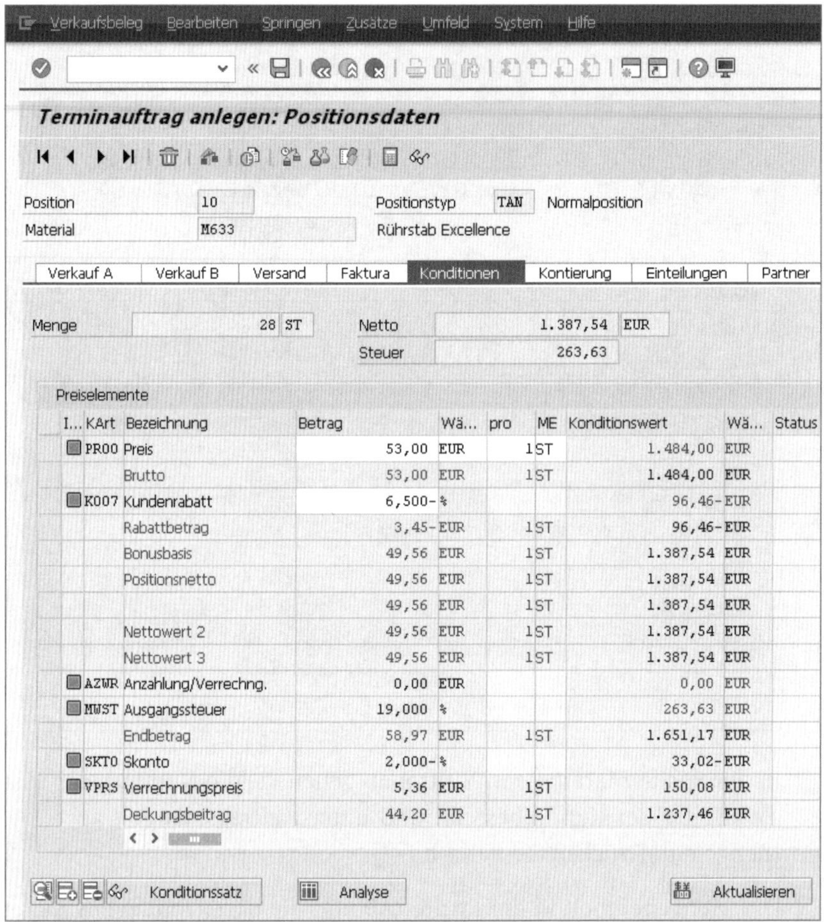

> HINWEIS
>
> **Kundenauftrag für kostenlose Ware**
>
> Möchten Sie einem Kunden Ware kostenfrei zur Verfügung stellen, können Sie im Verkauf einen Kundenauftrag mit der Belegart KL anlegen. Das Anlegen erfolgt genau wie beim »normalen« Auftrag, das SAP-System verzichtet lediglich auf die Preisfindung und Rechnungsstellung.
>
> Das Anlegen eines Auftrags mit kostenloser Ware kann sinnvoll sein, wenn Sie einem Kunden ein Muster eines Materials zukommen lassen oder aus Reklamationsgründen einen kostenlosen Ersatzartikel liefern möchten.

11 In der Konditionsübersicht erkennen Sie die Preisermittlung, die das SAP-System bei der Anlage des Kundenauftrags vorgenommen hat. Die Spalte **KArt** zeigt die Konditionsart. In der Spalte **Betrag** wird der Betrag der Kondition angezeigt. Unter **Konditionswert** finden Sie den Wert der Kondition. Detaillierte Informationen zu Konditionen erhalten Sie in Kapitel 5.

12 Sie haben die Möglichkeit, Konditionen im Kundenauftrag zu ändern, indem Sie in der Spalte **Betrag** die entsprechenden Eintragungen vornehmen. Am Ende der Liste können Sie in der Spalte **KArt** auch eine weitere Konditionsart hinzufügen. Die Änderung der Konditionen gilt nur für diesen einen Kundenauftrag. Zukünftige Kundenaufträge werden mit den in den Konditionssätzen hinterlegten Preisen und Rabatten kalkuliert.

Klicken Sie auf (**Zurück**), um zurück in die Eingabemaske des Kundenauftrags zu gelangen.

13 Speichern Sie den Auftrag durch einen Klick auf (**Sichern**). Die Nummer des Kundenauftrags wird Ihnen durch das SAP-System in einer Meldung mitgeteilt.

Der Kundenauftrag ist nun angelegt und kann weitere Verarbeitungen verursachen. Eventuell ist Ihr SAP-System so eingestellt, dass der Kunde automatisch eine Auftragsbestätigung erhält. Außerdem kann die Produktion des Materials, die Beschaffung des Materials oder einer Komponente oder direkt der Versand durch das Lager angestoßen werden.

VIDEO

Kundenauftrag anlegen

Das Video zeigt detailliert, wie Sie einen Kundenauftrag anlegen und welche Daten unbedingt benötigt werden:

http://s-prs.de/v4465jg

7.4 Verfügbarkeitsprüfung durchführen

Erfassen Sie das Material und die Menge in einer Position und bestätigen Sie Ihre Eingabe mit ↵, führt das SAP-System, abhängig von den Einstellungen im Materialstammsatz, eine Verfügbarkeitsprüfung durch. Dabei prüft das SAP-System, ob die Lieferung des Materials in der beauftragten Menge zum Wunschliefertermin möglich ist. Dabei wird die sogenannte Rückwärtsterminierung genutzt, in der, abhängig vom Wunschlieferdatum, zurückgerechnet wird, ob das Material rechtzeitig im Lager bereitgestellt werden kann. Dabei werden vom SAP-System die Wiederbeschaffungszeit, die Rüstzeit, die Ladezeit und die Transportzeit berücksichtigt.

> HINWEIS
>
> **Verfügbarkeitsprüfung manuell anstoßen**
>
> Eine Verfügbarkeitsprüfung kann auch durch den Erfasser des Kundenauftrags selbst angestoßen werden. Klicken Sie hierzu auf die Schaltfläche (**Verfügbarkeit Pos. prüfen**). Möchten Sie die Ergebnisse der letzten Verfügbarkeitsprüfung anzeigen, drücken Sie die Schaltfläche (**Verfügbarkeitssituation anz.**).

Ist eine Lieferung der bestellten Menge des Materials zum Wunschliefertermin an den Kunden nicht möglich, öffnet sich bei der Erfassung des Kundenauftrags ein Bild zur Verfügbarkeitskontrolle.

Im Feld **Wunschlf.Datum** erkennen Sie das im Kundenauftrag angegebene Wunschlieferdatum; das Feld **Offene Menge** zeigt die bestellte Menge an.

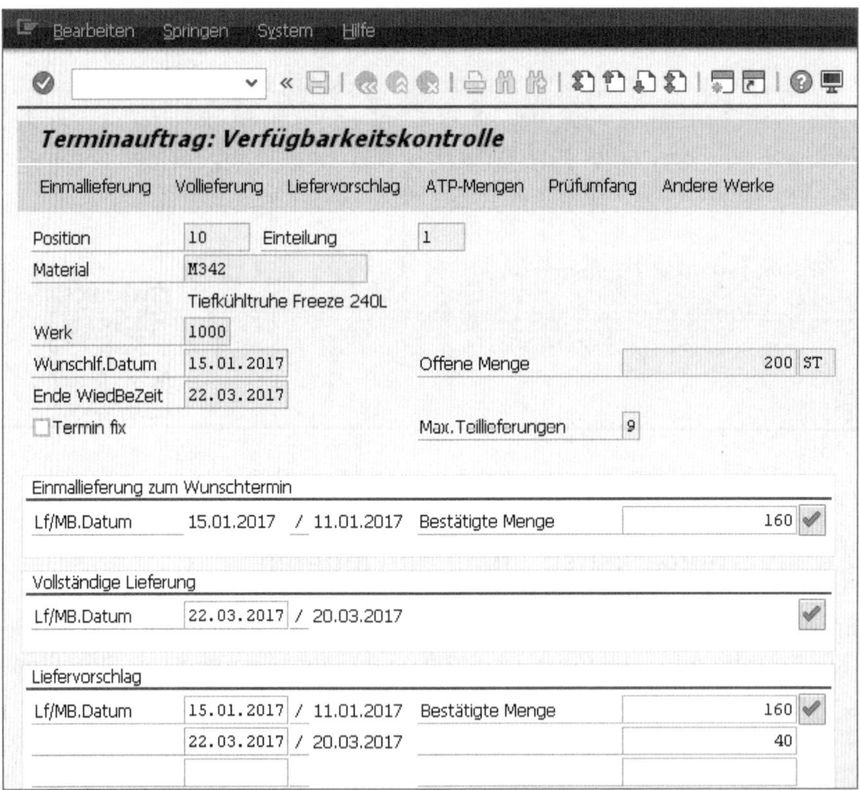

Verfügbarkeitsprüfung im Kundenauftrag

Das SAP-System schlägt drei mögliche Szenarien zur Belieferung des Kunden vor. Durch Anklicken der Schaltfläche ✔ im jeweiligen Bildbereich wählen Sie aus, wie die Belieferung des Kunden erfolgen soll:

- **Einmallieferung zum Wunschtermin**
  Im Bildbereich **Einmallieferung zum Wunschtermin** zeigt das SAP-System an, welche Menge zum Wunschtermin lieferbar ist. Wählen Sie diese Möglichkeit aus, erhält der Kunde einmalig zum Wunschlieferdatum die Lieferung der im Feld **Bestätigte Menge** angegebenen Menge. Die Differenzmenge zur bestellten Menge wird nicht an den Kunden ausgeliefert. Ist eine rechtzeitige Bereitstellung des Materials zur Lieferung zum Wunschliefertermin nicht möglich, erfolgt in diesem Bildbereich kein Vorschlag.
- **Vollständige Lieferung**
  Der Bildbereich **Vollständige Lieferung** zeigt an, zu welchem Termin eine komplette Lieferung der vom Kunden bestellten Menge des Materials möglich ist. In der Zeile **Lf/MB.Datum** können Sie im ersten Feld das Anlieferdatum beim Kunden erkennen. Das zweite Datum ist das unternehmensintern verwendete Datum der Materialbereitstellung im Lager. Wählen Sie diese Möglichkeit aus, erhält der Kunde die komplette bestellte Menge zum angegebenen Termin.
- **Liefervorschlag**
  Unter **Liefervorschlag** schlägt das SAP-System eine verteilte Lieferung der bestellten Menge an den Kunden vor. In dieser Variante wird die bestellte Menge in mehreren Teillieferungen zu unterschiedlichen Terminen an den Kunden geliefert. Die Datumsangaben in der ersten Spalte geben dabei das Anlieferdatum beim Kunden an. Wählen Sie diese Art der Lieferung aus, erhält der Kunde die gesamte bestellte Menge in mehreren Lieferungen zu den angegebenen Terminen. Diese Möglichkeit wird, abhängig von den im Kundenstammsatz zu Teillieferungen vorgenommenen Einstellungen, vorgeschlagen. Nähere Informationen hierzu finden Sie in Kapitel 2, »Der Kundenstammsatz«.

Haben Sie mit einem Klick auf ✔ eines der drei Szenarien ausgewählt, springt das SAP-System zurück in das bekannte Datenbild des Kundenauftrags.

7.5 Unvollständigkeitsprüfung durchführen

Beim Speichern eines Kundenauftrags mit (**Sichern**) wird grundsätzlich durch das SAP-System geprüft, ob die Daten des Auftrags vollständig sind. Die Unvollständigkeitsprüfung ist in jedem Unternehmen individuell konfiguriert und stellt sicher, dass alle für das Unternehmen notwendigen Informationen zur Weiterverarbeitung des Kundenauftrags erfasst werden.

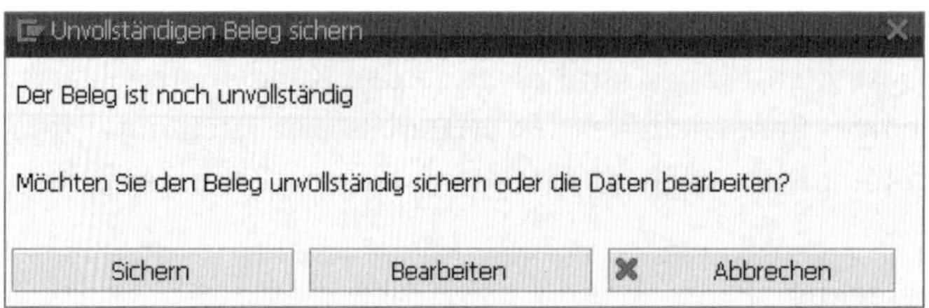

Meldung zur Unvollständigkeitsprüfung

Sind bei der Sicherung des Kundenauftrags nicht alle Daten vollständig erfasst, erhalten Sie eine Meldung des SAP-Systems. Mit der Schaltfläche (**Sichern**) können Sie den unvollständigen Beleg speichern. In diesem Fall fehlen jedoch wichtige Informationen im Kundenauftrag, und eine erfolgreiche Folgeverarbeitung ist nicht gewährleistet. Möchten Sie die fehlenden Daten im Kundenauftrag erfassen, gehen Sie wie folgt vor:

1. Klicken Sie auf die Schaltfläche Bearbeiten, um mit dem Unvollständigkeitsprotokoll eine Liste der fehlenden Informationen zu erhalten.
2. Im Unvollständigkeitsprotokoll sind alle fehlenden Daten des Kundenauftrags aufgelistet. Klicken Sie auf die Schaltfläche Daten vervollständigen, und Sie werden direkt zum ersten Feld geführt, in dem noch Daten eingegeben werden müssen.
3. Nehmen Sie die notwendigen Angaben im Feld vor, und klicken Sie danach auf (**Zurück**). Das SAP-System springt zurück zum Unvollständigkeitsprotokoll.
4. Das Feld, das Sie gerade gefüllt haben, wird im Unvollständigkeitsprotokoll nicht mehr aufgelistet. Mit der Schaltfläche Daten vervollständigen springen Sie direkt zum nächsten Feld und können hier die fehlenden Eingaben vornehmen. Nachdem Sie die Daten eingegeben haben, springen Sie mit (**Zurück**) wieder zurück.

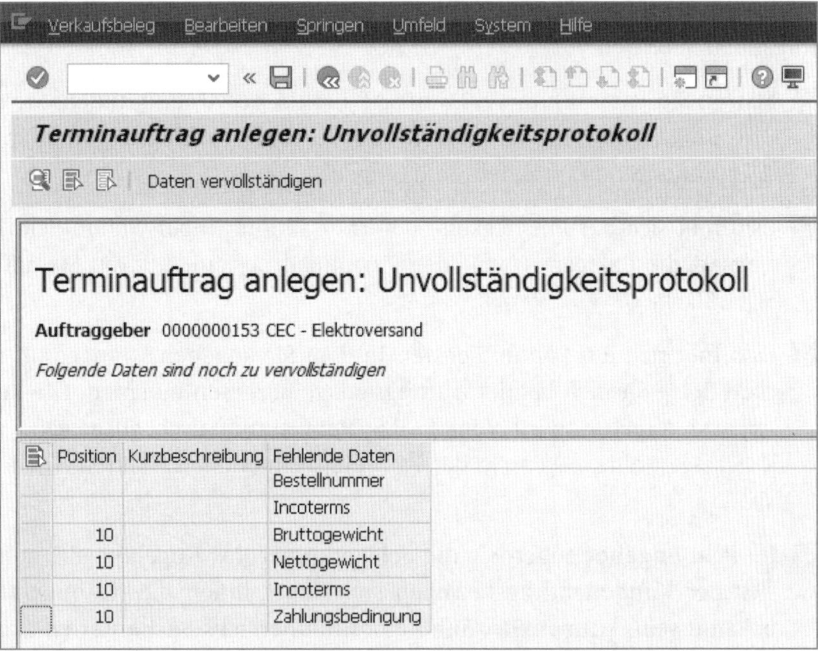

5 Haben Sie alle fehlenden Daten in den entsprechenden Feldern angegeben, erhalten Sie vom SAP-System die Meldung **Der Beleg ist vollständig**. Mit (**Sichern**) können Sie den Kundenauftrag speichern, in dem nun alle notwendigen Informationen enthalten sind.

HINWEIS

Unvollständigkeitsprüfung in Anfrage und Angebot

Auch in der Anfrage und im Angebot wird bei der Sicherung eine Unvollständigkeitsprüfung durchgeführt. Die Bedienung erfolgt in diesem Fall genau wie beim Kundenauftrag.

7.6 Kundenauftrag mit Bezug zum Angebot anlegen

Erhält Ihr Unternehmen aufgrund eines Angebots den Auftrag eines Kunden, können Sie im SAP-System den Kundenauftrag mit Bezug zum Angebot anlegen. Sie müssen in diesem Fall nicht alle Daten erneut angeben und übernehmen auch die im Angebot kalkulierten Konditionen in den Auftrag.

Den Kundenauftrag können Sie mit Transaktion VA01 anlegen. Gehen Sie in folgenden Schritten vor:

1. Starten Sie Transaktion VA01 im SAP-Easy-Access-Menü, indem Sie dem Pfad **SAP Menü ▸ Logistik ▸ Vertrieb ▸ Verkauf ▸ Auftrag** folgen oder den Transaktionscode im Befehlsfeld eingeben.
2. Es öffnet sich das Einstiegsbild der Transaktion. Geben Sie im Feld **Auftragsart** die Belegart **TA** für den Terminauftrag ein. Klicken Sie auf die Schaltfläche [Anlegen mit Bezug].
3. Es öffnet sich ein Pop-up-Fenster, in dem Sie angeben können, auf welchen Beleg Sie sich bei der Auftragsanlage beziehen möchten. Die Registerkarte **Angebot** wird vom SAP-System automatisch ausgewählt und angezeigt. Sollte dies nicht der Fall sein, wählen Sie sie durch Anklicken aus.
4. Im Feld **Angebot** geben Sie die Belegnummer des Angebots ein, auf das sich der Kundenauftrag beziehen soll. Sollte Ihnen die Nummer nicht bekannt sein, können Sie mithilfe des Bildbereichs **Suchkriterien** danach suchen oder die [F4]-Hilfe nutzen. Klicken Sie [Übernehmen] an.

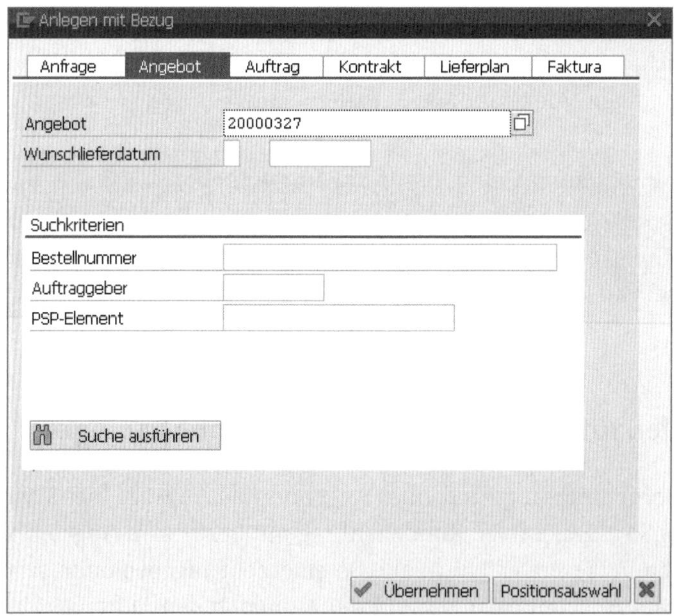

5. Sie gelangen als Nächstes in das Datenbild des Kundenauftrags. Die Daten des Angebots wurden komplett in den Kundenauftrag übernom-

men. Sie haben die Möglichkeit, Änderungen vorzunehmen. Dies könnte der Fall sein, wenn der Kunde eine größere Stückzahl des Materials bestellt, als Sie ursprünglich angeboten haben.

6 Klicken Sie auf (Sichern), um den Kundenauftrag zu speichern. Das SAP-System zeigt eine Meldung an, in der Sie die Nummer des Auftrags erkennen.

> HINWEIS
>
> **Erledigte Angebote**
>
> Auf ein Angebot können sich mehrere Kundenaufträge beziehen. Das Angebot gilt erst als erledigt, wenn mit den Kundenaufträgen die angebotene Menge überschritten oder der Kundenauftrag nach dem Gültigkeitstermin des Angebots erfasst wird.
>
> Beziehen Sie sich beim Anlegen eines Kundenauftrags auf ein bereits erledigtes Angebot, zeigt das System mit der Fehlermeldung **Die Vorlage wurde bereits vollständig kopiert oder abgesagt** an, dass der Bezug nicht möglich ist.

> VIDEO
>
> **Kundenauftrag mit Bezug anlegen**
>
> Im folgenden Video sehen Sie, wie Sie einen Kundenauftrag mit Bezug zu einem bestehenden Angebot anlegen:
>
> 
>
> 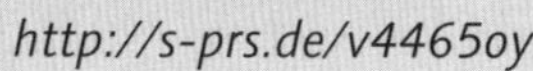
>
> *http://s-prs.de/v4465oy*

7.7 Kundenauftrag ändern und anzeigen

Kundenaufträge können mit Transaktion VA03 angezeigt werden. Mit Transaktion VA02 können Änderungen an einem Kundenauftrag vorgenommen werden. Abhängig vom Stand der Weiterverarbeitung des Kundenauftrags, sind Änderungen im Kundenauftrag nur eingeschränkt oder gar nicht möglich. So kann in einem Auftrag, zu dem bereits der Versand der Ware stattgefunden hat, nicht nachträglich die Menge reduziert werden.

Die Transaktionen VA02 und VA03 sind in der Bedienung gleich. Im Folgenden wird deshalb nur Transaktion VA02 zum Ändern eines Kundenauftrags beschrieben.

So geht's:

1. Öffnen Sie Transaktion VA02, indem Sie im SAP-Easy-Access-Menü den Pfad **SAP Menü ▸ Logistik ▸ Vertrieb ▸ Verkauf ▸ Auftrag** aufrufen oder den Transaktionscode im Befehlsfeld eingeben.

2. Im Feld **Auftrag** tragen Sie die Nummer des Auftrags ein, an dem Sie Änderungen vornehmen möchten. Das SAP-System schlägt in diesem Feld selbstständig den letzten von Ihnen bearbeiteten Auftrag vor.

   Sollte Ihnen die Nummer des Auftrags nicht bekannt sein, können Sie mithilfe des Bildbereichs **Suchkriterien** eine unkomplizierte Suche durchführen. Kennen Sie die Nummer, die der Kunde auf seiner Bestellung angegeben hat, können Sie diese im Feld **Bestellnummer** angeben.

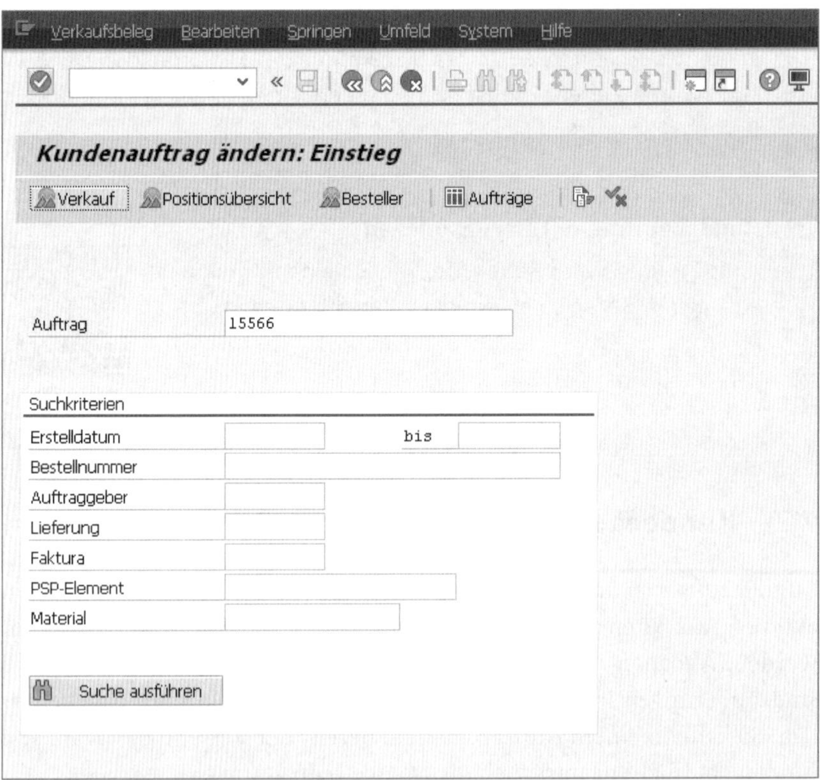

Im Feld **Auftraggeber** können Sie zur Suche die Kundennummer zum Auftrag eintragen. Sollte der Auftrag bereits weiterverarbeitet sein, können Sie auch mit der Liefernummer im Feld **Lieferung** oder mit der Fakturanummer im Feld **Faktura** suchen. Mit der Schaltfläche

[Suche ausführen] starten Sie die Suche. Außerdem steht im Feld **Auftrag** auch die übliche [F4]-Hilfe zur Verfügung.

Haben Sie die Auftragsnummer ermittelt und in das Feld **Auftrag** übernommen, drücken Sie [↵].

3. Es öffnet sich das Datenbild des Kundenauftrags. Sie können nun im Kundenauftrag die gewünschten Änderungen vornehmen. Je nach Stand der weiteren Verarbeitung des Auftrags können einzelne Felder zur Änderung gesperrt sein.

4. Haben Sie alle Änderungen erfasst, speichern Sie die Daten durch einen Klick auf [Sichern-Symbol] (**Sichern**).

Die Änderungen im Kundenauftrag werden im Beleg gespeichert und für die weitere Verarbeitung genutzt. Sollte dem Kundenauftrag ein Angebot vorausgehen, bleibt dieses unverändert.

7.8 Änderungen im Kundenauftrag nachverfolgen

Änderungen im Kundenauftrag können jederzeit nachverfolgt werden. Sie haben so die Möglichkeit zu erkennen, welche Daten im Auftrag zu welchem Zeitpunkt verändert wurden. Außerdem erkennen Sie, welcher Benutzer die Änderung im SAP-System vorgenommen hat, um mögliche Unklarheiten direkt zu besprechen.

Die Änderungen im Auftragsbeleg können Sie in der Anzeigetransaktion zum Kundenauftrag aufrufen. So geht's:

1. Öffnen Sie Transaktion VA03 über den Pfad **SAP Menü ▸ Logistik ▸ Vertrieb ▸ Verkauf ▸ Auftrag**.

2. Geben Sie, wie zuvor beschrieben, im Einstiegsbild die Auftragsnummer ein, und drücken Sie [↵].

3. Im Ansichtsbild des Kundenauftrags wählen Sie in der Menüleiste den Eintrag **Umfeld ▸ Änderungen**.

4. Sie erreichen ein Einstiegsbild zur Anzeige von Änderungsbelegen. Im Feld **Beleg** ist die Nummer des Auftrags angegeben, den Sie gerade anzeigen. Klicken Sie auf [Ausführen-Symbol] (**Ausführen**).

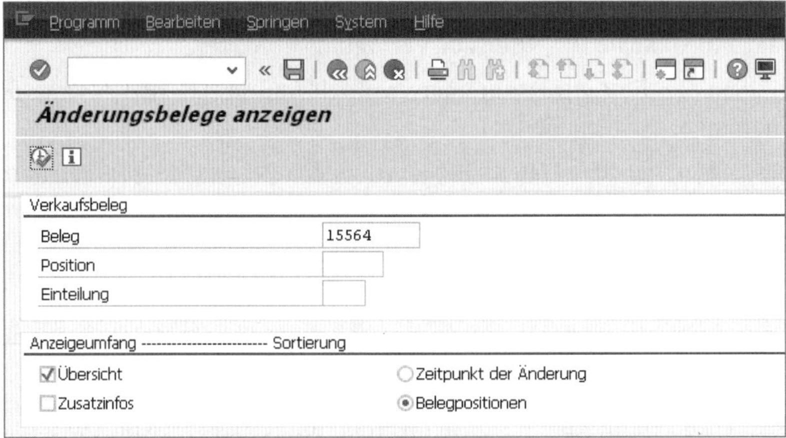

5 Eine Auflistung aller Änderungen im Kundenauftrag wird angezeigt. In der Spalte **Datum** wird das Datum der Änderung angegeben. In der Spalte **Pos** können Sie erkennen, in welcher Position eine Änderung vorgenommen wurde.

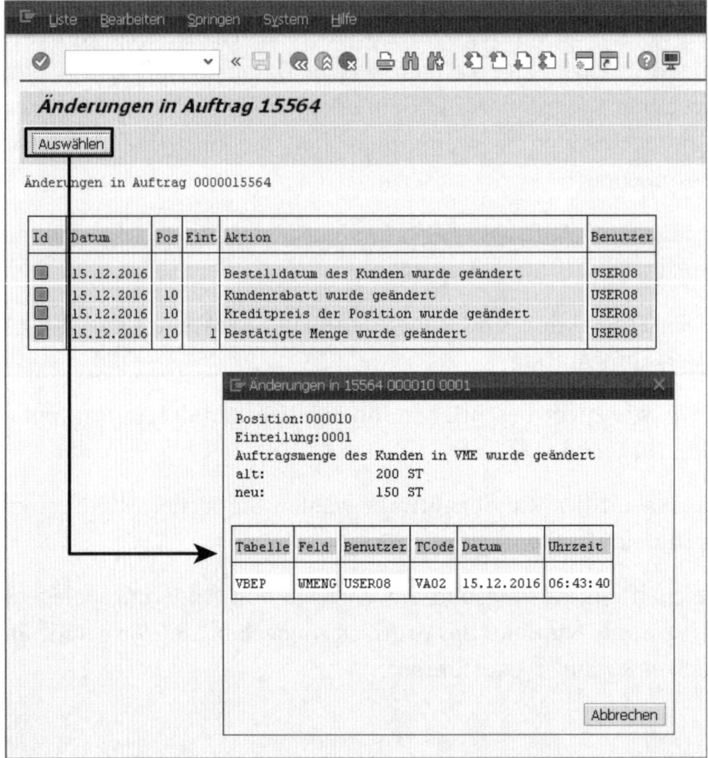

Unter **Aktion** wird Ihnen mit einem Text beschrieben, welche Änderung durchgeführt wurde. In der letzten Spalte **Benutzer** erkennen Sie, wer die Änderung ausgeführt hat.

6 Positionieren Sie den Cursor auf einer Zeile der Liste, und klicken Sie anschließend auf die Schaltfläche ✔. Sie erhalten zusätzliche Informationen zur Änderung. Unter anderem wird Ihnen die Uhrzeit der Änderung angezeigt.

7.9 Belegfluss zum Kundenauftrag

Im SAP-System ist es möglich, in allen Belegen des Vertriebs die Belegkette anzuzeigen (zur Belegkette im Vertriebsprozess siehe Abschnitt 1.6). Auf diese Weise können Sie zu einem Beleg alle Vorgänger- und Folgebelege einsehen. Daher können Sie im Kundenauftrag erkennen, ob und auf welches Angebot sich der Auftrag bezieht. Außerdem sehen Sie, welche nachfolgenden Belege bereits erzeugt wurden. Auf diese Weise haben Sie immer den Überblick, an welcher Stelle in der weiteren Verarbeitung der Kundenauftrag gerade steht.

Den Belegfluss zum Kundenauftrag können Sie sowohl in der Anzeige des Auftrags mit Transaktion VA03 als auch beim Ändern mit Transaktion VA02 anzeigen. Gehen Sie wie folgt vor:

1 Rufen Transaktion VA03 oder Transaktion VA02 im SAP-Easy-Access-Menü über den Pfad **SAP Menü ▸ Logistik ▸ Vertrieb ▸ Verkauf ▸ Auftrag** oder durch die Eingabe des Transaktionscodes auf.

2 Geben Sie im Einstiegsbild die Auftragsnummer an. Klicken Sie im Einstiegsbild in der Anwendungsfunktionsleiste die Schaltfläche (**Belegfluss anzeigen**) an, um den Belegfluss zu sehen. Im Belegfluss erkennen Sie die Belege, die aktuell in einer Belegkette verbunden sind. In unserem Fall sind dies die Anfrage, das Angebot und der Auftrag.

3 Rufen Sie den Belegfluss aus dem Einstiegsbild der Transaktion auf, erhalten Sie eine Sicht auf die Ebene des Belegkopfs. Es werden daher nicht alle einzelnen Positionsdaten des Kundenauftrags aufgeführt, sondern es erscheint lediglich eine Zusammenfassung für den gesamten Beleg. In der Überschriftenzeile wird unter **Geschäftspartner** lediglich der Kunde zum Auftrag angezeigt.

Klicken Sie auf (**Zurück**), um in das Einstiegsbild des Kundenauftrags zurückzukehren.

4 Im Einstiegsbild wird die Auftragsnummer im Feld **Auftrag** weiterhin angezeigt. Springen Sie mit ↵ weiter in das Datenbild des Kundenauftrags.

Im Kundenauftrag klicken Sie auf die Position, zu der Sie den Belegfluss sehen möchten.

5 Klicken Sie anschließend in der Anwendungsfunktionsleiste auf die Schaltfläche (**Belegfluss anzeigen**). Das SAP-System zeigt den Belegfluss an. Wieder erkennen Sie die Belege, die durch den Bezug zu einer Belegkette zusammengefasst wurden.

6 Öffnen Sie den Belegfluss aus dem Datenbild des Kundenauftrags heraus, werden die Daten zur markierten Position angezeigt. In der Überschriftenzeile wird neben dem **Geschäftspartner** auch das **Material** der Position aufgelistet.

Im Belegfluss selbst werden zu den einzelnen Belegen auch die **Menge** und der **Wert** der Position angezeigt. In der letzten Spalte sehen Sie den **Status** der Position. In unserem Beispiel hat die Anfrage den Status **erledigt**, da bereits ein Angebot zur Anfrage erzeugt wurde. Das Angebot hat den Status **in Arbeit**, da nur ein Teil der angebotenen Menge vom Kunden beauftragt wurde. Der Kundenauftrag hat den Status **offen**.

7 Markieren Sie einen der Belege, indem Sie auf die Belegnummer oder auf das vorangestellte Belegsymbol klicken.

8 Klicken Sie anschließend auf die Schaltfläche Beleg anzeigen. Das SAP-System zeigt Ihnen den Beleg mit der bereits bekannten Maske an. Sie können auf diese Weise direkt in alle Belege des Belegflusses springen und dort weitere Informationen ablesen.

Mit (**Zurück**) kehren Sie zum vorangehenden Bild zurück.

Der Belegfluss erlaubt es Ihnen, genau zu erkennen, wie ein einzelner Beleg in die Kette der Belege eingebunden ist. Sie haben auf diese Weise den aktuellen Stand des Kundenauftrags immer im Blick.

HINWEIS

Belegfluss aus Anfrage und Angebot

Der Belegfluss kann auch aus einer Anfrage oder einem Angebot heraus aufgerufen werden. Die Bedienung entspricht dabei exakt dem beim Kundenauftrag kennengelernten Vorgehen.

VIDEO

Belegfluss zum Kundenauftrag anzeigen

In diesem Video wird eines der wichtigsten Werkzeuge des Kundenauftragsmanagements, der Belegfluss, vorgestellt. Sie lernen, wie Sie die Belegkette anzeigen und in einzelne Belege abspringen können.

http://s-prs.de/v4465kf

7.10 Statusübersicht zum Kundenauftrag

Möchten Sie zu einem Kundenauftrag den aktuellen Stand wissen, können Sie über die Statusübersicht alle notwendigen Informationen erhalten. Sie sind so bei Fragen zum Kundenauftrag jederzeit auskunftsfähig.

Die Statusübersicht können Sie aus den Transaktionen VA02 (Ändern des Kundenauftrags) oder VA03 (Anzeigen des Kundenauftrags) heraus aufrufen. Führen Sie hierzu folgende Schritte aus:

1. Öffnen Sie Transaktion VA02 oder Transaktion VA03 im SAP-Easy-Access-Menü unter **SAP Menü ▸ Logistik ▸ Vertrieb ▸ Verkauf ▸ Auftrag**, oder geben Sie den Transaktionscode im Befehlsfeld ein.
2. Geben Sie im Einstiegsbild die Auftragsnummer des Kundenauftrags an, zu dem Sie genauere Statusinformationen benötigen. Klicken Sie anschließend in der Anwendungsfunktionsleiste auf die Schaltfläche (**Statusübersicht**).
3. Das System zeigt die Statusübersicht an. Innerhalb der angezeigten Baumstruktur können Sie mit der Schaltfläche Äste mit Detailinformationen öffnen. Durch Drücken der Schaltfläche können Sie geöffnete Äste schließen.

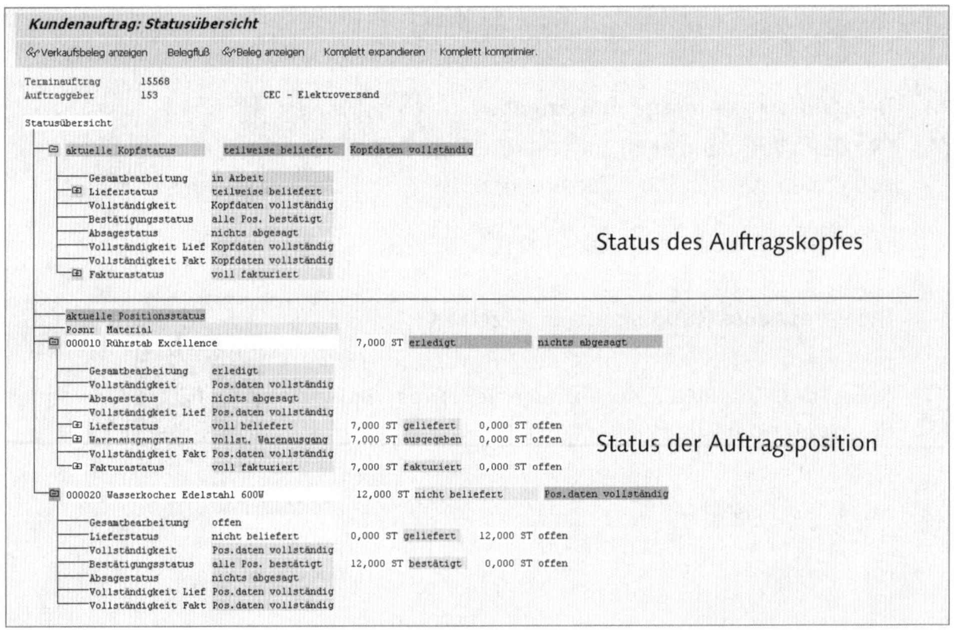

Die Statusübersicht zeigt den aktuellen Stand des Kundenauftrags auf Kopf- und auf Positionsebene. Für jede einzelne Position werden jeweils die Positionsnummer, das Material und die Menge angezeigt. Die meisten Status werden sowohl auf Kopf- als auch auf Positionsebene angezeigt. Dabei ist es möglich, dass die Statusangaben in Kopf und Position unterschiedliche Informationen enthalten. In der Abbildung erkennen Sie beispielsweise die erste

Position als **voll beliefert** und die zweite Position als **nicht beliefert**. Im Kopf lautet der **Lieferstatus** entsprechend **teilweise beliefert**.

Folgende Status werden im Kopf des Kundenauftrags und für jede einzelne Position angezeigt:

- **Gesamtbearbeitung**
  Über den Status zu **Gesamtbearbeitung** erkennen Sie, ob der Kundenauftrag **offen**, **in Arbeit** oder **erledigt** ist.
- **Lieferstatus**
  Der **Lieferstatus** zeigt an, ob die Lieferung zum Auftrag bereits erfolgt ist. Dabei wird zwischen **nicht beliefert**, **teilweise beliefert** und **vollständig beliefert** unterschieden.
- **Vollständigkeit**
  Der Status zu **Vollständigkeit** zeigt an, ob die Daten im Kundenauftrag vollständig sind. Der Status basiert auf der Vollständigkeitsprüfung, die in Abschnitt 1.5 detailliert beschrieben ist.
- **Bestätigungsstatus**
  Der **Bestätigungsstatus** gibt die Information, ob alle Positionen des Auftrags zur Lieferung bestätigt wurden.
- **Absagestatus**
  Wurden einzelne Positionen des Auftrags storniert, wird der **Absagestatus** entsprechend gesetzt.
- **Vollständigkeit Lieferung**
  Der Status zu **Vollständigkeit Lieferung** gibt an, ob die Daten, die zum Anlegen des Lieferbelegs notwendig sind, vollständig im Kundenauftrag erfasst wurden.
- **Vollständigkeit Faktura**
  Mit dem Status zu **Vollständigkeit Faktura** zeigt das System, ob alle Daten, die zum Erzeugen der Rechnung benötigt werden, im Kundenauftrag erfasst wurden.
- **Fakturastatus**
  Der **Fakturastatus** gibt an, ob zum Kundenauftrag bereits die Rechnung an den Kunden gestellt wurde.

In den Positionen gibt es noch einen zusätzlichen Status:

- **Warenausgangstatus**
  Mit dem **Warenausgangstatus** wird angezeigt, ob die Warenausgangsbuchung bereits stattgefunden hat. Wurde der Warenausgang gebucht, befindet sich die Ware beim Transporteur und ist auf dem Weg zum Kunden.

Egal ob Sie die Statusübersicht aus dem Einstiegsbild oder aus dem Datenbild des Kundenauftrags heraus öffnen, Sie erhalten immer die vollständigen Statusinformationen für Kopf und Positionen des Auftrags. Ihnen liegen auf diese Weise schnell die Informationen zum aktuellen Stand des Auftrags vor, sodass Sie entsprechende Rückfragen beantworten können.

HINWEIS

Schneller Wechsel zwischen Belegfluss und Statusübersicht

Sie haben die Möglichkeit, direkt zwischen Belegfluss und Statusübersicht zu wechseln, ohne ins vorangehende Bild springen zu müssen:

Im Belegfluss können Sie mit der Schaltfläche direkt in die Statusübersicht springen.

In der Statusübersicht nutzen Sie die Schaltfläche [Belegfluß], um ohne Umweg in den Belegfluss zu gelangen.

7.11 Daten im Kundenauftrag

Beim Anlegen eines Kundenauftrags werden aus den Stammdaten große Mengen an Informationen übernommen. Auf der Grundlage dieser Stammdaten werden Kalkulationen zum Versandvorgang und zur Rechnungsstellung durchgeführt und direkt im Kundenauftrag gespeichert. Auf der Basis der Kundenauftragsdaten wird dann die weitere Verarbeitung im Vertriebsprozess vorgenommen. Der Kundenauftrag beinhaltet deshalb sehr große Datenmengen, die auf unterschiedlichen Registerkarten dargestellt werden. Die vielfältigen Daten dienen der Automatisierung des kompletten Prozesses, können jedoch von Ihnen geändert werden.

Im Folgenden werden Sie durch den Auftragsbeleg geleitet und erhalten Informationen zu den wichtigsten Feldern und ihren Auswirkungen.

1 Rufen Sie Transaktion VA02 zum Ändern eines Kundenauftrags auf, indem Sie den Pfad **SAP Menü ▸ Logistik ▸ Vertrieb ▸ Verkauf ▸ Auftrag** im SAP-Easy-Access-Menü oder den Transaktionscode nutzen.

2 Geben Sie im Einstiegsbild unter **Auftrag** die Nummer des Auftrags an, den Sie anzeigen oder ändern möchten. Drücken Sie anschließend [↵], um in das Datenbild des Kundenauftrags zu gelangen.

3 Zu Beginn der Bearbeitung eines Kundenauftrags zeigt das SAP-System eine Übersicht an. Das Übersichtsbild enthält im oberen Bereich generelle Kopfdaten des Kundenauftrags. Hier werden der Auftraggeber und

der Warenempfänger in den entsprechenden Feldern definiert. Außerdem können die Bestellnummer und das Bestelldatum eingetragen werden, die einen Verweis zur Bestellung des Kunden darstellen.

4 Unter den generellen Daten werden auf sieben Registerkarten detaillierte Informationen des Kundenauftrags angezeigt. Die Auftragserfassung findet im Normalfall auf der Registerkarte **Verkauf** statt. Hier wird unter anderem im Feld **Wunschlieferdatum** das Datum festgelegt, zu dem die Ware eintreffen soll.

5 Aus dem Kundenstamm werden die generellen Zahlungsbedingungen und Incoterms in die gleichnamigen Felder übernommen. Das Kennzeichen **Komplettlief.** zeigt an, ob der Auftrag nur als komplette Lieferung versendet werden soll oder ob die Aufteilung auf mehrere Lieferungen möglich ist. Das Kennzeichen wird ebenfalls aus dem Kundenstamm gezogen.

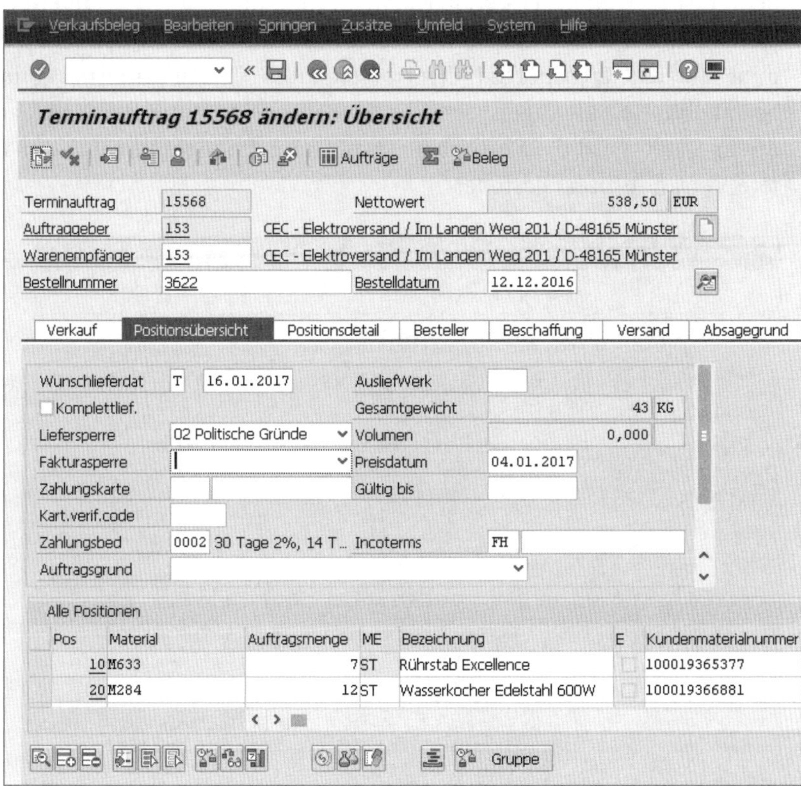

6 Ein Kundenauftrag kann zur Lieferung gesperrt werden. In diesem Fall kann im Feld **Liefersperre** ein Sperrgrund ausgewählt werden, und der

Auftrag ist zur weiteren Verarbeitung gesperrt. Wird der Eintrag im Feld **Liefersperre** gelöscht, kann der Versand des Auftrags angestoßen werden.

7 Im Feld **Auftragsgrund** können im Unternehmen individuell definierte Auftragsgründe ausgewählt werden. Der Auftragsgrund hat keine steuernde Wirkung, sondern er dient lediglich zur Auswertung der Kundenaufträge.

8 Wählen Sie die Registerkarte **Versand**, um nähere Informationen zum Versand der Ware zu erhalten.

Dort erkennen Sie für jede Position die Kalkulation zum Versand der Ware. In der Spalte **Lieferdatum** wird das Datum der Anlieferung beim Kunden angezeigt. Als Lieferdatum wird vom SAP-System das Wunschlieferdatum festgelegt. Sollte das Wunschlieferdatum aufgrund von Nichtverfügbarkeit der Ware oder Ähnlichem nicht haltbar sein, wird das frühestmögliche Lieferdatum kalkuliert.

9 In der folgenden Spalte erkennen Sie unter **Bereit.Dat** das Datum, zu dem die Ware im Lager bereitgestellt werden muss, um den Liefertermin zu halten. Die Spalte **Ladedatum** zeigt das Datum an, zu dem die Verladung auf das Transportmittel erfolgen muss. Transportmittel könnten beispielsweise Lastwagen, Schiff oder Bahn sein. Unter der Kalkulation dieser Daten wird die Verfügbarkeitsprüfung durchgeführt und der weitere Versandprozess gesteuert.

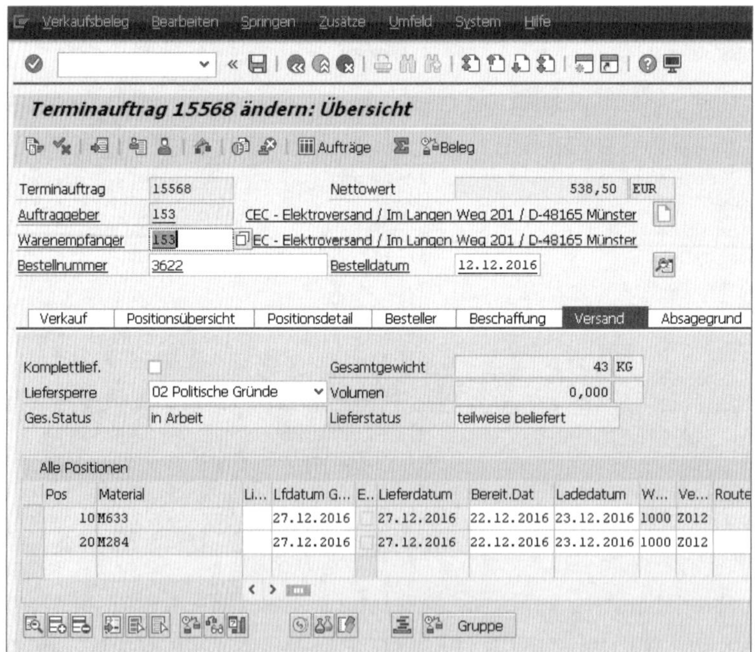

10 Klicken Sie die Registerkarte **Absagegrund** an. Einzelne Positionen von Kundenaufträgen können abgesagt werden. Dazu können Sie in der Spalte **Absagegrund** pro Position einen Absagegrund auswählen. Ist eine Position abgesagt, kann zu dieser Position keine Auslieferung erzeugt werden und damit kein Versand der Ware stattfinden.

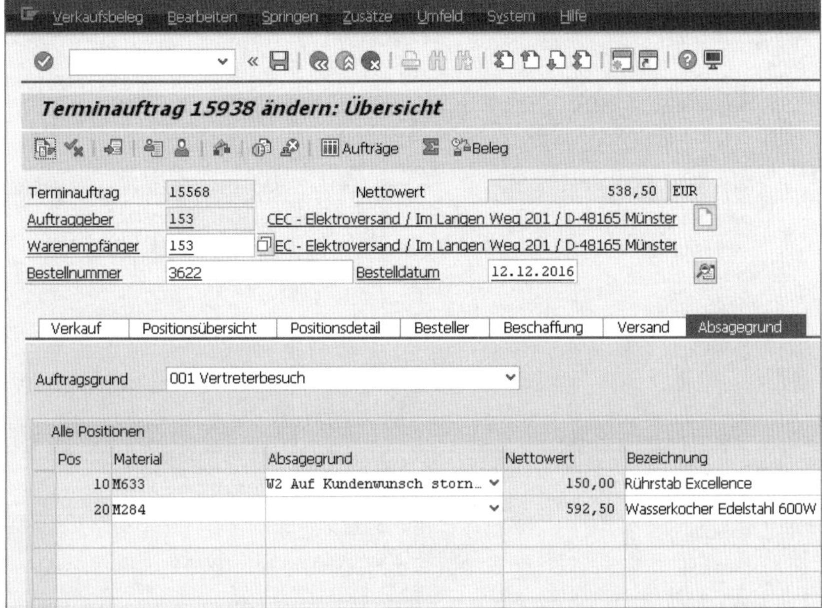

11 Zusätzlich zu den Registerkarten der Übersicht können sowohl zum Kopf als auch zu jeder einzelnen Position des Kundenauftrags Detailinformationen aufgerufen werden. Klicken Sie im Kopf des Auftrags auf die Schaltfläche (**Details zum Belegkopf anzeigen**), um weitere Daten des Belegkopfs zu lesen.

12 Springen Sie auf die Registerkarte **Verkauf**. Dort finden Sie grundsätzliche Informationen zum Kundenauftrag, beispielsweise in den Feldern **Auftragsart** und **Belegdatum**.

13 Außerdem werden die Organisationseinheiten aufgeführt, für die der Kundenauftrag angelegt wurde: im Feld **Vetr.bereich** der Vertriebsbereich, bestehend aus den drei Organisationseinheiten Verkaufsorganisation, Vertriebsweg und Sparte, sowie in den Feldern **Verkaufsbüro** und **Verkäufergruppe** die gleichnamigen Organisationseinheiten.

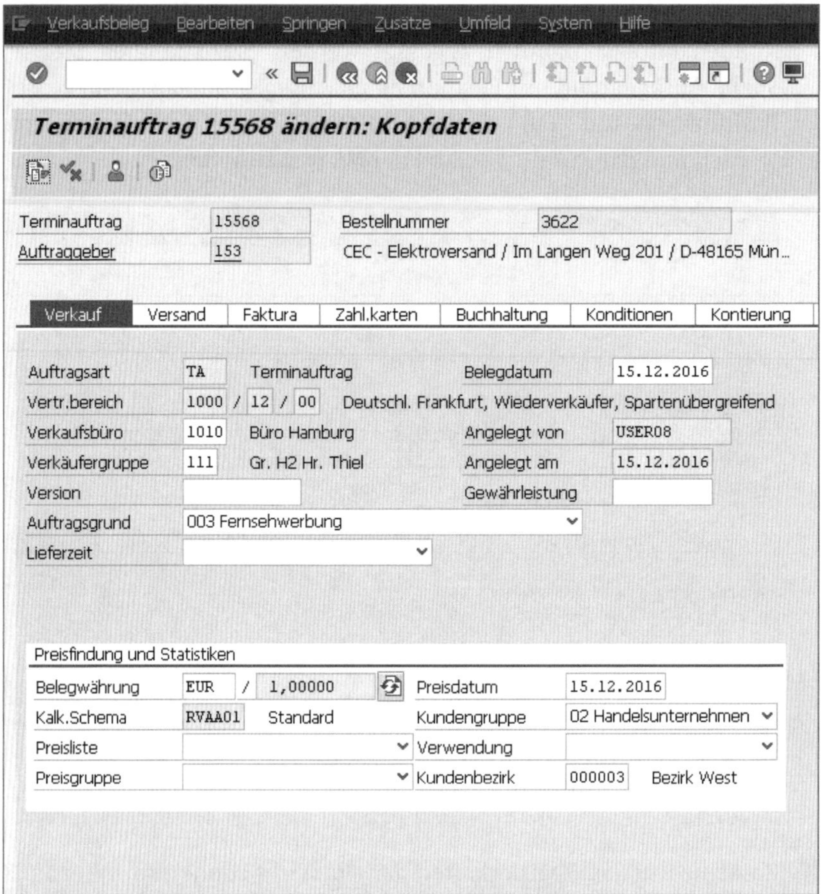

14 Im Feld **Angelegt von** können Sie erkennen, wer den Kundenauftrag erfasst hat. Das Feld **Angelegt am** zeigt das Datum, an dem der Auftrag erfasst wurde.

15 Lesen Sie die Daten der Registerkarte **Status**. Dort erhalten Sie einen generellen Überblick über den Status der Weiterverarbeitung des Auftrags. Im Bildbereich **Bearbeitungsstatus** können Sie den Gesamtstatus, den Absagestatus und den Gesamtsperrstatus erkennen.

16 Im Bildbereich **Vollständigkeit** wird Ihnen angezeigt, ob die Kopf- und Positionsdaten des Belegs vollständig sind.

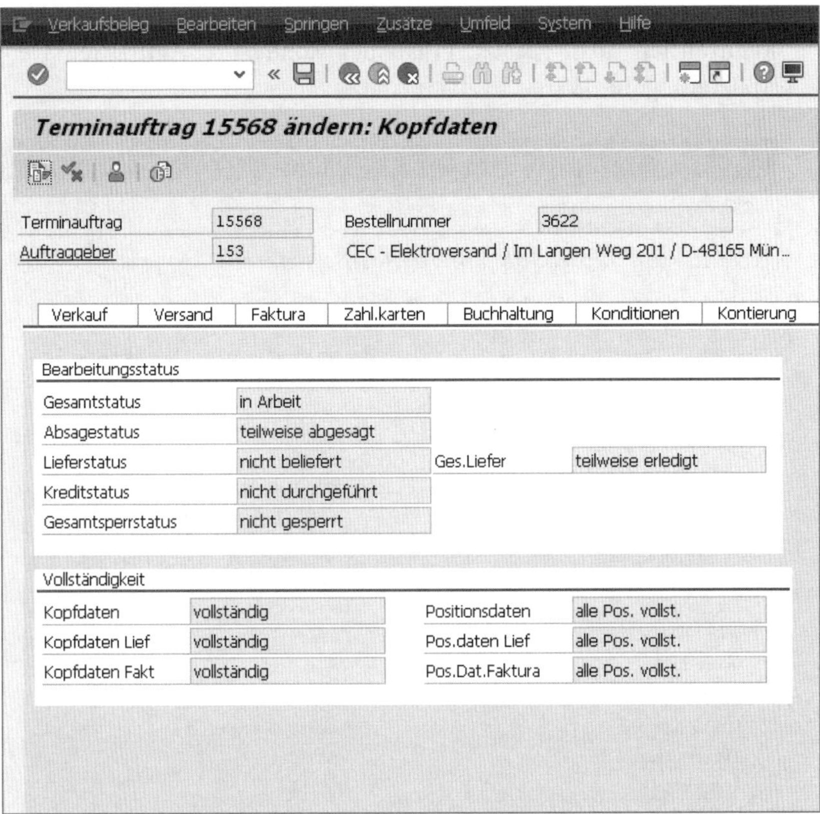

Verlassen Sie die Daten des Belegkopfs, indem Sie auf (**Zurück**) klicken.

17 Zu jeder einzelnen Position können Sie ebenfalls detailliert Informationen erlangen. Positionieren Sie hierzu den Cursor auf der entsprechenden Position, und klicken Sie auf die Schaltfläche (**Details zur Position anzeigen**) unterhalb der Positionszeilen.

18 Wählen Sie anschließend die Registerkarte **Versand** aus. Auf der Registerkarte **Versand** für die Position erkennen Sie im Feld **Werk** das Werk, aus dem der Versand der Ware erfolgen soll, und die Versandstelle, über die der Versand abgewickelt wird. Außerdem sind das Gewicht und das Volumen der Position angegeben.

19 Das Kennzeichen **Zusammenführung** auf der Registerkarte **Versand** legt fest, ob die Position mit anderen Aufträgen in einer Auslieferung zusammengefasst werden darf. Das Kennzeichen wird aus dem Kundenstamm-

satz heraus gesetzt, kann aber im Auftrag geändert werden. Ist das Kennzeichen nicht gesetzt, erhält der Kunde pro Auftrag eine eigene Anlieferung der Ware.

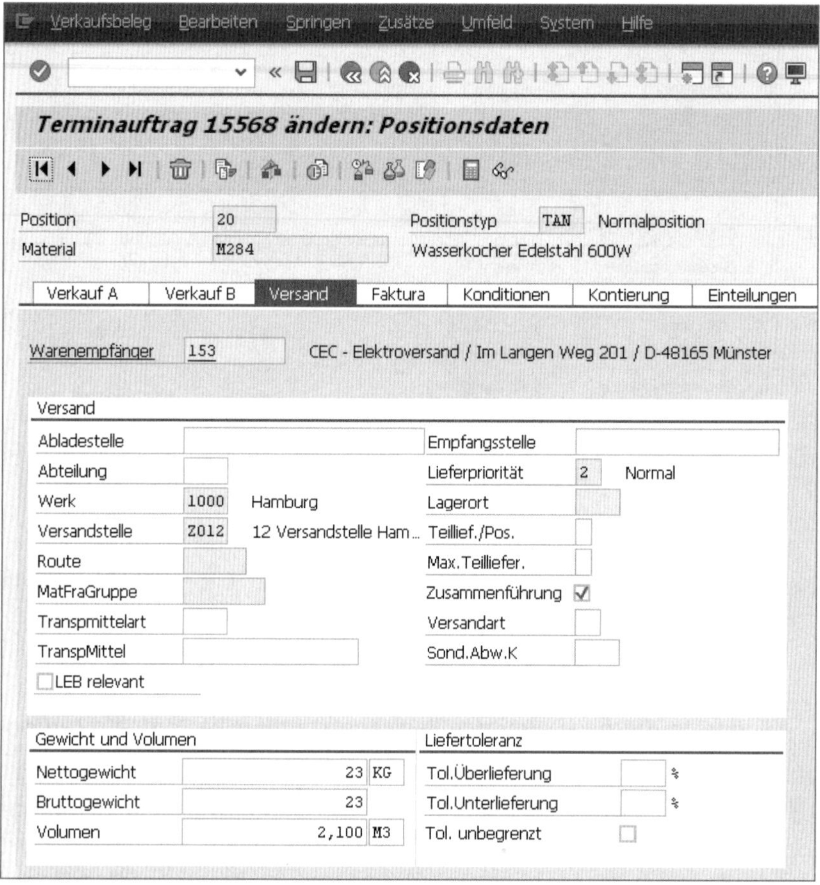

20 Wählen Sie nun die Registerkarte **Faktura** aus, um die Daten zur Rechnungsstellung für die Auftragsposition zu erhalten. Auf dieser Registerkarte werden die **Liefer- und Zahlungsbedingungen** zur Position festgehalten. Im Feld **Incoterms** wird die Lieferbedingung beschrieben, und im Feld **Zahlungsbed** wird mit dem vierstelligen Schlüssel die Zahlungsbedingung festgelegt. Beide Felder werden aus dem Kundenstammsatz gefüllt, können jedoch pro Position geändert werden. Es ist demnach möglich, dass in einem Kundenauftrag für verschiedene Positionen unterschiedliche Liefer- oder Zahlungsbedingungen gelten.

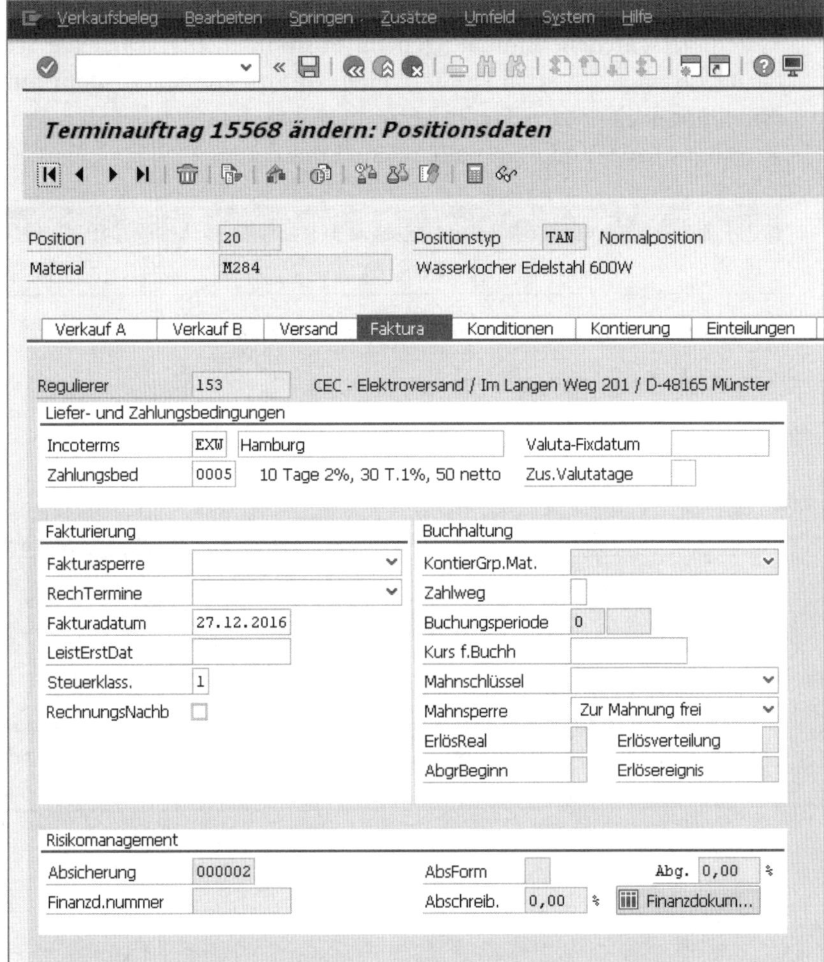

21 Wechseln Sie auf die Registerkarte **Konditionen**. Die Registerkarte zeigt die Preisermittlung über alle Konditionsarten an, die bereits beim Anlegen eines Kundenauftrags in Abschnitt 7.3 beschrieben wurde.

22 Springen Sie zur Registerkarte **Einteilungen**. Zu der in einer Position angegebenen Menge können mehrere Liefertermine eingetragen sein. So kann ein Kunde eine bestimmte Menge bestellen, deren Anlieferung aber über mehrere Termine verteilt wünschen. Die Verteilung über Liefertermine wird in den Einteilungen dargestellt.

23 Ist ein Material zum angegebenen Wunschlieferdatum nicht in der benötigten Menge verfügbar, und wählen Sie über die Verfügbarkeitsprüfung einen Liefervorschlag über mehrere Termine aus, werden vom SAP-System verschiedene Einteilungen zur Position erzeugt. Über die Schaltfläche Versand erhalten Sie weitere Informationen zu dem für die Einteilung kalkulierten Lieferdatum und den daraus folgenden Warenausgangs-, Lade- und Materialbereitstellungsdaten.

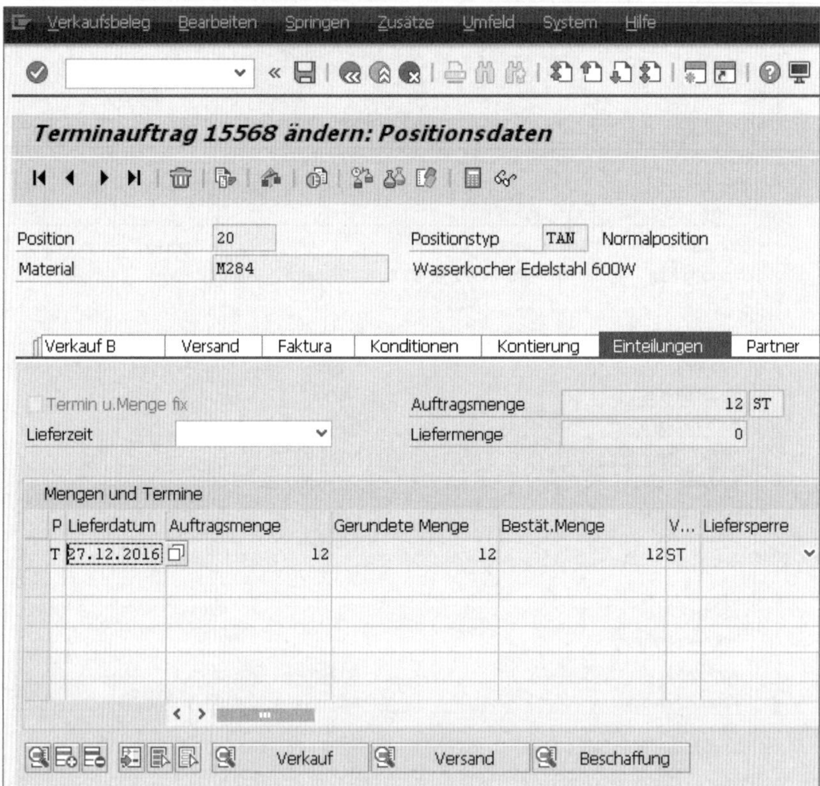

24 Rufen Sie die Registerkarte **Partner** auf. Darauf erkennen Sie, welche Partner für diesen Kundenauftrag einzelne Rollen einnehmen. Aus den Partnerrollen in den Kundenstammdaten werden die einzelnen Partner für den Kundenauftrag auf die Registerkarte **Partner** übernommen. Sollen im Falle der aktuellen Position andere Partner einzelne Rollen übernehmen, können diese hier angegeben werden. Der Warenempfänger wird auf der Kopfebene auch im Übersichtsbild des Kundenauftrags angegeben.

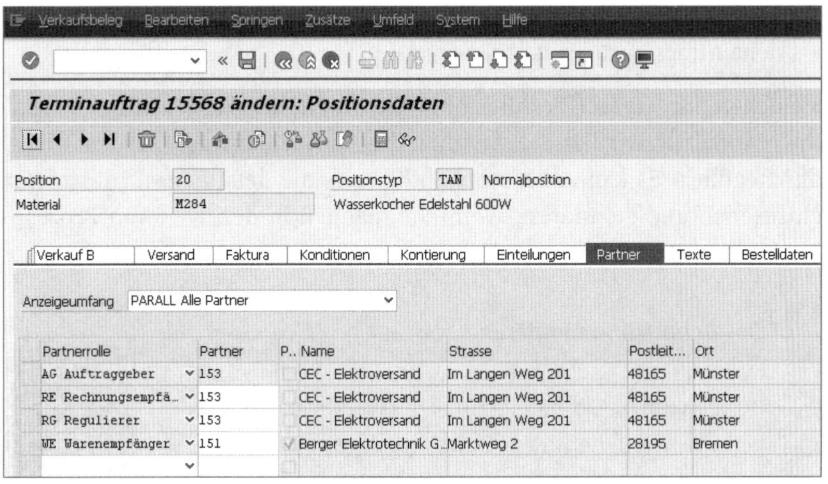

25 Auch für die einzelne Position wird über verschiedene Status der Bearbeitungsstand angezeigt. Wechseln Sie zur Registerkarte **Status**, um den aktuellen Stand einzusehen. Dort erkennen Sie im Feld **Gesamtstatus** den Status der Position, wie er auch im Belegfluss angegeben wird. Wurde die Position abgesagt, sehen Sie den Grund der Absage im Feld **Absagegrund**. Im Feld **Lieferstatus** wird angezeigt, ob die Auslieferung zur Position bereits erzeugt wurde.

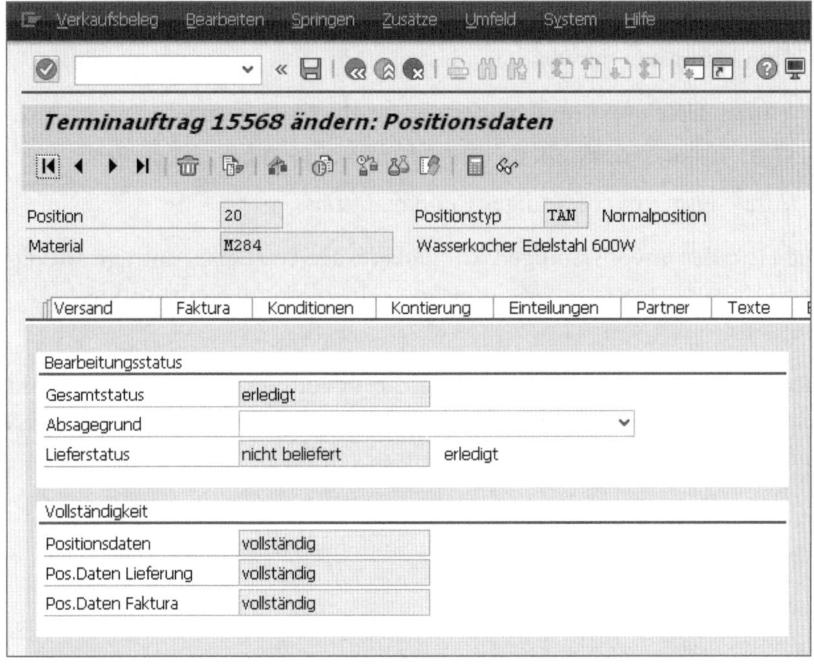

26 Klicken Sie die Schaltfläche (**Zurück**) an, um in die Übersicht des Kundenauftrags zurückzukehren.

Sie haben nun einen Überblick über die Daten des Kundenauftrags erhalten. Im Normalfall wird die Erfassung des Kundenauftrags in der Übersicht durchgeführt. Es kann aber notwendig sein, die detaillierten Informationen einzusehen und zu ändern, wenn Sie manuell in den weiteren Prozess eingreifen möchten.

VIDEO

Daten im Kundenauftrag

Das Video beschreibt anhand eines vorliegenden Kundenauftrags detailliert die relevanten Informationen im Kundenauftrag. Dabei wird getrennt auf die Kopf- und Positionsdaten eingegangen.

http://s-prs.de/v4465tt

7.12 Listen zu Kundenaufträgen erstellen

Zu erfassten Kundenaufträgen können Sie verschiedene Listen aufrufen. Diese Listen finden Sie über **SAP Menü ▸ Logistik ▸ Vertrieb ▸ Verkauf ▸ Infosystem ▸ Aufträge** im SAP-Easy-Access-Menü.

Die am häufigsten verwendeten Listen sind:

- VA05 – Liste von Kundenaufträgen zu einem Auftraggeber
- SD01 – Liste von Kundenaufträgen innerhalb eines Zeitraums
- V.02 – Liste unvollständiger Kundenaufträge

Die Liste der unvollständigen Kundenaufträge zeigt alle Aufträge an, die bei der Erfassung trotz der Meldung der Unvollständigkeitsprüfung gesichert wurden.

Sie können aus der Liste heraus in die unvollständigen Aufträge springen und dort, wie in Abschnitt 7.5, »Unvollständigkeitsprüfung durchführen«, dargestellt, die fehlenden Daten nachpflegen.

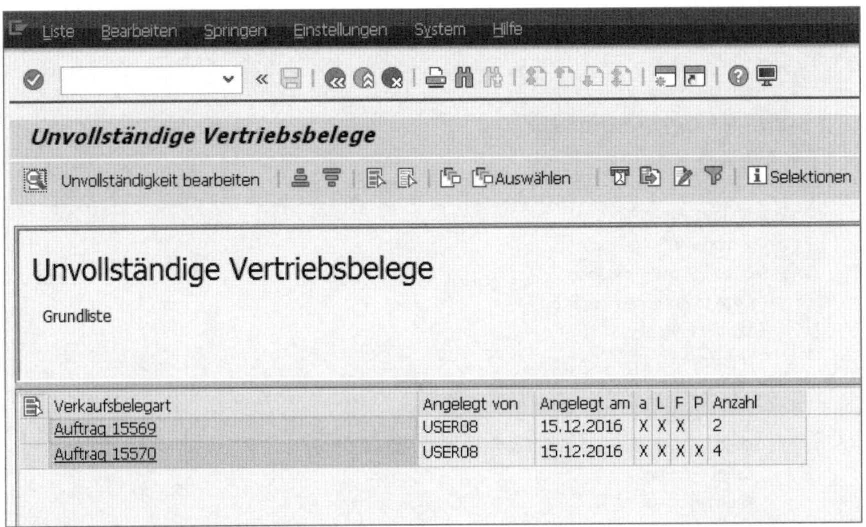

Liste der unvollständig erfassten Aufträge

Zum genauen Umgang mit dem Selektionsbild und den Anzeigemöglichkeiten von Listen finden Sie in Kapitel 15, »Listen«, alle notwendigen Informationen.

7.13 Den Kundenauftragsmonitor nutzen

Zusätzlich zu den in diesem Abschnitt beschriebenen Auswertungen steht ab SAP 6.0 EHP 5 der Kundenauftragsmonitor im System zur Verfügung. Der Kundenauftragsmonitor basiert auf den Statusangaben im Kundenauftrag und erlaubt so einen sauberen Überblick über den aktuellen Stand der Auftragserfüllung.

Der Kundenauftragsmonitor wird im Verkauf genutzt, um schnell zu erkennen, welche Kundenaufträge im Vertriebsprozess noch nicht abgearbeitet sind. Aus dem Kundenauftragsmonitor kann direkt in die Aufträge abgesprungen werden, sodass eine direkte Bearbeitung und Fehlerbehebung möglich ist.

Den Kundenauftragsmonitor starten Sie mit Transaktion VA06, die Sie im SAP-Easy-Access-Menü unter **SAP Menü ▸ Logistik ▸ Vertrieb ▸ Verkauf ▸ Infosystem ▸ Aufträge** finden.

1 Rufen Sie Transaktion VA06 auf.

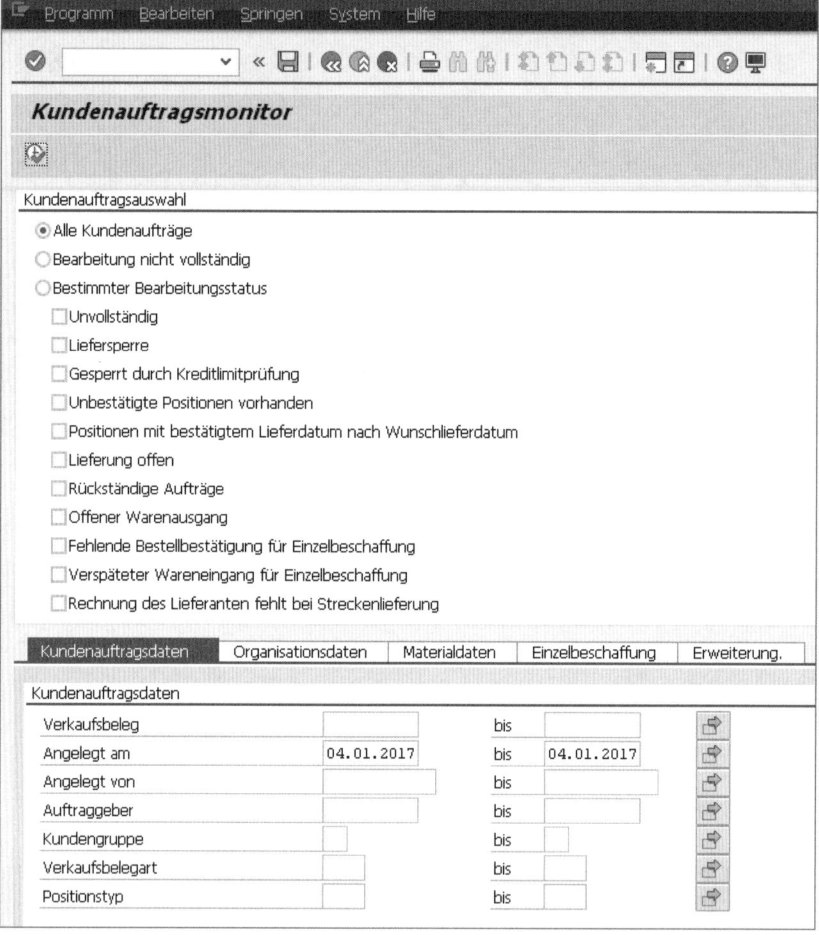

2 Im Einstiegsbild können Sie die Kundenaufträge, abhängig von ihrem Status beziehungsweise ihrem Stand, im Vertriebsprozess auswählen. Nur Kundenaufträge gemäß Ihrer Auswahl werden vom System angezeigt. Folgende Auswahlen stehen zur Verfügung:

- **Alle Kundenaufträge**
  Klicken Sie **Alle Kundenaufträge** an, wenn Sie keine Einschränkung der Kundenaufträge nach Status vornehmen möchten.
- **Bearbeitung nicht vollständig**
  Wählen Sie **Bearbeitung nicht vollständig** aus, wenn Sie alle Kundenaufträge sehen möchten, zu denen der Erfassungs- und Versandprozess noch nicht abgeschlossen ist.

- **Bestimmter Bearbeitungsstatus**
  Unterhalb des Eintrags **Bestimmter Bearbeitungsstatus** können Sie durch Setzen der Häkchen detailliert festlegen, welche Kundenaufträge Sie sehen möchten. Setzen Sie das Häkchen bei **Unvollständig**, listet das System alle nicht vollständig erfassten Kundenaufträge auf. (Die grundlegende Erklärung zu unvollständigen Kundenaufträgen haben Sie in Abschnitt 1.5, »Belege«, gelesen.) Durch das Häkchen bei **Liefersperre** werden alle Kundenaufträge ausgewählt, die zur Auslieferung gesperrt sind.

Im unteren Bildbereich können Sie zusätzlich die Auswahl der Kundenaufträge eingrenzen. So können Sie hier die Auswahl auf Kundenaufträge von bestimmten Auftraggebern oder zu bestimmten Terminen begrenzen. Genauere Informationen zur Selektion von Daten finden Sie in Kapitel 15, »Listen«.

7

3 Nachdem Sie die Einschränkung der Daten vorgenommen haben, klicken Sie auf die Schaltfläche (Ausführen) **(Ausführen)**.

4 Es werden alle Kundenaufträge gemäß der in den vorangehenden Schritten gemachten Selektion aufgelistet.

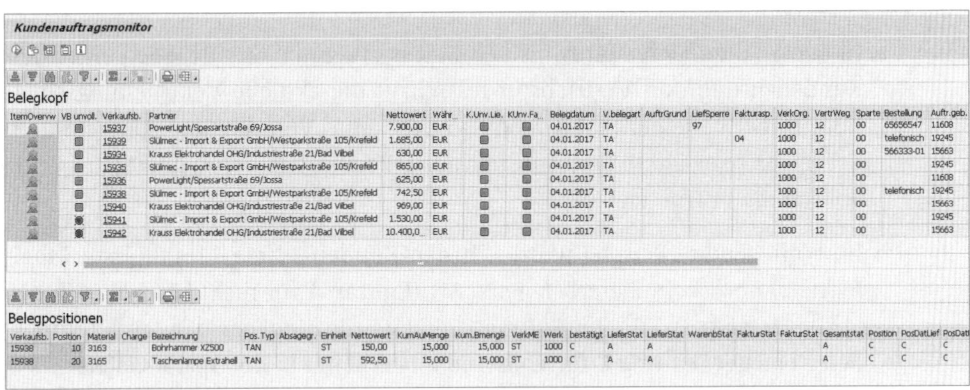
Kundenauftragsmonitor

Belegkopf

ItemOvervw	VB unvoll.	Verkaufsb.	Partner	Nettowert	Währ...	K.Unv.Lie.	KUnv.Fa...	Belegdatum	V.belegart	AuftrGrund	LiefSperre	Fakturasp.	VerkOrg.	VertrWeg	Sparte	Bestellung	Auftr.geb.
		15937	PowerLight/Spessartstraße 69/Jossa	7.900,00	EUR			04.01.2017	TA		97		1000	12	00	65656547	11608
		15939	Slülmec - Import & Export GmbH/Westparkstraße 105/Krefeld	1.685,00	EUR			04.01.2017	TA			04	1000	12	00	telefonisch	19245
		15934	Krauss Elektrohandel OHG/Industriestraße 21/Bad Vilbel	630,00	EUR			04.01.2017	TA				1000	12	00	566333-01	15663
		15935	Slülmec - Import & Export GmbH/Westparkstraße 105/Krefeld	865,00	EUR			04.01.2017	TA				1000	12	00		19245
		15936	PowerLight/Spessartstraße 69/Jossa	625,00	EUR			04.01.2017	TA				1000	12	00		11608
		15938	Slülmec - Import & Export GmbH/Westparkstraße 105/Krefeld	742,50	EUR			04.01.2017	TA				1000	12	00	telefonisch	19245
		15940	Krauss Elektrohandel OHG/Industriestraße 21/Bad Vilbel	969,00	EUR			04.01.2017	TA				1000	12	00		15663
		15941	Slülmec - Import & Export GmbH/Westparkstraße 105/Krefeld	1.530,00	EUR			04.01.2017	TA				1000	12	00		19245
		15942	Krauss Elektrohandel OHG/Industriestraße 21/Bad Vilbel	10.400,0...	EUR			04.01.2017	TA				1000	12	00		15663

Belegpositionen

Verkaufsb.	Position	Material	Charge	Bezeichnung	Pos.Typ	Absagegr.	Einheit	Nettowert	KumAuMenge	Kum.Bmenge	VerkME	Werk	bestätigt	LieferStat	LieferStat	WarenbStat	FakturStat	FakturStat	Gesamtstat	Position	PosDatLief	PosDat
15938	10	3163		Bohrhammer XZ500	TAN		ST	150,00	15,000	15,000	ST	1000	C	A	A				A	C	C	C
15938	20	3165		Taschenlampe Extrahell	TAN		ST	592,50	15,000	15,000	ST	1000	C	A	A				A	C	C	C

Die Ansicht des Kundenauftragsmonitors ist in zwei Bereiche gegliedert. Im Bereich **Belegkopf** sehen Sie die Liste der Kundenaufträge. Klicken Sie bei einem der Kundenaufträge vorne auf die Schaltfläche , werden zu diesem Kundenauftrag im unteren Bildbereich **Belegpositionen** alle Positionen des Kundenauftrags aufgelistet. Sie haben also einen sehr schnellen Überblick über die Aufträge mit ihren Positionsinhalten.

In der Spalte **VB unvoll.** wird mit grünen und roten Ampelkennzeichen das Ergebnis der Unvollständigkeitsprüfung signalisiert. Mit einem Klick auf die Auftragsnummer in der Spalte **Verkaufsb.** springen Sie direkt in die Bearbeitung des Kundenauftrags. Die Spalten **K.Unv.Lie.** und **K.Unv.Fa.** zeigen an, ob die Daten zur Verarbeitung der Lieferung und der Faktura im Auftragsbeleg vollständig sind. In den Spalten **LiefSperre** und **Fakturasp.** erkennen Sie, ob der Beleg für einzelne Prozessschritte gesperrt ist. Scrollen Sie nach rechts, um die Statusinformationen zu den einzelnen Kundenaufträgen zu erhalten.

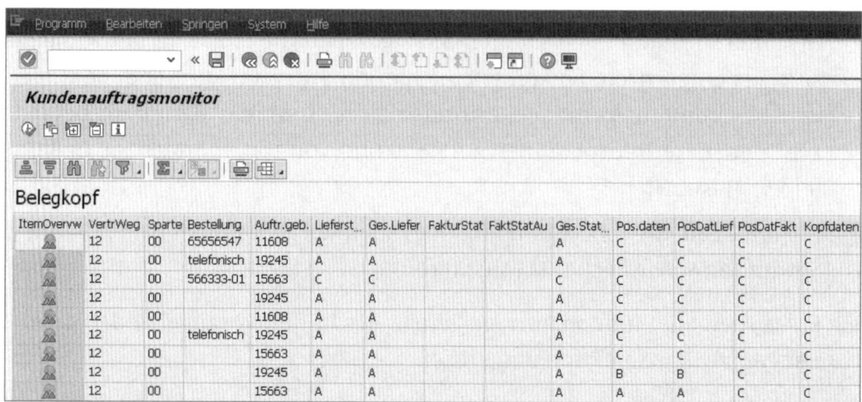

ItemOvervw	VertrWeg	Sparte	Bestellung	Auftr.geb.	Lieferst...	Ges.Liefer	FakturStat	FaktStatAu	Ges.Stat...	Pos.daten	PosDatLief	PosDatFakt	Kopfdaten
	12	00	65656547	11608	A	A			A	C	C	C	C
	12	00	telefonisch	19245	A	A			A	C	C	C	C
	12	00	566333-01	15663	C	C			C	C	C	C	C
	12	00		19245	A	A			A	C	C	C	C
	12	00		11608	A	A			A	C	C	C	C
	12	00	telefonisch	19245	A	A			A	C	C	C	C
	12	00		15663	A	A			A	C	C	C	C
	12	00		19245	A	A			A	B	B	C	C
	12	00		15663	A	A			A	A	A	C	C

In den Spalten **Lieferstatus** bis **LEB Status** erkennen Sie für jeden einzelnen Kundenauftrag und Vertriebsprozessschritt die aktuelle Verarbeitungssituation. Dabei bedeutet Status **A**, dass noch keine Verarbeitung stattgefunden hat (nicht bearbeitet). Status **B** steht für teilweise bearbeitet und Status C für vollständig bearbeitet.

Im vorliegenden Beispiel wurde für den Kundenauftrag 11608 (erste Tabellenzeile) noch kein Lieferbeleg erzeugt (Eintrag **A** für nicht bearbeitet in der Spalte **Lieferst...**). Für den Auftrag 15663 wurde hingegen der Auslieferungsbeleg erzeugt (Eintrag **C** für vollständig bearbeitet in der Spalte **Lieferst...**).

HINWEIS

Kundenauftragsmonitor nicht vorhanden?

Sollten Sie in Ihrem SAP-System Transaktion VA06 für den Kundenauftragsmonitor nicht finden, prüfen Sie die Version Ihres Systems. Wählen Sie dazu in der Menüleiste den Eintrag **System ▸ Status**. Der Eintrag im Feld **Komponentenversion** zeigt an, welche SAP-Version Sie verwenden. Hier muss SAP ERP 6.0 EHP 5 oder höher angegeben sein, um den Kundenauftragsmonitor verwenden zu können.

7.14 Zusammenfassung

Mit dem Kundenauftrag erfassen Sie die Bestellung des Kunden im SAP-System. Dabei müssen Sie im Einstiegsbild die Auftragsart auswählen und im anschließenden Datenbild den Kunden, das Material und die bestellte Menge angeben.

Beim Anlegen eines Kundenauftrags führt das SAP-System eine Verfügbarkeitsprüfung durch. Ist es nicht möglich, ein bestelltes Material zum gewünschten Liefertermin vollständig bereitzustellen, kann in der Verfügbarkeitskontrolle ausgewählt werden, wie mit der Lieferung an den Kunden verfahren werden soll. Es kann zwischen Einmallieferung zum Wunschtermin, vollständiger Lieferung und einem individuellen Liefervorschlag ausgewählt werden.

Wird der Kundenauftrag gespeichert, prüft das SAP-System, ob alle im Unternehmen notwendigen Daten im Auftrag enthalten sind. Ist dies nicht der Fall, können über das Unvollständigkeitsprotokoll alle fehlenden Eingaben vorgenommen werden.

Mit dem Belegfluss stellt das SAP-System die Belegkette zu einem Kundenauftrag dar. So können Sie die einzelnen Prozessschritte des Vertriebsprozesses nachvollziehen. Dabei sehen Sie, auf welche Belege sich einzelne Belege beziehen und welche nachfolgenden Belege sie ausgelöst haben. Außerdem wird zu jedem Beleg der Status angezeigt. Sie können sich den Belegfluss aus den Transaktionen des Kundenauftrags auf der Kopf- oder auf der Positionsebene ansehen.

7.15 Probieren Sie es aus!

Ihr Unternehmen erhält mehrere Aufträge von unterschiedlichen Kunden. Sie haben die Aufgabe, die Kundenaufträge im SAP-System zu erfassen.

Aufgabe 1

Der Kunde T&H Soundsystems GbR bestellt telefonisch 100 Stück des Kopfhörers DreamSound 500 (Materialnummer M100). Als Wunschlieferdatum gibt der Kunde einen Termin heute in vier Wochen an.

Legen Sie den Kundenauftrag mit der Belegart TA im SAP-System an.

Aufgabe 2

Kurz nachdem der Auftrag im SAP-System erfasst worden ist, ruft der Kunde erneut an. Er erhöht die Menge des Auftrags auf 115 Stück. Außerdem bittet er darum, als Bestellnummer das Kürzel TH19 zu vermerken.

Nehmen Sie die Änderungen im Kundenauftrag vor.

Aufgabe 3

Sie möchten nachvollziehen, ob im soeben erfassten Kundenauftrag alle Daten richtig übernommen wurden. Zeigen Sie deshalb den Kundenauftrag an, und prüfen Sie folgende Punkte:

- Wurde die Zahlungsbedingung aus dem Kundenstammsatz, den Sie in der Übung zu Kapitel 2, »Der Kundenstammsatz«, angelegt haben, im Kundenauftrag hinterlegt?
- Wurde die Kundenmaterialnummer entsprechend Ihren Angaben aus der Übung zu Kapitel 4, »Der Kunden-Material-Infosatz«, übernommen?
- Entsprechen die Konditionen im Auftrag denen, die Sie in der Übung von Kapitel 5, »Konditionen«, angelegt haben?

Aufgabe 4

Ein weiterer Auftrag des Kunden T&H Soundsystems GbR erreicht Ihr Unternehmen. Diesmal werden 50 Stück des MP3-Players MP3 Sound Pro (Materialnummer M200) bestellt. Die Bestellnummer lautet TH20, ein Wunschlieferdatum ist nicht angegeben. Als Auftragsart wählen Sie TA.

Erfassen Sie den Kundenauftrag im SAP-System, und prüfen Sie, ob der richtige Naturalrabatt gezogen wird.

Aufgabe 5

Der Kunde Willrich Akustik GmbH erteilt Ihnen einen Auftrag. Er bezieht sich dabei auf das Angebot, das ihm in der Übung zu Kapitel 6, »Anfrage und Angebot«, unterbreitet wurde. Die Menge und die Konditionen entsprechen dem Angebot. Als Bestellnummer gibt der Kunde 4500017589 an.

Legen Sie den Kundenauftrag (Auftragsart TA) mit Bezug zu diesem Angebot an.

Aufgabe 6

Sie möchten prüfen, welchen Status die Anfrage und das Angebot des Kunden Willrich Akustik GmbH aktuell haben.

Zeigen Sie den Belegfluss zum gerade angelegten Kundenauftrag an, und prüfen Sie den Status.

Teil III

Versand

Ist der Verkauf mit der Erfassung des Kundenauftrags im SAP-System abgeschlossen, beginnt im Vertriebsprozess der Versand: Das Lager erhält Informationen über Material, Menge, Ort und Anlieferungstermin eines anstehenden Versands. Diese Informationen werden im SAP-System über den Auslieferungsbeleg weitergegeben. Die Kommissionierung umfasst die Zusammenstellung und Verpackung der Ware.

Es folgen unternehmensinterne Transporte (zum Beispiel in eine andere Halle), die vor dem eigentlichen Versand notwendig sind. Diese unternehmensinternen Transporte werden im SAP-System mit dem Transportauftrag abgebildet. In diesem Buch werden Transport und Kommissionierung nur kurz und unter Ausschluss der Verpackung beschrieben, da dies in den Verantwortungsbereich von Lager und Logistik fällt.

Mit dem Warenausgang wird die Versandphase abgeschlossen. Die vom Kunden bestellte Ware verlässt das Lager des Unternehmens und wird zum Kunden geliefert. Mit dem Warenausgang wird der Lagerbestand zum Material im SAP-System reduziert. Die Ware hat unser Unternehmen offiziell verlassen und ist auf dem Weg zum Kunden.

8 Die Auslieferung

Kundenaufträge werden meist in einer eigenen Verkaufsabteilung des Unternehmens erfasst. Der anschließende Versand wird dann getrennt davon über einen Lager-/Logistikbereich abgewickelt. Mit der Auslieferung im SAP-System wird das Lager mit dem termingerechten Versand der Ware beauftragt. Je nachdem, wie Ihr Unternehmen strukturiert ist, kann die Auslieferung manuell durch Eingaben des Benutzers oder vollständig automatisiert erzeugt werden.

In diesem Kapitel lernen Sie,

- wie Sie eine einzelne Auslieferung erzeugen,
- wie Sie über die Sammelverarbeitung Auslieferungen erzeugen,
- wie der Belegfluss zum Kundenauftrag aktualisiert wird.

8.1 Einführung

Mit der Auslieferung im SAP-System beauftragen Sie das Lager, den Versand einer Ware durchzuführen. Mit dem Auslieferungsbeleg werden das Material, die Menge, der Warenempfänger und der Anliefertermin an das Lager weitergegeben. Je nach Struktur und Organisation des Unternehmens kann das Erzeugen der Auslieferung durch Eingaben des Benutzers oder vollständig automatisiert erfolgen.

HINWEIS

Der Begriff »Auslieferung«

Der Begriff *Auslieferungsbeleg* wird im täglichen Gebrauch oft vereinfacht und durch *Auslieferung* oder *Lieferung* ersetzt. Beide Begriffe werden auch im SAP-System synonym verwendet. Mit Auslieferung oder Lieferung ist aber nicht die tatsächliche Übergabe der Ware an den Spediteur oder Kunden gemeint! Es handelt sich in der SAP-Welt vielmehr immer um den Beleg, mit dem das Lager über den anstehenden Versand der Ware informiert wird.

Eine Auslieferung bezieht sich in den meisten Fällen auf einen Kundenauftrag. Der Belegfluss des Kundenauftrags wird aktualisiert, um immer den aktuellen Stand des Auftrags wiederzugeben. Es gibt seltene Ausnahmen, in denen Auslieferungen direkt und ohne Bezug zu einem Auftrag erzeugt werden, zum Beispiel wenn ein fehlendes Teil nachträglich per Auslieferung ohne Kundenauftrag versendet wird.

Der Auslieferungsbeleg wird immer auf der Ebene der Organisationseinheit Versandstelle angelegt.

Auslieferungen können einzeln mit Bezug zu einem Kundenauftrag erzeugt werden. Da im täglichen Gebrauch meist sehr viele Kundenaufträge erfasst werden und diese dann zum Versand gebracht werden sollen, ist im SAP-System eine Sammelverarbeitung möglich. Diese Sammelverarbeitung erlaubt es, große Mengen von Kundenaufträgen in Auslieferungen weiterzuverarbeiten. In beiden Fällen sind jedoch manuelle Eingaben durch Mitarbeiter des Unternehmens erforderlich. In vielen Unternehmen wird deshalb das Erzeugen von Auslieferungen automatisiert und erfolgt dann ohne die Mitwirkung eines Mitarbeiters.

Dieses Kapitel beschreibt lediglich das manuelle Anlegen von Auslieferungsbelegen. Das automatische Verfahren wird durch die Systemadministration im Unternehmen eingerichtet.

8.2 Die Transaktionen zur Auslieferung

Einzelne Auslieferungen können Sie mit Transaktion VL01N im SAP-Easy-Access-Menü erzeugen. Die Transaktion erreichen Sie über den Pfad **SAP Menü ▸ Logistik ▸ Vertrieb ▸ Versand und Transport ▸ Auslieferung ▸ Anlegen ▸ Einzelbeleg**.

Für das gesammelte Erzeugen von Auslieferungen stehen bis zu zehn verschiedene Transaktionen zur Verfügung. Sie unterscheiden sich durch die Selektions- und Bezugsmöglichkeiten, mit denen Auslieferungen erzeugt werden. Die Bedienung ist in allen Fällen ähnlich. Am häufigsten werden Auslieferungen mit direktem Verweis auf den Kundenauftrag angelegt. Hierzu nutzen Sie Transaktion VL10A, die in diesem Kapitel beschrieben wird.

Die Transaktionen zur Sammelverarbeitung finden Sie im SAP-Easy-Access-Menü über den Pfad **SAP Menü ▸ Logistik ▸ Vertrieb ▸ Versand und Transport ▸ Auslieferung ▸ Anlegen ▸ Sammelverarbeitung versandfälliger Belege**.

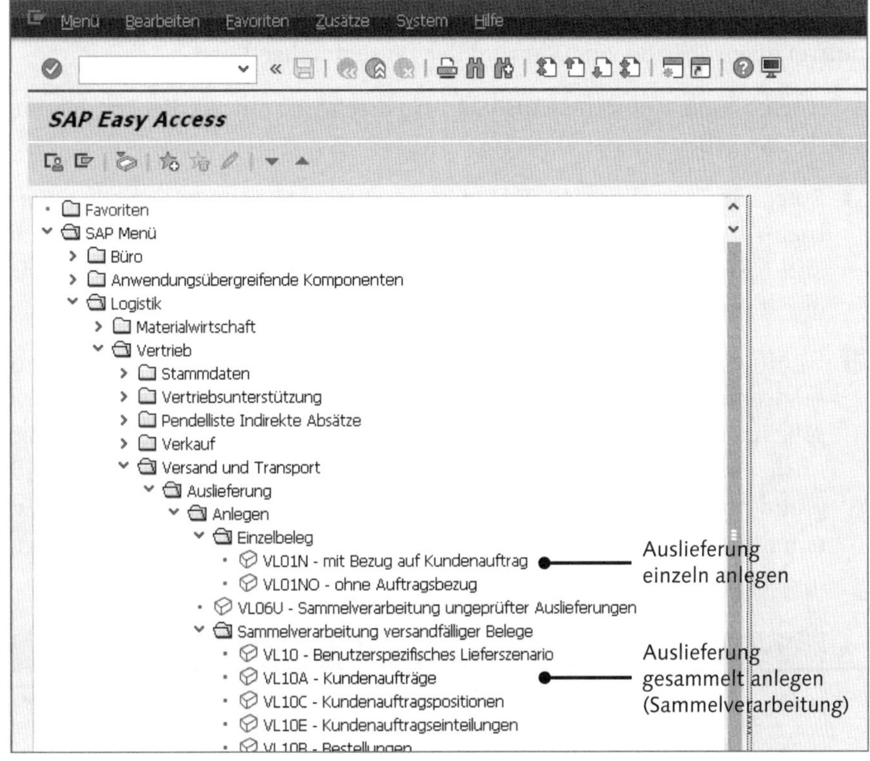

Die Transaktionen zur Auslieferung im SAP-Easy-Access-Menü

Auslieferungen können Sie mit Transaktion VL02N ändern. Sie können die Transaktion im SAP-Easy-Access-Menü in einem eigenen Ordner über **SAP Menü ▸ Logistik ▸ Vertrieb ▸ Versand und Transport ▸ Auslieferung ▸ Ändern** finden.

Transaktion VL03N zum Anzeigen eines Auslieferungsbelegs steht im Hauptordner der Auslieferung über **SAP Menü ▸ Logistik ▸ Vertrieb ▸ Versand und Transport ▸ Auslieferung** zur Verfügung.

Die einzelnen Transaktionen werden in den weiteren Abschnitten nacheinander erklärt.

8.3 Auslieferung anlegen

Haben Sie einen Kundenauftrag im SAP-System erfasst, wird in einem separaten Schritt eine Auslieferung erzeugt, um das Lager mit dem Versand zu beauftragen. Im Lager werden dann meist, unabhängig vom Verkauf, alle notwendigen Schritte zum Versand der Ware durchgeführt.

Möchten Sie eine einzelne Auslieferung erzeugen, nutzen Sie Transaktion VL01N. So gehen Sie vor:

1. Rufen Sie Transaktion VL01N über den Pfad **SAP Menü ▸ Logistik ▸ Vertrieb ▸ Versand und Transport ▸ Auslieferung ▸ Anlegen ▸ Einzelbeleg** im SAP-Easy-Access-Menü auf. Auch können Sie den Transaktionscode direkt im Befehlsfeld eingeben.

2. Es öffnet sich ein Einstiegsbild, in dem Sie definieren, für welche Versandstelle und welchen Kundenauftrag die Auslieferung erzeugt werden soll. Im Feld **Versandstelle** geben Sie die Versandstelle ein, für die Sie Auslieferungen erzeugen möchten. In jedem Kundenauftrag wird aufgrund der Material- und Kundenstammdaten eine Versandstelle vom System hinterlegt. Auslieferungen werden nur zu Kundenaufträgen erzeugt, in denen die gerade angegebene Versandstelle definiert wurde.

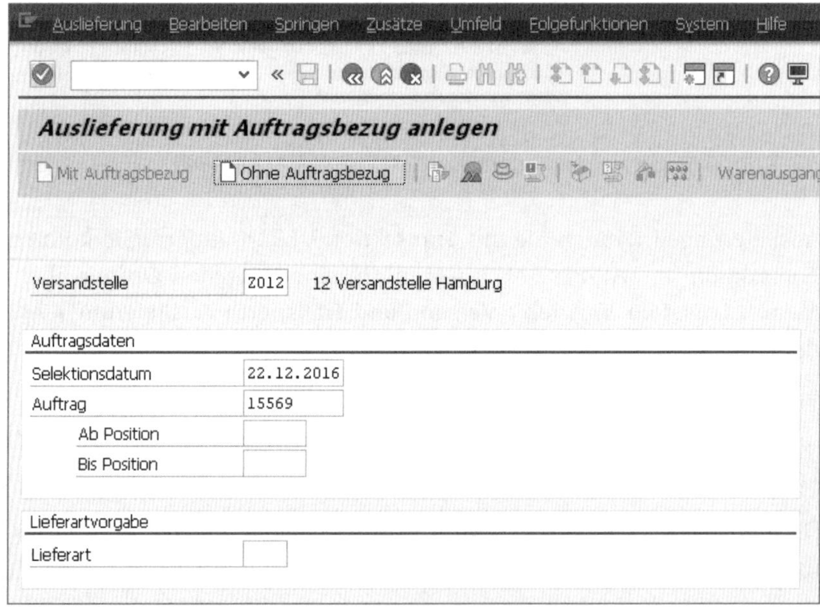

3. Geben Sie im Bereich **Auftragsdaten** im Feld **Auftrag** die Nummer des Auftrags an, zu dem Sie eine Auslieferung anlegen möchten.

4. Mit dem Feld **Selektionsdatum** definieren Sie, bis zu welchem Termin der Materialbereitstellung die Positionen in den Kundenaufträgen berücksichtigt werden sollen.

   Beim Anlegen eines Kundenauftrags wird mit der Verfügbarkeitsprüfung für jede Position des Auftrags ein Datum ermittelt, zu dem das Material im Lager bereitgestellt werden muss.

   Beim Anlegen der Auslieferung werden nur Positionen berücksichtigt, deren Materialbereitstellungsdatum vor dem Selektionsdatum liegt. So wird gewährleistet, dass dem Lager nicht Auslieferungen übermittelt werden, zu denen ein Handeln erst in ferner Zukunft notwendig ist.

   Ist Ihnen das Materialbereitstellungsdatum nicht bekannt, geben Sie im Feld **Selektionsdatum** das Datum heute in vier Wochen ein.

   Drücken Sie anschließend die [↵]-Taste.

5. Das SAP-System springt in das Hauptbild der Auslieferung **Lieferung anlegen: Übersicht**. In die Auslieferung wurden unter anderem das **Material** und die **Liefermenge** aus dem Kundenauftrag übernommen. Im Feld **Warenempfänger** erkennen Sie, an wen die Ware versendet werden soll. Die Partnerrolle des Auftraggebers wird nicht in die Auslieferung übernommen, da sie für den Versand nicht relevant ist.

Sie können in diesem Bild Änderungen vornehmen, zum Beispiel die Menge erhöhen oder verringern. Da meist genau das ausgeliefert werden soll, was im Kundenauftrag erfasst wurde, ist es selten notwendig, Änderungen an der Auslieferung vorzunehmen.

6 Klicken Sie auf (**Sichern**), um die Auslieferung zu speichern. Das System bestätigt mit einer Meldung die Nummer der Auslieferung.

Sie haben die Auslieferung zum Kundenauftrag angelegt. Der Auslieferungsbeleg ist die Basis, auf der nun im Lager die notwendigen Aktivitäten zum Versand der Ware durchgeführt werden.

VIDEO

Auslieferung anlegen

In diesem Video sehen Sie, wie eine Auslieferung angelegt wird. Sie lernen die Daten kennen, die zum Versand der Ware benötigt werden.

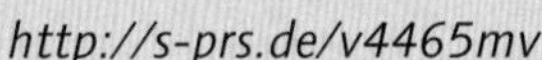

8.4 Auslieferungen in Sammelverarbeitung anlegen

Möchten Sie für mehrere Kundenaufträge Auslieferungen erzeugen, nutzen Sie die Sammelverarbeitung. Sie erlaubt es Ihnen, Auslieferungen für eine sehr große Anzahl an Kundenaufträgen in einem Schritt anzulegen. Dabei stehen zwei Möglichkeiten zur Auswahl:

- **Anlegen im Dialog**
  Beim Anlegen der Auslieferungen im Dialog wird Ihnen jede einzelne Auslieferung angezeigt. Sie können Daten der Auslieferung ändern; Sie müssen die einzelne Auslieferung in jedem Fall manuell sichern.
- **Anlegen im Hintergrund**
  Das Anlegen der Auslieferungen im Hintergrund erzeugt auf Knopfdruck die notwendigen Belege. Sie haben keine Möglichkeit, um die einzelnen Anlieferungen vor dem Sichern zu prüfen.

Beide Varianten der Sammelverarbeitung werden mit Transaktion VL10A durchgeführt. So geht's:

1 Öffnen Sie Transaktion VL10A im SAP-Easy-Access-Menü über den Pfad **SAP Menü ▸ Logistik ▸ Vertrieb ▸ Versand und Transport ▸ Auslieferung ▸ Anlegen ▸ Sammelverarbeitung versandfälliger Belege**. Alternativ geben Sie den Transaktionscode direkt im Befehlsfeld ein.

2 Es öffnet sich das Selektionsbild zur Eingrenzung der Kundenaufträge. Tragen Sie in diesem Einstiegsbild im Feld **Versandstelle/Annahmestelle** die Versandstelle ein, für die Sie Auslieferungen erzeugen möchten. Durch die Angabe einer weiteren Versandstelle im zweiten Feld ist es möglich, Auslieferungen für mehrere Versandstellen zu erzeugen.

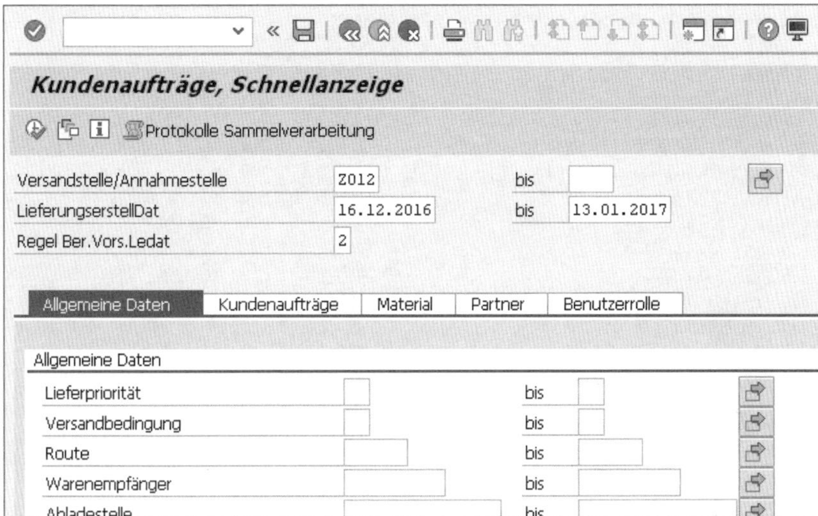

3 Geben Sie in den Feldern zu **LieferungserstellDat** den Zeitraum an, für den Sie Auslieferungen erzeugen möchten. Der Zeitraum in diesen Feldern entspricht technisch dem Selektionsdatum bei der Einzelanlage von Auslieferungen. Das SAP-System berücksichtigt beim Anlegen der Auslieferungen nur Aufträge, bei denen die Bereitstellung des Materials innerhalb des angegebenen Zeitraums erfolgen muss. Beachten Sie, dass das Ende des Zeitraums maximal 30 Tage in der Zukunft liegen darf. Klicken Sie anschließend auf (**Ausführen**).

4 Sie gelangen nun im Bild **Versandfällige Vorgänge: Kundenaufträge, Schnellanzeige** in eine Auflistung aller zum Versand fälligen Kundenaufträge im angegebenen Zeitraum.

> HINWEIS
>
> **Tabellenansicht der Kundenaufträge**
>
> In der Sammelverarbeitung kann die Ansicht der Liste individuell eingestellt und gespeichert werden. Sie haben auf diese Weise die Möglichkeit, eine Auflistung der Kundenaufträge zur weiteren Verarbeitung nach Ihren individuellen Erfordernissen zu erstellen. Informationen zum Umgang mit Listen erhalten Sie in Kapitel 15.

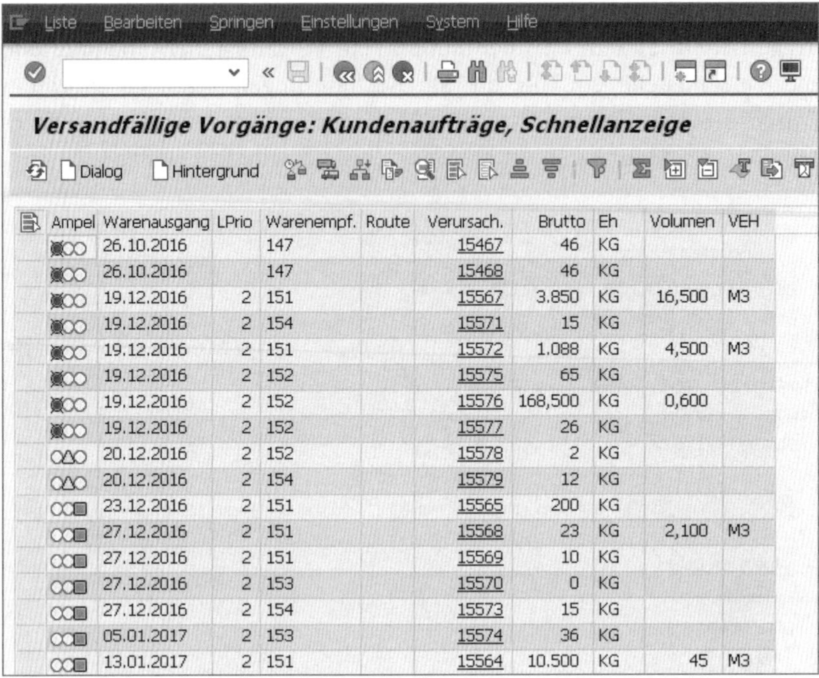

Ampel	Warenausgang	LPrio	Warenempf.	Route	Verursach.	Brutto	Eh	Volumen	VEH
	26.10.2016		147		15467	46	KG		
	26.10.2016		147		15468	46	KG		
	19.12.2016	2	151		15567	3.850	KG	16,500	M3
	19.12.2016	2	154		15571	15	KG		
	19.12.2016	2	151		15572	1.088	KG	4,500	M3
	19.12.2016	2	152		15575	65	KG		
	19.12.2016	2	152		15576	168,500	KG	0,600	
	19.12.2016	2	152		15577	26	KG		
	20.12.2016	2	152		15578	2	KG		
	20.12.2016	2	154		15579	12	KG		
	23.12.2016	2	151		15565	200	KG		
	27.12.2016	2	151		15568	23	KG	2,100	M3
	27.12.2016	2	151		15569	10	KG		
	27.12.2016	2	153		15570	0	KG		
	27.12.2016	2	154		15573	15	KG		
	05.01.2017	2	153		15574	36	KG		
	13.01.2017	2	151		15564	10.500	KG	45	M3

5 In der Spalte **Warenausgang** erkennen Sie das vom SAP-System kalkulierte Warenausgangsdatum, das notwendig ist, um die Ware rechtzeitig beim Warenempfänger anliefern zu können. Die vor dem Datum stehende Spalte **Ampel** zeigt an, ob das Warenausgangsdatum noch gehalten werden kann oder nicht.

6 In der Spalte **Warenempfänger** erkennen Sie die Nummer des Warenempfängers zum Auftrag. In der Spalte **Verursacher** werden die Nummern der Kundenaufträge aufgelistet, zu denen Auslieferungen angelegt werden können. Mit einem Klick auf die Nummer können Sie direkt in die Anzeige des Kundenauftrags springen.

7 Markieren Sie die Zeilen der Auflistung, zu denen Sie Auslieferungen erzeugen möchten. Sie markieren eine Zeile, indem Sie das graue Quadrat vor der Zeile anklicken. Mit [Strg] und Mausklick können Sie mehrere Zeilen auswählen. Halten Sie die [⇧]-Taste gedrückt, können Sie ganze Blöcke von Zeilen auswählen. Durch Klicken auf [Symbol] links oben in der Tabelle können Sie alle Zeilen der Tabelle markieren.

8 Anschließend können Sie das Anlegen der Auslieferungen veranlassen. Das SAP-System fasst beim Anlegen der Auslieferungen Kundenaufträge mit gleichem Warenempfänger und gleichem Warenausgangsdatum in einer Auslieferung zusammen. Dies reduziert die Anzahl der einzelnen Liefervorgänge und senkt die Kosten im Versand.

Sie haben zwei Möglichkeiten, um die Auslieferungen zu starten:

- Klicken Sie auf die Schaltfläche Dialog, um die Auslieferungen im Dialog zu erzeugen. Das System erzeugt die Auslieferungen zu den markierten Zeilen und zeigt jede einzelne Auslieferung zur Prüfung und eventuellen Änderung an. Durch einen Klick auf (**Sichern**) können Sie jede einzelne Auslieferung speichern.
- Alternativ können Sie durch einen Klick auf die Schaltfläche Hintergrund die Massenanlage der Auslieferungen auslösen. In diesem Fall erzeugt das System zu jeder markierten Zeile die Auslieferung. Haben Sie die Schaltfläche angeklickt, besteht keine Möglichkeit mehr, um das Anlegen der Auslieferungen zu stoppen.

8

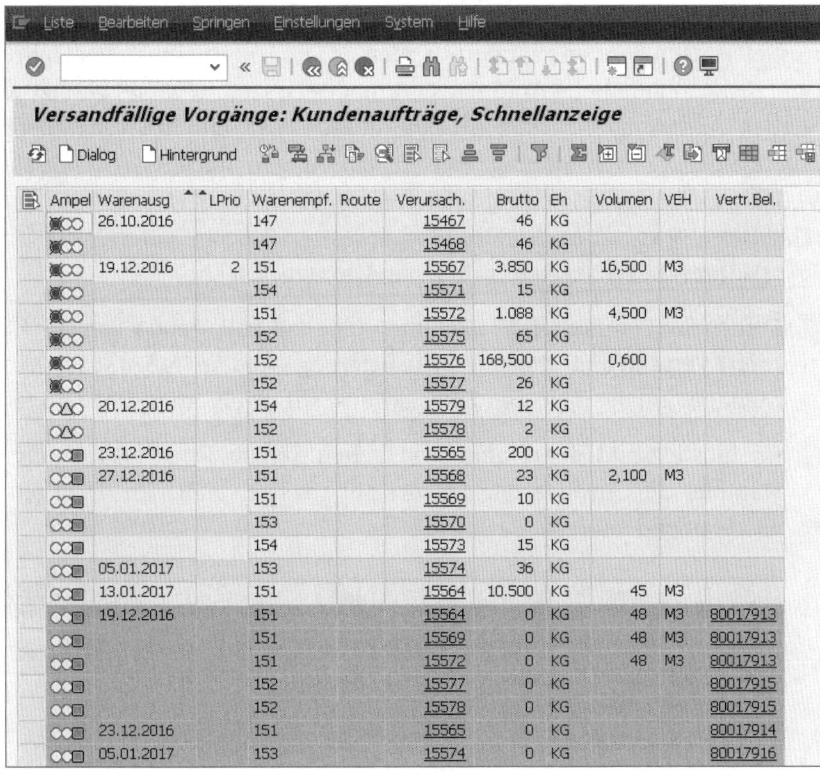

Ampel	Warenausg	LPrio	Warenempf.	Route	Verursach.	Brutto	Eh	Volumen	VEH	Vertr.Bel.
	26.10.2016		147		15467	46	KG			
			147		15468	46	KG			
	19.12.2016	2	151		15567	3.850	KG	16,500	M3	
			154		15571	15	KG			
			151		15572	1.088	KG	4,500	M3	
			152		15575	65	KG			
			152		15576	168,500	KG	0,600		
			152		15577	26	KG			
	20.12.2016		154		15579	12	KG			
			152		15578	2	KG			
	23.12.2016		151		15565	200	KG			
	27.12.2016		151		15568	23	KG	2,100	M3	
			151		15569	10	KG			
			153		15570	0	KG			
			154		15573	15	KG			
	05.01.2017		153		15574	36	KG			
	13.01.2017		151		15564	10.500	KG	45	M3	
	19.12.2016		151		15564	0	KG	48	M3	80017913
			151		15569	0	KG	48	M3	80017913
			151		15572	0	KG	48	M3	80017913
			152		15577	0	KG			80017915
			152		15578	0	KG			80017915
	23.12.2016		151		15565	0	KG			80017914
	05.01.2017		153		15574	0	KG			80017916

9 Haben Sie die Auslieferungen angelegt, klicken Sie auf (**Lieferungen ein-/ausblenden**). Das SAP-System blendet in grüner Darstellung die erzeugten Auslieferungen ein.

10 In der Spalte **Vertriebsbeleg** werden die Nummern der erzeugten Auslieferungen aufgelistet. Haben einzelne Zeilen dieselbe Auslieferungsnummer, wurden hier mehrere Aufträge in einer Auslieferung zusammengefasst. Der Kunde erhält demnach zu verschiedenen Kundenaufträgen eine einzige zusammenfassende Lieferung, die die Ware zu mehreren Aufträgen erfasst. Das Zusammenführen der Aufträge kann im Kundenstammsatz unterbunden werden. Nähere Informationen hierzu finden Sie in Kapitel 2.

Sie haben in der Sammelverarbeitung mehrere Auslieferungen angelegt. Auf der Basis dieser Auslieferungen wird die weitere Verarbeitung ausgeführt und die Ware an die verschiedenen Kunden versendet.

8.5 Auslieferung ändern und anzeigen

Auslieferungen können geändert werden. Da im Unternehmen bei täglichem Gebrauch auf eine hohe Automatisierung des Gesamtprozesses gesetzt wird, werden Änderungen in den Auslieferungsbelegen nur in Ausnahmefällen durchgeführt. Zur Änderung von Auslieferungen nutzen Sie Transaktion VL02N, zum Anzeigen einer Auslieferung die in ihrer Handhabung unterschiedslose Transaktion VL03N. Rufen Sie zur Anzeige einer Auslieferung Transaktion VL02N auf, und gehen Sie dann wie folgt vor:

1 Öffnen Sie Transaktion VL02N über den Pfad **SAP Menü ▸ Logistik ▸ Vertrieb ▸ Versand und Transport ▸ Auslieferung ▸ Ändern** im SAP-Easy-Access-Menü, oder geben Sie den Transaktionscode direkt im Befehlsfeld ein.

2 Im Einstiegsbild der Transaktion geben Sie im Feld **Auslieferung** die Nummer der Auslieferung an, die Sie anzeigen möchten. Drücken Sie anschließend auf [↵].

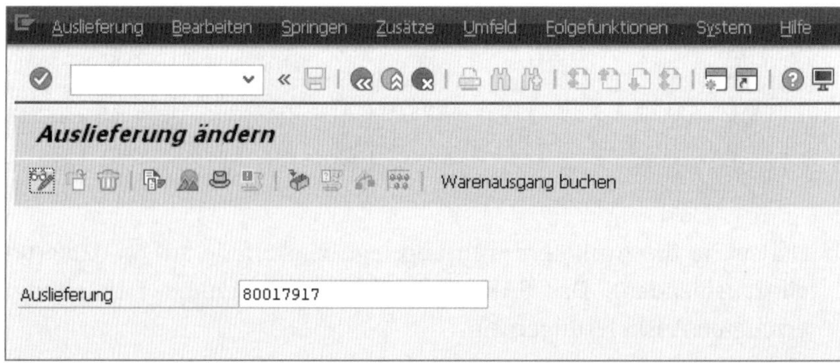

3 Sie gelangen in das bekannte Datenbild der Auslieferung. Abhängig vom weiteren Verarbeitungsstand der Auslieferung, können Änderungen vorgenommen werden. So kann beispielsweise die Menge nicht mehr geändert werden, wenn die physische Auslieferung an den Kunden bereits erfolgt ist.

4 Klicken Sie auf (**Sichern**), um die vorgenommenen Änderungen der Auslieferung zu speichern.

8.6 Belegfluss nach Auslieferung

Die entstehende Belegkette im Vertriebsprozess wird im Belegfluss dokumentiert. Mit dem Erzeugen der Auslieferung wird der Belegfluss aktualisiert. Sie können den Belegfluss aus der Auslieferung heraus aufrufen. Dabei ist es möglich, den Belegfluss auf Kopf- oder Positionsebene anzuzeigen.

Der Belegfluss steht sowohl in Transaktion VL02N als auch in Transaktion VL03N zur Verfügung. Gehen Sie wie folgt vor:

1 Rufen Sie Transaktion VL02N oder VL03N im SAP-Easy-Access-Menü durch die Eingabe des Transaktionscodes auf. Transaktion VL02N finden Sie über **SAP Menü ▸ Logistik ▸ Vertrieb ▸ Versand und Transport ▸ Auslieferung ▸ Ändern**, Transaktion VL03N über **SAP Menü ▸ Logistik ▸ Vertrieb ▸ Versand und Transport ▸ Auslieferung**.

2 Geben Sie im Einstiegsbild die Nummer der Auslieferung an. Im Einstiegsbild klicken Sie in der Anwendungsfunktionsleiste auf die Schaltfläche (**Belegfluss anzeigen**), um in den Belegfluss zu gelangen.

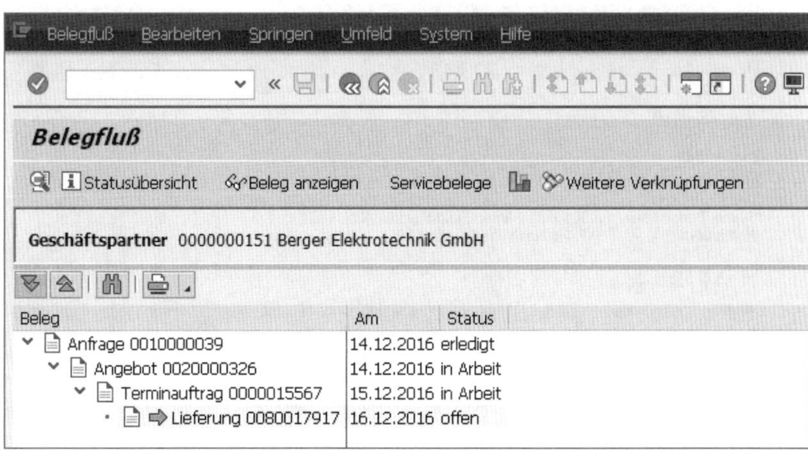

3 Der Auslieferungsbeleg wird im Belegfluss nur als Lieferung bezeichnet. Im hier gezeigten Belegfluss erkennen Sie, dass die Auslieferung mit Bezug zu einem Kundenauftrag (Terminauftrag 0000015567) erzeugt wurde. Außerdem können Sie erkennen, dass dem Kundenauftrag eine Anfrage und ein Angebot vorausgingen.

Springen Sie aus dem Einstiegsbild der Auslieferung in den Belegfluss, erhalten Sie den Belegfluss auf der Kopfebene. Der Belegfluss stellt eine Zusammenfassung über alle Positionen der Auslieferung dar. Es werden keine einzelnen Materialien oder Werte angezeigt. In der Überschriftenzeile wird lediglich der Geschäftspartner angegeben. Im Falle der Auslieferung ist der Geschäftspartner der Warenempfänger.

1 Sie gehen zurück zum Einstiegsbild, indem Sie (**Zurück**) anklicken.

2 Das Einstiegsbild zeigt im Feld **Auslieferung** weiterhin die Nummer der Auslieferung an. Drücken Sie auf [↵], um in die Datenansicht zur Auslieferung zu springen.

3 Markieren Sie in der Auslieferung eine Position, indem Sie das graue Quadrat am Beginn der Positionszeile anklicken. Die Position wird daraufhin hellblau gekennzeichnet.

4 Klicken Sie anschließend auf die Schaltfläche Beleg anzeigen (**Belegfluss anzeigen**) in der Anwendungsfunktionsleiste. Das SAP-System stellt den Belegfluss auf der Positionsebene dar.

In der Überschriftenzeile des Belegflusses werden der Warenempfänger (im Beispiel Berger Elektronik GmbH) und das Material (hier M000342 Tiefkühltruhe Freeze 240L) der Position angegeben.

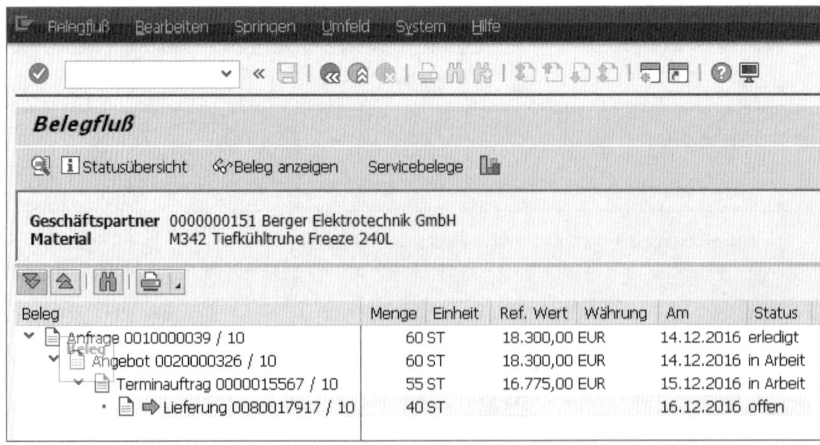

Sie erkennen zur einzelnen Position die Kette der Belege, inklusive Mengen und Werten. Im Auslieferungsbeleg selbst wird kein Wert angegeben, da dieser für den Versand der Ware unerheblich ist.

5 Der Terminauftrag erhält mit der Erzeugung der Auslieferung den Status **erledigt**, sofern die gesamte Menge der Auftragsposition in die Auslieferung übernommen wurde. Da in unserem Fall nur 40 der bestellten 55 Stück zur Auslieferung kommen, hat der Kundenauftrag den Status **in Arbeit**. Die Auslieferung hat den Status **offen** und steht zur weiteren Verarbeitung zur Verfügung.

6 Markieren Sie einen der Belege, indem Sie auf die Belegnummer oder auf das vorangestellte Belegsymbol klicken.

7 Anschließend klicken Sie auf die Schaltfläche Beleg anzeigen. Das System springt direkt in die Anzeige des ausgewählten Belegs. Auf diese Weise können Sie jeden Beleg des Belegflusses aufrufen.

8 Das vorangegangene Bild erreichen Sie jeweils durch Anklicken von (**Zurück**).

Der Belegfluss zeigt nach dem Anlegen der Auslieferung den entsprechenden Beleg im Belegfluss an. Der Belegfluss kann auch aus den vorangegangenen Belegen wie *Anfrage*, *Angebot* oder *Auftrag* heraus aufgerufen werden. Auch aus diesen Belegen heraus wird der aktuelle Verarbeitungsstand sichtbar.

8.7 Daten in der Auslieferung

Wird eine Auslieferung angelegt, werden aus dem Kundenauftrag die Daten des Versands übernommen und in der Auslieferung zur Weiterverarbeitung gespeichert und aufbereitet. Diese Daten können Sie ändern. Allerdings sollte dies im Sinne des automatischen Ablaufs nur in Ausnahmefällen geschehen. Im Folgenden werden Sie durch den Auslieferungsbeleg geführt, um die wichtigsten Informationen der Auslieferung kennenzulernen.

1 Öffnen Sie Transaktion VL02N im SAP-Easy-Access-Menü über den Pfad **SAP Menü ▸ Logistik ▸ Vertrieb ▸ Versand und Transport ▸ Auslieferung ▸ Ändern** oder durch die Eingabe des Transaktionscodes im Befehlsfeld.

2. Geben Sie im Feld **Auslieferung** des Einstiegsbildes die Nummer der Auslieferung an, die Sie betrachten möchten. Springen Sie mit [↵] in die Daten der Auslieferung.

3. In unserem Beispiel gelangen Sie in das Bild **Lieferung 80017917 ändern: Übersicht**. Im Kopf des Belegs sehen Sie im Feld **Warenempfänger** den Partner aus dem Kundenauftrag, an den die Lieferung erfolgen soll.

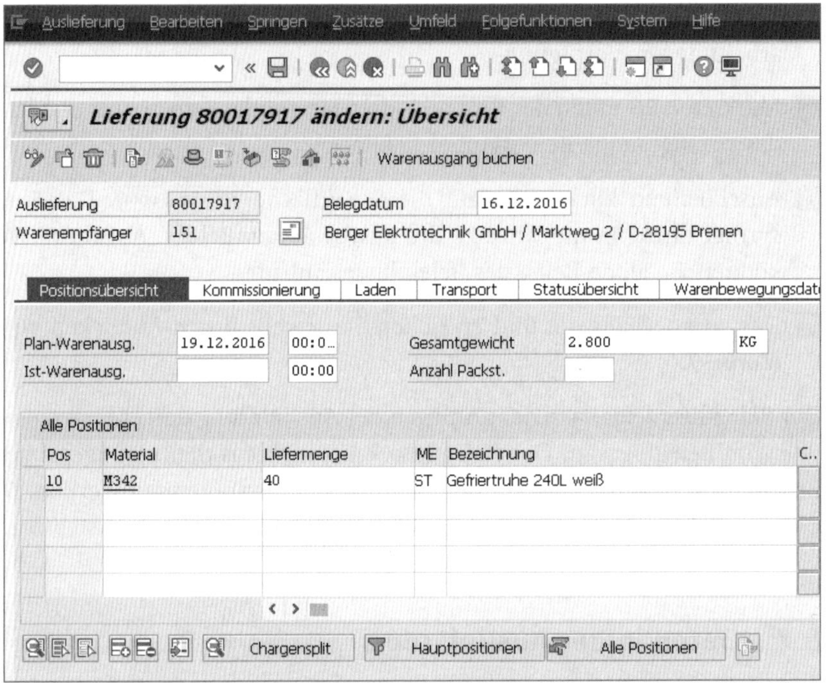

4. Die Auslieferung enthält zusätzlich auf sechs Registerkarten Informationen zum weiteren Vorgehen des Versands.

   Die Registerkarte **Positionsübersicht** wird beim Aufrufen einer Auslieferung zuerst angezeigt. Sie enthält grundsätzliche Informationen zu den Materialien, die versendet werden sollen. Im Feld **Plan-Warenausg.** wird der geplante Termin des Warenausgangs angezeigt. Hat der Warenausgang bereits stattgefunden, wird im Feld **Ist-Warenausg.** der Zeitpunkt des tatsächlichen Warenausgangs dargestellt.

5. Springen Sie auf die Registerkarte **Kommissionierung**, um Informationen zum Stand der Kommissionierung zu erhalten, das heißt zur Zusammen-

stellung der Ware. Sie wird über einen eigenen Beleg *Transportauftrag* abgewickelt (siehe Kapitel 9, »Kommissionierung und Warenausgang«).

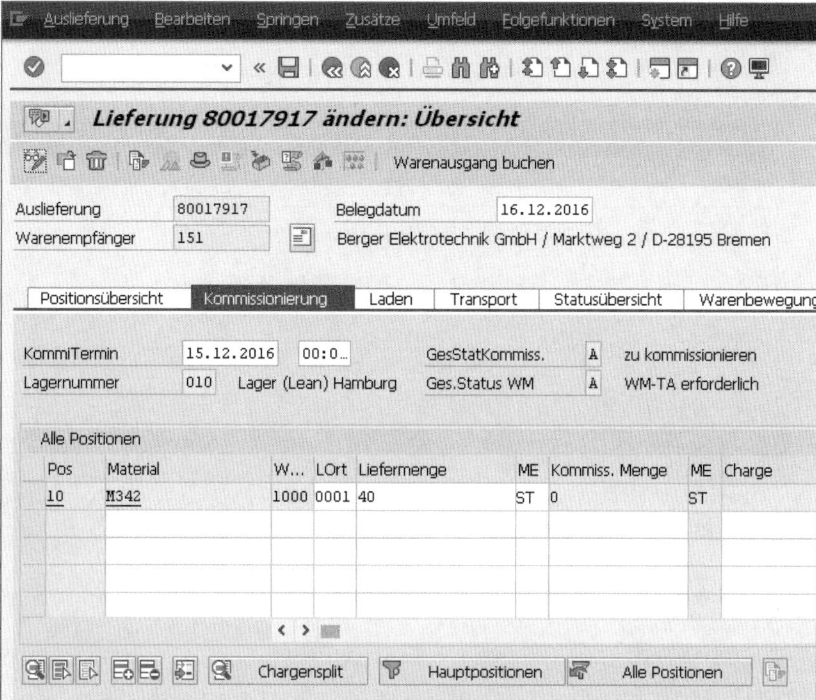

6 Im Feld **KommiTermin** der Registerkarte **Kommissionierung** wird das Datum angegeben, an dem mit der Kommissionierung begonnen werden muss, damit die Lieferposition rechtzeitig beim Kunden eintrifft.

7 Das Feld **GesStatKommiss.** zeigt den Gesamtstatus der Kommissionierung an. Der Eintrag **A** steht dabei für **zu kommissionieren**, das heißt, die Kommissionierung hat noch nicht begonnen. Wurde die Kommissionierung erst teilweise bearbeitet, wird der Status **B** gesetzt, Status **C** bedeutet, dass die Kommissionierung vollständig abgeschlossen wurde.

8 In der Spalte **Kommiss.Menge** der Positionen wird die Menge angezeigt, die kommissioniert wurde. Die kommissionierte Menge kann unterhalb der Liefermenge liegen, beispielsweise wenn sich am Lagerplatz weniger Ware befindet, als es im SAP-System angegeben ist. In diesem Fall kann nur die vorhandene Menge zur Lieferung aus dem Lager entnommen werden.

9 Wechseln Sie auf die Registerkarte **Laden**. Hier finden Sie die Informationen, die zur Verladung der Ware notwendig sind.

Das Feld **Ladetermin** gibt das Datum an, zu dem mit der Verladung der Lieferung begonnen werden soll. Zu diesem Termin müssen die Kommissionierung und Verpackung der Lieferung abgeschlossen sein.

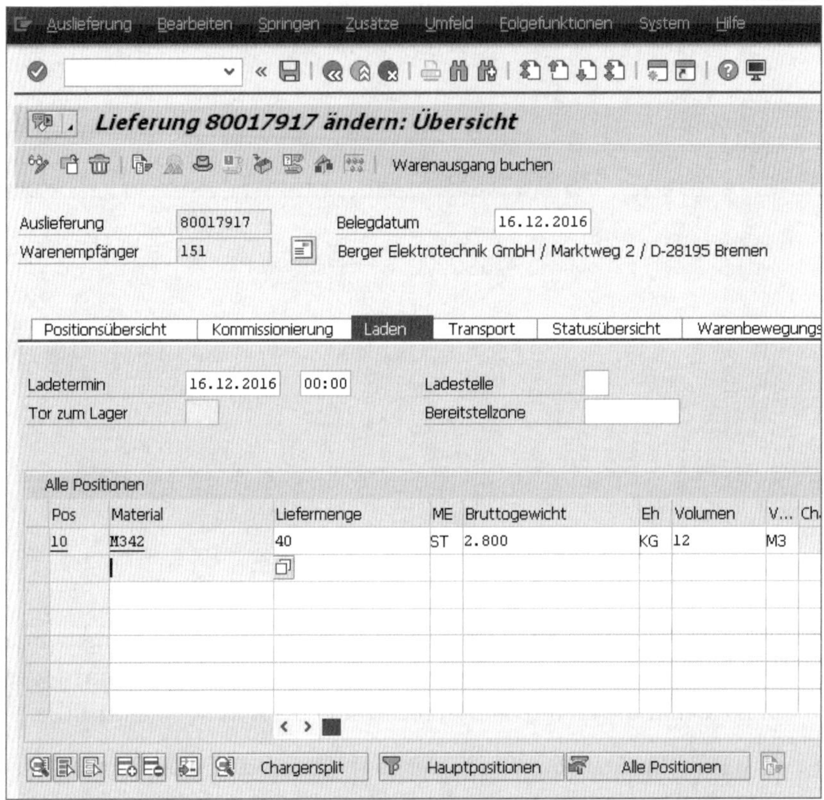

10 Außerdem können Sie mit den Feldern **Ladestelle** und **Tor zum Lager** genau festlegen, wo die Verladung erfolgen wird. Diese Informationen können Sie zum Beispiel dem Spediteur zur Verfügung stellen, damit er die Lieferung an der richtigen Stelle Ihres Lagers übernehmen kann.

11 Rufen Sie abschließend die Registerkarte **Statusübersicht** in der Auslieferung auf. Auf dieser Registerkarte können Sie den aktuellen Stand des Versands erkennen.

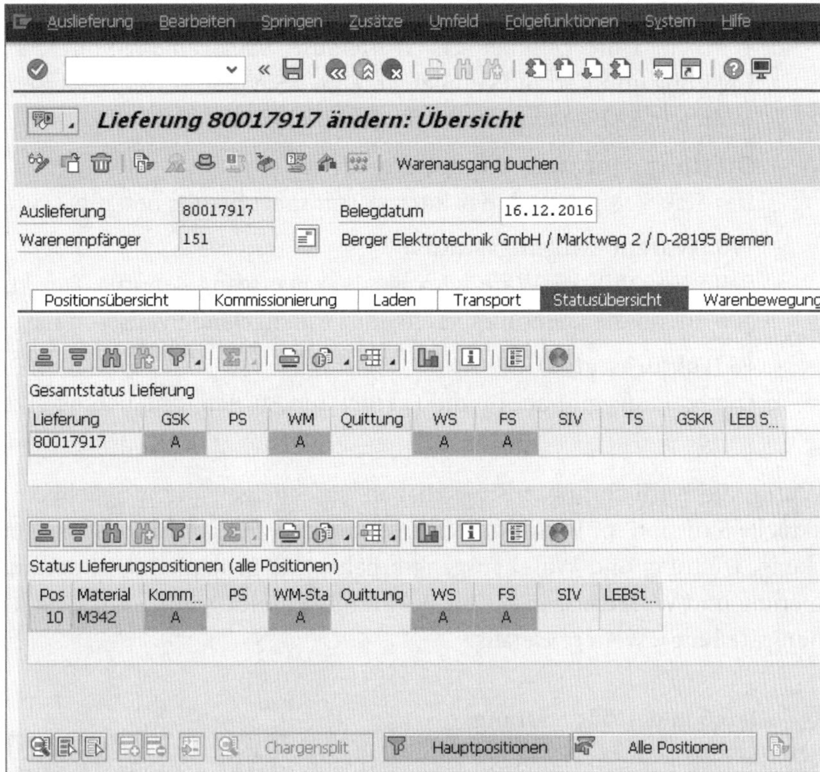

Die obere Tabelle zeigt den Status der gesamten Auslieferung an, die untere Tabelle den Status der einzelnen Positionen. Die möglichen Status sind:

- A – nicht bearbeitet (rot)
- B – teilweise bearbeitet (gelb)
- C – vollständig bearbeitet (grün)
- leer – nicht relevant

Die wichtigsten Spalten in den Statustabellen haben folgende Bedeutungen:

- **GSK (Gesamtstatus Kommissionierung)**
  Der Status zeigt an, ob die Kommissionierung bereits stattgefunden hat.
- **PS (Packstatus)**
  Im Packstatus können Sie erkennen, ob die Verpackung bereits vorgenommen wurde.

- **WM (Warehouse Management)**
  Wird im Unternehmen das Warehouse Management von SAP für Lagerung und Versand genutzt, erkennen Sie hier, ob die Verarbeitung in diesem SAP-Modul bereits abgeschlossen ist.
- **Quittung (Quittung Kommissionierung)**
  Der Status zeigt an, ob der interne Transport bereits bestätigt wurde.
- **WS (Warenbewegungsstatus)**
  Beim Versand der Ware wird ein Warenausgang gebucht. Der Status gibt an, ob die Lieferung bereits Ihr Firmengelände verlassen hat.
- **FS (Fakturastatus)**
  Dieser Status gibt an, ob die Faktura zur Auslieferung bereits erzeugt wurde.

Wurde die Auslieferung erzeugt, haben Sie jederzeit die Möglichkeit, die aktuelle Situation im Versand nachzuverfolgen. Weitere Hinweise zu Verpackung, Quittung und Warenausgang erhalten Sie in Kapitel 9, »Kommissionierung und Warenausgang«. Zur Faktura beschreibt Kapitel 10, »Die Rechnungsstellung«, weitere Details.

VIDEO

Daten in der Auslieferung

In diesem Video sehen Sie die entscheidenden Informationen in einer Auslieferung. Es wird vor allem auf die unterschiedlichen Status innerhalb einer Auslieferung eingegangen.

http://s-prs.de/v4465fk

8.8 Auslieferungsmonitor

Mit dem Auslieferungsmonitor haben Sie die Möglichkeit, Auslieferungsbelege, abhängig von ihrem Stand im Prozess, zu suchen und zu prüfen. So können Sie sich gezielt Belege anzeigen lassen, die noch nicht kommissioniert wurden oder zu denen noch kein Warenausgang gebucht wurde.

Die Transaktion zum Auslieferungsmonitor lautet VL06O. Wenn Sie die Transaktion starten, erscheint folgendes Bild.

Einstiegsbild des Auslieferungsmonitors

Der Auslieferungsmonitor ist als zentrale Transaktion zur Sammelverarbeitung von Lieferungen und zur Informationsbeschaffung in der Versandabwicklung gedacht. Sie können Lieferungen in verschiedenen Status der Bearbeitung auf einer Liste zusammenstellen und, davon ausgehend, die weitere Verarbeitung anstoßen. Hinter jeder der acht Schaltflächen finden Sie einen Report, der jeweils die Auslieferungsbelege in einem bestimmten Status auflistet. Beachten Sie, dass in Ihrem Unternehmen eventuell nicht alle theoretisch möglichen SAP-Auslieferungsprozesse auch genutzt werden und damit einzelne Schaltflächen irrelevant sein können.

- **Schaltfläche »zur Prüfung«**
  Über die Schaltfläche [zur Prüfung] erhalten Sie eine Liste aller Auslieferungen, für die eine Qualitätsprüfung erfolgen muss.

- **Schaltfläche »zur Verteilung«**
  Mit der Schaltfläche [zur Verteilung] ist im SAP-System die Übergabe der Informationen an andere Computersysteme gemeint. Wenn der Versand in einem getrennten System abgewickelt wird, können Sie hier erkennen, welche Auslieferungen noch nicht an das Partnersystem übertragen wurden.
- **Schaltfläche »zur Kommissionierung«**
  Über die Schaltfläche [zur Kommissionierung] erhalten Sie eine Liste aller Auslieferungen, die noch zur Kommissionierung anstehen. Die einzelnen Materialien auf dem Lieferbeleg wurden also noch nicht physisch zu einer Lieferung zusammengestellt.
- **Schaltfläche »zur Quittierung«**
  In manchen Unternehmen muss die Kommissionierung zusätzlich quittiert werden. Mit der Schaltfläche [zur Quittierung] erhalten Sie eine Liste aller Auslieferungen, die zwar kommissioniert wurden, bei denen die Quittierung aber noch offensteht.
- **Schaltfläche »zur Verladung«**
  Mit der Schaltfläche [zur Verladung] können Sie alle Auslieferungen anzeigen, die versandfertig sind und auf die Verladung warten. Die Ware steht also bereit und kann jetzt auf den Lastwagen, den Zug oder das Schiff verladen werden.
- **Schaltfläche »zum Warenausgang«**
  Die Schaltfläche [zum Warenausgang] zeigt alle Auslieferungen an, bei denen der Versandprozess abgeschlossen, der Warenausgang aber noch nicht gebucht worden ist.
- **Schaltfläche »zur Transportdisposition«**
  Der Begriff Transportdisposition beschreibt den Vorgang des Planens und Beauftragen des physischen Transports der Ware vom Lager Ihres Unternehmens zum Kunden. Über die Schaltfläche [zur Transportdisposition] finden Sie eine Auflistung aller Auslieferungen, bei denen die Transportdisposition noch nicht abgeschlossen ist.
- **Schaltfläche »Lieferliste Auslieferung«**
  Mit der Schaltfläche [Lieferliste Auslieferung] gelangen Sie zu einer allgemeinen Liste von Auslieferungen, unabhängig von ihrem Status. Diese Schaltfläche eignet sich, um generell Auslieferungen zu einem Kunden, Material oder Ähnlichem anzeigen zu lassen.

Bei jeder Schaltfläche gelangen Sie in ein Selektionsbild, in dem Sie die Suche auf Ihre persönlichen Gegebenheiten anpassen können. In Kapitel 15, »Listen«, werden die Möglichkeiten dieser Selektionsbilder detailliert beschrieben.

8.9 Zusammenfassung

Der Auslieferungsbeleg stellt den Beginn der Versandphase im Vertriebsprozess dar. Mit der Auslieferung wird das Lager beauftragt, den Versand eines bestimmten Materials in einer vorgegebenen Menge zu einem festen Liefertermin an den Warenempfänger zu veranlassen. Auf der Basis der Auslieferung werden alle notwendigen Versandtätigkeiten ausgeführt.

Die Auslieferung wird mit Bezug zu einem Kundenauftrag erzeugt. Auslieferungen können einzeln manuell erzeugt werden. Es ist aber auch eine Sammelverarbeitung möglich, die es erlaubt, sehr viele Kundenaufträge in Auslieferungen umzusetzen. Dabei werden Kundenaufträge in Auslieferungen zusammengefasst.

Mit dem Anlegen der Auslieferung wird auch der Belegfluss aktualisiert. Unter der Bezeichnung **Lieferung** wird der Auslieferungsbeleg angezeigt. Der Belegfluss kann aus der Auslieferung heraus auf Kopf- und Positionsebene angezeigt werden.

Um dem Versandprozess in all seinen Schritten im Detail verfolgen zu können, steht der Auslieferungsmonitor zur Verfügung.

8.10 Probieren Sie es aus!

In den Übungen zu Kapitel 7 haben Sie drei Kundenaufträge erfasst. Zu allen drei Kundenaufträgen soll nun der Versand angestoßen werden.

Aufgabe 1

Legen Sie in der Einzelbearbeitung die Auslieferung zum Auftrag aus Kapitel 7, Aufgabe 1, an. Der Auftrag des Kunden T&H Soundsystems GbR lautete 115 Stück des Kopfhörers DreamSound 500.

Als Versandstelle wählen Sie 1000.

Achten Sie beim Anlegen der Auslieferung darauf, das Selektionsdatum mindestens einen Monat in die Zukunft zu legen!

Aufgabe 2

Legen Sie für die beiden Aufträge aus Kapitel 7, Aufgaben 4 und 5, die Auslieferungen in der Sammelverarbeitung an. Die Aufträge wurden von den Kunden T&H Soundsystems GbR und Willrich Akustik GmbH platziert.

Der Versand wird von der Versandstelle 1000 vorgenommen.

Achten Sie in der Sammelverarbeitung darauf, das Lieferungserstellungsdatum 30 Tage in die Zukunft zu legen.

Aufgabe 3

Zeigen Sie die Auslieferungen einzeln an, und prüfen Sie, ob die Mengen richtig übernommen wurden. Achten Sie dabei vor allem auf den Naturalrabatt, der in einem der Aufträge enthalten ist.

Aufgabe 4

Zeigen Sie den Belegfluss zum Auftrag aus Kapitel 7, Aufgabe 1, auf der Ebene der Position an, und prüfen Sie, ob die Auslieferung im Belegfluss angezeigt wird.

9 Kommissionierung und Warenausgang

Mit dem Auslieferungsbeleg erhält das Lager alle notwendigen Informationen zum Versand der Ware. Dort folgen nun die nächsten Schritte von der Kommissionierung der Ware bis zum Warenausgang.

In diesem Kapitel lernen Sie,

- welche Belege im Versandprozess erzeugt werden,
- wie der Warenausgang zur Auslieferung erfolgt,
- wie Sie die Buchungen in einem Schritt durchführen können,
- wie der Belegfluss nach Abschluss des Versands aussieht.

9.1 Einführung

Im Verkauf Ihres Unternehmens werden die Kundenaufträge erfasst. Aufgrund der Kundenaufträge werden Auslieferungsbelege erzeugt, mit denen das Lager den Auftrag erhält, die Waren zu versenden.

Die Kommissionierung beschreibt die termingerechte Zusammenstellung der Waren anhand des Auslieferungsbelegs. Die Waren, die an verschiedenen Stellen im Unternehmen gelagert sein können, werden an einen gemeinsamen Ort verbracht und dort für den Versand bearbeitet.

Die Kommissionierung wird im SAP-System mit dem Beleg *Transportauftrag* angestoßen und durchgeführt. Der Transportauftrag wird immer mit Bezug zu einer Auslieferung erzeugt. Transportaufträge werden für jedes Lager im Unternehmen separat generiert. Sie werden deshalb immer mit der Organisationseinheit Lagernummer bearbeitet.

Optional können zum Transportauftrag im SAP-System weitere Schritte durchgeführt und dokumentiert werden:

1 **Interne Transporte**
Im Lager können die internen Warenflüsse, die zum Versand der Ware erforderlich sind, durch das SAP-System gesteuert werden. Je nach Struktur des Unternehmens kann es sich dabei lediglich innerhalb eines

Gebäudes um das Verbringen der Ware vom Lagerplatz in den Warenausgangsbereich handeln. Es ist aber auch möglich, dass zur Erfüllung des Versands der Transport der Ware von einer anderen Halle oder einem externen Lagerplatz in den Warenausgangbereich erfolgt. Eventuell wird die Ware vor der Kommissionierung auch von einem anderen Standort des Unternehmens in das Auslieferungswerk transportiert.

2 **Quittieren**
Interne Warenflüsse können im SAP-System quittiert werden. Wurde ein interner Transport durchgeführt, wird vom verantwortlichen Mitarbeiter der Transport quittiert und damit für das SAP-System als erledigt gekennzeichnet. Das Quittieren kann manuell im System oder auch automatisch per Scanner oder RFID-Chip (Radio Frequency Identification) erfolgen.

3 **Verpacken**
Das SAP-System kann aufgrund der Gewichts- und Volumenangaben aus dem Materialstamm Verpackungsvorschläge für die Lieferung machen. So kann das System die ideale Karton-, Paletten- oder Containergröße ermitteln und die optimale Aufteilung der Ware über mehrere Packstücke errechnen. Der Verpackungsvorschlag wird in einzelnen Handling Units dokumentiert, die jeweils einem Packstück entsprechen. Aufgrund der Handling Units kann unter anderem auch eine spätere Sendungsverfolgung implementiert werden.

4 **Transportdisposition zum Kunden**
Für den Transport der Lieferung zum Kunden kann im SAP-System die Transportdisposition genutzt werden. Sie beinhaltet unter anderem die Optimierung der Transportroute und die Zuordnung von Dienstleistern für den Transport. So können unter der Berücksichtigung von Landesgrenzen, Warenumschlagspunkten und definierten Strecken vor allem komplexe Transporte zum Kunden optimiert werden.

Mit der Auslieferung und dem daraus folgenden Transportauftrag wird die Ware zur Auslieferung zusammengestellt und verpackt sowie die notwendigen Transportdienstleister beauftragt. Die Ware befindet sich physisch aber immer noch im Besitz Ihres Unternehmens. Erst in dem Moment, in dem die Ware physisch das Lager verlässt, findet auch der Warenausgang im SAP-System statt. Mit der Buchung des Warenausgangs wird der Lagerbestand im Unternehmen um die ausgelieferten Waren reduziert. Die Buchung des Warenausgangs wird in einem Materialbeleg dokumentiert.

Die beschriebenen Tätigkeiten liegen nicht im Verantwortungsbereich des Verkaufs, sondern sie werden vollständig vom Unternehmensbereich Logistik durchgeführt. Dabei wird das Warehouse Management im Rahmen des SAP-Systems verwendet. Jedes Unternehmen nutzt unterschiedliche Funktionen des Systems, die individuell auf die logistischen Bedürfnisse des Unternehmens zugeschnitten sind.

In diesem Kapitel lernen Sie deshalb lediglich die einfache Erstellung des Transportauftrags sowie die Warenausgangsbuchung kennen. Denken Sie daran, dass diese beiden schnellen Buchungen in der Realität eine Fülle von Arbeit und einzelnen Prozessschritten beinhalten können. Oftmals werden die daraus resultierenden Buchungen mithilfe von Scannern oder RFID-Chips automatisiert vorgenommen.

9.2 Die Transaktionen zum Transportauftrag

Soll der Transportauftrag zu einer Auslieferung erzeugt werden, wird Transaktion LT03 genutzt. Die Transaktion befindet sich im SAP-Easy-Access-Menü unter **SAP Menü ▸ Logistik ▸ Vertrieb ▸ Versand und Transport ▸ Kommissionierung ▸ Transportauftrag anlegen.**

Zum Anzeigen eines Transportauftrags finden Sie über **SAP Menü ▸ Logistik ▸ Vertrieb ▸ Versand und Transport ▸ Kommissionierung ▸ Transportauftrag anzeigen** Transaktion LT21.

Die Änderung eines Transportauftrags ist grundsätzlich nicht möglich. Beim Quittieren eines Transportauftrags können abweichende Mengen angegeben werden. Fehlerhafte Transportaufträge müssen storniert und erneut erzeugt werden.

HINWEIS

Der Begriff »Transport«

Die Bezeichnung *Transport* wird im SAP-System unterschiedlich genutzt: Der an dieser Stelle beschriebene Transportauftrag dient als Grundlage für die Kommissionierung der Ware im Lager. Er ist die Basis für die eventuell innerhalb des Lagers notwendigen Bewegungen des Materials. Dieser Transportauftrag hat nicht den Transport der Ware vom Lager zum Kunden zum Inhalt! Für die Transport- bzw. Speditionsdisposition steht in der Transportplanung ein eigener Beleg *Transport* zur Verfügung.

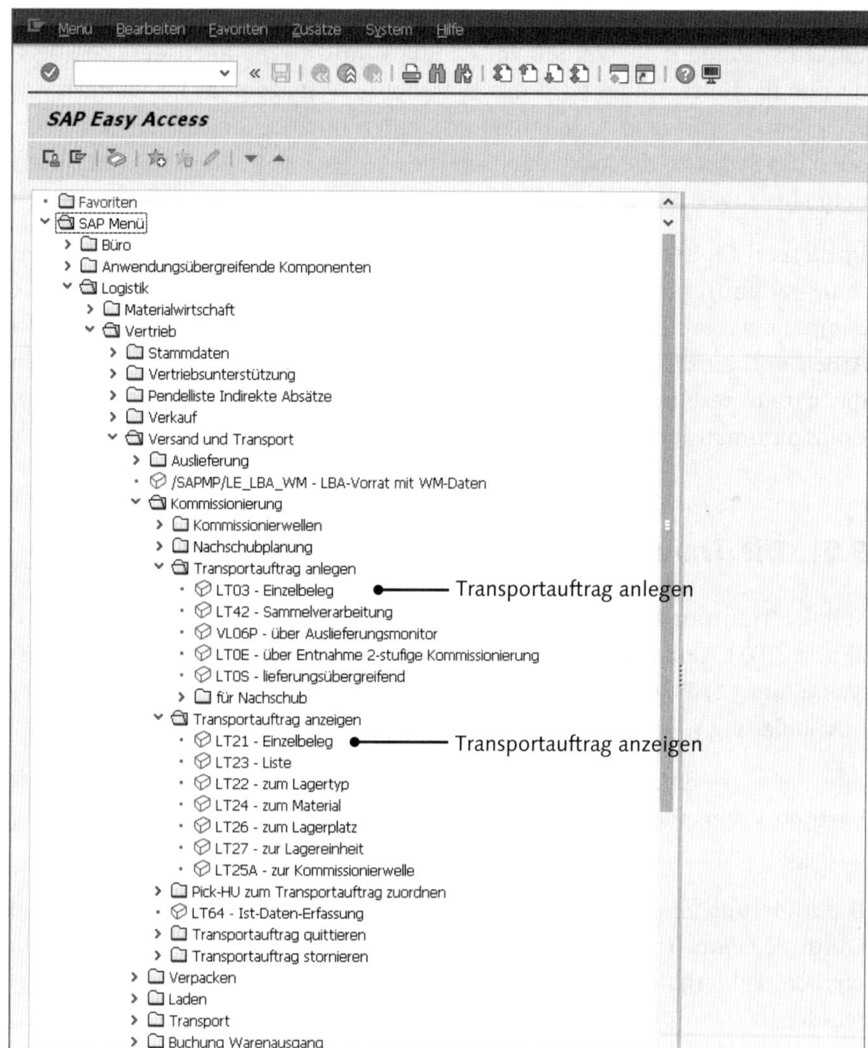

Die Transaktionen zum Transportauftrag im SAP-Easy-Access-Menü

9.3 Transportauftrag anlegen

Um den Transportauftrag zu einer Auslieferung anzulegen, rufen Sie Transaktion LT03 auf.

Folgende Schritte müssen Sie anschließend ausführen:

1. Rufen Sie Transaktion LT03 im SAP-Easy-Access-Menü über den Pfad **SAP Menü ▸ Logistik ▸ Vertrieb ▸ Versand und Transport ▸ Kommissionierung ▸ Transportauftrag anlegen** oder durch die Eingabe des Transaktionscodes auf.

2. Im Einstiegsbild geben Sie im Feld **Lagernummer** die Lagernummer ein.

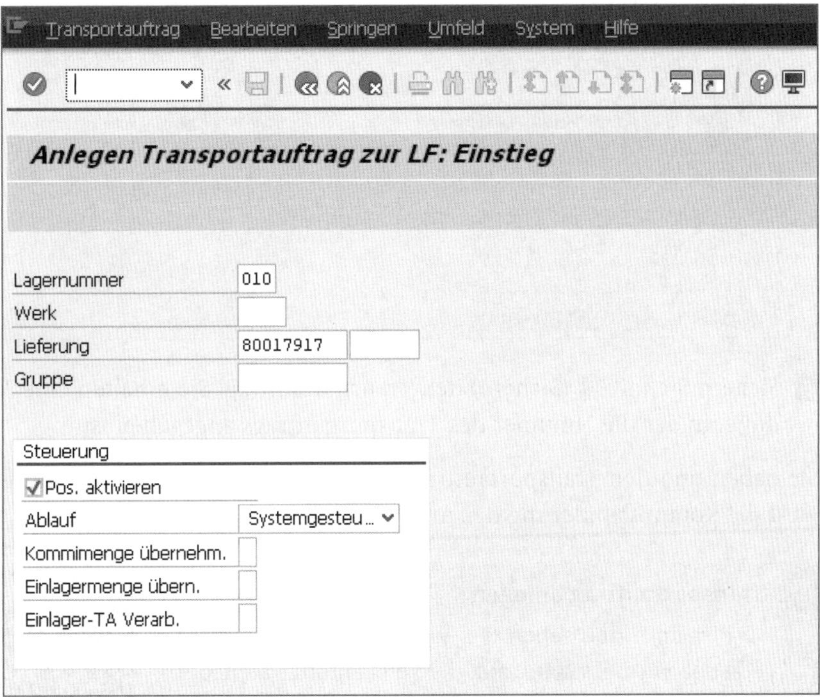

3. Im Feld **Lieferung** geben Sie die Nummer der Auslieferung an, zu der Sie den Transportauftrag erzeugen möchten.

4. Im Bildbereich **Steuerung** setzen Sie das Häkchen **Pos. aktivieren.** Unter **Ablauf** wählen Sie **Systemgesteuert** aus. Drücken Sie anschließend die [↵]-Taste.

   Das System springt in die Anzeige des Arbeitsvorrats zum Transportauftrag. Auf der Registerkarte **Aktiver Arbeitsvorrat** werden die Positionen aufgelistet, die mit dem Transportauftrag durch das Lager zu bearbeiten sind.

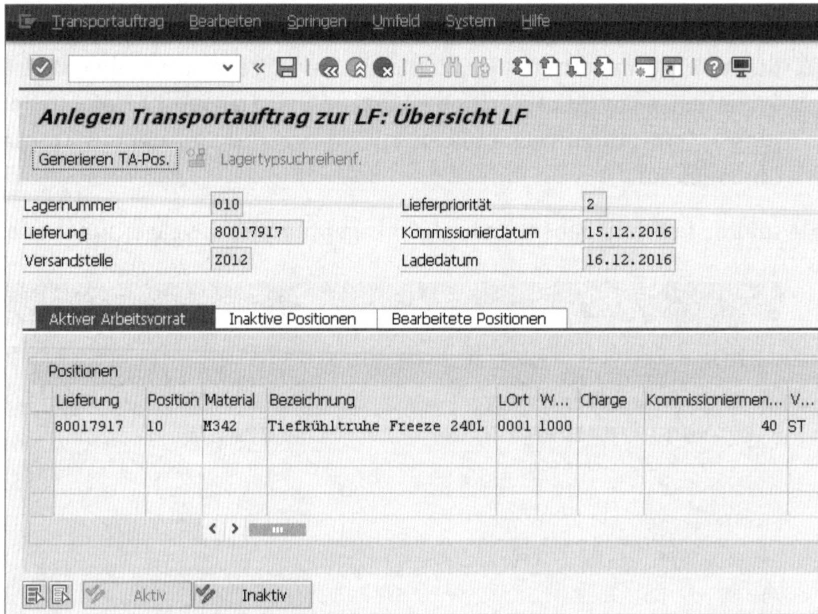

5 Sichern Sie mit (**Sichern**) den Transportauftrag. Sie erhalten eine Meldung, in der die Nummer des Transportauftrags angegeben ist.

Sie haben nun den Transportauftrag erzeugt. Anhand des Transportauftrags wird die Kommissionierung der Auslieferung durchgeführt.

Transportauftrag anlegen

In diesem Video sehen Sie, wie ein Transportauftrag erzeugt wird. Es wird auf die relevanten Daten der Kommissionierung eingegangen.

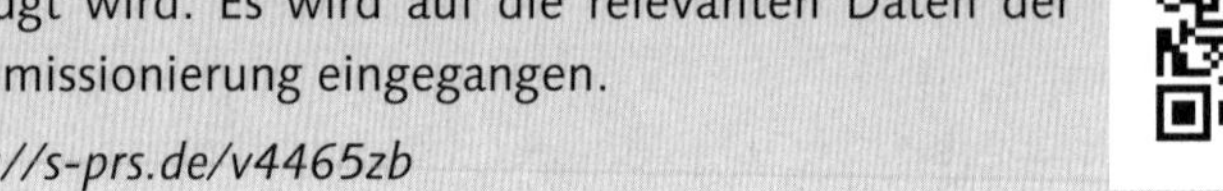

http://s-prs.de/v4465zb

9.4 Transportauftrag anzeigen

Möchten Sie sich einen Transportauftrag ansehen, verwenden Sie Transaktion LT21. Gehen Sie wie folgt vor:

1 Rufen Sie Transaktion LT21 im SAP-Easy-Access-Menü über den Pfad **SAP Menü ▸ Logistik ▸ Vertrieb ▸ Versand und Transport ▸ Kommissionierung ▸ Transportauftrag anzeigen** oder durch die Eingabe des Transaktionscodes auf.

2 Es öffnet sich das Bild **Anzeigen Transportauftrag: Einstieg**. Tragen Sie im Feld **TA-Nummer** die Nummer des Transportauftrags ein, den Sie anzeigen möchten. Achten Sie darauf, dass in diesem Feld keine [F4]-Hilfe zur Verfügung steht. Die Nummer des Transportauftrags muss Ihnen daher bekannt sein.

3 Im Feld **Lagernummer** geben Sie die Lagernummer an, für die der Transportauftrag gilt. Drücken Sie auf [↵], um in die Ansicht des Transportauftrags zu gelangen.

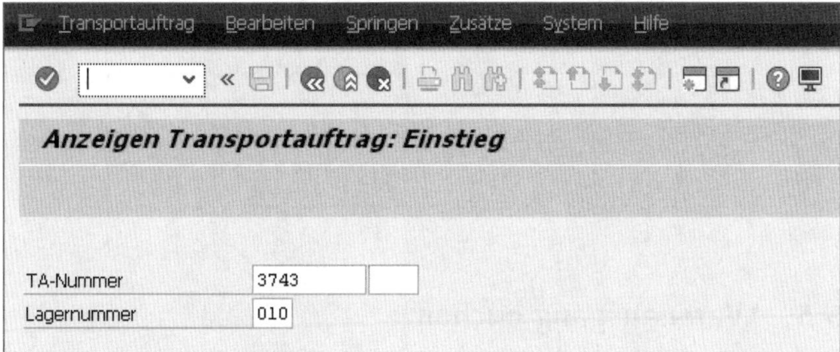

4 Im Transportauftrag erkennen Sie die beiden Registerkarten **Von-Daten** und **Nach-Daten**. Auf der Registerkarte **Von-Daten** wird der Startpunkt des internen Transports definiert, auf der Registerkarte **Nach-Daten** der Zielpunkt.

Auf beiden Registerkarten wird in der Spalte **Typ** mit einem dreistelligen Schlüssel das physische Lager beschrieben, von dem die Ware abgeholt bzw. an das die Ware verbracht werden soll. Im Kopf des Belegs sind die beiden Lagertypen ebenfalls zu erkennen. In unserem Fall soll die Ware innerhalb des Lagers vom **Festplatzlager** zur **Versandzone Lieferungen** transportiert werden.

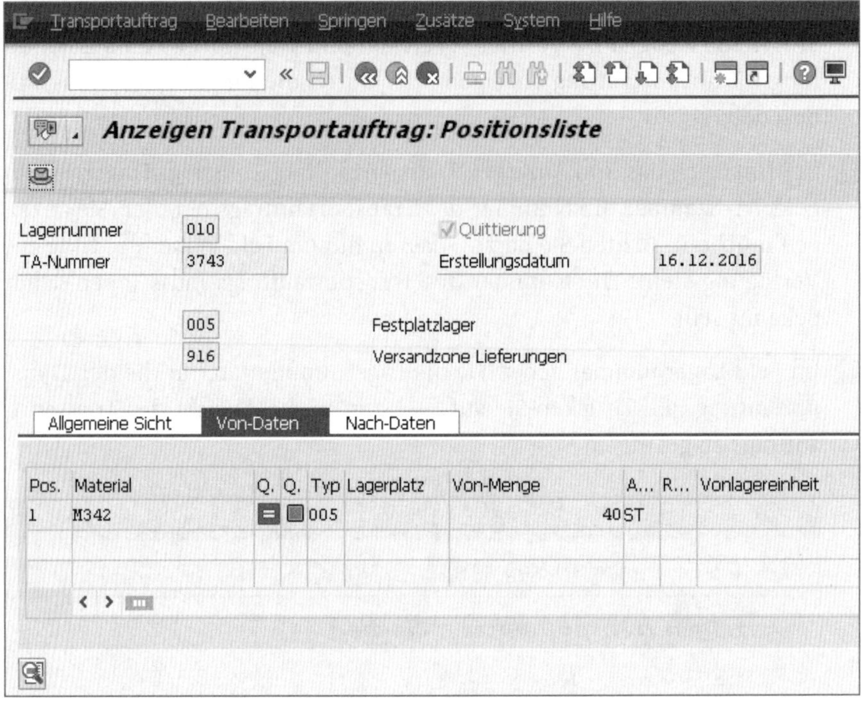

9.5 Warenausgang buchen

Der Warenausgang wird im Normalfall direkt im Lager gebucht. Hier können aufgrund von Mengendifferenzen auch noch Änderungen vorgenommen werden. Durch den Einsatz von Scannern oder RFID-Chips wird die manuelle Buchung im System durch einen Mitarbeiter nur noch in Ausnahmefällen vorgenommen.

Der Warenausgang kann manuell direkt im Auslieferungsbeleg gebucht werden. Für das SAP-System handelt es sich um eine Änderung der Auslieferung, die dann alle notwendigen Folgebuchungen veranlasst.

Wenn Sie den Warenausgang manuell buchen möchten, öffnen Sie die aus Kapitel 8, »Die Auslieferung«, bekannte Transaktion VL02N zum Ändern von Auslieferungsbelegen und tragen folgende Eingaben ein:

1. Rufen Sie Transaktion VL02N im SAP-Easy-Access-Menü über den Pfad **SAP Menü ▸ Logistik ▸ Vertrieb ▸ Versand und Transport ▸ Auslieferung ▸ Ändern** oder durch die Eingabe des Transaktionscodes auf.
2. Tragen Sie im Feld **Auslieferung** des Einstiegsbildes die Nummer der Auslieferung ein, zu der Sie den Warenausgang buchen möchten. Drücken Sie [↵], um in die Ansicht der Auslieferung zu gelangen.
3. Wechseln Sie auf die Registerkarte **Kommissionierung**. In der Spalte **Kommiss. Menge** erkennen Sie die kommissionierte Menge, das heißt die Menge, die zum Versand zusammengestellt wurde.

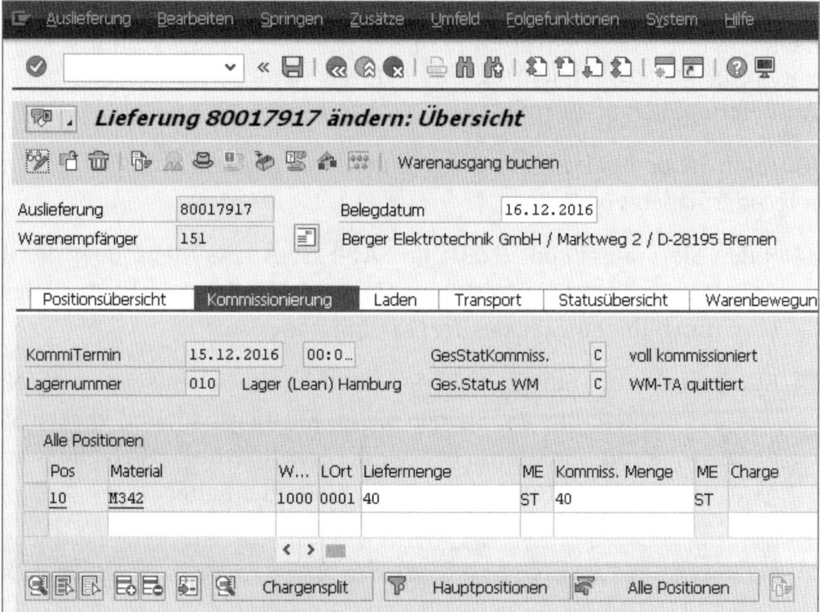

4. Mit der Schaltfläche [Warenausgang buchen] nehmen Sie die Buchung des Warenausgangs vor. Das SAP-System bestätigt mit einer Meldung, dass die Auslieferung geändert wurde.

> **HINWEIS**
>
> **Warenausgangsbuchung nach Kommissionierung**
>
> Die Buchung des Warenausgangs kann erst erfolgen, wenn die Kommissionierung abgeschlossen ist. Wird in der Auslieferung keine kommissionierte Menge angegeben, ist die Buchung des Warenausgangs nicht möglich.

VIDEO

Warenausgang buchen

Das Video erklärt, wie Sie den Warenausgang im Versand buchen. Dabei wird die Auslieferung als grundlegender Versandbeleg genutzt.

http://s-prs.de/v4465gj

9.6 Belegfluss nach dem Warenausgang

Mit der Erstellung des Transportauftrags und der Buchung des Warenausgangs wird auch der Belegfluss fortgeschrieben. Sie können ihn, wie in den vorangegangenen Kapiteln beschrieben, aus dem Kundenauftrag oder der Auslieferung heraus aufrufen.

Möchten Sie den Belegfluss aus der Auslieferung heraus anzeigen, gehen Sie folgendermaßen vor:

1. Rufen Sie Transaktion VL03N im SAP-Easy-Access-Menü über den Pfad **SAP Menü ▸ Logistik ▸ Vertrieb ▸ Versand und Transport ▸ Auslieferung** oder durch die Eingabe des Transaktionscodes auf.
2. Es öffnet sich das Einstiegsbild der Transaktion. Geben Sie dort die Nummer der Auslieferung an. Bleiben Sie im Einstiegsbild, und klicken Sie in der Anwendungsfunktionsleiste auf die Schaltfläche (**Belegfluss anzeigen**), um den Belegfluss auf der Kopfebene zu erhalten.

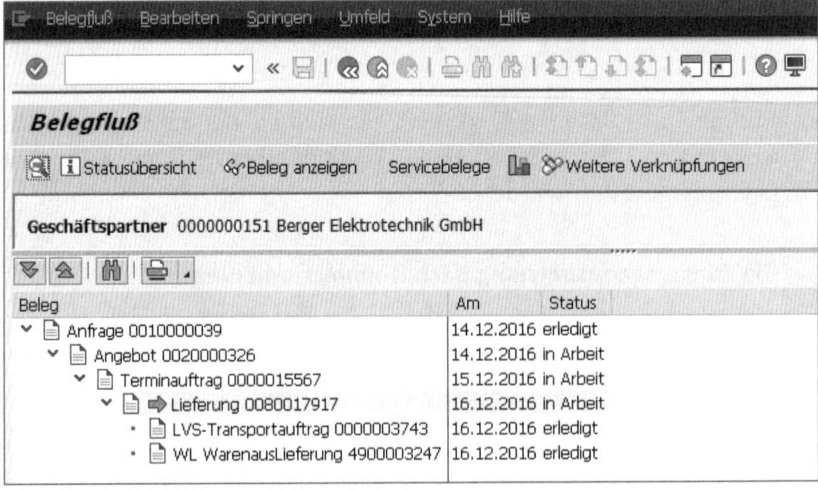

3 Im Belegfluss können Sie den Transportauftrag mit der Bezeichnung **LVS-Transportauftrag** erkennen. LVS steht für Lagerverwaltungssystem. Mit dem Eintrag **WL WarenausLieferung** wird die Buchung des Warenausgangs dokumentiert. Mit einem Klick auf (**Zurück**) springen Sie zurück in das Einstiegsbild der Auslieferung.

4 Zeigen Sie die Auslieferung durch Drücken von [↵] an.

5 Markieren Sie eine Position, indem Sie das vor der Position stehende graue Quadrat anklicken. Die Position wird orange eingefärbt.

6 Klicken Sie die Schaltfläche (**Belegfluss anzeigen**) in der Anwendungsfunktionsleiste an. Der Belegfluss wird für die markierte Position angezeigt.

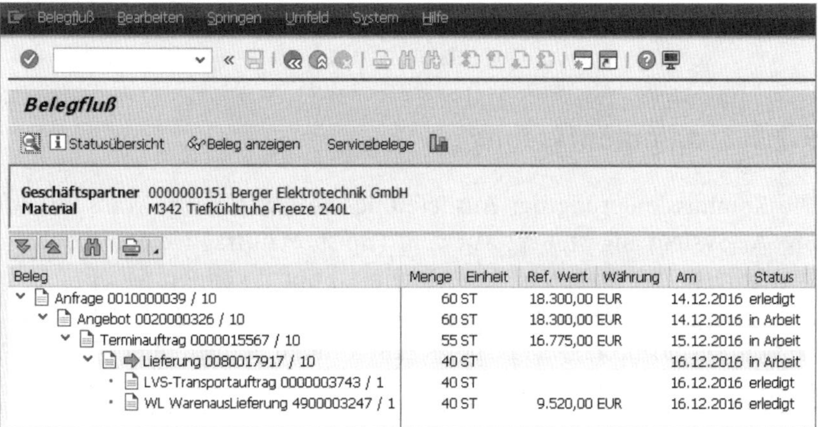

Beleg	Menge	Einheit	Ref. Wert	Währung	Am	Status
Anfrage 0010000039 / 10	60	ST	18.300,00	EUR	14.12.2016	erledigt
Angebot 0020000326 / 10	60	ST	18.300,00	EUR	14.12.2016	in Arbeit
Terminauftrag 0000015567 / 10	55	ST	16.775,00	EUR	15.12.2016	in Arbeit
Lieferung 0080017917 / 10	40	ST			16.12.2016	in Arbeit
LVS-Transportauftrag 0000003743 / 1	40	ST			16.12.2016	erledigt
WL WarenausLieferung 4900003247 / 1	40	ST	9.520,00	EUR	16.12.2016	erledigt

7 Unterhalb des Eintrags **Lieferung** für den Auslieferungsbeleg erkennen Sie den Transportauftrag und die Warenausgangsbuchung. Der Transportauftrag wird im Belegfluss als **LVS-Transportauftrag** bezeichnet.

8 Der Materialbeleg zum Warenausgang wird mit dem Eintrag **WL WarenausLieferung** dargestellt. Der Wert in der Spalte **Ref. Wert**, der zum Warenausgang angegeben ist, bezieht sich auf den Bewertungspreis des ausgelieferten Materials, der aus dem Materialstammsatz übernommen wurde. Im vorliegenden Beispiel wurden 40 Stück mit einem Gesamtlagerwert von 9.520 EUR ausgeliefert. Der Wert hinter dem Kundenauftrag zeigt an, zu welchem Wert die Ware im Auftrag verkauft wird. Genauere Informationen zur Materialbewertung erhalten Sie in Kapitel 3, »Der Materialstammsatz«.

9 Markieren Sie einen der Belege. Sie können einen Beleg markieren, indem Sie auf die Belegnummer oder auf das vorangestellte Belegsymbol klicken.

10 Mit der Schaltfläche Beleg anzeigen können Sie sich den Beleg direkt anzeigen lassen. Auf diesem Weg ist es möglich, jeden einzelnen Beleg des Belegflusses aufzurufen.

11 Um aus der Beleganzeige in den Belegfluss zurückzukehren, klicken Sie auf (**Zurück**).

Sie haben den Belegfluss nach Abschluss der Phase II des Vertriebsprozesses angezeigt. Der Versand der Ware ist erst abgeschlossen, wenn der Warenausgang gebucht wurde und der Materialbeleg im Belegfluss zu erkennen ist. Auf der Basis des Belegflusses können Sie den Kunden jederzeit über den aktuellen Stand seines Auftrags informieren.

9.7 Zusammenfassung

Die Kommissionierung der Auslieferung wird mit einem Transportauftrag im SAP-System angestoßen. Mit dem Transportauftrag werden die internen Warenflüsse des Materials abgewickelt. Optional können neben den internen Transporten im Versand auch die Verpackung der Lieferung optimiert und die Disposition des Transports zum Kunden vorgenommen werden.

Nach der Kommissionierung schließt die Buchung des Warenausgangs den Versandprozess ab. Er kann direkt aus der Auslieferung heraus gebucht werden.

Der Belegfluss wird mit jedem Prozessschritt fortgeschrieben. Anhand von Transportauftrag und Materialbeleg können Sie erkennen, wie weit der Versand der Ware bereits fortgeschritten ist. Auf diese Weise können Kunden jederzeit über den aktuellen Stand ihres Auftrags informiert werden.

9.8 Probieren Sie es aus!

In den Übungen zu Kapitel 8 haben Sie drei Auslieferungen angelegt. Zu allen Auslieferungen sollen jetzt die entsprechenden Transportaufträge erzeugt werden. Im direkten Anschluss werden dann die Warenausgänge gebucht.

Aufgabe 1

Legen Sie zu jeder einzelnen Auslieferung den Transportauftrag an. Die Lagernummer lautet 010.

Aufgabe 2

Rufen Sie zum Auftrag aus Kapitel 7, Aufgabe 1, den Belegfluss auf. Zeigen Sie aus dem Belegfluss direkt den Transportauftrag an. Von welchem Lagertyp soll die Ware transportiert werden?

Aufgabe 3

Buchen Sie zu allen drei Auslieferungen einzeln den Warenausgang.

Aufgabe 4

Zeigen Sie erneut den Belegfluss zum Auftrag aus Kapitel 7, Aufgabe 1, an. Welcher Eintrag zeigt den Warenausgang an?

Teil IV

Rechnungsstellung

Mit der Rechnungsstellung endet der Vertriebsprozess. Die Rechnung fordert den Kunden zur Zahlung der gelieferten Ware auf.

Im SAP-System wird die Rechnung als Faktura bezeichnet. Sie bezieht sich auf eine Auslieferung und stellt so den Abschluss der Belegkette dar.

Zeitgleich mit dem Anlegen der Faktura wird in der Buchhaltung die Forderung des Unternehmens gegenüber dem Kunden gebucht. Die Überwachung und Buchung der Zahlung wird im Finanzwesen vorgenommen und gehört nicht mehr zum eigentlichen Vertriebsprozess.

10 Die Rechnungsstellung

Wurde die Ware an den Kunden versendet, kann die Rechnung gestellt werden. Die Rechnung bezieht sich im Normalfall auf den Auslieferungsbeleg und die darin angegebene Liefermenge. Es wird nur die Menge in Rechnung gestellt, die an den Kunden geliefert wurde.

In diesem Kapitel lernen Sie,

- wie Sie die Fakturierung zu einer Auslieferung vornehmen,
- wie Sie die Fakturierung in der Sammelverarbeitung vornehmen können,
- wie der Belegfluss nach der Fakturierung aussieht.

10.1 Einführung

Mit einer Rechnung oder Faktura macht Ihr Unternehmen seine Forderung für die Lieferung einer Ware an den Kunden geltend. Die Faktura enthält eine Aufstellung der gelieferten Waren mit den vereinbarten Preisen, verbunden mit der Aufforderung zur Zahlung innerhalb der in der Zahlungsbedingung vereinbarten Fristen.

Im SAP-System wird für Rechnungen, die aus einem Verkauf resultieren, grundsätzlich der Begriff *Faktura* genutzt. Die Rechnungsstellung wird dementsprechend als Fakturierung bezeichnet.

Eine Faktura, die aufgrund einer Lieferung von Ware an den Kunden erzeugt wird, wird mit Bezug zu einem Auslieferungsbeleg angelegt. Das SAP-System übernimmt aus der Auslieferung die Menge der gelieferten Waren; aus dem Auftrag wird der Preis übernommen. In einigen Fällen ist es möglich, eine Faktura direkt mit Bezug zum Kundenauftrag anzulegen. Dies ist zum Beispiel bei einer Vorauskasse der Fall, da hier zum Zeitpunkt der Faktura noch keine Lieferung an den Kunden erfolgt ist.

Die folgende Abbildung zeigt die Datenübernahme der Faktura.

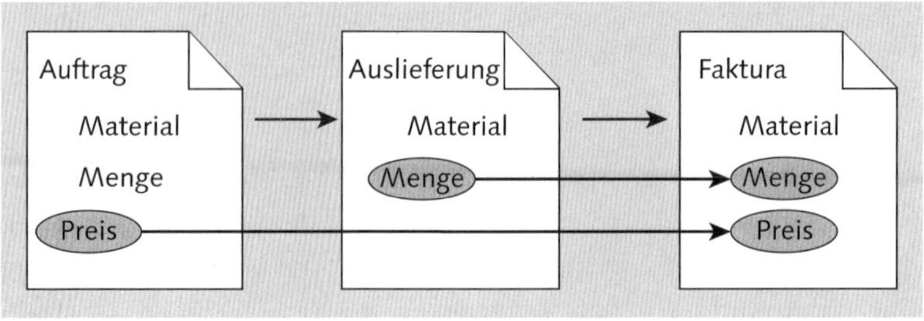

Datenübernahme der Faktura

Parallel mit der Erstellung des Fakturabelegs wird im Rechnungswesen auch die Buchung der Verbindlichkeit auf das Konto des Kunden vorgenommen. Die Buchung auf das Kundenkonto wird in einem eigenen Buchhaltungsbeleg dokumentiert.

Die Erstellung der Faktura zu einem ausgelieferten Kundenauftrag erfolgt im Unternehmen meist automatisch, ohne dass Sie als Verkäufer eingreifen müssen. Nur in Ausnahmefällen werden Fakturen manuell angelegt. Da im Unternehmen oft große Mengen an Fakturen erzeugt werden müssen, steht zum manuellen Anlegen eine Sammelverarbeitung zur Verfügung.

Fakturen können je nach Prozess unterschiedlich gesteuert werden. So wird beispielsweise bei einer Vorauskasse im Finanzwesen anders gebucht als bei einer Standardfaktura. Fakturen können deshalb mit unterschiedlichen Belegarten erzeugt werden, die die Weiterverarbeitung der Faktura beeinflussen. Die Belegart wird automatisch aus den Vorlagebelegen heraus gesteuert. Die Belegart für eine Faktura nach Warenauslieferung lautet F2.

10.2 Die Transaktionen zur Fakturierung

Die Transaktionen der Faktura befinden sich im Ordner **SAP Menü ▸ Logistik ▸ Vertrieb ▸ Fakturierung ▸ Faktura** des SAP-Easy-Access-Menüs. Für das Anlegen von Fakturen wird Transaktion VF01 genutzt. Das Ändern ist mit Transaktion VF02 möglich, wobei hier nur wenige Felder geändert werden können. Mit Transaktion VF03 können Sie Fakturen anzeigen.

Um eine große Anzahl von Auslieferungen in Fakturen umzusetzen, können Sie mit Transaktion VF04 eine Sammelverarbeitung vornehmen.

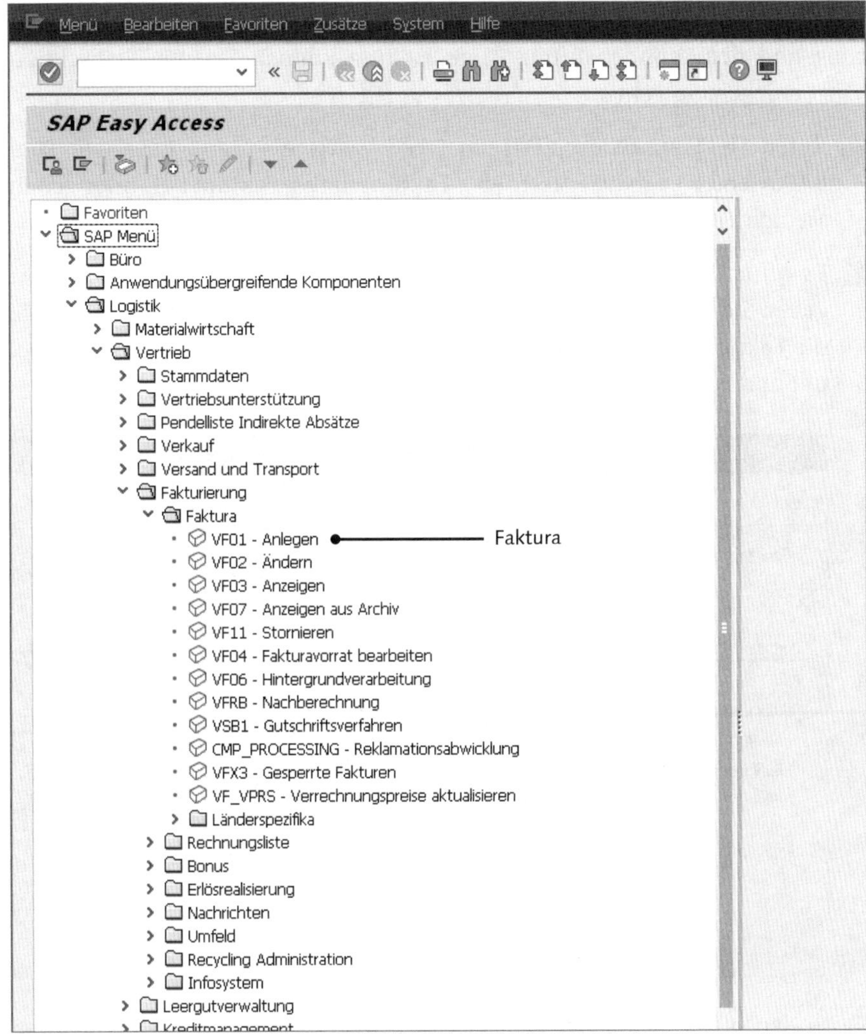

Die Transaktionen zur Faktura im SAP-Easy-Access-Menü

Die Transaktion zum Ändern der Faktura lässt nur in wenigen Feldern Änderungen zu. Im Falle einer Rechnungskorrektur muss die Rechnung deshalb storniert und neu erstellt werden. Das Stornieren einer Rechnung ist mit Transaktion VF11 möglich. Zum richtigen Umgang mit Rechnungskorrekturen lesen Sie die Kapitel zur Reklamation in Teil V dieses Buches.

10.3 Faktura anlegen

Wurde der Warenausgang gebucht, kann die Faktura mit Bezug zur Auslieferung angelegt werden. Die Faktura übernimmt dabei Daten aus der Auslieferung und dem Kundenauftrag. Eine Faktura können Sie mit Transaktion VF01 anlegen. So geht's:

1. Rufen Sie Transaktion VF01 im SAP-Easy-Access-Menü über den Pfad **SAP Menü ▸ Logistik ▸ Vertrieb ▸ Fakturierung ▸ Faktura** auf, oder geben Sie den Transaktionscode direkt im Befehlsfeld ein.

2. Es öffnet sich das Einstiegsbild **Faktura anlegen** der Transaktion. Dort geben Sie in der Spalte **Beleg** die Nummer der Auslieferung an, zu der Sie die Faktura erzeugen möchten. Drücken Sie anschließend die [↵]-Taste, um in die Ansicht des Fakturabelegs zu gelangen.

3. In der Spalte **Fakturierte Menge** erkennen Sie die Menge, die aus dem Auslieferungsbeleg gezogen wurde. Der **Nettowert** wurde aufgrund der Menge und des im Auftrag berechneten Preises errechnet. Im Kopf der Faktura sehen Sie im Feld **Regulierer** den Regulierer zur Faktura. Er wurde aus den Partnerrollen des Auftraggebers im Kundenauftrag übernommen. Auf das Konto des Regulierers wird im Rechnungswesen die Forderung gebucht.

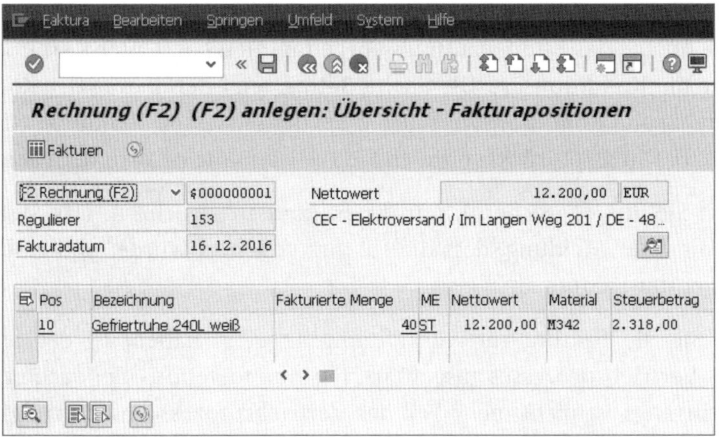

4 Positionieren Sie den Cursor in einer Positionszeile, und klicken Sie anschließend unterhalb der Positionsübersicht auf die Schaltfläche (**Preiskonditionen Pos.**). Sie erhalten eine Übersicht der Konditionen, die aus dem Kundenauftrag übernommen wurden.

10

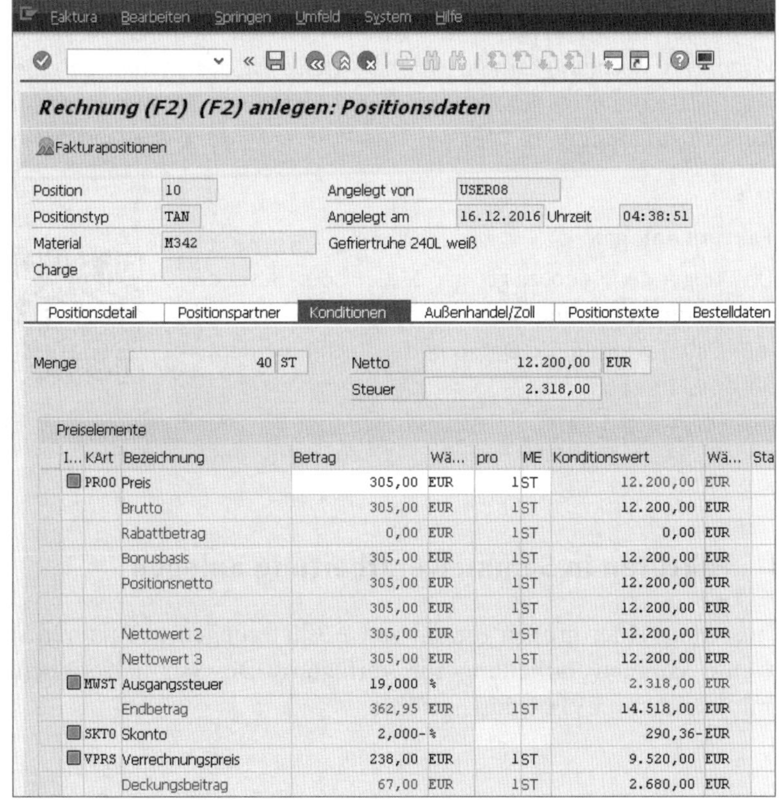

5 Die Konditionsübersicht zeigt die Preisermittlung, die das SAP-System bei der Anlage des Kundenauftrags vorgenommen hat. Unter **KArt** erkennen Sie die Konditionsart. Die Spalte **Betrag** zeigt den Betrag der Kondition, die Spalte **Konditionswert** den Wert der einzelnen Kondition (siehe Kapitel 5). Mit (**Zurück**) springen Sie zurück in die Ansicht der Faktura.

6 Klicken Sie auf (**Sichern**), um die Faktura zu speichern. Das System zeigt mit einer Meldung, dass die Faktura gesichert wurde, und gibt die Nummer der Faktura an.

Nachdem Sie die Faktura zur Auslieferung angelegt haben, ist der letzte Schritt des Vertriebsprozesses ausgeführt. Das nun folgende Überwachen des Zahlungseingangs ist nicht mehr Teil des Vertriebsprozesses und erfolgt im Bereich Rechnungswesen Ihres Unternehmens.

HINWEIS

Nachricht zur Faktura

Wurde die Faktura im SAP-System erzeugt, liegt sie dem Kunden technisch noch nicht als Information vor. Zur Faktura wird eine Nachricht erzeugt, die den Inhalt der Faktura in optisch ansprechender und übersichtlicher Form darstellt. Diese Nachricht ist die Information, die der Kunde als Rechnung erhält. Normalerweise ist das System so eingestellt, dass die Nachricht kurz nach der Erstellung der Faktura an den Kunden gesendet wird. Dies kann per Post, Fax oder E-Mail geschehen.

VIDEO

Faktura anlegen

Das folgende Video zeigt, wie Sie auf der Basis der gelieferten Ware eine Rechnung an den Kunden stellen. Dabei werden die Daten in der Rechnung detailliert beschrieben:

http://s-prs.de/v4465sp

10.4 Fakturen in Sammelverarbeitung anlegen

Zur Umsetzung einer großen Anzahl von Auslieferungen in Fakturen steht Ihnen eine Sammelverarbeitung zur Verfügung. Die Sammelverarbeitung wird mit Transaktion VF04 durchgeführt.

> **HINWEIS**
>
> **Fakturavorrat**
>
> Sie können den Fakturavorrat auch direkt aus der Transaktion zur Einzelanlage von Fakturen erreichen. Klicken Sie dafür im Einstiegsbild von Transaktion VF01 auf die Schaltfläche Bearb.Fakturavorrat.

In Transaktion VF04 werden Ihnen alle zur Fakturierung fälligen Auslieferungen in einem Fakturavorrat aufgelistet. Nach dem Öffnen der Transaktion führen Sie die folgenden Schritte aus:

1. Rufen Sie Transaktion VF04 im SAP-Easy-Access-Menü über den Pfad **SAP Menü ▸ Logistik ▸ Vertrieb ▸ Fakturierung ▸ Faktura** auf, oder geben Sie den Transaktionscode im Befehlsfeld ein.

2. Es öffnet sich das Bild **Fakturavorrat bearbeiten**. Im Selektionsbild der Transaktion geben Sie an, zu welchen Aufträgen bzw. Auslieferungen Sie Fakturen erzeugen möchten. Geben Sie dazu in den Feldern **Fakturadatum von** und **bis** den Zeitraum an, für den Fakturen erzeugt werden sollen. Das Fakturadatum entspricht dabei dem Warenausgangsdatum.

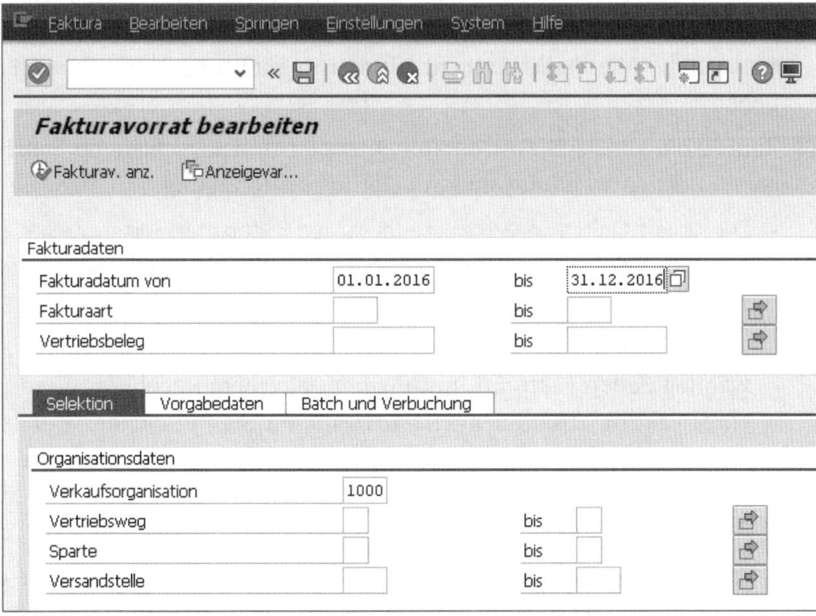

3. Geben Sie im Bildbereich **Organisationsdaten** die Organisationseinheiten ein, für die Sie die Fakturierung vornehmen möchten. Klicken Sie auf die Schaltfläche Fakturav. anz., um gemäß Ihren Eingaben eine Liste der zur Fakturierung fälligen Belege zu erhalten.

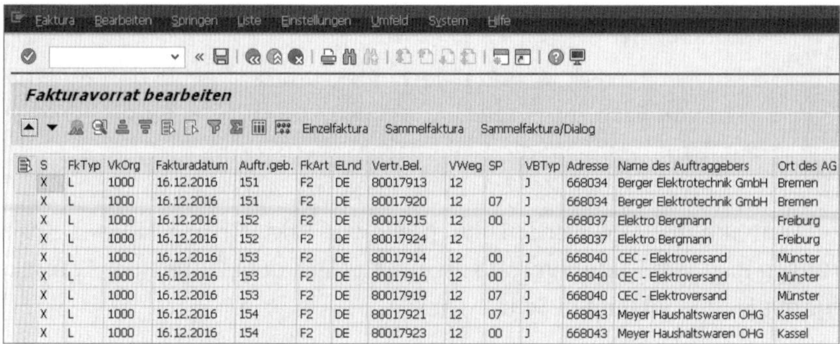

S	FkTyp	VkOrg	Fakturadatum	Auftr.geb.	FkArt	ELnd	Vertr.Bel.	VWeg	SP	VBTyp	Adresse	Name des Auftraggebers	Ort des AG
X	L	1000	16.12.2016	151	F2	DE	80017913	12		J	668034	Berger Elektrotechnik GmbH	Bremen
X	L	1000	16.12.2016	151	F2	DE	80017920	12	07	J	668034	Berger Elektrotechnik GmbH	Bremen
X	L	1000	16.12.2016	152	F2	DE	80017915	12	00	J	668037	Elektro Bergmann	Freiburg
X	L	1000	16.12.2016	152	F2	DE	80017924	12		J	668037	Elektro Bergmann	Freiburg
X	L	1000	16.12.2016	153	F2	DE	80017914	12	00	J	668040	CEC - Elektroversand	Münster
X	L	1000	16.12.2016	153	F2	DE	80017916	12	00	J	668040	CEC - Elektroversand	Münster
X	L	1000	16.12.2016	153	F2	DE	80017919	12	07	J	668040	CEC - Elektroversand	Münster
X	L	1000	16.12.2016	154	F2	DE	80017921	12	07	J	668043	Meyer Haushaltswaren OHG	Kassel
X	L	1000	16.12.2016	154	F2	DE	80017923	12	00	J	668043	Meyer Haushaltswaren OHG	Kassel

4 Das SAP-System listet die Auslieferungen auf, zu denen eine Faktura erzeugt werden kann. In der Spalte **Vertr.Bel.** können Sie die Nummer der Auslieferung erkennen, zu der die Faktura angelegt wird.

5 Markieren Sie die Zeilen, zu denen eine Faktura erstellt werden soll, indem Sie das graue Quadrat vor der Zeile anklicken. Markierte Zeilen werden orange eingefärbt.

Halten Sie [Strg]-Taste gedrückt, wenn Sie mehrere Zeilen auswählen möchten. Mit der [⇧]-Taste können Sie Blöcke von Zeilen markieren. Durch Anklicken von (**Alle markieren**) können Sie alle Zeilen markieren. Mit (**Alle Mark. löschen**) können Sie sämtliche Markierungen aufheben.

6 Zum Erzeugen der Fakturen stehen Ihnen drei verschiedene Schaltflächen in der Anwendungsfunktionsleiste zur Verfügung.

- Die Schaltfläche [Einzelfaktura] erzeugt zu jeder der markierten Zeilen eine einzelne Faktura. Dabei wird Ihnen jede einzelne Faktura angezeigt, und Sie müssen mit (**Sichern**) die Anlage der Faktura bestätigen.
- Mit der Schaltfläche [Sammelfaktura] erzeugt das SAP-System zu allen ausgewählten Zeilen Fakturen. Aufträge mit gleichem Regulierer werden in einer Faktura zusammengefasst. In diesem Fall erhält der Kunde zu mehreren verschiedenen Aufträgen eine gemeinsame Faktura. Die Fakturen werden automatisch erzeugt. Es ist keine Bestätigung durch den Benutzer erforderlich.
- Auch mit der Schaltfläche [Sammelfaktura/Dialog] werden die Aufträge mit gleichem Regulierer in einer Faktura zusammengefasst. Ihnen wird jedoch jede Faktura angezeigt, und Sie bestätigen das Anlegen mit (**Sichern**).

Klicken Sie eine der drei Schaltflächen an, um die Fakturen zu erzeugen.

Sie haben die Fakturen per Sammelverarbeitung erzeugt. Mit dem Anlegen der Fakturen werden die entsprechenden Forderungen gegenüber dem Kunden im Rechnungswesen auf dem Kundenkonto gespeichert. Auf der Basis der Faktura erfolgt die Verarbeitung in der Abwicklung des Zahlungseingangs.

10.5 Faktura ändern und anzeigen

Das Anzeigen einer Faktura ist mit Transaktion VF03 möglich. Transaktion VF02 erlaubt das Ändern weniger Felder und wird analog zur Anzeigetransaktion bedient. Gehen Sie wie folgt vor:

1. Rufen Sie Transaktion VF02 im SAP-Easy-Access-Menü über den Pfad **SAP Menü ▸ Logistik ▸ Vertrieb ▸ Fakturierung ▸ Faktura** oder durch die Eingabe des Transaktionscodes auf.

2. Sie gelangen in das Einstiegsbild der Transaktion. Dort geben Sie im Feld **Faktura** die Nummer der Faktura an, die Sie sich ansehen möchten.

   Sollte Ihnen die Fakturanummer nicht bekannt sein, können Sie die [F4]-Hilfe nutzen. Die Felder im Bildbereich **Weitere Suchkriterien** sind auf eine Suche aus Sicht der Buchhaltung ausgerichtet. So können Sie im Feld **Belegnummer** nur mit der Nummer eines Buchhaltungsbelegs suchen.

   Drücken Sie anschließend [↵].

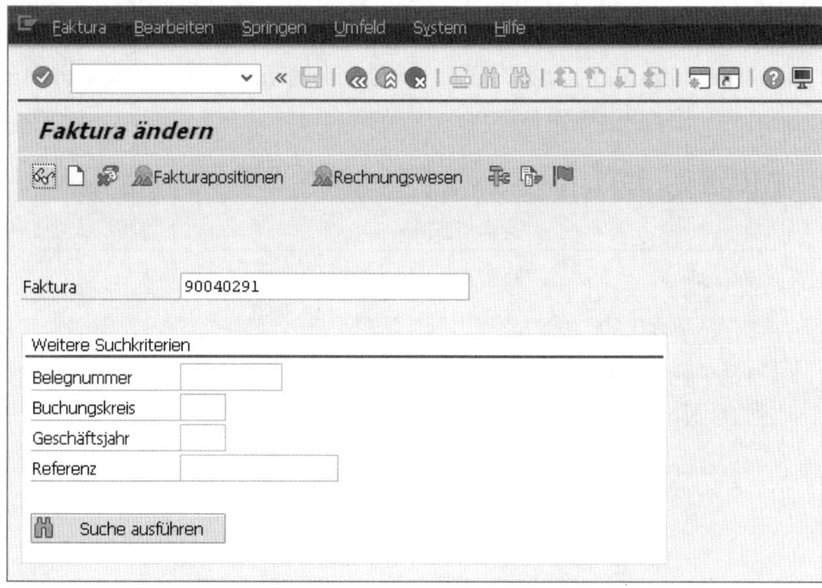

10

3. Sie springen in das Datenbild der Faktura, in dem Sie Änderungen der Faktura vornehmen können. Klicken Sie auf [Icon] (**Sichern**), um die Daten der Faktura zu speichern.

> HINWEIS
>
> **Änderungen in der Faktura**
>
> Die Faktura ist ein Beleg mit sehr enger Verzahnung zum Finanzwesen. Änderungen in den relevanten Daten einer Faktura sind deshalb nicht möglich. Die Transaktion zum Ändern einer Faktura erlaubt lediglich die Pflege von Texten im Kopf oder des Verwendungszwecks in den Positionen einer Faktura. Eine Änderung von Mengen oder Preisen ist in keinem Fall möglich.

10.6 Belegfluss nach der Faktura

Ist die Faktura erzeugt, wird der Belegfluss entsprechend aktualisiert. Der Belegfluss kann aus Transaktion VF03 zum Anzeigen einer Faktura heraus aufgerufen werden. Gehen Sie folgendermaßen vor:

1. Rufen Sie Transaktion VF03 im SAP-Easy-Access-Menü über den Pfad **SAP Menü ▸ Logistik ▸ Vertrieb ▸ Fakturierung ▸ Faktura** oder durch die Eingabe des Transaktionscodes auf.

2. Geben Sie im Einstiegsbild der Transaktion im Feld **Faktura** die Nummer der Faktura an. Bleiben Sie im Einstiegsbild, und klicken Sie in der Anwendungsfunktionsleiste auf die Schaltfläche [Icon] (**Belegfluss anzeigen**), um den Belegfluss zu sehen.

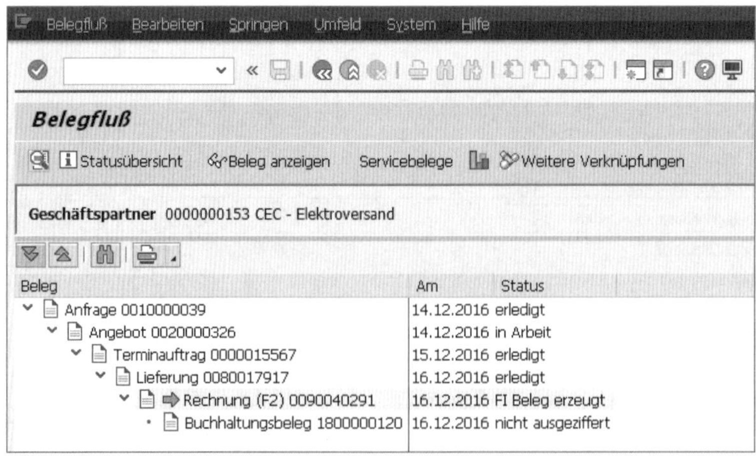

Unter dem Eintrag **Rechnung** erkennen Sie die Faktura mit der Fakturanummer. Der Belegfluss wird aus dem Einstiegsbild heraus lediglich auf der Kopfebene angezeigt. Kehren Sie mit (**Zurück**) in das Einstiegsbild zurück.

3 Das Feld **Faktura** ist immer noch mit der Nummer der Faktura gefüllt. Drücken Sie [↵], um in die Faktura zu gelangen.

4 Markieren Sie in der Faktura eine Position, indem Sie das graue Quadrat vor der Positionszeile anklicken. Die Position wird daraufhin hellblau gekennzeichnet.

5 Drücken Sie die Schaltfläche (**Details zu Position anzeigen**), um genauere Informationen zur Position zu erhalten.

6 Klicken Sie nun auf die Schaltfläche (**Belegfluss anzeigen**) in der Anwendungsfunktionsleiste. Sie erhalten die Darstellung des Belegflusses auf der Positionsebene.

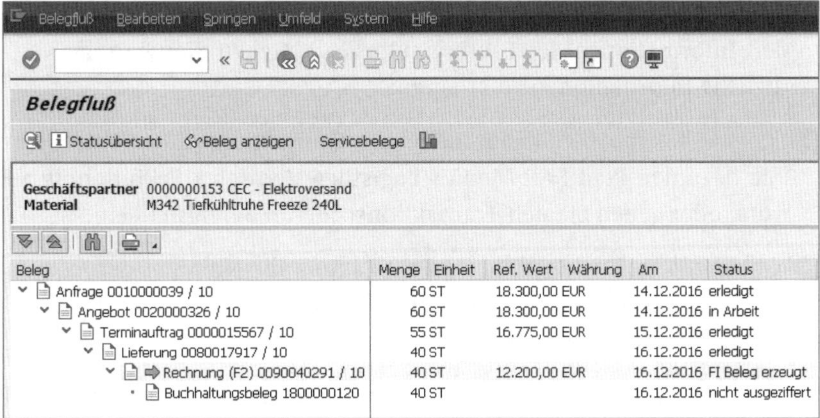

Im Belegfluss auf der Kopfebene wird Ihnen in der Spalte **Ref. Wert** der Wert des jeweiligen Belegs angezeigt. Zur Faktura erkennen Sie in der Zeile **Rechnung** den Rechnungsbetrag.

Die Faktura hat den Status **erledigt**; außerdem wurde mit der vollständigen Fakturierung auch der Status des Terminauftrags auf **erledigt** gesetzt.

7 Neben dem Fakturabeleg wird bei der Fakturierung auch ein Rechnungswesenbeleg (Buchhaltungsbeleg) erzeugt, der im Eintrag **Buchhaltungsbeleg** zu erkennen ist. Der Buchhaltungsbeleg hat den Status **nicht ausgeziffert**. Mit dem Verbuchen der Zahlung des Kunden wird der Status des Belegs auf **ausgeziffert** gesetzt. Sie erkennen so im Belegfluss, ob die Zahlung zur Faktura bereits vom Kunden geleistet bzw. erfasst wurde.

8 Möchten Sie einen Beleg aus dem Belegfluss heraus direkt anzeigen, klicken Sie auf die entsprechende Belegnummer oder auf das der Belegnummer vorangestellte Belegsymbol . Klicken Sie anschließend auf die Schaltfläche Beleg anzeigen, damit Ihnen der Inhalt des Belegs angezeigt wird. Mit (**Zurück**) kehren Sie zum vorangegangenen Bildschirm zurück.

9 Mit der Fakturierung ist der letzte Schritt im Vertriebsprozess abgeschlossen. Der Belegfluss endet entsprechend mit Faktura und Buchhaltungsbeleg.

10.7 Daten in der Faktura

Die Daten der Faktura werden aus Kundenauftrag und Auslieferungsbeleg übernommen. Das Hauptbild der Faktura zeigt nur einen kleinen Ausschnitt dieser Daten an. Die weiteren Daten werden in den Details zum Kopf und zu den einzelnen Positionen aufgeführt. Im Folgenden werden Ihnen die wichtigsten Informationen der Faktura aufgezeigt. Gehen Sie wie folgt vor, um zusätzliche Informationen zu erhalten:

1 Zeigen Sie eine Faktura an, indem Sie Transaktion VF03 wählen. Nutzen Sie dazu den Pfad **SAP Menü ▸ Logistik ▸ Vertrieb ▸ Fakturierung ▸ Faktura**, oder geben Sie den Transaktionscode im Befehlsfeld ein.

2 Geben Sie im Einstiegsbild im Feld **Faktura** die Nummer der Faktura an, zu der Sie weitere Informationen sehen möchten. Drücken Sie [Enter], um in die Ansicht der Faktura zu gelangen.

3 Im Gegensatz zu den bisher kennengelernten Belegen werden in der Faktura im Übersichtsbild keine Registerkarten verwendet. Sie erhalten lediglich grundsätzliche Informationen zur Faktura.

Im Kopf erkennen Sie im Feld **Rechnung** die Nummer der Faktura. Diese Belegnummer wird dem Kunden als Rechnungsnummer auf der Rechnung aufgedruckt. Außerdem erkennen Sie im Feld **Nettowert** den Gesamtwert der Rechnung und im Feld **Regulierer** den Partner aus dem Kundenstamm, der die Bezahlung der Rechnung vornehmen wird.

4 In den Positionen sehen Sie in der Spalte **Fakturierte Menge** die Menge, in der Spalte **Nettowert** den Wert der einzelnen Position. Außerdem wird das **Material** mit seiner **Bezeichnung** angegeben.

5 Klicken Sie im Kopf der Faktura auf die Schaltfläche (**Details zum Belegkopf anzeigen**), um detaillierte Informationen des Belegkopfs zu lesen.

6 Die Daten des Kopfs der Faktura werden auf fünf Registerkarten dargestellt. Klicken Sie auf die Registerkarte **Kopfdetail**, um die wichtigsten Informationen zu erhalten. In der Abbildung sehen Sie den Bildbereich **Buchhaltungsdaten**.

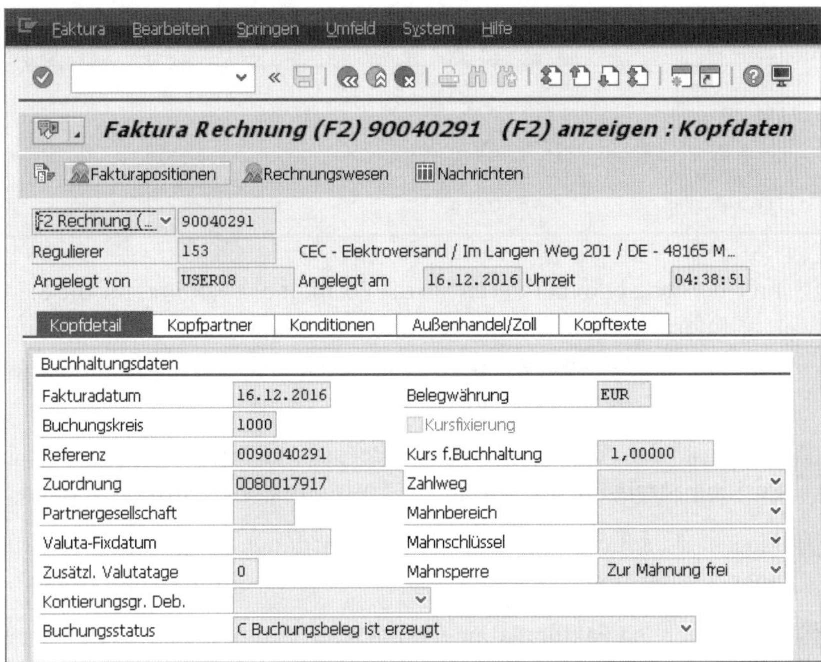

7 Im Feld **Fakturadatum** erkennen Sie das Rechnungsdatum, das dem Kunden auf dem Ausdruck seiner Rechnung mitgeteilt wird. Das Feld **Referenz** zeigt die Bestellnummer aus dem Kundenauftrag an. Im Feld **Zu-**

ordnung wird angegeben, auf welchen Beleg bei der Fakturaanlage Bezug genommen wurde.

8. Im Bildbereich **Preisdaten** des unteren Teils der Registerkarte **Kopfdetail** erkennen Sie im Feld **Zahlungsbedingu** die Zahlungsbedingungen. Sie wurden aus dem Kundenstammsatz erst in den Kundenauftrag und von dort in die Faktura übernommen. Das Gleiche gilt für das Feld **Incoterms**, in dem die Lieferbedingungen festgeschrieben sind. Springen Sie mit (**Zurück**) in die Übersicht der Faktura.

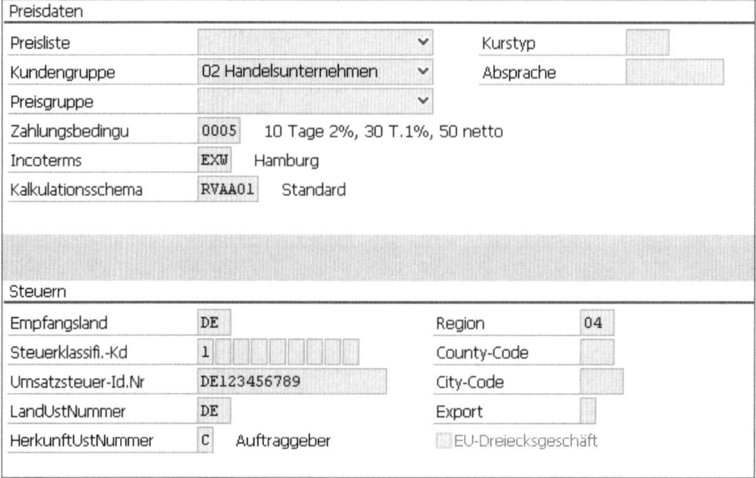

9. Im Übersichtsbild markieren Sie die Position der Faktura, für die Sie weitere Informationen benötigen. Nehmen Sie die Markierung vor, indem Sie das graue Quadrat vor der Positionszeile anklicken. Die Position wird daraufhin orange dargestellt.

10. Unterhalb der Positionszeilen befindet sich die Schaltfläche (**Details zu Position anzeigen**), mit der Sie die Positionsdetails aufrufen können.

11. Klicken Sie auf die Registerkarte **Positionsdetail**, um genauere Informationen zur Position zu erkennen.

12. Im Bildbereich **Fakturadaten** erkennen Sie grundsätzliche Daten der Faktura. Achten Sie vor allem auf die Felder **Verkaufsbeleg** und **Vorlagebeleg**. Das Feld **Verkaufsbeleg** zeigt die Nummer des Kundenauftrags an, zu dem die Faktura erzeugt wurde. Im Feld **Vorlagebeleg** wird die Nummer der Auslieferung angezeigt.

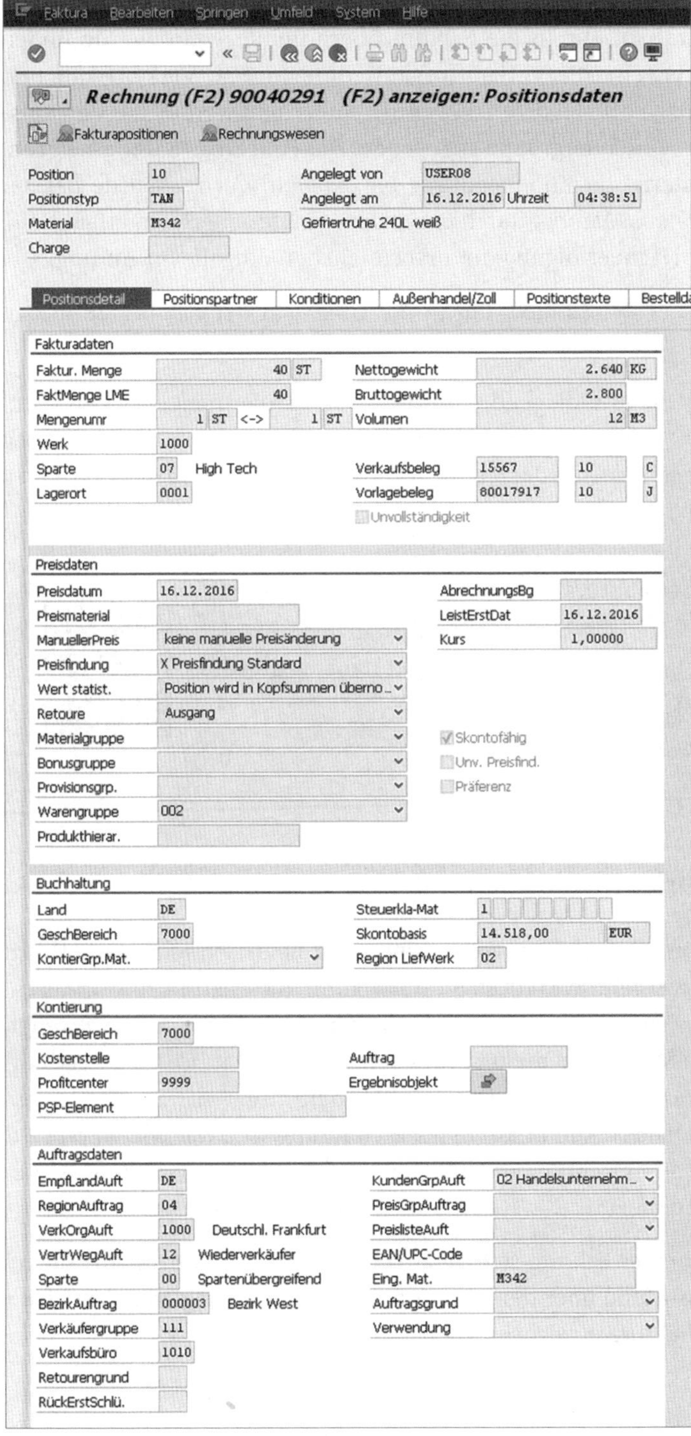
Faktura Bearbeiten Springen Umfeld System Hilfe
Rechnung (F2) 90040291 (F2) anzeigen: Positionsdaten
Fakturapositionen
Rechnungswesen
Position 10
Angelegt von USER08
Positionstyp TAN
Angelegt am 16.12.2016 Uhrzeit 04:38:51
Material M342
Gefriertruhe 240L weiß
Charge
Positionsdetail
Positionspartner
Konditionen
Außenhandel/Zoll
Positionstexte
Bestelld
Fakturadaten
Faktur. Menge 40 ST
Nettogewicht 2.640 KG
FaktMenge LME 40
Bruttogewicht 2.800
Mengenumr 1 ST <-> 1 ST
Volumen 12 M3
Werk 1000
Sparte 07 High Tech
Verkaufsbeleg 15567 10 C
Lagerort 0001
Vorlagebeleg 80017917 10 J
Unvollständigkeit
Preisdaten
Preisdatum 16.12.2016
AbrechnungsBg
Preismaterial
LeistErstDat 16.12.2016
ManuellerPreis keine manuelle Preisänderung
Kurs 1,00000
Preisfindung X Preisfindung Standard
Wert statist. Position wird in Kopfsummen überno...
Retoure Ausgang
Materialgruppe
Skontofähig
Bonusgruppe
Unv. Preisfind.
Provisionsgrp.
Präferenz
Warengruppe 002
Produkthierar.
Buchhaltung
Land DE
Steuerkla-Mat 1
GeschBereich 7000
Skontobasis 14.518,00 EUR
KontierGrp.Mat.
Region LiefWerk 02
Kontierung
GeschBereich 7000
Kostenstelle
Auftrag
Profitcenter 9999
Ergebnisobjekt
PSP-Element
Auftragsdaten
EmpfLandAuft DE
KundenGrpAuft 02 Handelsunternehm...
RegionAuftrag 04
PreisGrpAuftrag
VerkOrgAuft 1000 Deutschl. Frankfurt
PreislisteAuft
VertrWegAuft 12 Wiederverkäufer
EAN/UPC-Code
Sparte 00 Spartenübergreifend
Eing. Mat. M342
BezirkAuftrag 000003 Bezirk West
Auftragsgrund
Verkäufergruppe 111
Verwendung
Verkaufsbüro 1010
Retourengrund
RückErstSchlü.

10

13 Der Bildbereich **Auftragsdaten** zeigt detaillierte Informationen aus dem Kundenauftrag an, die in die Faktura übernommen wurden. Sie finden hier beispielsweise die Verkaufsorganisation im Feld **VerkOrgAuft** und den Vertriebsweg im Feld **VertrWegAuft**. Außerdem werden das **Verkaufsbüro** und die **Verkäufergruppe** angegeben. Das Feld **Eing.Material** zeigt an, welches Material im Kundenauftrag eingegeben wurde. Wurde bei der Auslieferung ein Material durch ein anderes Material ersetzt, erlaubt dieses Feld die Nachverfolgung der ursprünglichen Eingabe im Auftrag.

14 Klicken Sie auf (**Zurück**), um in die Übersicht der Faktura zurückzukehren.

Sie kennen nun die grundlegenden Informationen, die in einer Faktura hinterlegt werden. Fakturen werden im Unternehmen meist automatisch erzeugt. Sie haben jedoch jederzeit die Möglichkeit, die Daten der Faktura zu prüfen.

VIDEO

Daten in der Faktura

Im folgenden Video sehen Sie, wie eine Faktura aufgebaut ist und welche Daten im Fakturabeleg gehalten werden:

http://s-prs.de/v4465hf

10.8 Faktura stornieren

Sollte eine Faktura fehlerhaft angelegt sein, kann sie in den relevanten Daten nicht geändert werden. Es ist deshalb notwendig, die Faktura zu stornieren. Beim Stornieren einer Faktura wird vom System eine Stornofaktura erzeugt, die die gleichen Werte wie die ursprüngliche Faktura hat; lediglich das Vorzeichen der Werte ändert sich. Genauso werden direkt alle Buchungen im Finanzwesen storniert. Die ursprüngliche Lieferung ist dann wieder frei zur Fakturierung, und es kann eine neue Faktura mit den richtigen Informationen erstellt werden.

Zum Stornieren einer Faktura steht Transaktion VF11 zur Verfügung, die im SAP-Easy-Access-Menü über den Menüpfad **SAP Menü ▸ Logistik ▸ Vertrieb ▸ Fakturierung ▸ Faktura** erreicht werden kann.

1 Öffnen Sie Transaktion VF11 durch die Eingabe des Transaktionscodes im Befehlsfeld, oder gehen Sie im SAP-Easy-Access-Menü über den Pfad **SAP Menü ▸ Logistik ▸ Vertrieb ▸ Fakturierung ▸ Faktura**.

2 Das Einstiegsbild der Transaktion wird geöffnet. Geben Sie im Feld **Beleg** die Nummer der Faktura ein, die Sie stornieren möchten und drücken Sie anschließend [↵].

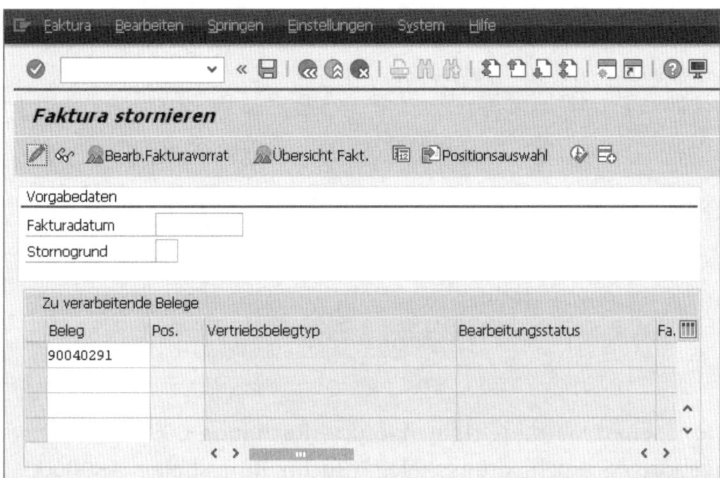

3 Sie gelangen in ein Übersichtsbild der Fakturen. Hier werden untereinander die ursprüngliche Faktura (**Rechnung (F2)**) sowie die Stornofaktura (**Storno Rechnung**) dargestellt. Um die Stornierung zu buchen, drücken Sie [Sichern-Symbol] (**Sichern**).

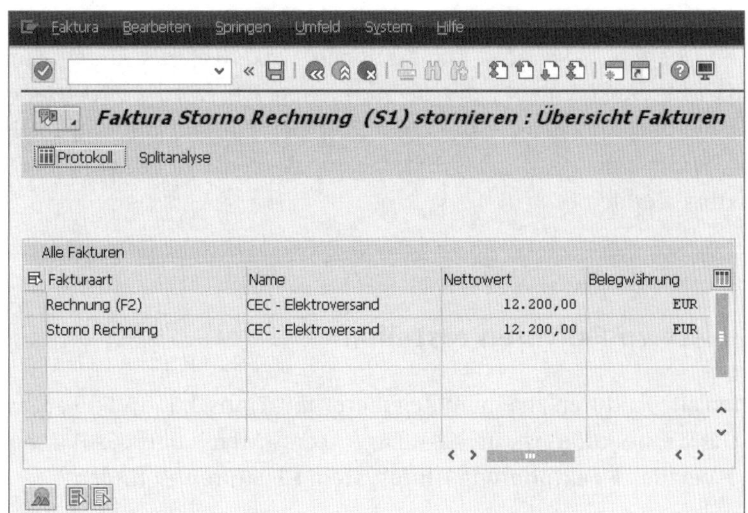

Natürlich wird die Stornierung der Faktura auch im Belegfluss dargestellt. Öffnen Sie hierzu den Belegfluss, wie es in 10.6 dargestellt ist.

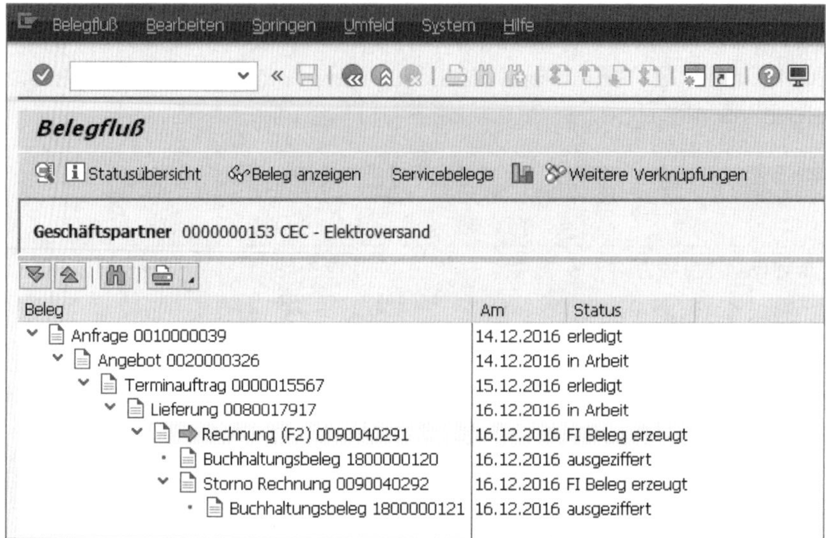

Im Belegfluss sehen Sie die Originalfaktura (**Rechnung 0090040291**) sowie den dazugehörigen Buchhaltungsbeleg (**Buchhaltungsbeleg 1800000120**). Darunter wird die Stornofaktura (**Storno Rechnung 0090040292**) inklusive ihres Buchhaltungsbelegs (**Buchhaltungsbeleg 1800000121**) dargestellt. Da sich die beiden Buchhaltungsbelege gegenseitig aufheben, erhalten sie den Status **ausgeziffert**.

HINWEIS

Stornofaktura aus anderen Transaktionen

In den bereits bekannten Transaktionen VF02 (Faktura ändern) und VF03 (Faktura anzeigen) kann die Stornierung der Faktura direkt veranlasst werden. Drücken Sie dazu in der Anwendungsfunktionsleiste einfach die Schaltfläche . Das System springt direkt in Transaktion VF11 (Faktura stornieren).

10.9 Liste zu Fakturen erstellen

Sie können alle Fakturen zu einem Regulierer mit Transaktion VF05 auflisten lassen. Die Transaktion ist im SAP-Easy-Access-Menü über **SAP Menü ▸ Logistik ▸ Vertrieb ▸ Fakturierung ▸ Infosystem ▸ Fakturen** zu finden.

Geben Sie im Feld **Regulierer** den Partner des Auftrags an, der die Bezahlung der Rechnung vornehmen soll. Im Bildbereich **Belegdaten** können Sie mit den Feldern **Fakturen ab** und **bis** den Zeitraum eingrenzen. Durch Anklicken der Schaltfläche (**Ausführen**) erhalten Sie die Liste der Fakturen zum Regulierer.

Mit dem praktischen Umgang mit Listen, den Selektionsmöglichkeiten und Anzeigeoptionen beschäftigt sich ein eigenes Kapitel 15, »Listen«, dieses Buches.

10.10 Zusammenfassung

Die Faktura stellt den letzten Schritt des Vertriebsprozesses dar. Sie dokumentiert für den Kunden, welche Forderung gegenüber dem Kunden aufgrund der Warenlieferung besteht. Sie wird mit Bezug zur Auslieferung angelegt, sodass die real an den Kunden gelieferten Mengen in die Faktura übernommen werden. Die Preisermittlung wird aus dem Kundenauftrag gezogen.

Fakturen können einzeln angelegt werden. Zur effizienteren Bearbeitung steht zusätzlich eine Sammelverarbeitung zur Verfügung. In ihr können in einer Übersicht alle Auslieferungen ausgewählt werden, zu denen Fakturen erstellt werden sollen. Dabei kann ausgewählt werden, ob verschiedene Lieferungen an einen Kunden in einer Faktura zusammengefasst werden sollen.

Nachdem die Faktura angelegt worden ist, ist sie im Belegfluss erkennbar. Der Vertriebsprozess ist damit vollständig im SAP-System abgebildet. Neben der Faktura wird auch der Buchhaltungsbeleg im Belegfluss angezeigt, mit dem die Buchung auf das Debitorenkonto erfolgt. Am Status **nicht ausgeziffert** bzw. **ausgeziffert** erkennen Sie, ob die Zahlung der Rechnung bereits erfolgt ist.

10.11 Probieren Sie es aus!

Nachdem die Warenausgänge zu den drei Aufträgen aus den Übungen in Kapitel 7, »Der Kundenauftrag«, gebucht worden sind, soll nun die Rechnungsstellung an die Kunden erfolgen.

Aufgabe 1

Legen Sie die Faktura zur Auslieferung aus Kapitel 8, Aufgabe 1, in der Einzelbearbeitung an.

Aufgabe 2

Zeigen Sie die erzeugte Faktura an, und rufen Sie den Belegfluss auf. Welchen Status hat der Buchhaltungsbeleg?

Aufgabe 3

Legen Sie zu den beiden Auslieferungen aus Kapitel 8, Aufgabe 2, die Auslieferungen per Sammelverarbeitung an.

Aufgabe 4

Legen Sie den Belegfluss zum Auftrag aus Kapitel 7, Aufgabe 4, an. Rufen Sie den Belegfluss zum Auftrag auf, und zeigen Sie direkt die Faktura zum Auftrag an. Wurde der Naturalrabatt in der Faktura berechnet?

Aufgabe 5

Zeigen Sie aus dem Belegfluss des Auftrags aus Kapitel 7, Aufgabe 4, die Auslieferung an. Prüfen Sie auf der Registerkarte **Statusübersicht**, welcher Fakturastatus gesetzt ist.

Teil V

Reklamationen und Sonderfälle

In einigen Fällen müssen nach Abschluss des Vertriebsprozesses Reklamationen bearbeitet werden. Kunden reklamieren beispielsweise beschädigte Waren oder fehlerhafte Rechnungen. In diesen Fällen haben Sie verschiedene Möglichkeiten, um den Kunden zufriedenzustellen.

Mit einer Retoure erlauben Sie es dem Kunden, gelieferte Waren an Ihr Unternehmen zurückzusenden. Für eine Retoure wird ein Retourenauftrag im System angelegt. Bei Eingang der Ware und bei Gutschrift der Retoure nimmt das System Bezug zum Retourenauftrag.

Mit einer Gutschriftsanforderung können Sie im Verkauf die Erstellung einer Gutschrift veranlassen. Der Kunde sendet in diesem Fall keine Ware an Ihr Unternehmen zurück. Mit der Gutschriftsanforderung können Sie Mengen- oder Wertdifferenzen an den Kunden gutschreiben lassen.

Die Rechnungskorrekturanforderung dient zum Richtigstellen einer Faktura. Nach der Freigabe der Rechnungskorrekturanforderung wird eine Gutschrift erzeugt. Dabei enthält der Gutschriftsbeleg zwei Positionen: In einer Position wird der gesamte Betrag der ursprünglichen Faktura gutgeschrieben. In einer zweiten Position wird der korrigierte Beleg belastet.

Zusätzlich kann es im Verkauf bereits beim Anlegen eines Kundenauftrags zu Sonderfällen kommen. So kann mit dem Kunden die kostenlose Lieferung von Ware vereinbart sein, oder der Kunde möchte die bestellten Waren unverzüglich im Lager abholen. Für diese Sonderfälle stehen im SAP-System eigene Auftragsformen zur Verfügung.

11 Die Gutschriftsanforderung

Weichen Mengen oder Preise auf der Faktura von den Vereinbarungen im Kundenauftrag oder von der realen Lieferung ab, kann der Kunde eine Gutschrift verlangen. Sie können dem Kunden daraufhin über eine Gutschriftsanforderung im SAP-System eine Gutschrift über diese Abweichung zukommen lassen. Die Gutschriftsanforderung stellt im SAP-System einen eigenen Auftrag dar, der nach Freigabe als Basis für die Gutschrift dient.

In diesem Kapitel lernen Sie,

- welcher Prozess mit der Gutschriftsanforderung ausgelöst wird,
- wie Sie eine Gutschriftsanforderung anlegen,
- wie Sie eine Gutschriftsanforderung freigeben,
- wie der Belegfluss mit der Gutschriftsanforderung aktualisiert wird.

11.1 Einführung

Reklamiert der Kunde zu einer Lieferung oder zu einer Rechnung Mengen- oder Wertdifferenzen, legen Sie im Verkauf eine Gutschriftsanforderung an. Bei der Gutschriftsanforderung handelt es sich aus systemtechnischer Sicht um einen Kundenauftrag. Der Auftrag wird mit der Belegart G2 angelegt. Über die Belegart G2 wird die weitere Verarbeitung gesteuert, die zu einer Gutschrift des angeforderten Betrags an den Kunden führt.

Die folgende Abbildung gibt Ihnen einen Überblick über den Prozessablauf einer Gutschriftsanforderung.

Beim Anlegen der Gutschriftsanforderung können Sie sich auf einen Kundenauftrag oder eine Faktura beziehen. Aus dem Vorlagebeleg werden die Informationen zu Material, Menge und Preis übernommen. Auf der Basis dieser Daten können Sie die genaue Gutschriftsmenge bzw. den genauen Gutschriftsbetrag festlegen.

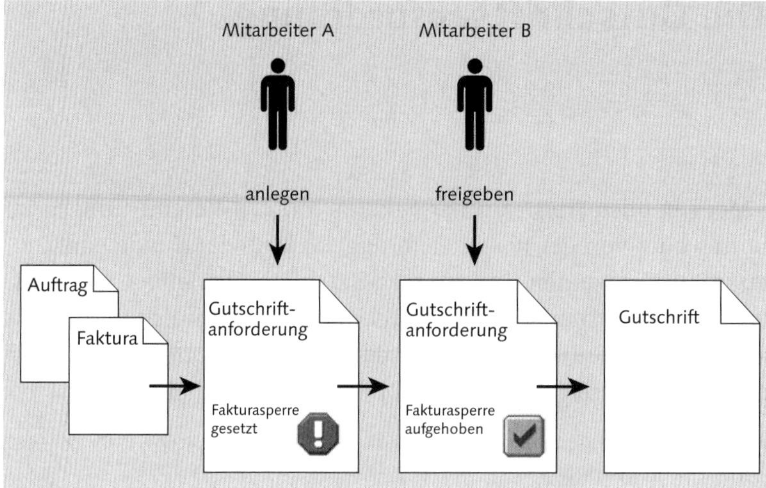

Prozessablauf der Gutschriftsanforderung

Bei der Gutschrift zur Gutschriftsanforderung handelt es sich technisch um einen Kundenauftrag, zu dem dann direkt eine Faktura erzeugt wird. Beim Anlegen der Gutschriftsanforderung wird für den Beleg eine Fakturasperre gesetzt. Damit ist es im SAP-System nicht möglich, eine Faktura bzw. Gutschrift zur Gutschriftsanforderung zu erzeugen. Die Freigabe der Gutschriftsanforderung erfolgt, indem die Fakturasperre aus der Gutschriftsanforderung gelöscht wird. Der Mitarbeiter prüft die Gutschriftsanforderung und entfernt die Fakturasperre. Dabei hat er die Möglichkeit, auch Änderungen in der Gutschriftsanforderung vorzunehmen. So könnte er zum Beispiel den Wert der Gutschrift reduzieren.

Die Belegart G2 zur Gutschriftsanforderung ist so eingestellt, dass die Faktura nach dem Entfernen der Fakturasperre direkt erzeugt werden kann. Die Gutschrift bezieht sich deshalb nicht wie beim Verkaufsprozess auf die Auslieferung, sondern auf die Gutschriftsanforderung. Die Gutschrift kann durch einen Mitarbeiter manuell oder in der Sammelverarbeitung erzeugt werden. In vielen Unternehmen erfolgt das Erzeugen der Gutschrift vollautomatisch mit dem Erstellen der normalen Fakturen.

11.2 Gutschriftsanforderung anlegen

Die Gutschriftsanforderung ist aus praktischer Sicht ein Kundenauftrag mit der besonderen Belegart G2. Sie wird deshalb wie ein Auftrag in Transaktion

VA01 angelegt, die in Kapitel 7, »Der Kundenauftrag«, bereits ausführlich beschrieben wurde. Zum Anlegen einer Gutschriftsanforderung gehen Sie wie folgt vor:

1. Rufen Sie Transaktion VA01 im SAP-Easy-Access-Menü über den Pfad **SAP Menü ▸ Logistik ▸ Vertrieb ▸ Verkauf ▸ Auftrag** auf. Sie können auch den Transaktionscode direkt im Befehlsfeld eingeben.

2. Es öffnet sich das Einstiegsbild **Kundenauftrag anlegen: Einstieg**. Dort geben Sie im Feld **Auftragsart** die Belegart **G2** für Gutschriftsanforderung an.

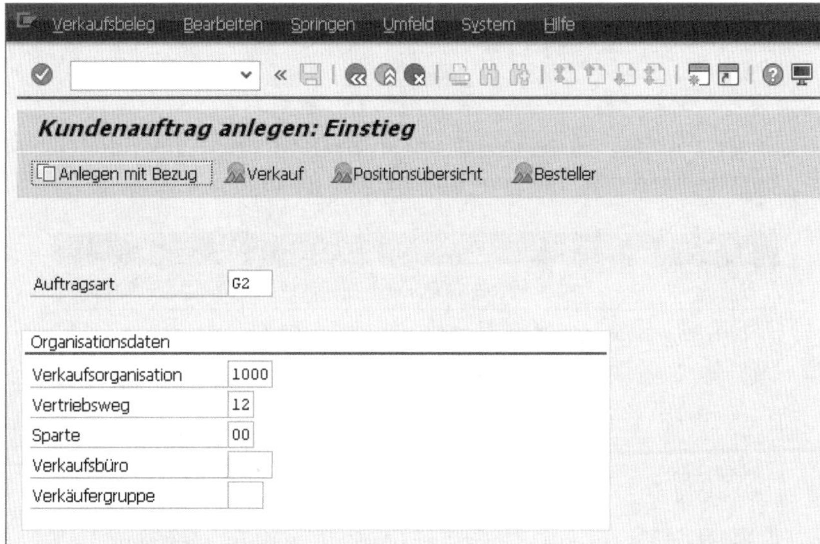

Die Gutschriftsanforderung legen Sie mit Bezug zu einem Auftrag oder einer Faktura an. Klicken Sie deshalb auf die Schaltfläche Anlegen mit Bezug.

3. Es wird ein neues Fenster geöffnet, in dem Sie den Bezug herstellen: Über die Registerkarten am oberen Bildrand können Sie auswählen, auf welchen Beleg Sie Bezug nehmen möchten. Auf der Registerkarte **Faktura** können Sie sich auf Fakturen beziehen, und auf der Registerkarte **Auftrag** können Sie den Bezug zu einem Auftrag herstellen. Im vorliegenden Beispiel wird die Registerkarte **Auftrag** gewählt.

4. Geben Sie im Feld **Auftrag** die Nummer des Kundenauftrags an, zu dem die Gutschrift erfolgen soll. Mit der F4-Hilfe können Sie im Feld **Auftrag** direkt einen Auftrag suchen. Außerdem steht Ihnen der Bildbereich **Suchkriterien** zur schnellen Suche zur Verfügung.

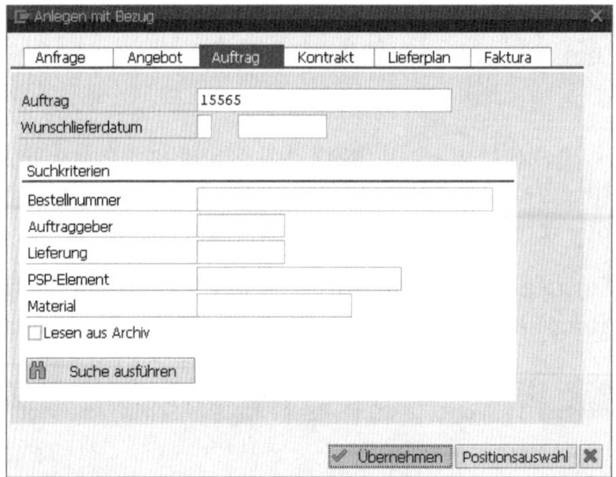

Klicken Sie auf **Übernehmen**, um in das Datenbild des Kundenauftrags **Gutschriftsanford. anlegen: Übersicht** zu gelangen.

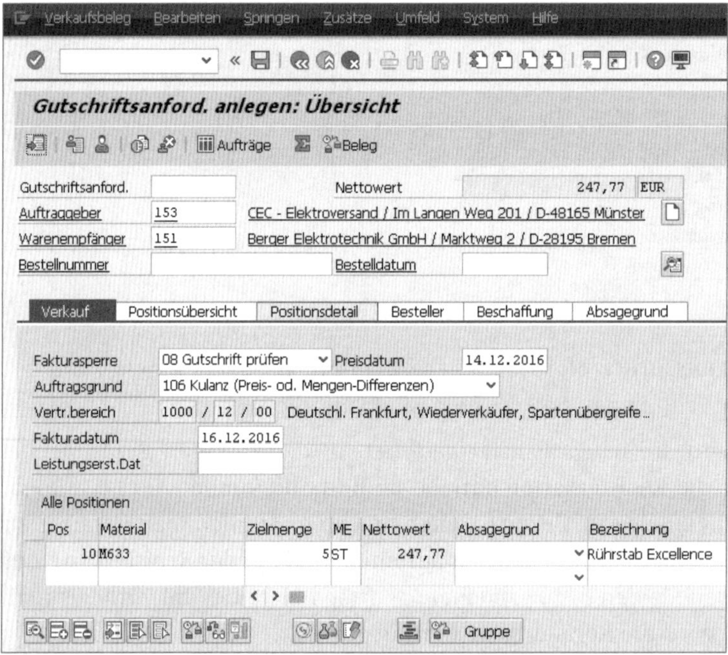

5 Wählen Sie die Registerkarte **Verkauf** aus.

Im Datenbild erkennen Sie am Eintrag **Gutschriftsanford. anlegen** in der Titelleiste, dass kein üblicher Kundenauftrag, sondern eine Gutschriftsanforderung angelegt wird. Die Felder **Auftraggeber** und **Warenempfänger** wurden aus dem Vorlagebeleg gefüllt.

In den Positionen wurde die Materialnummer in der Spalte **Material** aus der Vorlage eingetragen. Die Spalte **Zielmenge** zeigt die fakturierte Menge zum Ursprungsauftrag an.

6 Im Feld **Fakturasperre** wurde der Beleg mit dem Eintrag **08 Gutschrift prüfen** automatisch zur Faktura gesperrt.

Wählen Sie im Feld **Auftragsgrund** einen Grund für die Gutschriftsanforderung aus. Der Eintrag in diesem Feld hat keine steuernde Wirkung; er dient lediglich statistischen Zwecken.

7 Tragen Sie in der Spalte **Zielmenge** die Menge ein, für die die Gutschrift erfolgen soll. Nehmen Sie in der Spalte keine Änderung vor, erhält der Kunde eine Gutschrift über die gesamte fakturierte Menge des ursprünglichen Auftrags.

8 Möchten Sie eine Wertkorrektur vornehmen, klicken Sie auf die Schaltfläche (**Konditionen Pos.**) am unteren Bildrand. Das SAP-System zeigt die Konditionen aus dem Vorlagebeleg an. Nehmen Sie die notwendigen Änderungen vor.

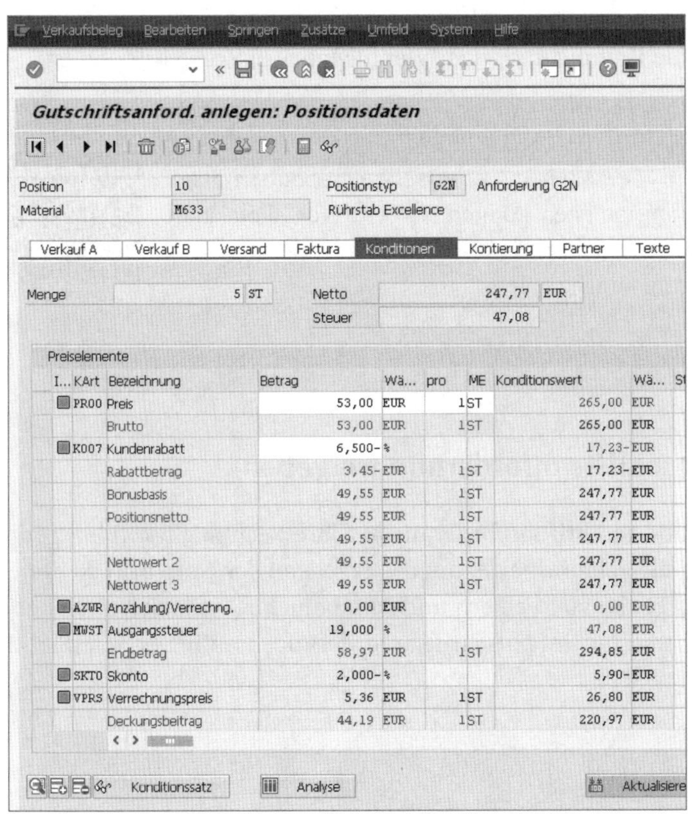

9 Klicken Sie auf [icon] (**Zurück**), um zurück in die Eingabemaske der Gutschriftsanforderung zu gelangen.

10 Mit einem Klick auf [icon] (**Sichern**) speichern Sie die Gutschriftsanforderung. Das System bestätigt in einer Meldung die Nummer des Belegs.

HINWEIS

Gutschriftsanforderung ohne Bezug

Generell ist es möglich, eine Gutschriftsanforderung auch ohne Bezug zu einem vorliegenden Auftrag oder einer Faktura anzulegen. In diesem Fall werden keine Daten aus einer Vorlage übernommen. Auftraggeber und Material müssen dann durch Sie angegeben werden. Dieses Vorgehen ist nur in Ausnahmefällen sinnvoll, beispielsweise wenn der Kunde wegen einer generellen Beschwerde aus Kulanz eine Gutschrift erhalten soll.

Sie haben eine Gutschriftsanforderung angelegt. Die Gutschriftsanforderung ist jedoch mit der Fakturasperre zur weiteren Verarbeitung gesperrt. Die Fakturasperre muss entfernt werden, damit die Gutschrift an den Kunden erzeugt werden kann. Dies sollte durch einen anderen Mitarbeiter geschehen, damit eine Prüfung nach dem Vieraugenprinzip gewährleistet ist.

VIDEO

Gutschriftsanforderung anlegen

In diesem Video sehen Sie, wie Sie eine Gutschriftsanforderung anlegen können. Es wird vor allem auf die ganz speziellen Eigenschaften der Gutschriftsanforderung eingegangen.

http://s-prs.de/v4465mx

11.3 Gutschriftsanforderung freigeben

Haben Sie eine Gutschriftsanforderung auf ihre Rechtmäßigkeit hin geprüft, entfernen Sie die Fakturasperre, um das Erzeugen der Gutschrift zu ermöglichen. Um das Risiko von Fehlern und Missbrauch zu reduzieren, sollten Sie die Fakturasperre nur in Gutschriftsanforderungen aufheben, die Sie nicht selbst angelegt haben.

Aus SAP-technischer Sicht ist das Entfernen der Fakturasperre eine Änderung der Gutschriftsanforderung. Sie wird daher in Transaktion VA02 vorgenommen, die Sie bereits aus der Bearbeitung des Kundenauftrags in Kapitel 7 kennen.

1. Rufen Sie Transaktion VA02 im SAP-Easy-Access-Menü über den Pfad **SAP Menü ▸ Logistik ▸ Vertrieb ▸ Verkauf ▸ Auftrag** auf. Sie können den Transaktionscode auch direkt im Befehlsfeld eingeben.

2. Sie gelangen in das Bild **Kundenauftrag ändern: Einstieg**. Geben Sie im Feld **Auftrag** des Einstiegsbildes die Nummer der Gutschriftsanforderung ein, die Sie prüfen und freigeben möchten.

   Sollten Sie die Nummer der Gutschriftsanforderung nicht kennen, stehen die F4-Hilfe und der Bildbereich **Suchkriterien** als Unterstützung zur Verfügung.

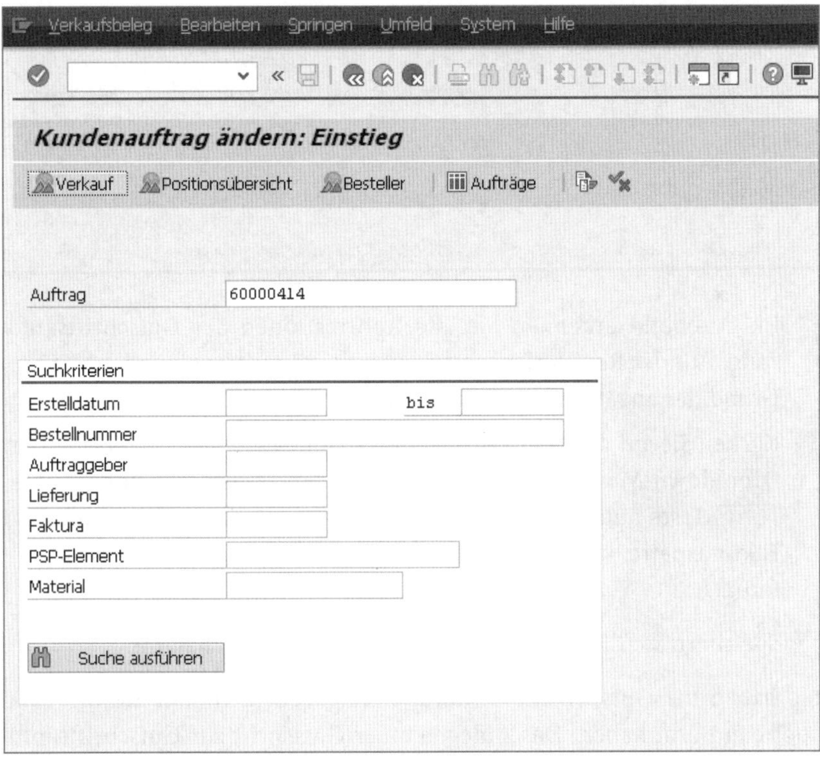

3. Drücken Sie anschließend auf die ↵-Taste, um in das Datenbild der Gutschriftsanforderung zu springen.

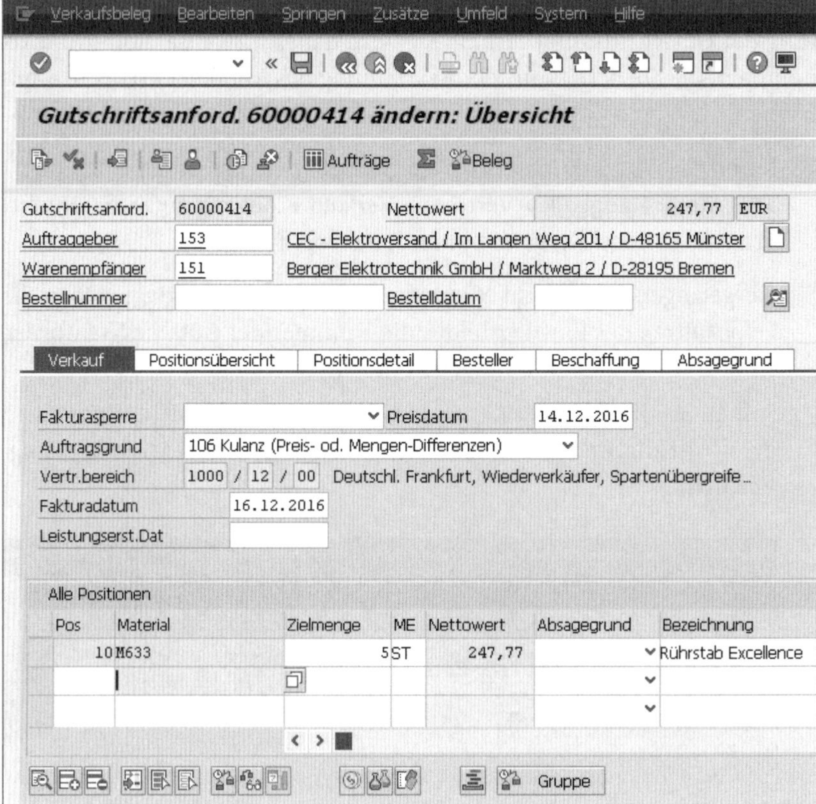

Im Datenbild erkennen Sie alle Informationen der Gutschriftsanforderung. Auf der Registerkarte **Verkauf** im Feld **Auftragsgrund** sehen Sie den Grund der angeforderten Gutschrift.

4 Klicken Sie auf das Feld **Fakturasperre**, und wählen Sie im erscheinenden Drop-down-Menü den leeren Eintrag aus. Alternativ können Sie die Entf-Taste nutzen, um die Fakturasperre zu löschen. Erst wenn das Feld **Fakturasperre** keinen Eintrag mehr enthält, ist die Fakturasperre entfernt.

5 Speichern Sie die Gutschriftsanforderung mit (**Sichern**).

Sie haben die Gutschriftsanforderung freigegeben, indem Sie die Fakturasperre entfernt haben. Das Anlegen einer Gutschrift zur Gutschriftsanforderung ist jetzt möglich.

VIDEO

Gutschriftsanforderung freigeben

Das folgende Video erklärt anhand der im vorangehenden Video erzeugten Gutschriftsanforderung, wie die Fakturasperre aus dem Beleg entfernt wird:

http://s-prs.de/v4465kj

11.4 Gutschrift anlegen

Bei der Gutschrift handelt es sich aus Sicht des SAP-Systems um eine Faktura. Die Faktura wird mit einer eigenen Belegart G2 erstellt. Die Auswahl der Fakturabelegart wird dabei vom System gesteuert. Über die Belegart G2 wird unter anderem gesteuert, dass der Betrag der Faktura nicht als Forderung an den Kunden, sondern als Gutschrift auf das Kundenkonto gebucht wird.

Das Anlegen der Gutschrift entspricht grundsätzlich dem Vorgehen, das in Kapitel 10, »Die Rechnungsstellung«, für die Anlage von Fakturen beschrieben wurde. Sie beziehen sich im Falle der Gutschriftsanforderung jedoch nicht auf eine Auslieferung, sondern direkt auf die Gutschriftsanforderung.

1. Rufen Sie Transaktion VF01 über den Pfad **SAP Menü ▸ Logistik ▸ Vertrieb ▸ Fakturierung ▸ Faktura** im SAP-Easy-Access-Menü auf, oder geben Sie den Transaktionscode im Befehlsfeld ein.

2. Sie gelangen in das Bild **Faktura anlegen**. Geben Sie in der Spalte **Beleg** in der Tabelle **Zu verarbeitende Belege** die Nummer der Gutschriftsanforderung ein, zu der Sie die Gutschrift erzeugen möchten.

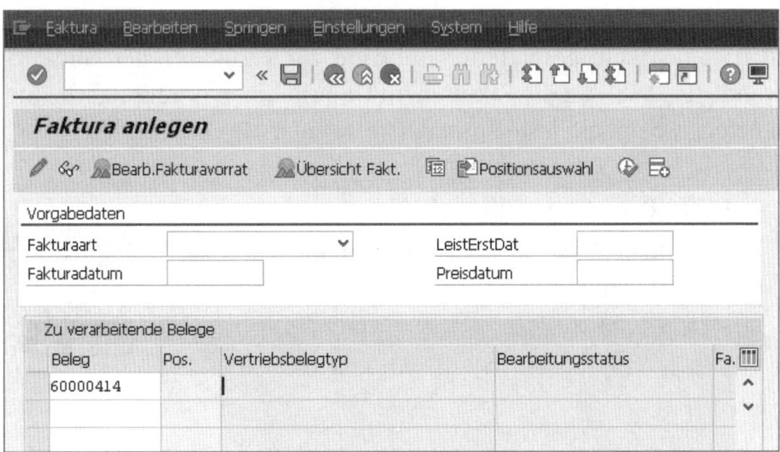

Drücken Sie anschließend [↵], um in die Ansicht des Gutschriftsbelegs zu gelangen.

3 In der Titelleiste erkennen Sie den Eintrag **Gutschrift (G2)**, der anzeigt, dass es sich um eine Gutschrift handelt.

In der Spalte **Fakturierte Menge** erkennen Sie die Menge, die aus der Gutschriftsanforderung übernommen wurde. Der **Nettowert** wurde aufgrund der Konditionen in der Gutschriftsanforderung festgelegt. Durch Anklicken der Schaltfläche [icon] (**Preiskonditionen Pos.**) unterhalb der Positionen können Sie die genauen Konditionen aufrufen.

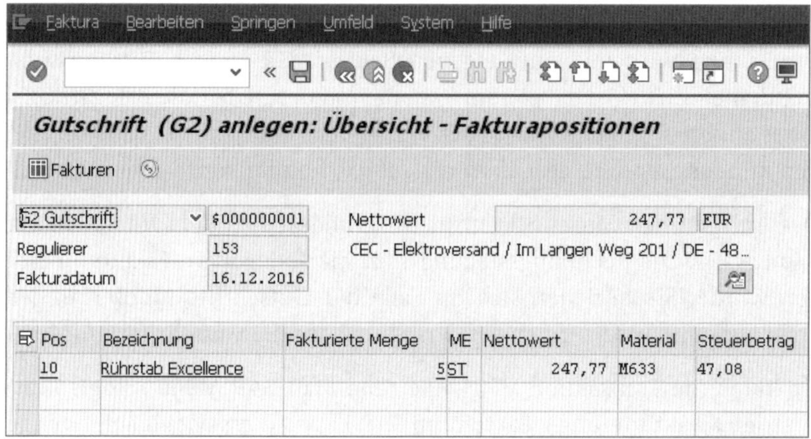

4 Klicken Sie auf [icon] (**Sichern**), um die Gutschrift zu sichern. Sie erhalten eine Meldung mit der Nummer der erzeugten Gutschrift.

Sie haben die Gutschrift zur Gutschriftsanforderung erzeugt. Freigegebene Gutschriftsanforderungen werden auch in der in Abschnitt 10.4, »Fakturen in Sammelverarbeitung anlegen«, beschriebenen Sammelverarbeitung berücksichtigt, sodass kein gesonderter Aufwand zur Erstellung der Gutschriften notwendig ist. Werden die Fakturen im Unternehmen grundsätzlich automatisch erzeugt, beinhalten sie normalerweise auch die Gutschriften.

VIDEO

Gutschrift zur Gutschriftsanforderung anlegen

Im folgenden Video sehen Sie, wie Sie die Gutschrift an den Kunden erzeugen:

http://s-prs.de/v4465eq

11.5 Belegfluss nach der Gutschrift

Beziehen Sie sich beim Anlegen einer Gutschriftsanforderung auf einen Kundenauftrag oder eine Faktura, wird der Belegfluss entsprechend fortgeschrieben. Sie erkennen auf diese Weise zu jedem Auftrag im Belegfluss, ob und welche Reklamationen stattgefunden haben. Sie können sich den Belegfluss aus dem ursprünglichen Auftrag oder aus der Gutschriftsanforderung heraus anzeigen lassen. Außerdem ist die Anzeige aus der Faktura oder der Gutschrift heraus möglich. Um den Belegfluss im Ursprungsauftrag auf der Positionsebene aufzurufen, gehen Sie folgendermaßen vor:

1. Wählen Sie Transaktion VA03, indem Sie im SAP-Easy-Access-Menü dem Pfad **SAP Menü ▸ Logistik ▸ Vertrieb ▸ Verkauf ▸ Auftrag** folgen. Sie können den Transaktionscode auch direkt im Befehlsfeld eingeben.

2. Es öffnet sich das bekannte Einstiegsbild zum Kundenauftrag. Geben Sie im Feld **Auftrag** die Nummer des Auftrags ein, auf den sich die Gutschriftsanforderung bezieht. Drücken Sie anschließend [↵], um in die Ansicht des Kundenauftrags zu gelangen.

3. Im Kundenauftrag klicken Sie auf die Position, zu der Sie den Belegfluss sehen möchten.

4. Klicken Sie nun in der Anwendungsfunktionsleiste auf die Schaltfläche (**Belegfluss anzeigen**). Sie erhalten die Ansicht des kompletten Belegflusses auf Positionsebene.

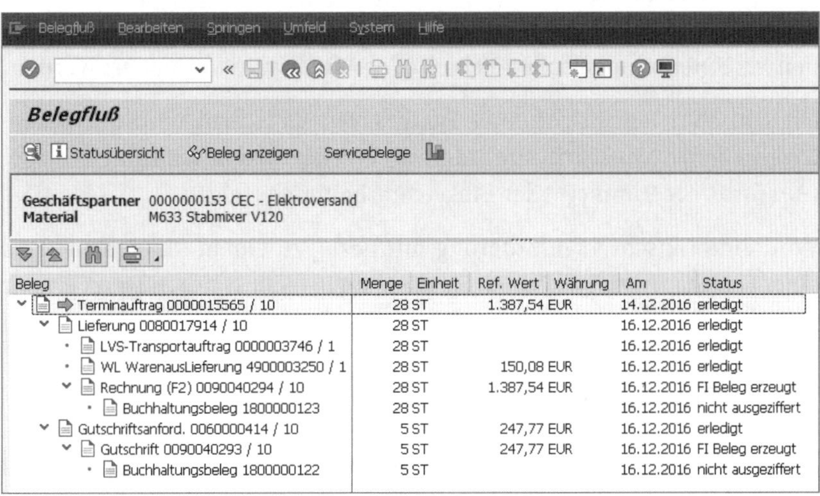

Sie erkennen die übliche Belegkette, die zum Kundenauftrag erzeugt wurde. Zusätzlich wird die Gutschriftsanforderung mit dem Eintrag **Gutschriftsanford.** inklusive Menge und Wert angezeigt. Die zur Gutschriftsanforderung erzeugte Gutschrift erkennen Sie am Eintrag **Gutschrift**. Da die Gutschrift Auswirkungen im Finanzwesen des Unternehmens hat, wird auch ein **Buchhaltungsbeleg** erzeugt, der ebenfalls im Belegfluss angegeben wird.

Im vorliegenden Beispiel wurde zu einem bereits fakturierten Kundenauftrag über 28 Stück eine Gutschrift über fünf Stück erzeugt. Weder die Rechnung noch die Gutschrift wurde bisher durch Zahlungen ausgeglichen, deshalb haben die beiden Buchhaltungsbelege den Status **nicht ausgeziffert**.

11.6 Zusammenfassung

Mit einer Gutschriftsanforderung erfassen Sie den Wunsch des Kunden nach der Gutschrift einer bestimmten Menge oder eines bestimmten Werts. Die Gutschriftsanforderung entspricht dabei einem Kundenauftrag mit der besonderen Belegart G2.

Zu einer Gutschriftsanforderung kann nicht direkt eine Gutschrift erzeugt werden, da vom System eine Fakturasperre gesetzt wird. In einem eigenen Freigabeschritt muss die Fakturasperre aus der Gutschriftsanforderung entfernt werden, damit die weitere Verarbeitung möglich ist. Durch das Anlegen und Freigeben der Gutschriftsanforderung durch unterschiedliche Personen im Unternehmen sollen Fehler oder Missbrauch verhindert werden.

Die Gutschrift entspricht einer Faktura. Die Gutschrift wird mit Bezug zur freigegebenen Gutschriftsanforderung erzeugt. Dabei kann die Anlage der Gutschrift per Sammel- oder Einzelverarbeitung erfolgen.

Wird eine Gutschriftsanforderung mit Bezug zu einem Kundenauftrag oder einer Faktura angelegt, können Sie diese im Belegfluss des Auftrags erkennen.

11.7 Probieren Sie es aus!

Der Kunde T&H Soundsystems GbR meldet sich telefonisch und reklamiert, dass zu seinem Auftrag aus Kapitel 7, Aufgabe 1, nur 112 Stück des Artikels

Kopfhörer DreamSound 500 angeliefert wurden, obwohl er 115 Stück bestellt hatte. Sie möchten dem Kunden aus Kulanz die Differenz gutschreiben und erfassen deshalb eine Gutschriftsanforderung.

Aufgabe 1

Legen Sie die Gutschriftsanforderung an. Beziehen Sie diese auf den Auftrag aus Kapitel 7, Aufgabe 1. Achten Sie darauf, dass wirklich nur die Differenzmenge gutgeschrieben wird.

Aufgabe 2

Nehmen Sie die Freigabe der Gutschriftsanforderung vor, indem Sie die Fakturasperre entfernen.

Aufgabe 3

Prüfen Sie den Belegfluss. Erkennen Sie die Verkettung des ursprünglichen Kundenauftrags mit der Gutschriftsanforderung?

Aufgabe 4

Erzeugen Sie die Gutschrift zur Gutschriftsanforderung.

Aufgabe 5

Rufen Sie den Belegfluss auf. Ist die Gutschrift im Belegfluss zu erkennen?

12 Die Rechnungskorrekturanforderung

Die Rechnungskorrekturanforderung dient wie die Gutschriftsanforderung dazu, dem Kunden Mengen- oder Wertabweichungen gutzuschreiben. Sie erzeugt jedoch einen Gutschriftsbeleg mit zwei Positionen: In der ersten Position wird der Gesamtbetrag der ursprünglichen Faktura gutgeschrieben, und in einer zweiten Position wird dem Kunden der korrigierte Betrag belastet.

In diesem Kapitel lernen Sie,

- welcher Prozess mit der Rechnungskorrekturanforderung ausgelöst wird,
- wie Sie eine Rechnungskorrekturanforderung anlegen,
- wie Sie eine Rechnungskorrekturanforderung freigeben,
- wie der Belegfluss dabei aktualisiert wird.

12

12.1 Einführung

Reklamiert ein Kunde eine Mengen- oder Wertdifferenz zu einer Faktura, können Sie eine Gutschrift mit der Rechnungskorrekturanforderung veranlassen. Die folgende Abbildung gibt Ihnen einen Überblick über die Vorgehensweise.

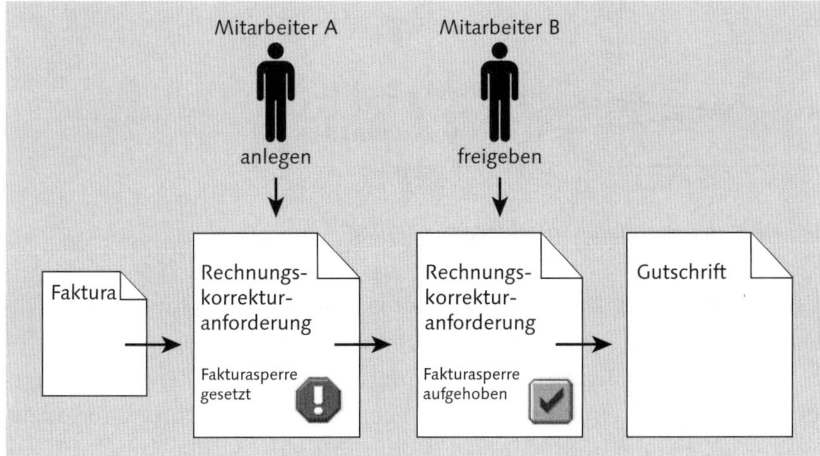

Prozessablauf der Reklamationskorrekturanforderung

Bei der Rechnungskorrekturanforderung handelt es sich aus technischer Sicht um einen Kundenauftrag. Durch die Belegart RK wird die gesonderte Verarbeitung des Belegs gesteuert.

Der grundsätzliche Prozess der Rechnungskorrekturanforderung gleicht dem Prozess der in Kapitel 11 beschriebenen Gutschriftsanforderung. Die Rechnungskorrekturanforderung kann jedoch nur mit Bezug zu einer Faktura angelegt werden. Die Bezugnahme auf einen Kundenauftrag ist nicht möglich.

Die Rechnungskorrekturanforderung wird mit einer Fakturasperre zur weiteren Verarbeitung gesperrt. Erst nachdem die Fakturasperre durch einen Mitarbeiter aufgehoben worden ist, kann die entsprechende Gutschrift erzeugt werden. Auf diese Weise kann im Unternehmen per Vieraugenprinzip sichergestellt werden, dass nur berechtigte Rechnungskorrekturen an den Kunden vorgenommen werden.

Im Gegensatz zur Gutschriftsanforderung wird dem Kunden bei der Rechnungskorrekturanforderung nicht die reine Differenz in einer einzigen Position gutgeschrieben. Mit der Rechnungskorrekturanforderung erhält der Kunde einen Beleg, der die ursprünglich berechnete Menge und den ursprünglich berechneten Preis gutschreibt. In einer zweiten Position wird die korrigierte Menge bzw. der korrigierte Preis an den Kunden belastet, wie es in der folgenden Abbildung zu sehen ist.

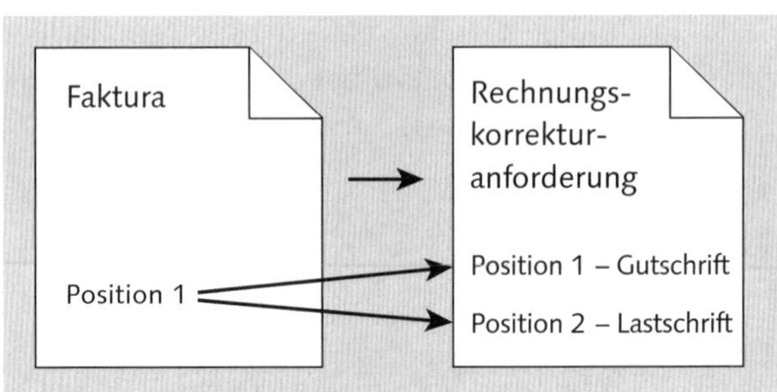

Positionen in der Rechnungskorrekturanforderung

Die Gutschrift zur Rechnungskorrekturanforderung erfolgt grundsätzlich wie die Fakturierung. Die Faktura wird jedoch nicht mit Bezug zu einer Auslieferung, sondern mit Bezug zur Rechnungskorrekturanforderung erzeugt. Dabei ist es möglich, einzelne Fakturen oder die Sammelverarbeitung anzulegen. Bei vollständig automatischer Fakturierung wird die Gutschrift zur Rechnungskorrekturanforderung berücksichtigt.

12.2 Rechnungskorrekturanforderung anlegen

Die Rechnungskorrekturanforderung wird wie ein Kundenauftrag in Transaktion VA01 angelegt. Dabei wird die Belegart RK genutzt, mit der die spezielle Verarbeitung eingestellt wird. Eine Rechnungskorrekturanforderung bezieht sich immer auf eine Faktura. Das Anlegen ohne Vorlagebeleg ist nicht möglich. Führen Sie folgende Schritte durch:

1. Rufen Sie Transaktion VA01 im SAP-Easy-Access-Menü über den Pfad **SAP Menü ▸ Logistik ▸ Vertrieb ▸ Verkauf ▸ Auftrag** oder durch die Eingabe des Transaktionscodes im Befehlsfeld auf.

2. Es öffnet sich das Bild **Kundenauftrag anlegen: Einstieg**. Tragen Sie im Einstiegsbild im Feld **Auftragsart** das Kürzel **RK** für Rechnungskorrekturanforderung ein. Drücken Sie anschließend die [↵]-Taste.

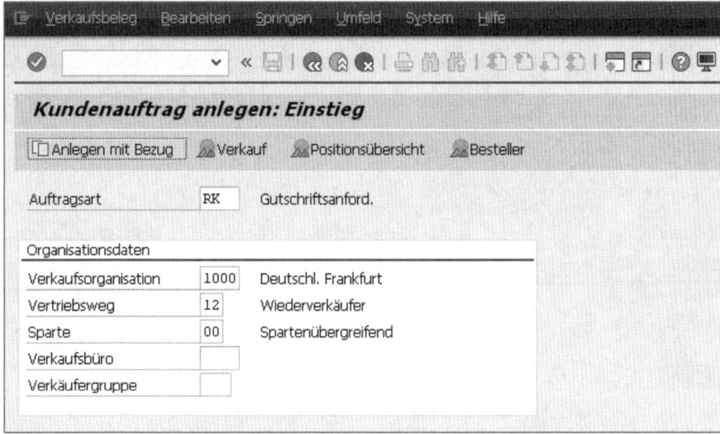

3. Da die Rechnungskorrekturanforderung immer mit Bezug zu einer Faktura angelegt werden muss, öffnet sich das Fenster **Anlegen mit Bezug**.

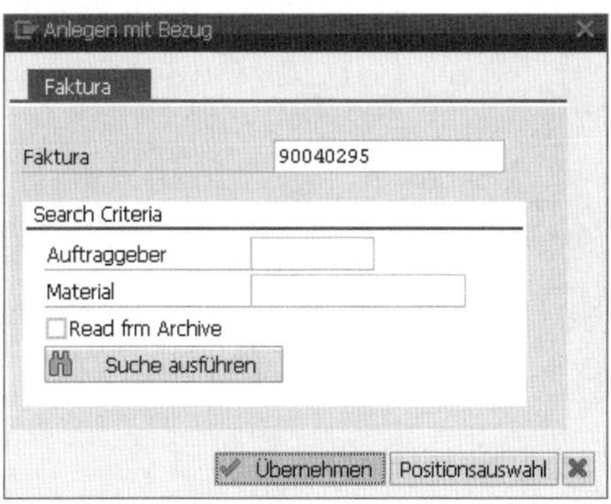

4 Geben Sie im Feld **Faktura** die Nummer der Faktura ein, die Sie korrigieren möchten. Mit einem Klick auf [✔ Übernehmen] erreichen Sie das Datenbild der Rechnungskorrekturanforderung.

5 Im Bild **Rechnungskor.anford. anlegen: Übersicht** klicken Sie auf die Registerkarte **Verkauf**.

Der Auftraggeber wurde aus der Vorlagefaktura und dem dazugehörigen ursprünglichen Auftrag übernommen. Sie erkennen ihn im Feld **Auftraggeber**. Die Fakturasperre wird im Feld **Fakturasperre** angezeigt (hier: **08 Gutschrift prüfen**). Im darunter liegenden Feld **Auftragsgrund** geben Sie an, aus welchem Grund Sie die Rechnungskorrektur vornehmen möchten. Klicken Sie dazu auf das Feld, und wählen Sie einen der vorgegebenen Gründe aus (hier: **106 Kulanz Preis- od. Mengendifferenzen**). Das Feld wird zu Auswertungszwecken gefüllt und hat keine Auswirkungen auf den weiteren Prozessverlauf.

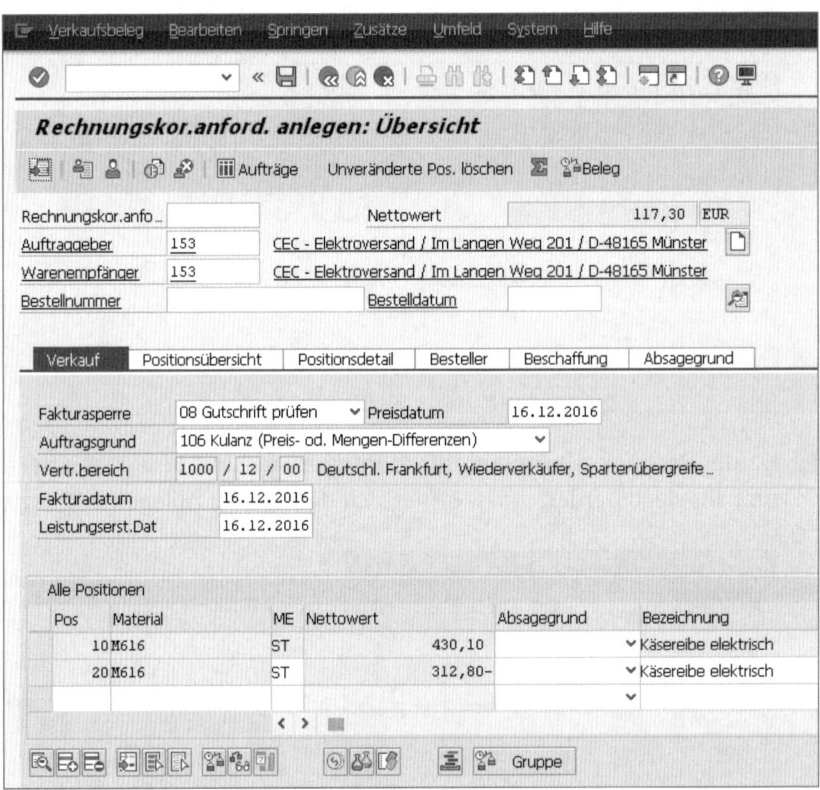

6 In der Positionsübersicht sind zwei Positionen zu erkennen. Mit der ersten Position werden exakt die Menge und der Preis des Materials aus der Faktura gutgeschrieben. In dieser Position können Sie keine Änderungen an Menge und Wert vornehmen.

Die zweite Position zeigt die Belastung an den Kunden. Tragen Sie hier in der Spalte **Zielmenge** die Menge ein, die Sie dem Kunden berechnen möchten. Ist eine Änderung der Konditionen erforderlich, klicken Sie die Schaltfläche (**Konditionen Pos.**) am unteren Bildrand an, und nehmen Sie die Änderungen vor.

7 Haben Sie in der zweiten Position die richtige Menge bzw. den richtigen Preis festgelegt, speichern Sie mit (**Sichern**) die Rechnungskorrekturanforderung.

Zu der von Ihnen angelegten Rechnungskorrekturanforderung kann noch keine Gutschrift erzeugt werden, da die Fakturasperre gesetzt ist. In einem nächsten Schritt wird die Rechnungskorrekturanforderung von einem Kollegen geprüft und freigegeben.

VIDEO

Rechnungskorrekturanforderung anlegen

In diesem Video lernen Sie die speziellen Einstellungen der Rechnungskorrekturanforderung kennen: *http://s-prs.de/v4465pc*

12

12.3 Rechnungskorrekturanforderung freigeben

Wurde eine Rechnungskorrekturanforderung erstellt, muss diese gesondert freigegeben werden. Die Freigabe erfolgt durch das Entfernen der Fakturasperre. Zur Vermeidung von Fehlern und Missbrauch sollte beim Anlegen und Freigeben der Rechnungskorrekturanforderungen das Vieraugenprinzip gewahrt bleiben.

Das Entfernen der Fakturasperre stellt für das SAP-System eine Änderung der Rechnungskorrekturanforderung dar. Daher wird Transaktion VA02 zum Ändern von Aufträgen genutzt. Gehen Sie folgendermaßen vor:

1. Rufen Sie Transaktion VA02 im SAP-Easy-Access-Menü über den Pfad **SAP Menü ▸ Logistik ▸ Vertrieb ▸ Verkauf ▸ Auftrag** oder durch die Eingabe des Transaktionscodes im Befehlsfeld auf.

2. Im Einstiegsbild geben Sie im Feld **Auftrag** die Nummer der Rechnungskorrekturanforderung an, die Sie freigeben möchten. Springen Sie mit [↵] in das Datenbild der Rechnungskorrekturanforderung.

3. Entfernen Sie im Feld **Fakturasperre** die Fakturasperre, indem Sie auf das Feld klicken und im Drop-down-Menü den leeren Eintrag auswählen. Sie können auch die [Entf]-Taste drücken, um den Eintrag im Feld **Fakturasperre** zu löschen.

4. Speichern Sie die Rechnungskorrekturanforderung mit einem Klick auf (**Sichern**). Die anschließende Meldung zeigt die Nummer der Rechnungskorrekturanforderung an.

Sie haben die Fakturasperre der Rechnungskorrekturanforderung entfernt. Die entsprechende Gutschrift kann nun erzeugt werden.

VIDEO

Rechnungskorrekturanforderung freigeben

In diesem Video sehen Sie, wie die Rechnungskorrekturanforderung zur Gutschrift freigegeben wird. Dazu wird die Fakturasperre aus dem Beleg entfernt:

http://s-prs.de/v4465od

12.4 Gutschrift anlegen

Ebenso wie bei der Gutschrift zur Gutschriftsanforderung wird bei der Rechnungskorrekturanforderung eine Faktura mit der Belegart G2 erzeugt. Die Auswahl der Fakturabelegart erfolgt automatisch und wird von der Belegart RK der Rechnungskorrekturanforderung gesteuert.

Das Anlegen der Gutschrift haben Sie in Kapitel 11, »Die Gutschriftsanforderung«, bereits ausprobiert. Für die Rechnungskorrekturanforderung gibt es keine signifikanten Unterschiede bei den Eingaben. In der erzeugten Gutschrift werden jedoch zwei Positionen erzeugt, die den Positionen aus der Rechnungskorrekturanforderung entsprechen.

1. Rufen Sie Transaktion VA02 im SAP-Easy-Access-Menü über den Pfad **SAP Menü ▸ Logistik ▸ Vertrieb ▸ Verkauf ▸ Auftrag** oder durch die Eingabe des Transaktionscodes im Befehlsfeld auf.

2. Sie gelangen in das Einstiegsbild der Transaktion. Tragen Sie hier in der Spalte **Beleg** die Nummer der Rechnungskorrekturanforderung ein, zu der Sie die Gutschrift erzeugen möchten. Mit [↵] gelangen Sie in die Ansicht der Gutschrift.

3. In der Titelleiste des folgenden Bildes erkennen Sie den Eintrag **Gutschrift (G2)**, der anzeigt, dass es sich beim Fakturabeleg um eine Gutschrift handelt.

   Die beiden Positionen werden aus der Rechnungskorrekturanforderung übernommen. Mit der ersten Position erhält der Kunde eine Gutschrift über den gesamten Betrag der reklamierten Rechnung. Die zweite Position nimmt die Neuberechnung vor. Hier werden dem Kunden der richtige Betrag und die richtige Menge belastet.

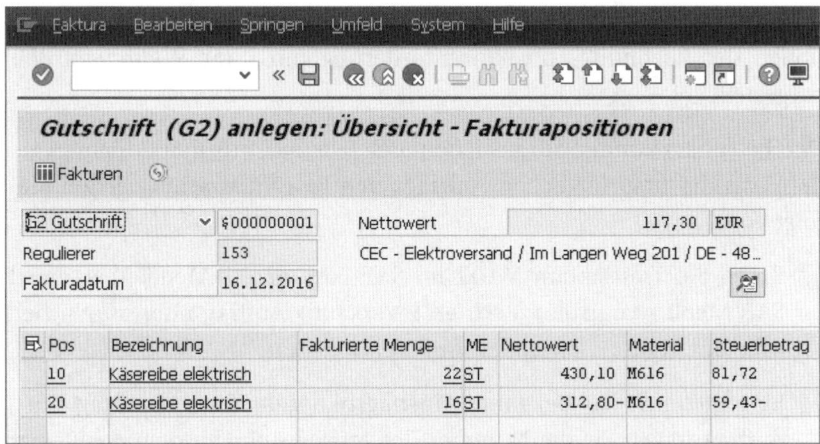

4. Speichern Sie die Daten, indem Sie auf [Sichern-Symbol] (**Sichern**) klicken. Es wird eine Meldung angezeigt, in der die Nummer der Gutschrift angegeben ist.

HINWEIS

Buchungen auf dem Kundenkonto

Die Gutschrift per Rechnungskorrekturanforderung erzeugt im Rechnungswesen zwei Buchungen auf dem Kundenkonto: Zum einen wird die Gutschrift des kompletten Rechnungsbetrags gebucht und in einer zweiten Buchung die Belastung. Die Gutschrift aus der Gutschriftsanforderung erzeugt hingegen nur eine Buchung auf dem Kundenkonto. Die gutgeschriebene Differenz wird als ein Posten auf das Konto gebucht.

Die Gutschrift zur Rechnungskorrekturanforderung wurde von Ihnen angelegt. Das Anlegen der Gutschrift kann alternativ auch per Sammelverarbeitung vorgenommen werden. Werden die Fakturen im Unternehmen grundsätzlich automatisch erzeugt, werden die Gutschriften mitberücksichtigt, und es ist keine gesonderte manuelle Bearbeitung notwendig.

VIDEO

Gutschrift zur Rechnungskorrekturanforderung

Das folgende Video zeigt, wie die Gutschrift an den Kunden zur Rechnungskorrekturanforderung erzeugt wird:

http://s-prs.de/v4465gx

12.5 Belegfluss nach der Gutschrift

Mit der Rechnungskorrekturanforderung und der dazugehörigen Gutschrift wird auch der Belegfluss aktualisiert. Dabei werden im Belegfluss beide Positionen der Rechnungskorrekturanforderung mit ihrer Weiterverarbeitung dargestellt.

Den Belegfluss können Sie aus jedem Beleg heraus aufrufen. Möchten Sie auf der Basis des ursprünglichen Auftrags den Belegfluss sehen, gehen Sie wie folgt vor:

1. Rufen Sie Transaktion VA03 im SAP-Easy-Access-Menü über den Pfad **SAP Menü ▸ Logistik ▸ Vertrieb ▸ Verkauf ▸ Auftrag** oder durch die Eingabe des Transaktionscodes im Befehlsfeld auf.
2. Es öffnet sich das bekannte Einstiegsbild zum Kundenauftrag. Im Feld **Auftrag** tragen Sie die Nummer des Auftrags ein, zu dem der Belegfluss aufgerufen werden soll. Drücken Sie [↵].
3. Sie springen in das Datenbild des Kundenauftrags. Positionieren Sie den Cursor auf der Position, zu der Sie den Belegfluss sehen möchten.
4. Öffnen Sie den Belegfluss auf der Positionsebene, indem Sie auf die Schaltfläche (**Belegfluss anzeigen**) in der Anwendungsfunktionsleiste klicken.

5 Sie sehen nun das Bild **Belegfluss**. Im oberen Teil des Belegflusses erkennen Sie bis zum Eintrag **Rechnung** die Standardbelegkette zum Kundenauftrag. Da die Rechnungskorrekturanforderung mit Bezug zur Faktura angelegt wurde, sehen Sie die weiteren Belege unterhalb des Eintrags **Rechnung**.

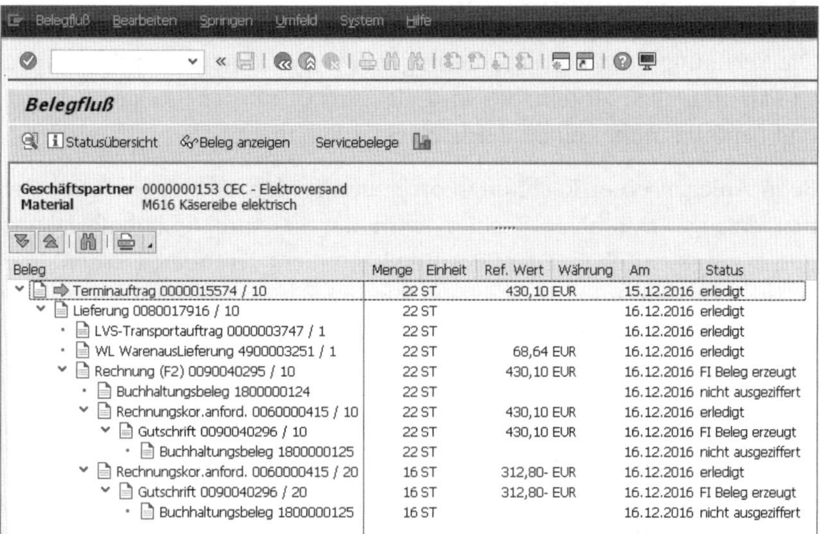

Der Belegfluss enthält zwei Einträge **Rechnungskor.anford.**, mit denen die Rechnungskorrekturanforderung dargestellt wird. Der erste Eintrag **Rechnungskor.anford.** zeigt die erste Position der Rechnungskorrekturanforderung an. In ihr wurde die Gutschrift der gesamten Rechnungsmenge veranlasst. Hinter der Belegnummer der Rechnungskorrekturanforderung erkennen Sie mit dem Eintrag **/10** die Nummer der Position.

6 Der zweite Eintrag **Rechnungskor.anford.** hat die gleiche Belegnummer wie der erste. Durch die Angabe der Positionsnummer **/20** erkennen Sie, dass es sich um die zweite Position handelt, mit der die Belastung des Kunden durchgeführt wird.

Die beiden Positionen der Gutschrift werden ebenfalls als zwei einzelne Einträge im Belegfluss geführt. Zu jedem Eintrag **Rechnungskor.anford.** sehen Sie einen Eintrag **Gutschrift** mit gleicher Belegnummer und unterschiedlicher Positionsangabe.

Im vorliegenden Beispiel wurde mit der Rechnungskorrekturanforderung in Position **10** der gesamte ursprüngliche Rechnungsbetrag von **430,10 EUR** für **22** Stück gutgeschrieben. Mit Position **20** wurden dem Kunden **16** Stück mit einem Gesamtbetrag von **312,80 EUR** belastet.

Der Belegfluss zeigt demnach neben dem ursprünglichen Auftrag und seiner Folgeverarbeitung auch detailliert die Rechnungskorrekturanforderung an. Dabei wird im Belegfluss jede Position einzeln dargestellt.

12.6 Zusammenfassung

Die Rechnungskorrekturanforderung ist ein Instrument, um Reklamationen zu Fakturen abzuwickeln. Sie wird als Auftrag mit der Belegart RK angelegt und benötigt immer einen Bezug zu einer Faktura.

Beim Anlegen einer Rechnungskorrekturanforderung werden zwei Positionen erzeugt. Mit einer Position wird der gesamte fehlerhaft fakturierte Betrag gutgeschrieben. Diese Position kann nicht verändert werden. In einer zweiten Position wird der korrekte Betrag belastet. Hier müssen Sie im Verkauf angeben, welche Menge bzw. welcher Betrag dem Kunden in Rechnung gestellt werden soll.

Für die Rechnungskorrekturanforderung wird durch das System beim Anlegen eine Fakturasperre gesetzt. Diese verhindert die direkte Erzeugung der Gutschrift. Die Fakturasperre muss entfernt werden, damit die weitere Verarbeitung der Rechnungskorrekturanforderung möglich ist. Durch das automatische Setzen und manuelle Aufheben der Fakturasperre ist die gegenseitige Kontrolle von Mitarbeitern beim Anlegen von Gutschriften möglich.

Die Gutschrift zur Rechnungskorrekturanforderung wird mit der Belegart G2 erzeugt. Werden Fakturen und Gutschriften im Unternehmen nicht automatisch erzeugt, ist das manuelle Anlegen in Einzelbearbeitung und in Sammelverarbeitung möglich.

12.7 Probieren Sie es aus!

Der Kunde Willrich Akustik GmbH reklamiert, dass die Rechnung zu seinem Auftrag aus Kapitel 7, Aufgabe 5, fehlerhaft sei. Es seien lediglich 45 Stück des Kopfhörers DreamSound 500 geliefert worden, in der Rechnung wurden aber 50 Stück berechnet. Der Kunde möchte die Differenzmenge nicht nachgeliefert haben, sondern besteht auf eine Korrektur der Rechnung.

Aufgabe 1

Prüfen Sie den Belegfluss des Auftrags aus Kapitel 7, Aufgabe 5. Wie lautet die Nummer der Faktura zum Auftrag?

Aufgabe 2

Legen Sie die Rechnungskorrekturanforderung mit Bezug zur Faktura an. Achten Sie darauf, in der zweiten Position die Menge anzugeben, die dem Kunden berechnet werden soll.

Aufgabe 3

Nehmen Sie die Freigabe zur gerade angelegten Rechnungskorrekturanforderung vor.

Aufgabe 4

Legen Sie die Gutschrift zur Rechnungskorrekturanforderung an.

Aufgabe 5

Rufen Sie zum Auftrag aus Kapitel 7, Aufgabe 5, den Belegfluss auf. Wie viele Buchhaltungsbelege wurden zur Gutschrift erzeugt?

13 Retouren

Beim Vorliegen einer Retoure sendet Ihr Kunde die Ware, die Sie an ihn geliefert haben, nach Rücksprache an Ihr Unternehmen zurück. Anschließend erhält der Kunde von Ihnen eine Gutschrift, in der ihm der Kaufpreis erstattet wird. Die Retourenabwicklung sieht einen Genehmigungsschritt vor, der mit einer automatischen Fakturasperre ausgeführt wird. Erst wenn Sie die Retoure im SAP-System freigegeben haben, kann die Gutschrift erzeugt werden.

In diesem Kapitel lernen Sie,

- welcher Prozess mit der Retoure ausgelöst wird,
- wie Sie eine Retoure anlegen,
- wie Sie eine Retoure freigeben,
- wie Sie eine Retourenanlieferung anlegen,
- wie Sie den Wareneingang zur Retoure buchen,
- wie der Belegfluss nach der Buchung einer Retoure aktualisiert wird.

13.1 Einführung

In einigen Fällen ist es notwendig, dass Kunden Ware an Ihr Unternehmen zurücksenden. Dies kann zum einen im Rahmen einer generellen Retourenvereinbarung erfolgen, mit der der Kunde berechtigt ist, ungenutzte oder unverkaufte Waren zurückzugeben. Zum anderen kann der Kunde falsch gelieferte oder schadhafte Ware an Ihr Unternehmen zurückschicken.

Das Erfassen einer Retoure bildet den Ausgangspunkt für zwei Folgeaktionen, die nicht unbedingt voneinander abhängig sein müssen: Zum einen erwartet Ihr Unternehmen die Rücklieferung der Ware vom Kunden. Diese Ware muss in Ihrem Lager angenommen und geprüft werden. Zum anderen erwartet der Kunde eine Gutschrift für die retournierte Ware. Im SAP-System sind der Erhalt der Ware und die Erstellung der Gutschrift zwei separate Prozesse, die den Retourenauftrag als gemeinsame Voraussetzung haben.

Die folgende Abbildung gibt Ihnen einen Überblick über den Retourenprozess.

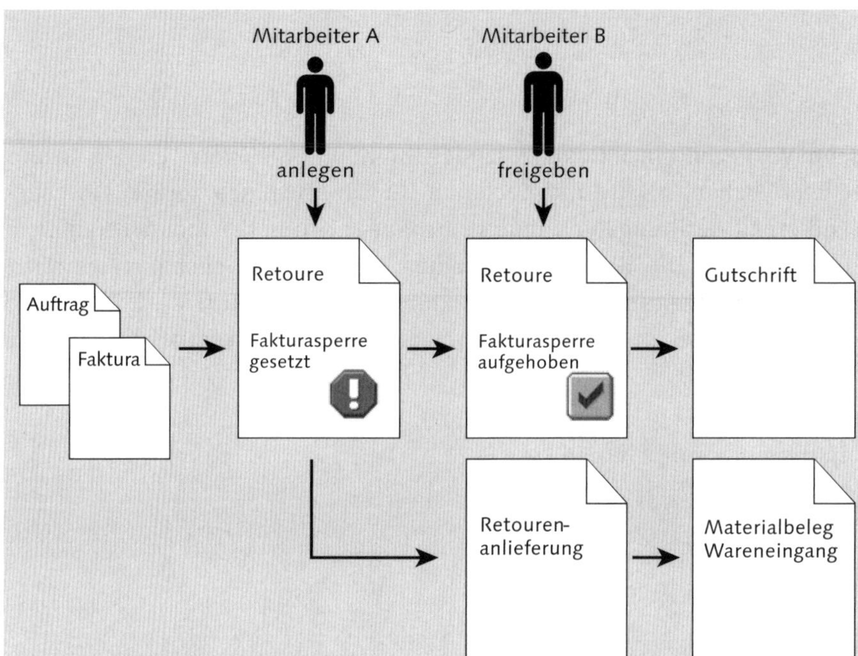

Prozessablauf der Retoure

Zur Abwicklung des Retourenvorgangs steht im SAP-System der Retourenauftrag mit der Belegart RE zur Verfügung. Sie legen eine Retoure in der Regel mit Bezug zu einem Kundenauftrag oder zu einer Faktura an, damit das System alle erforderlichen Informationen über gelieferte Mengen oder die Preisvereinbarung übernehmen kann. Sie können eine Retoure aber auch ohne Bezug zu einem Vorgängerbeleg anlegen.

Wenn der Kunde die Ware retourniert, erwarten Sie wiederum die Lieferung dieser Ware vom Kunden. Um das Lager über die zu erwartende Rücksendung zu informieren, wird eine Retourenanlieferung im SAP-System erzeugt. Aus Sicht des SAP-Systems handelt es sich bei der Retourenanlieferung um einen Auslieferungsbeleg, wie Sie ihn in Kapitel 8, »Die Auslieferung«, kennengelernt haben. Da dieser Beleg eine eigene Belegart RE aufweist, enthält er alle Informationen, die zur Anlieferung der Ware durch den Kunden vorliegen können. Auf der Basis des Belegs der Retourenanlieferung wird im Lager beim Eintreffen der Ware der Wareneingang gebucht.

Im Retourenbeleg wird vom SAP-System eine Fakturasperre gesetzt, die das Anlegen der Gutschrift zur Retoure verhindert. Erst wenn die Fakturasperre entfernt ist, ist es möglich, die Gutschrift zu erzeugen. Dieser Genehmigungsschritt ist systemtechnisch nicht abhängig von der Lieferung der Ware durch den Kunden. Sie können die Gutschrift daher erstellen, bevor die Ware des Kunden in Ihrem Unternehmen eingetroffen ist. Des Weiteren findet im SAP-System kein Mengenabgleich zwischen real angelieferter Menge und Gutschriftsmenge statt.

13.2 Retoure anlegen

Die Retoure ist ein Auftragsbeleg mit der besonderen Belegart RE. Die Retoure wird daher in derselben Transaktion angelegt wie der Kundenauftrag. Führen Sie folgende Schritte durch:

1. Öffnen Sie Transaktion VA01 zur Auftragsanlage über den Pfad **SAP Menü ▸ Logistik ▸ Vertrieb ▸ Verkauf ▸ Auftrag** im SAP-Easy-Access-Menü oder durch die Eingabe des Transaktionscodes im Befehlsfeld.

2. Sie gelangen in das Bild **Kundenauftrag anlegen: Einstieg**. Wählen Sie im Feld **Auftragsart** den Eintrag **RE** für die Retoure aus.

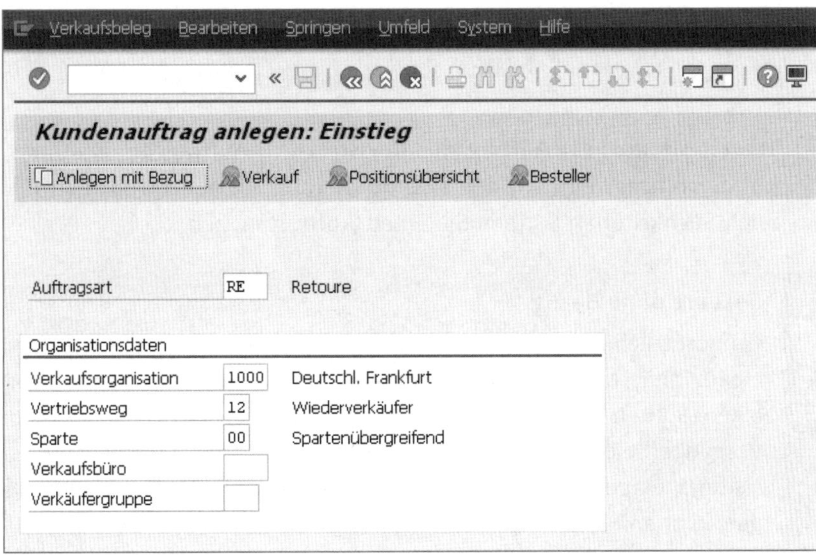

13

3 Klicken Sie auf die Schaltfläche [Anlegen mit Bezug], um den Bezug zu einem Auftrag oder einer Faktura herzustellen. Es öffnet sich das Pop-up-Fenster **Anlegen mit Bezug**.

4 Wählen Sie über die Registerkarten am oberen Bildrand, ob die Retoure mit Bezug zu einem Kundenauftrag (Registerkarte **Auftrag**) oder einer Faktura (Registerkarte **Faktura**) angelegt werden soll. In unserem Beispiel soll Bezug auf einen Kundenauftrag genommen werden. Klicken Sie deshalb auf die Registerkarte **Auftrag**.

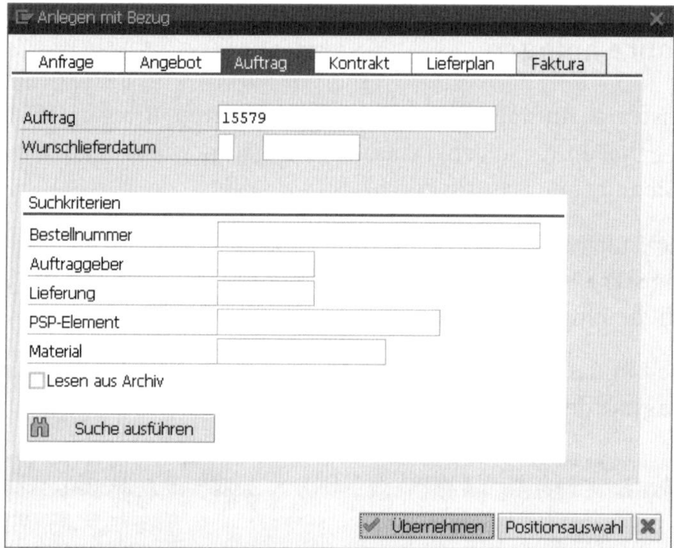

5 Tragen Sie im Feld **Auftrag** der Registerkarte **Auftrag** die Nummer des Kundenauftrags ein, auf den sich die Retoure bezieht. Über den Bildbereich **Suchkriterien** können Sie einen Auftrag suchen.

HINWEIS

Retoure ohne Bezug

Grundsätzlich haben Sie die Möglichkeit, eine Retoure ohne Bezug zu einem im System vorhandenen Kundenauftrag oder einer Faktura anzulegen. Sollten Sie keinen Bezug nehmen, werden keine Daten aus den Vorgängerbelegen übernommen, und Sie müssen Auftraggeber und Material eingeben. Da auch keine Preise aus einer Vorlage kopiert werden können, wird zusätzlich eine neue Preisfindung durchgeführt. Es kann daher vorkommen, dass Sie dem Kunden nicht den gleichen Preis gutschreiben, zu dem die Lieferung erfolgte. Die Retoure ohne Bezug zu einem Vorgängerbeleg sollte daher die Ausnahme sein.

6 Mit der Schaltfläche ✔ Übernehmen wählen Sie den Kundenauftrag aus und übernehmen die Daten in die anzulegende Retoure. Sie gelangen in das bekannte Datenbild des Kundenauftrags.

7 Springen Sie im Datenbild auf die Registerkarte **Verkauf**, um die wichtigsten Daten zu sehen.

In der Titelleiste wird Ihnen durch den Eintrag **Retoure anlegen** angezeigt, dass kein üblicher Kundenauftrag, sondern eine Retoure erfasst wird. **Auftraggeber** und **Warenempfänger** wurden aus dem Vorlagebeleg übernommen.

In den Positionen wurden das Material in der Spalte **Material** und die Menge in der Spalte **Auftragsmenge** durch den ursprünglichen Kundenauftrag gefüllt.

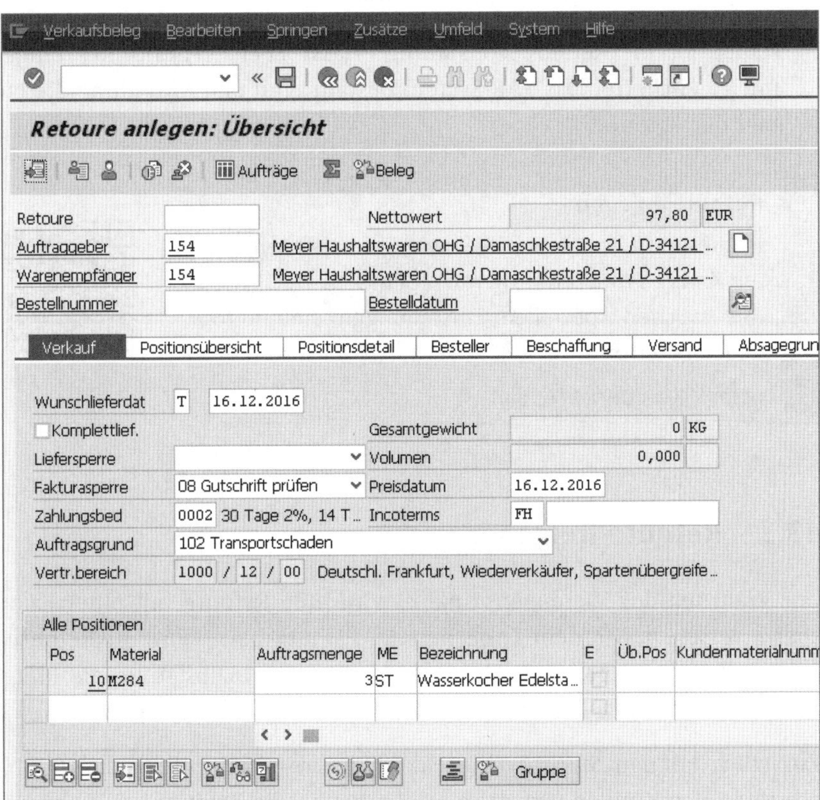

8 Geben Sie im Feld **Wunschlieferdat** das Datum ein, zu dem der Kunde das Material bei Ihnen anliefern möchte. Nehmen Sie hier keinen Eintrag vor, wird das heutige Datum vom System angenommen.

9 Im Feld **Fakturasperre** wurde die Fakturasperre automatisch durch das SAP-System gesetzt.

Tragen Sie im Feld **Auftragsgrund** den Grund ein, weshalb die Retoure vorgenommen werden soll. Der Eintrag in diesem Feld wird zur Auswertung genutzt und hat keinen Einfluss auf die weitere Verarbeitung der Retoure.

10 Geben Sie in der Spalte **Auftragsmenge** die Menge ein, die der Kunde retournieren wird.

11 Möchten Sie die Konditionen ändern, zu denen die Gutschrift der Retoure erfolgen soll, klicken Sie auf die Schaltfläche (**Konditionen Pos.**) am unteren Bildrand, um in das Konditionsbild zu gelangen. Hier können Sie die Retourenkonditionen anpassen. Mit (**Zurück**) springen Sie zurück in das Datenbild der Retoure.

12 Haben Sie die Retoure vollständig erfasst, speichern Sie Ihre Eingaben mit (**Sichern**). Das SAP-System bestätigt mit einer Meldung die Nummer der Retoure.

VIDEO

Retoure anlegen

In diesem Video sehen Sie, wie Sie vorgehen, wenn ein Kunde Ware retournieren möchte. Es wird gezeigt, mit welchen speziellen Einstellungen eine Retoure angelegt wird:

http://s-prs.de/v4465ek

13.3 Retoure freigeben

Zur Wahrung des Vieraugenprinzips wird eine Retoure mit einer Fakturasperre versehen. Mit dem Entfernen der Fakturasperre wird die Retoure zur Gutschrift freigegeben. Im Sinne des Vieraugenprinzips sollte die Freigabe nicht durch dieselbe Person erfolgen, die die Retoure angelegt hat.

Zusätzlich können Sie über die Fakturasperre sicherstellen, dass die Gutschrift an den Kunden erst dann erfolgt, wenn die Retoure bei Ihnen eingetroffen ist.

Das Entfernen der Fakturasperre ist als Änderung des Retourenauftrags zu verstehen. Daher verwenden Sie Transaktion VA02, mit der Aufträge generell geändert werden können. Gehen Sie wie folgt vor:

1. Rufen Sie Transaktion VA02 über den Pfad **SAP Menü ▸ Logistik ▸ Vertrieb ▸ Verkauf ▸ Auftrag** im SAP-Easy-Access-Menü oder durch die Eingabe des Transaktionscodes im Befehlsfeld auf.
2. Es öffnet sich das Einstiegsbild für Kundenaufträge. Tragen Sie im Feld **Auftrag** des Einstiegsbildes die Nummer der Retoure ein, zu der die Freigabe erfolgen soll. Drücken Sie die [↵]-Taste, um die Daten der Retoure einsehen zu können.
3. Klicken Sie auf das Feld **Fakturasperre**. Im Drop-down-Menü klicken Sie den leeren Eintrag an. Alternativ drücken Sie die [Entf]-Taste, um die Fakturasperre zu entfernen.
4. Mit 💾 **(Sichern)** speichern Sie die Retoure.

Die Fakturasperre ist nun aus der Retoure entfernt. Zur Retoure kann jetzt eine Gutschrift erzeugt werden. Achten Sie darauf, dass die Gutschrift unabhängig von der Retourenanlieferung und dem folgenden Wareneingang erstellt werden kann.

VIDEO

Retoure freigeben

Dieses Video zeigt, wie Sie eine Retoure freigeben. Um die Retoure freizugeben, wird die Fakturasperre aus dem Retourenbeleg entfernt:
http://s-prs.de/v4465dr

13.4 Retourenanlieferung anlegen

Damit das Lager über die bevorstehende Anlieferung informiert ist, erhält es alle notwendigen Informationen über den Beleg *Retourenanlieferung*. Auf der Basis dieses Belegs wird im Lager geplant. So kann dort beispielsweise Lagerplatz bereitgehalten oder die genaue Anlieferzeit mit dem Spediteur abgesprochen werden.

Technisch ist die Retourenanlieferung ein Lieferbeleg, wie er in Kapitel 8, »Die Auslieferung«, beschrieben wurde. Er wird mit Bezug zur Retoure in Transaktion VL01N angelegt und anschließend im Lager weiterverarbeitet. So geht's:

1. Rufen Sie Transaktion VL01N im SAP-Easy-Access-Menü über den Pfad **SAP Menü ▸ Logistik ▸ Vertrieb ▸ Versand und Transport ▸ Auslieferung ▸ Anlegen ▸ Einzelbeleg** oder durch die Eingabe des Transaktionscodes auf.

2. Es öffnet sich das Bild **Auslieferung mit Auftragsbezug anlegen**. Im Feld **Versandstelle** geben Sie die Versandstelle ein. Die Versandstelle (hier: **Z012**) ist in diesem Fall der Bereich des Lagers, in dem die Warenannahme erfolgen soll.

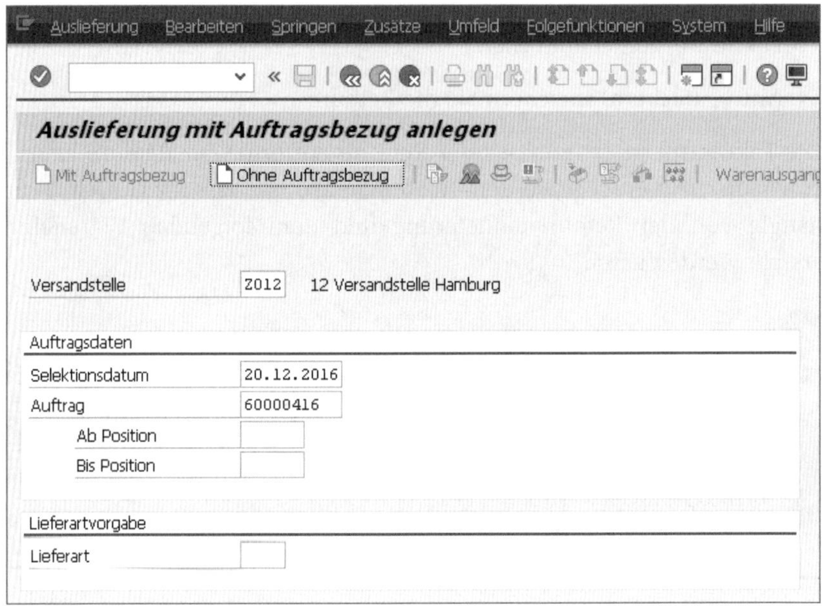

3. Tragen Sie im Feld **Auftrag** die Nummer der Retoure ein, zu der die Retourenanlieferung erzeugt werden soll.

   Das Feld **Selektionsdatum** legt für die Retoure fest, bis zu welchem Wunschlieferdatum Positionen zur Retourenanlieferung berücksichtigt werden. Ist Ihnen das Wunschlieferdatum aus der Retoure nicht bekannt, geben Sie im Feld **Selektionsdatum** das Datum heute in vier Wochen ein.

   Drücken Sie [↵], um in das Datenbild der Retourenanlieferung zu gelangen.

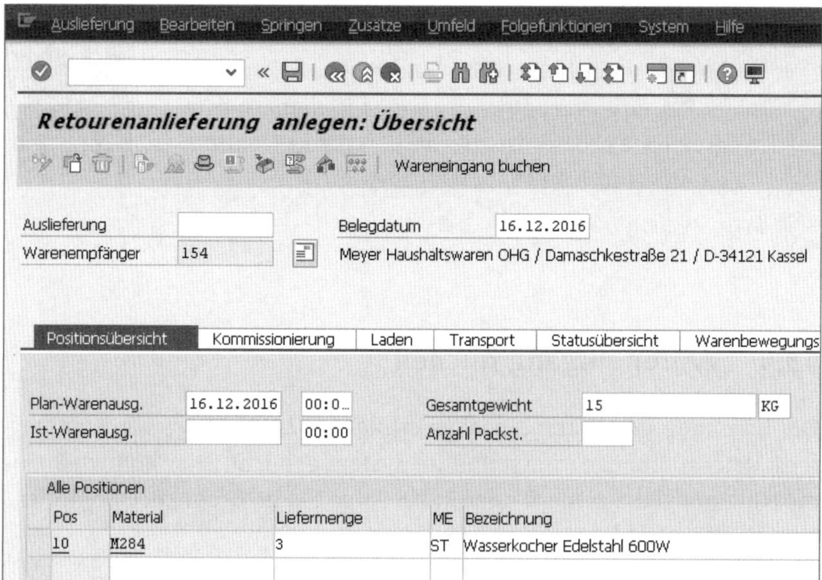

4 Die Titelleiste zeigt den Eintrag **Retourenanlieferung anlegen: Übersicht**. Es wird demnach keine Standardauslieferung erzeugt, sondern eine spezielle Retourenanlieferung. Material und Menge wurden in den Feldern **Material** und **Liefermenge** aus dem Retourenauftrag übernommen. Das Feld **Warenempfänger** zeigt im Falle der Retourenanlieferung den Partner an, der für die Lieferung der Ware verantwortlich ist.

5 Es ist möglich, die Daten in der Retourenanlieferung zu ändern. Da im Normalfall eine Lieferung durch den Kunden über die angegebene Menge zu den genannten Parametern erfolgen soll, werden Änderungen nur in Ausnahmefällen vorgenommen.

6 Speichern Sie die Retourenanlieferung mit einem Klick auf (**Sichern**). In einer Meldung wird Ihnen die Nummer der Retourenanlieferung angezeigt.

Sie haben die Retourenanlieferung erzeugt. Sie dient dem Lager als Basis, um den Wareneingang der Retoure zu organisieren und abzuwickeln.

Erzeugen Sie die Retourenanlieferung per Sammelverarbeitung, wie es in Abschnitt 8.4, »Auslieferungen in Sammelverarbeitung anlegen«, beschrieben wird, werden Retouren berücksichtigt und die entsprechenden Retourenanlieferungen erzeugt.

VIDEO

Anlieferung zur Retoure anlegen

In diesem Video lernen Sie, wie die Anlieferung zu einer Retoure erzeugt wird. Erst mit dem Anlieferungsbeleg als Basis ist die nachfolgende Verarbeitung der Retoure im Wareneingang möglich:

http://s-prs.de/v4465vb

13.5 Wareneingang buchen

Die Erfassung des Wareneingangs erfolgt im Lager. Dort wird die angelieferte Retourenmenge erfasst und im System gebucht. Hier können Sie durch die Nutzung von Scannern oder RFID-Chips (Radio Frequency Identification) einen hohen Automatisierungsgrad erreichen.

Buchen Sie den Wareneingang manuell, kann dies direkt in der Retourenanlieferung geschehen. Dabei werden aus Systemsicht die Retourenanlieferung geändert und alle Folgebuchungen ausgelöst.

Den Wareneingang zur Retourenanlieferung buchen Sie in Transaktion VL02N. Die Vorgehensweise gleicht dabei dem Buchen des Warenausgangs, das Sie aus Kapitel 9, »Kommissionierung und Warenausgang«, kennen.

1 Öffnen Sie Transaktion VL02N im SAP-Easy-Access-Menü über den Pfad **SAP Menü ▸ Logistik ▸ Vertrieb ▸ Versand und Transport ▸ Auslieferung ▸ Ändern** oder durch die Eingabe des Transaktionscodes.

2 Sie gelangen in das Einstiegsbild der Auslieferung. Im Feld **Auslieferung** legen Sie fest, zu welcher Retourenanlieferung der Wareneingang gebucht werden soll. Geben Sie in diesem Feld die Nummer der Retourenanlieferung ein.

Drücken Sie [↵], um in die Ansicht der Retourenanlieferung zu gelangen.

In der Titelleiste erkennen Sie, dass eine Retourenanlieferung zur Buchung vorliegt.

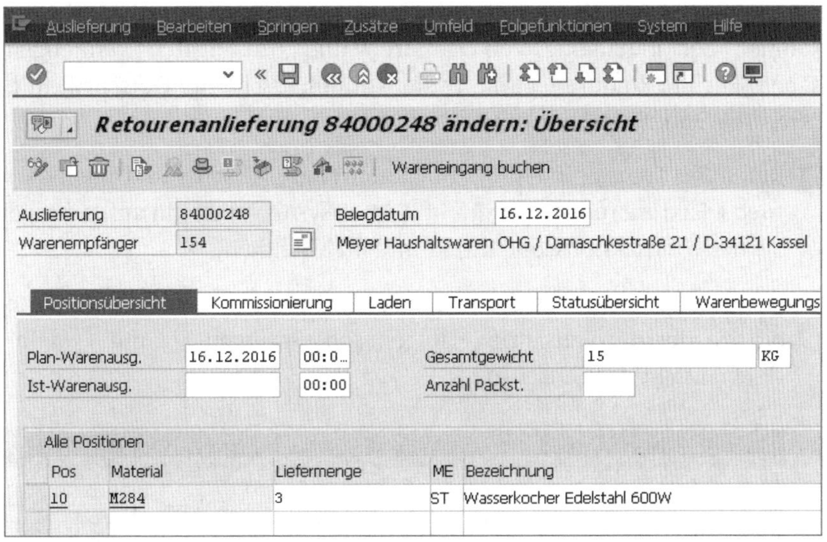

3 Klicken Sie auf die Schaltfläche Wareneingang buchen. Das SAP-System bucht den Wareneingang und bestätigt die Änderung der Auslieferung mit einer Meldung.

VIDEO

Wareneingang zur Retoure buchen

Das folgende Video erklärt, wie Sie den Wareneingang zu einer Retoure buchen. Dabei wird die Anlieferung als Grundlage genutzt:

http://s-prs.de/v4465yp

13.6 Gutschrift anlegen

Nach der Freigabe der Retoure kann die Gutschrift zur Retoure erzeugt werden. Diese Gutschrift ist dabei unabhängig von der Retourenanlieferung; vielmehr wird sie direkt mit Bezug zum Kundenauftrag erstellt. Bei der Erzeugung der Gutschrift wird vom System nicht abgeglichen, ob der Wareneingang stattgefunden hat und ob die Menge des Wareneingangs mit der im Retourenauftrag angegebenen Menge übereinstimmt.

Das Anlegen der Retourengutschrift erfolgt in Transaktion VF01, die Sie im Rahmen der Erzeugung von Fakturen und Gutschriften kennengelernt haben. Für die Retoure legt das System automatisch eine Gutschrift mit der Belegart RE an. So gehen Sie vor:

1. Rufen Sie Transaktion VF01 über den Pfad **SAP Menü ▸ Logistik ▸ Vertrieb ▸ Fakturierung ▸ Faktura** im SAP-Easy-Access-Menü auf, oder geben Sie den Transaktionscode direkt im Befehlsfeld ein.

2. Im Einstiegsbild geben Sie in der Spalte **Beleg** die Nummer der Retoure ein, zu der die Gutschrift erfolgen soll. Springen Sie mit [↵] in die Datenansicht der Gutschrift.

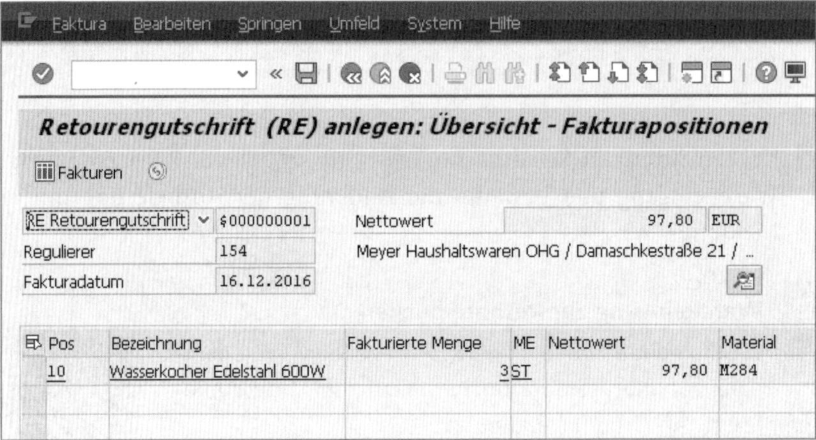

3. Wie Sie anhand der Titelleiste **Retourengutschrift (RE)** sehen, handelt es sich beim erzeugten Fakturabeleg um eine Gutschrift zur Retoure. Die Menge im Feld **Fakturierte Menge** wurde aus der Retoure übernommen, und der Wert im Feld **Nettowert** wurde aufgrund der in der Retoure angegebenen Konditionen ermittelt.

4. Mit 💾 (**Sichern**) speichern Sie die Retourengutschrift. Es erscheint eine Meldung, die die Nummer der Gutschrift angibt.

Die Retourengutschrift wurde erzeugt. Dabei haben Sie Bezug auf die Retoure genommen, aus der auch die Daten übernommen wurden. Werden Fakturen in der Sammelverarbeitung erzeugt, werden die Gutschriften zu den Retouren berücksichtigt.

VIDEO

Gutschrift zur Retoure buchen

Das folgende Video zeigt, wie die Gutschrift an den Kunden zu einer Retoure erzeugt wird:

http://s-prs.de/v4465xr

13.7 Belegfluss nach Gutschrift und Anlieferung

Die Retourengutschrift und die Retourenanlieferung werden im Belegfluss zur Retoure mitgeschrieben. Sie können deshalb im Belegfluss den aktuellen Stand der Retoure jederzeit nachverfolgen. So geht's:

1. Rufen Sie den Belegfluss auf, indem Sie die Retoure mit Transaktion VA03 anzeigen. Nutzen Sie dazu den Pfad **SAP Menü ▸ Logistik ▸ Vertrieb ▸ Verkauf ▸ Auftrag**.
2. Es öffnet sich das Einstiegsbild zum Kundenauftrag. Geben Sie im Feld **Auftrag** die Nummer der Retoure ein, zu der Sie den Belegfluss sehen möchten. Mit [↵] springen Sie in das Datenbild der Retoure.
3. Klicken Sie auf die Position der Retoure, zu der der Belegfluss aufgerufen werden soll.
4. Mit der Schaltfläche (**Belegfluss anzeigen**) in der Anwendungsfunktionsleiste rufen Sie den Belegfluss auf.

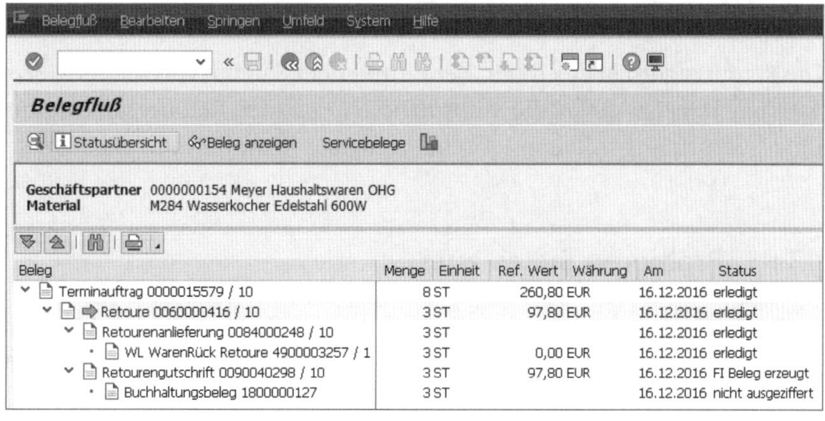

Beleg	Menge	Einheit	Ref. Wert	Währung	Am	Status
Terminauftrag 0000015579 / 10	8	ST	260,80	EUR	16.12.2016	erledigt
Retoure 0060000416 / 10	3	ST	97,80	EUR	16.12.2016	erledigt
Retourenanlieferung 0084000248 / 10	3	ST			16.12.2016	erledigt
WL WarenRück Retoure 4900003257 / 1	3	ST	0,00	EUR	16.12.2016	erledigt
Retourengutschrift 0090040298 / 10	3	ST	97,80	EUR	16.12.2016	FI Beleg erzeugt
Buchhaltungsbeleg 1800000127	3	ST			16.12.2016	nicht ausgeziffert

Der Eintrag **Retoure** zeigt die von Ihnen erfasste Retoure. Die Retoure hat den Status **erledigt**, da sowohl die Gutschrift als auch der Wareneingang zur Retoure abgeschlossen wurden.

Oberhalb der Retoure steht der Kundenauftrag, auf den sich die Retoure bezieht.

Unterhalb der Retoure gibt es die beiden Einträge **Retourengutschrift** und **Retourenanlieferung**, mit denen die weitere Verarbeitung der Retoure dargestellt wird. Zur Retourengutschrift wird der entsprechende **Buchhaltungsbeleg** angezeigt, mit dem die Buchungen auf dem Kundenkonto erfolgt sind.

Wie beim Warenausgang wird auch beim Wareneingang ein Materialbeleg erzeugt. Der Materialbeleg für den Wareneingang zu einer Retoure wird mit dem Eintrag **WL WarenRück Retoure** angezeigt.

13.8 Zusammenfassung

Mit einer Retoure können Sie die Rücksendung von Waren durch einen Kunden veranlassen. Die Retoure wird mit der Belegart RE angelegt. Durch die Fakturasperre in der Retoure kann die Gutschrift zur Retoure erst erzeugt werden, wenn ein weiterer Mitarbeiter die Retoure freigegeben hat.

Zur Retoure wird zusätzlich eine Retourenanlieferung erzeugt. Die Retourenanlieferung entspricht technisch einem Auslieferungsbeleg und übergibt die Informationen zur erwarteten Retoure an das Lager. Aufgrund der Retourenanlieferung erfolgen die Abwicklung der Retoure und die Warneingangsbuchung im Lager.

Die Retourengutschrift kann in der Einzel- oder Sammelverarbeitung erzeugt werden. Dabei werden die Informationen aus der Retoure übernommen. Eine Überprüfung mit dem Wareneingang zur Retoure findet nicht statt.

13.9 Probieren Sie es aus!

In Kapitel 7, Aufgabe 4, haben Sie einen Auftrag für den Kunden T&H Soundsystems GbR über 50 Stück des MP3-Players MP3 Sound Pro (Materialnummer M200) erfasst. In den weiteren Übungen haben Sie die Ware an den Kunden ausgeliefert und fakturiert.

Der Kunde möchte vier Stück des MP3-Players retournieren, da sie bei der Anlieferung beschädigt waren. Sie sagen dem Kunden die Retoure zu und veranlassen das Notwendige im SAP-System.

Aufgabe 1

Erfassen Sie die Retoure im SAP-System. Nehmen Sie dabei Bezug auf den Kundenauftrag aus Kapitel 7, Aufgabe 4.

Aufgabe 2

Sie haben die Retoure des Kollegen geprüft und möchten sie nun freigeben. Geben Sie die Retoure frei, indem Sie die Fakturasperre aufheben.

Aufgabe 3

Legen Sie die Retourenanlieferung zur Retoure an. Die Abwicklung der Retoure im Lager wird über die Versandstelle 1000 erfolgen.

Aufgabe 4

Der Kunde liefert die vier Stück des MP3-Players vereinbarungsgemäß in Ihrem Lager an. Nehmen Sie die Buchung des Wareneingangs vor.

Aufgabe 5

Rufen Sie den Belegfluss zum Kundenauftrag aus Kapitel 7, Aufgabe 4, auf.

14 Spezielle Verkaufsvorgänge

Im Vertriebsprozess eines Unternehmens treten regelmäßig besondere Geschäftsvorfälle auf: Zum Beispiel soll eine Lieferung kostenlos an einen Kunden versendet werden, oder ein Kunde möchte die Waren zum Kundenauftrag sofort in Ihrem Lager abholen. Für diese Fälle gibt es im SAP-System eigene Auftragsbelegarten, die die Abwicklung besonderer Geschäftsvorgänge unterstützen.

In diesem Kapitel lernen Sie,

- welche Auswirkungen ein Sofortauftrag hat,
- wie Sie einen Sofortauftrag anlegen,
- welche Auswirkungen ein Barverkauf hat,
- wie Sie einen Barverkauf anlegen,
- wie Sie eine kostenlose Lieferung veranlassen.

14.1 Sofortauftrag

Manchmal möchten Kunden die bestellte Ware sofort im Lager Ihres Unternehmens abholen, oder sie möchten, dass die Auslieferung der Ware sofort erfolgt. In diesen Fällen können Sie mit der Belegart SO einen Sofortauftrag im SAP-System anlegen.

Die Belegart SO ist so eingestellt, dass direkt mit der Erstellung des Auftrags der Auslieferungsbeleg und der Transportauftrag erzeugt werden. Es ist demnach kein separates Anlegen der Auslieferung und des Transportauftrags notwendig. Die Übergabe der Lieferinformationen an das Lager findet umgehend nach der Erfassung des Kundenauftrags statt. Die Rechnungsstellung erfolgt weiterhin in einem eigenständigen Schritt.

Die folgenden Abschnitte zeigen, wie Sie einen Sofortauftrag anlegen und wie der anschließende Belegfluss aussieht.

Sofortauftrag anlegen

Beim Sofortauftrag handelt es sich um einen Kundenauftrag mit der Belegart SO. Die Anlage des Sofortauftrags erfolgt in Transaktion VA01. Die Eingaben sind Ihnen aus Kapitel 7, »Der Kundenauftrag«, grundsätzlich bekannt. Lediglich die weitere Verarbeitung ändert sich, da die Auslieferung direkt mit der Auftragsanlage erzeugt wird. So geht's:

1. Rufen Sie Transaktion VA01 im SAP-Easy-Access-Menü über **SAP Menü ▸ Logistik ▸ Vertrieb ▸ Verkauf ▸ Auftrag** auf, oder geben Sie den Transaktionscode direkt im Befehlsfeld ein.

2. Im Feld **Auftragsart** des Einstiegsbildes geben Sie die Belegart **SO** für den Sofortauftrag an. Drücken Sie anschließend die [↵]-Taste.

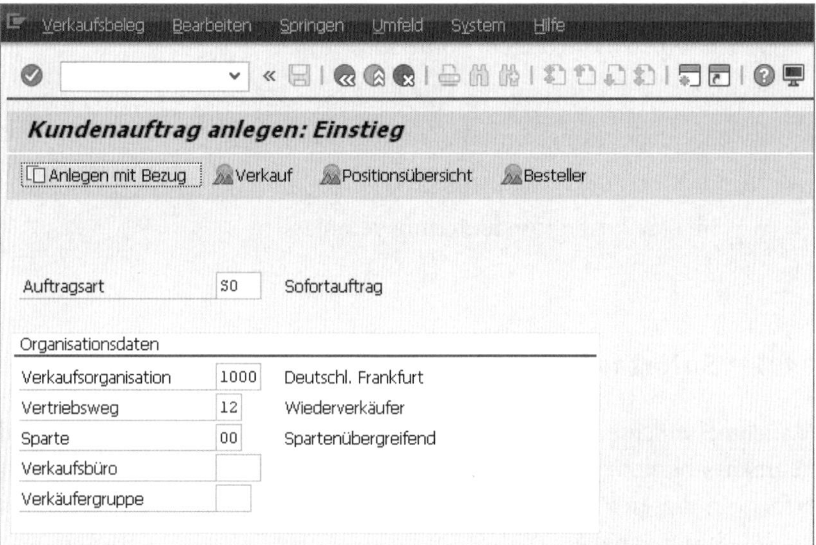

3. Das SAP-System zeigt das bekannte Datenbild des Kundenauftrags. In der Titelleiste erkennen Sie am Eintrag **Sofortauftrag anlegen**, dass kein normaler Kundenauftrag angelegt wird, sondern ein Sofortauftrag.

   Geben Sie auf der Registerkarte **Verkauf** in den Feldern **Auftraggeber**, **Material** und **Auftragsmenge** die erforderlichen Informationen ein. Das Wunschlieferdatum wird im gleichnamigen Feld vom SAP-System auf das Datum des aktuellen Tages gesetzt. Speichern Sie den Sofortauftrag, indem Sie auf 💾 (**Sichern**) klicken.

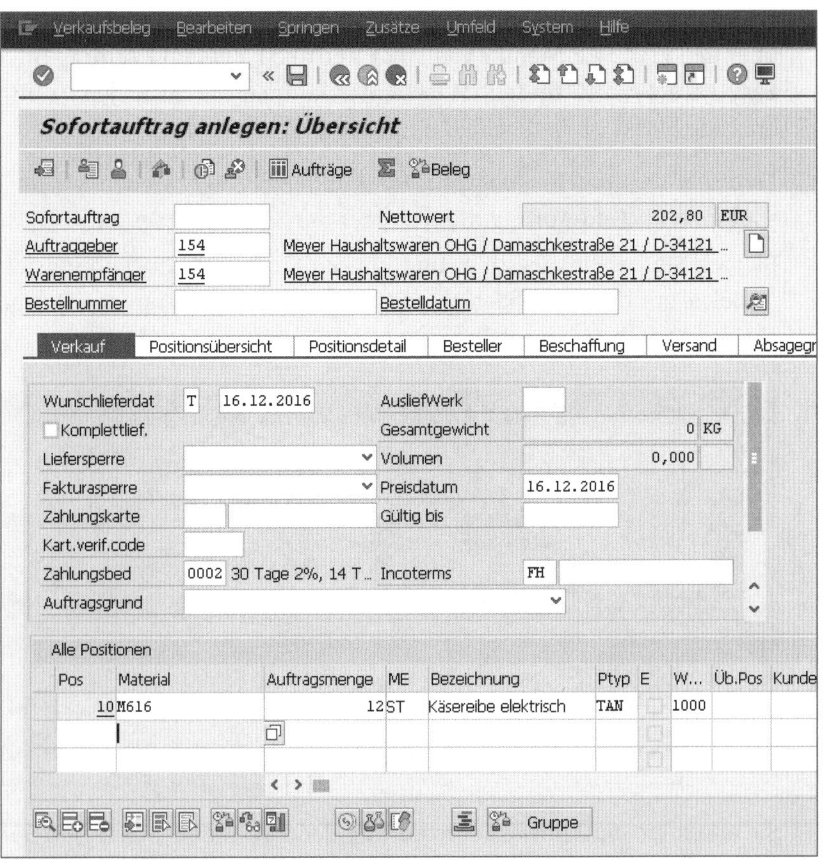

4 Das SAP-System bestätigt in einer Meldung die Nummer des Sofortauftrags und gibt zugleich die Nummer der Auslieferung an.

Sie haben einen Auftrag zur sofortigen Auslieferung erzeugt. Mit der Sicherung des Auftrags wurde sofort auch der Auslieferungsbeleg generiert. Das in Kapitel 8 beschriebene separate Anlegen der Auslieferung entfällt in diesem Fall. Da auch der in Kapitel 9, »Kommissionierung und Warenausgang«, beschriebene Transportauftrag sofort angelegt wird, kann der Vertriebsprozess direkt mit dem Warenausgang weitergeführt werden.

Belegfluss nach Anlegen des Sofortauftrags

Mit dem Anlegen des Sofortauftrags werden direkt die Auslieferung und der Transportauftrag erzeugt. Im Belegfluss können Sie sofort erkennen, dass der Auslieferungsbeleg und der Transportauftrag zum Auftrag angelegt wurden. Gehen Sie folgendermaßen vor:

1. Zum Anzeigen des Belegflusses verwenden Sie Transaktion VA03, die Sie über den Pfad **SAP Menü ▸ Logistik ▸ Vertrieb ▸ Verkauf ▸ Auftrag** im SAP-Easy-Access-Menü finden. Wie immer können Sie auch den Transaktionscode direkt im Befehlsfeld eingeben.

2. Es öffnet sich das Einstiegsbild für Kundenaufträge. Geben Sie im Einstiegsbild im Feld **Auftrag** die Nummer des Sofortauftrags an.

   Bleiben Sie im Einstiegsbild, und klicken Sie in der Anwendungsfunktionsleiste auf die Schaltfläche (**Belegfluss anzeigen**), um den Belegfluss auf der Kopfebene zu erhalten.

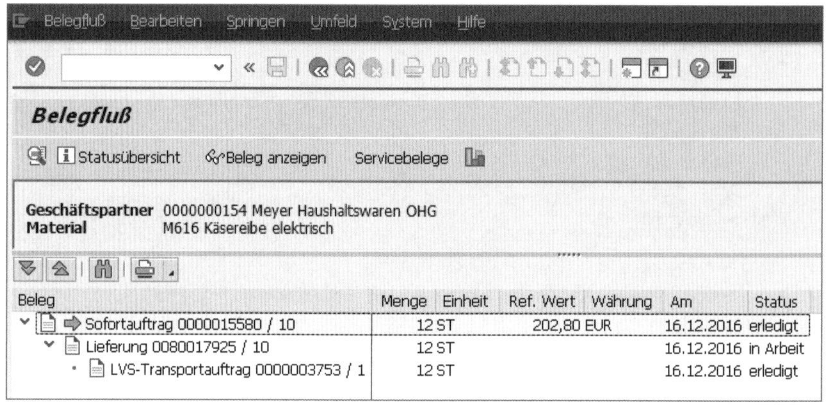

3. Sie erkennen am Eintrag **Sofortauftrag** den von Ihnen angelegten Sofortauftrag. Die Auslieferung mit dem Eintrag **Lieferung** und der Transportauftrag mit dem Eintrag **LVS-Transportauftrag** wurden vom SAP-System angelegt, ohne dass Sie weitere Eingaben vornehmen mussten.

Der Belegfluss zeigt, dass der Vertriebsprozess im Falle eines Sofortauftrags beschleunigt ohne weitere Eingaben fortgeführt wird. Die Information an das Lager erfolgt automatisch über die Auslieferung. Der sonst im Lager angelegte Transportauftrag als Basis der Versandaktivitäten wird ebenfalls sofort angelegt.

14.2 Barverkauf

Verkaufen Sie Waren an Kunden gegen Barzahlung bei Mitnahme, können Sie die Belegart BV im Verkauf nutzen. Sie wird eingesetzt, wenn Kunden Ihres Unternehmens Waren in einem eigenen Ladengeschäft kaufen und direkt mitnehmen können. Auch für einen Verkauf direkt vom Lager gegen Barzahlung ist die Belegart BV vorstellbar.

Wird ein Auftrag mit der Belegart BV angelegt, erzeugt das System die Auslieferung und den Transportauftrag automatisch. Die Steuerung entspricht der Steuerung des Sofortauftrags. Zusätzlich wird eine Rechnung ausgedruckt, die dem Kunden als Beleg mitgegeben werden kann. Im System haben zu diesem Zeitpunkt noch kein Warenausgang und keine Fakturierung stattgefunden. Beides wird erst im Nachhinein durchgeführt.

Barverkauf anlegen

Ein Barverkauf wird wie ein normaler Auftrag mit der Belegart BV in Transaktion VA01 angelegt. Über die Belegart wird gesteuert, dass die weitere Verarbeitung des Kundenauftrags beschleunigt wird, indem Lieferung und Transportauftrag vom System direkt angelegt werden.

1. Rufen Sie Transaktion VA01 im SAP-Easy-Access-Menü über den Pfad **SAP Menü ▸ Logistik ▸ Vertrieb ▸ Verkauf ▸ Auftrag** auf, oder geben Sie den Transaktionscode im Befehlsfeld ein.

2. Es öffnet sich das Einstiegsbild **Kundenauftrag anlegen: Einstieg**. Wählen Sie im Einstiegsbild die Belegart für den Barverkauf, indem Sie im Feld **Auftragsart** das Kürzel BV eingeben. Springen Sie mit [↵] in die Anzeige des Auftrags.

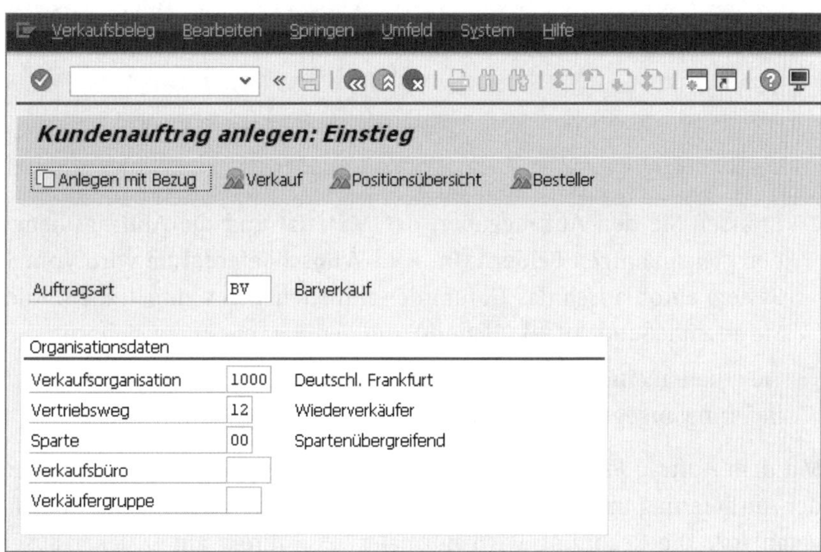

3 Der Auftrag wird Ihnen angezeigt. In der Titelleiste können Sie den Eintrag **Barverkauf anlegen** erkennen, der anzeigt, dass ein Auftrag im Barverkauf angelegt wird.

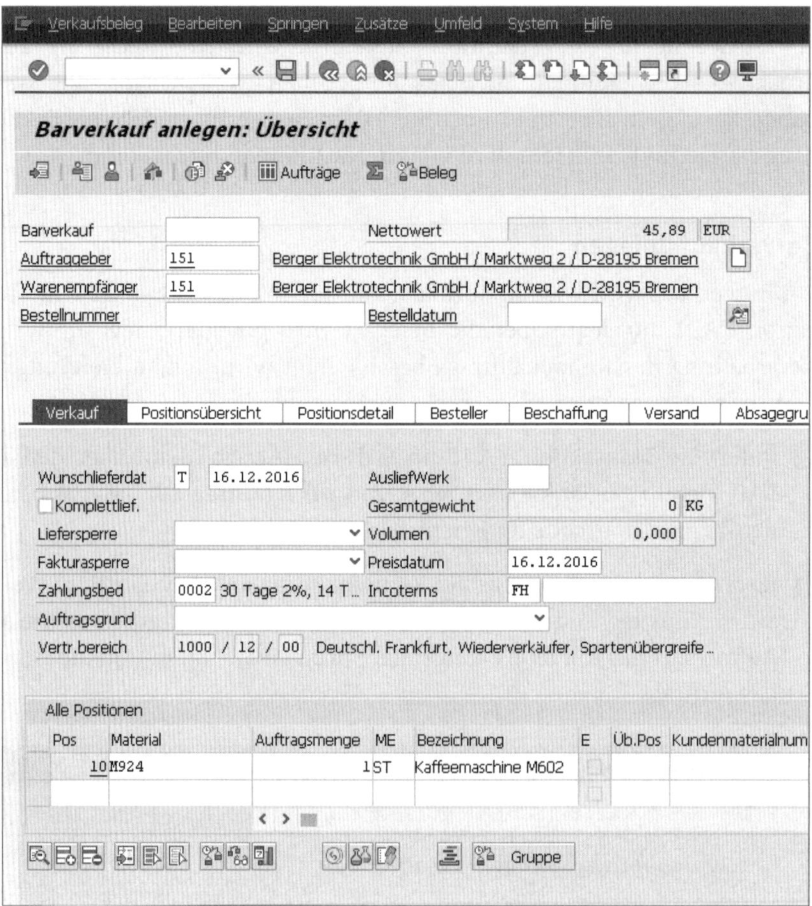

Erfassen Sie den Auftraggeber, das Material und die Auftragsmenge in den gleichnamigen Feldern. Im Feld **Wunschlieferdatum** wird vom SAP-System automatisch das Datum des aktuellen Tages eingetragen. Klicken Sie anschließend auf [Sichern-Symbol] (**Sichern**), um den Barverkauf zu sichern.

4 Sie erhalten eine Meldung, in der die Nummer des Auftrags und der Auslieferung angegeben werden.

Mit dem Auftrag *Barverkauf* haben Sie neben dem automatischen Erzeugen der Auslieferung und des Transportauftrags auch den Druck einer Rechnung veranlasst. Die Rechnung wird normalerweise direkt am Drucker ausgegeben und kann dem Kunden ausgehändigt werden. Systemtechnisch handelt es sich dabei jedoch nur um eine Nachricht an den Kunden; die Fakturierung findet genau wie der Warenausgang erst später statt.

Belegfluss nach Anlegen des Barverkaufs

Wie beim Sofortauftrag wird beim Barverkauf die Weiterverarbeitung des Auftrags sofort angestoßen, indem Auslieferung und Transportauftrag direkt angelegt werden. Im Belegfluss können Sie deshalb umgehend nach dem Anlegen des Barverkaufs die entsprechenden Belege erkennen.

1 Rufen Sie Transaktion VA03 zum Anzeigen des Auftrags auf, indem Sie im SAP-Easy-Access-Menü den Pfad **SAP Menü ▸ Logistik ▸ Vertrieb ▸ Verkauf ▸ Auftrag** entlang navigieren oder den Transaktionscode im Befehlsfeld eingeben.

2 Es öffnet sich das Einstiegsbild der Transaktion. Tragen Sie im Feld **Auftrag** des Einstiegsbildes die Nummer des Barverkaufs ein.

Klicken Sie direkt im Einstiegsbild auf die Schaltfläche (**Belegfluss anzeigen**). Das SAP-System zeigt den Belegfluss auf der Ebene des Belegkopfs zum Barverkauf an.

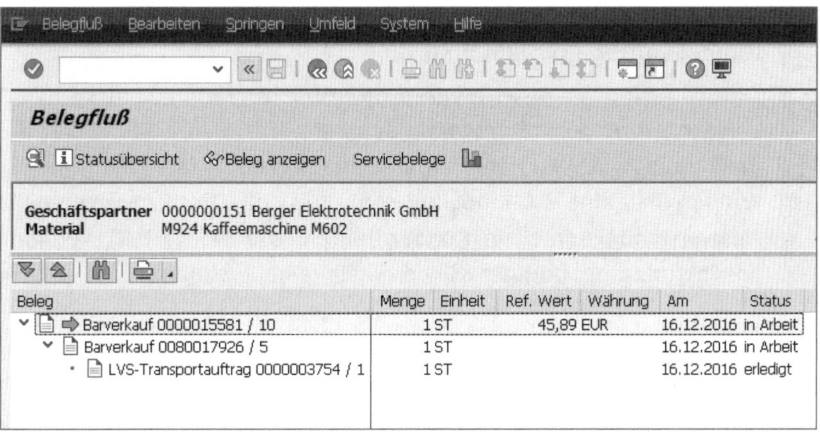

3 Mit dem Eintrag **Barverkauf** ist der Barverkaufsauftrag im Belegfluss dargestellt. Gleichzeitig wurden die Auslieferung und der Transportauftrag vom System angelegt. Die Lieferung wird mit einer eigenen Belegart erzeugt und mit einem zweiten Eintrag **Barverkauf** angezeigt. Der Transportauftrag ist mit dem üblichen Eintrag **LVS-Transportauftrag** gekennzeichnet.

Der von Ihnen angelegte Barverkauf hat sofort die beiden folgenden Schritte des Vertriebsprozesses ausgelöst. Die zugehörige Rechnung wird dem Kunden als Nachricht am Verkaufsdrucker ausgegeben. Sie ist kein eigener Beleg und deshalb im Belegfluss nicht zu erkennen. Nachträglich werden der Warenausgang und die Faktura zum Barverkauf erzeugt. Beide werden dann auch im Belegfluss aufgeführt.

14.3 Kostenlose Lieferung

Möchten Sie Waren ohne Berechnung an einen Kunden liefern, nutzen Sie die Belegart KL. Dies kann nützlich sein, wenn Sie ein kostenloses Muster an einen Kunden versenden oder aufgrund von Fehlmengen schnell Ware nachliefern möchten.

Mit der Belegart zur kostenlosen Lieferung wird der Vertriebsprozess bis zum Warenausgang ohne Ausnahme durchlaufen. Der Belegfluss entspricht daher dem Belegfluss eines normalen Kundenauftrags. Es ist jedoch nicht möglich, eine Faktura zum Auftrag zu erzeugen. Eine Rechnungsstellung der gelieferten Waren an den Kunden findet nicht statt.

HINWEIS

Kundenauftrag mit dem Preis null

Selbstverständlich ist es möglich im normalen Kundenauftrag mit der Belegart TA die Konditionen auf den Preis null zu verändern. Der Kundenauftrag wird dann nach der Lieferung der Ware fakturiert. Der Kunde erhält eine Rechnung mit dem Preis null. Dies kann eventuell zu Missverständnissen beim Kunden führen. Die Belegart KL verhindert die Fakturierung, und der Kunde erhält keine Rechnung.

Anlegen einer kostenlosen Lieferung

Die kostenlose Lieferung von Waren veranlassen Sie im Verkauf mit der Belegart KL. Das Anlegen des Auftrags erfolgt in Transaktion VA01.

1. Öffnen Sie die Transaktion im SAP-Easy-Access-Menü über den Pfad **SAP Menü ▸ Logistik ▸ Vertrieb ▸ Verkauf ▸ Auftrag**, oder geben Sie den Transaktionscode im Befehlsfeld ein.

2. Im Feld **Auftragsart** des Einstiegsbildes geben Sie als Belegart KL ein. Mit [↵] gelangen Sie zum Auftragsbild.

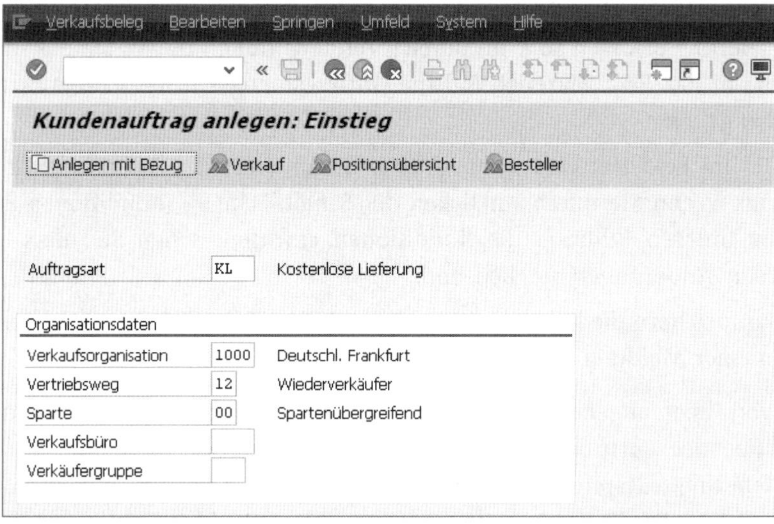

3 Der Eintrag **Kostenlose Lieferung anlegen** in der Titelleiste des Auftragsbildes bestätigt, dass die Ware kostenfrei an den Kunden versendet wird.

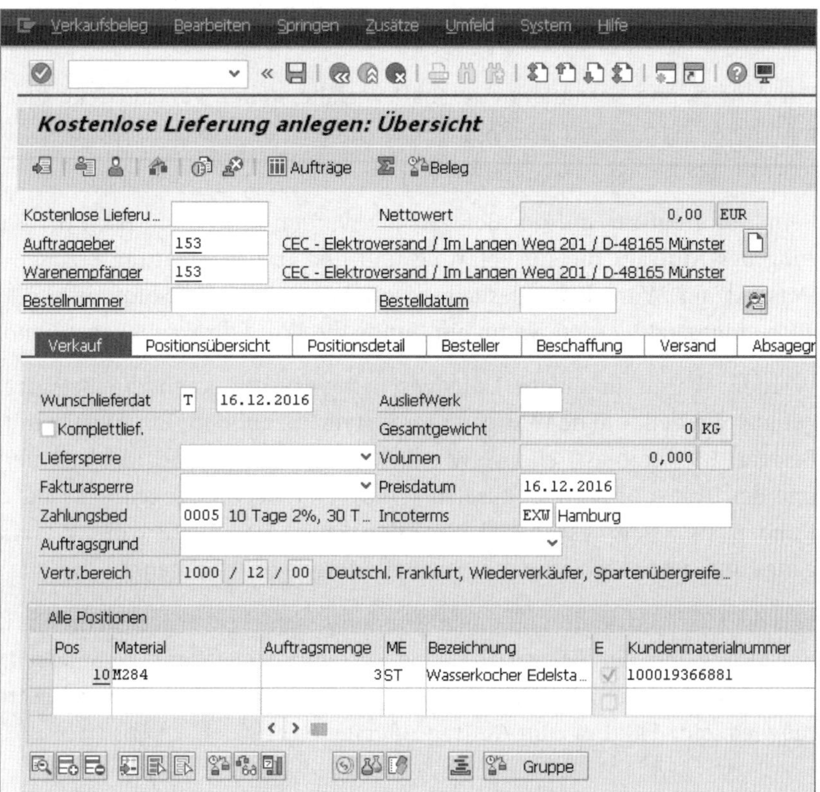

4. Geben Sie im Feld **Auftraggeber** den Kunden an, an den die kostenlose Lieferung erfolgen soll. Im Bereich **Alle Positionen** tragen Sie das Material in das Feld **Material** und die Auftragsmenge in das Feld **Auftragsmenge** ein.

   Der im Feld **Nettowert** angegebene Gesamtwert des Auftrags steht bei null. Wenn Sie durch Anklicken der Schaltfläche (**Konditionen Pos.**) am unteren Bildrand die Konditionen aufrufen, sehen Sie, dass dort keine Änderungen möglich sind.

5. Sie speichern die kostenlose Lieferung, indem Sie (**Sichern**) anklicken. In einer Meldung bestätigt das System die Nummer des Auftrags.

Der von Ihnen angelegte Auftrag **Kostenlose Lieferung** wird in den üblichen Schritten des Vertriebsprozesses weiterverarbeitet, wie in Kapitel 8, »Die Auslieferung«, Kapitel 9, »Kommissionierung und Warenausgang«, und Kapitel 10, »Die Rechnungsstellung«, beschrieben. Eine Fakturierung des Auftrags ist nicht möglich.

14.4 Zusammenfassung

Zur Abwicklung besonderer Geschäftsvorfälle stehen verschiedene Belegarten im SAP-System zur Verfügung. Die Anlage eines solchen speziellen Kundenauftrags erfolgt in der Standardtransaktion für Aufträge.

Beim Sofortauftrag mit der Belegart SO werden umgehend nach der Sicherung des Auftrags die Auslieferung und der Transportauftrag erzeugt. Der Versand der Ware kann deshalb sofort beginnen. Der Sofortauftrag kann auch eingesetzt werden, wenn ein Kunde die Ware direkt im Lager abholt.

Werden Waren in einem Ladengeschäft verkauft, kann die Belegart BV genutzt werden, um den Vorgang im System abzubilden. Ein Auftrag mit der Belegart BV veranlasst ebenso wie der Sofortauftrag direkt die Auslieferung und den Transportauftrag. Zusätzlich wird eine Rechnung gedruckt, die dem Kunden als Beleg ausgehändigt werden kann. Das Buchen des Warenausgangs und die Fakturierung im System erfolgen im Nachgang.

Soll die Ware kostenfrei an einen Kunden geschickt werden, kann ein Kundenauftrag mit der Belegart KL eine kostenlose Lieferung veranlassen. Im Kundenauftrag findet keine Preisermittlung statt. Außerdem ist es nicht möglich, eine Faktura zum Auftrag zu erstellen.

14.5 Probieren Sie es aus!

Der Kunde Willrich Akustik GmbH bestellt telefonisch 30 Stück des Materials Kopfhörer DreamSound 500 (Materialnummer M100). Er besteht darauf, dass die Auslieferung der Ware noch heute erfolgt. Um die schnelle Auslieferung zu gewährleisten, entschließen Sie sich, den Auftrag als Sofortauftrag anzulegen.

Aufgabe 1

Legen Sie den Sofortauftrag für den Kunden an.

Aufgabe 2

Prüfen Sie im Belegfluss zum Auftrag, ob die Auslieferung und der Transportauftrag automatisch erzeugt wurden.

Aufgabe 3

Buchen Sie den Warenausgang zum Auftrag.

Aufgabe 4

Erzeugen Sie die Faktura zum Auftrag.

Die T&H Soundsystems GbR beschwert sich, dass aufgrund der beschädigten Ware und der anschließenden Retourenabwicklung ein erhöhter Arbeitsaufwand im Unternehmen angefallen sei. Sie sagen dem Kunden zu, dass ihm zur Entschädigung ein Stück des Materials Kopfhörer DreamSound 500 (Materialnummer M100) kostenfrei zugesendet wird.

Aufgabe 5

Legen Sie die kostenlose Lieferung für den Kunden an.

Aufgabe 6

Erzeugen Sie die Auslieferung zum Auftrag der kostenlosen Lieferung. Die Auslieferung wird von der Versandstelle 1000 bearbeitet.

Aufgabe 7

Erstellen Sie den Transportauftrag zur Auslieferung. Die Lagernummer lautet 010.

Aufgabe 8

Buchen Sie den Warenausgang für die Auslieferung.

Aufgabe 9

Versuchen Sie, die Faktura zur Auslieferung zu erstellen.

Teil VI

Effizienter arbeiten

Im letzten Teil des Buches lernen Sie, wie Sie Ihre tägliche Arbeit effizienter gestalten können. Gleichgültig, ob Sie Vorgänge manuell oder automatisiert im SAP-System durchführen: In jedem Fall hat der Mitarbeiter im Vertrieb ein großes Interesse, in der Vielzahl von Daten aus den unterschiedlichsten Prozessen möglichst optimal die für ihn relevanten Informationen zu erhalten.

Hierzu stehen in SAP diverse Reports und Analysen zur Verfügung, die meist durch unternehmensspezifische SAP-Listen und Auswertungen ergänzt werden. In jedem Kapitel dieses Buches wurde auf die möglichen Reports hingewiesen. Im letzten Teil dieses Buches erhalten Sie sämtliche Informationen, die Sie benötigen, um optimal mit diesen Reports zu arbeiten und sie genau an Ihre individuellen Bedürfnisse anzupassen.

Darüber hinaus erfahren Sie, mit welchen Hilfsmitteln Sie sich die Arbeit erleichtern können: Felder mit Werten vorbelegen, Prozessschritte schneller ausführen, einzelne Bilder überspringen und Erfassungstabellen individuell einrichten.

15 Listen

In Ihrer täglichen Arbeit im Verkauf müssen Sie nicht nur Daten erfassen und den gesamten Prozess abwickeln. Sie benötigen vielmehr auch Informationen über bereits abgearbeitete oder noch zu bearbeitende Vorgänge. Dazu können Sie zu allen Stammdaten und Belegen Listen erstellen, deren Inhalt Sie auf die persönlich notwendigen Informationen einschränken können. Neben den reinen Listanzeigen können für Sie auch Auswertungen nützlich sein, in denen Daten bereits nach verschiedenen Kriterien zusammengefasst sind.

In diesem Kapitel lernen Sie,

- wie Sie Listen auf die Anzeige der notwendigen Daten beschränken,
- wie Sie ein Layout für Listen einrichten,
- welche Listen im SAP-System bereits vordefiniert sind.

15.1 Einführung

Sämtliche Daten, die im SAP-System erfasst oder generiert werden, können aufgerufen und übersichtlich dargestellt werden. Dabei wird zwischen Listen und Auswertungen unterschieden. Die folgende Abbildung zeigt die unterschiedliche Basis von Listen und Auswertungen. 15

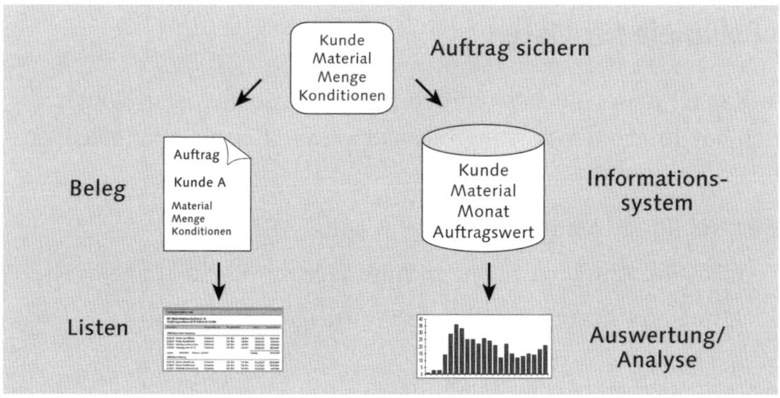

Listen und Auswertungen im SAP-System

Listen dienen lediglich zum Anzeigen von im SAP-System vorhandenen Daten. Dabei werden die Daten einfach aus den verfügbaren Belegen oder Stammdaten ausgelesen. Es findet keine Auswertung oder Analyse der Daten statt.

Sie können sich sämtliche Daten, die Sie im SAP-System erfassen oder die durch das SAP-System generiert werden, in Listen anzeigen lassen. Zu jedem einzelnen Teil des Vertriebsprozesses sind im SAP-System die entsprechenden Listen vordefiniert und über eigene Transaktionen aufzurufen. So können Sie beispielsweise Listen von Kunden oder Materialien, aber auch Listen zu Angeboten, Kundenaufträgen oder Fakturen anzeigen.

Zur Auswertung und Analyse von Daten werden im SAP-System Informationssysteme genutzt. Die Informationssysteme werden bei jedem operativen Vorgang fortgeschrieben. Sichern Sie zum Beispiel einen Kundenauftrag im SAP-System, wird nicht nur der Beleg gespeichert, sondern es werden zusätzlich Daten in den zugehörigen Informationssystemen aktualisiert. Dort wird nicht der einzelne Beleg gespeichert, sondern es werden Summen über Zeiträume, Auftragswerte oder Materialien gebildet, die dann in Auswertungen deutlich schneller abgerufen werden können.

Die Informationssysteme der Logistik finden Sie im SAP-Easy-Access-Menü über **SAP Menü ▸ Logistik ▸ Logistik-Controlling**. Es stehen verschiedene Informationssysteme für Vertrieb, Einkauf oder Fertigung zur Verfügung.

Dieses Kapitel befasst sich vorrangig mit der Datenselektion und den Anzeigemöglichkeiten von Listen. Auf die vielfältigen Möglichkeiten der Auswertungen und Infosysteme wird nicht näher eingegangen.

15.2 Beispiele für Listen

In jedem Kapitel dieses Buches wurden bereits einzelne Listen vorgestellt, die für den beschriebenen Vorgang relevant waren. Beispiele für solche Listen sind:

- VD59 – Liste Kunde-Material-Infosätze (Kapitel 4)
- VA15 – Liste von Anfragen zu einem Auftraggeber (Kapitel 6)
- VA25 – Liste von Angeboten zu einem Auftraggeber (Kapitel 6)

- SDQ1 – Liste von Angeboten, die bald ablaufen werden (Kapitel 6)
- SDQ2 – Liste von Angeboten, die bereits abgelaufen sind (Kapitel 6)
- VA05 – Liste der Kundenaufträge zu einem Auftraggeber (Kapitel 7)
- SD01 – Liste von Kundenaufträgen innerhalb eines Zeitraums (Kapitel 7)
- V.02 – Liste unvollständiger Kundenaufträge (Kapitel 7)
- VL06F – Liste der Lieferungen (Kapitel 8)
- VL10A – Sammelverarbeitung Auslieferungen (Kapitel 8)
- VF05 – Liste der Fakturen (Kapitel 10)
- VF04 – Sammelverarbeitung Fakturen (Kapitel 10)

Neben diesen Listen ist im SAP-System eine große Zahl an weiteren Listen enthalten. Die bestehenden Listen und Auswertungen können Sie individuell an die Situation in Ihrem Unternehmen anpassen. Zusätzlich können unternehmensspezifische Listen neu kreiert und in das SAP-Easy-Access-Menü integriert werden.

15.3 Daten selektieren

Die Menge der Daten im SAP-System wächst im Laufe der Zeit enorm. Bevor Sie eine Liste oder Auswertung aufrufen, müssen Sie deshalb eingrenzen, welche Daten Sie in einer Liste sehen möchten. Sämtlichen Listen und Auswertungen ist zu diesem Zweck ein Selektionsbild vorgeschaltet, in dem Sie die Menge der Daten über verschiedene Kriterien beschränken können.

Sollen Ihnen zum Beispiel alle Auslieferungen zu einem bestimmten Warenempfänger des aktuellen Monats aufgelistet werden, geben Sie im Selektionsbild als Kriterien den gewünschten Zeitraum und den gewünschten Warenempfänger an.

Die erzeugte Liste wird nach diesen Vorgaben aufgebaut; Sie erhalten somit eine übersichtliche Aufstellung, die nur den gewählten Monat umfasst. Nehmen Sie keine Einschränkungen vor, zeigt Ihnen das SAP-System sämtliche Auslieferungen zu allen Warenempfängern an. Dies können in einem Unternehmen über die vergangenen Jahre Zehntausende von Auslieferungen sein, und Sie werden aus der vom SAP-System erzeugten Liste wenig Nutzen ziehen können.

> **HINWEIS**
>
> **Listen und Auswertungen**
>
> In jedem Kapitel dieses Buches wird beschrieben, welche Listen zum entsprechenden Thema im SAP-System vorliegen und angezeigt werden können. Das aktuelle Kapitel beschäftigt sich mit den grundsätzlichen Möglichkeiten zur Selektion und Anzeige von Daten. Die hier beschriebenen Nutzungsmöglichkeiten sind in allen im Buch beschriebenen Listen anwendbar. Beachten Sie, dass in Ihrem Unternehmen andere Listen vordefiniert sein können.

Die folgende Abbildung gibt Ihnen einen Überblick über die möglichen Kriterien bei der Datenselektion für Ihre Liste.

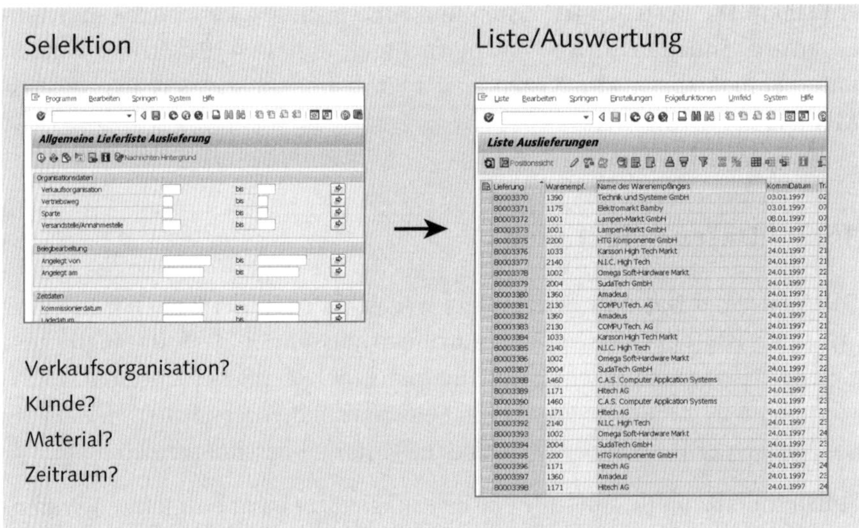

Die Selektion von Daten für Listen und Auswertungen

Bei der Selektion für die Anzeige haben Sie verschiedene Möglichkeiten, um die Daten nach Ihren persönlichen Bedürfnissen einzugrenzen. In der Abbildung wird das Selektionsbild für die Liste der Auslieferungen gezeigt, die in der weiteren Beschreibung als grundsätzliches Beispiel dient. Sie können die Liste mit Transaktion VL06F aufrufen, die Sie im SAP-Easy-Access-Menü über **SAP Menü ▸ Logistik ▸ Logistik-Controlling ▸ Vertriebsinfosystem ▸ Umfeld ▸ Beleginformation ▸ Lieferungen** finden.

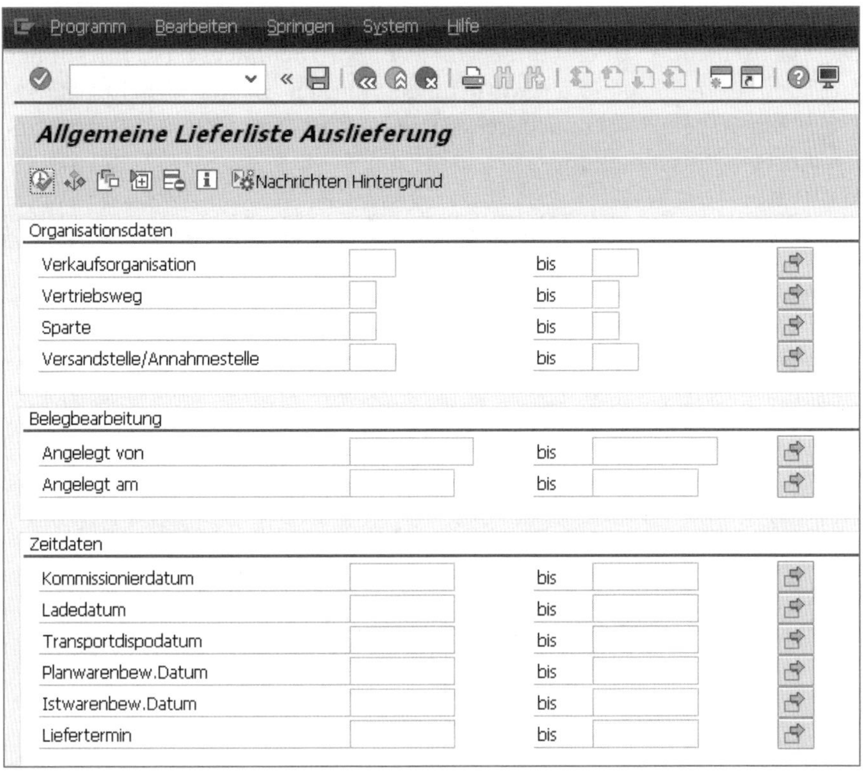

Selektionsbild für Listen und Auswertungen

Geben Sie im Feld **Verkaufsorganisation** eine Verkaufsorganisation an, enthält die angezeigte Liste nur Daten, die sich auf diese Verkaufsorganisation beziehen. So könnten Sie beispielsweise eine Liste von Auslieferungen zu einer bestimmten Verkaufsorganisation generieren. Geben Sie unter **Angelegt von** Ihren Benutzernamen an, beschränkt sich die Liste auf Auslieferungen, die Sie selbst erzeugt haben. Geben Sie in der Selektion eine Verkaufsorganisation und einen Benutzernamen an, erhalten Sie eine Liste, die sich auf diese Verkaufsorganisation und diesen Benutzernamen bezieht. Sie können weitere Einschränkungen vornehmen, sodass Ihnen nur die Informationen in der Liste angezeigt werden, die Sie auch wirklich benötigen.

Sie müssen Ihre Selektion nicht auf einzelne Elemente beziehen. Bei den meisten Selektionskriterien steht ein zweites Feld **bis** zur Verfügung, um Intervalle zu selektieren. So können Sie beispielsweise unter **Anlegt am** einen Start- und einen Endtermin festlegen und sich alle Auslieferungen aus diesem Zeitraum auflisten lassen.

Zu den meisten Kriterien, die Sie als Selektion nutzen können, gibt es eine Mehrfachselektion. Über die Schaltfläche (**Mehrfachselektion**) können Sie komplexere Selektionen vornehmen. Klicken Sie die Schaltfläche rechts hinter dem Selektionskriterium an, und es öffnet sich ein Fenster zur detaillierten Einschränkung.

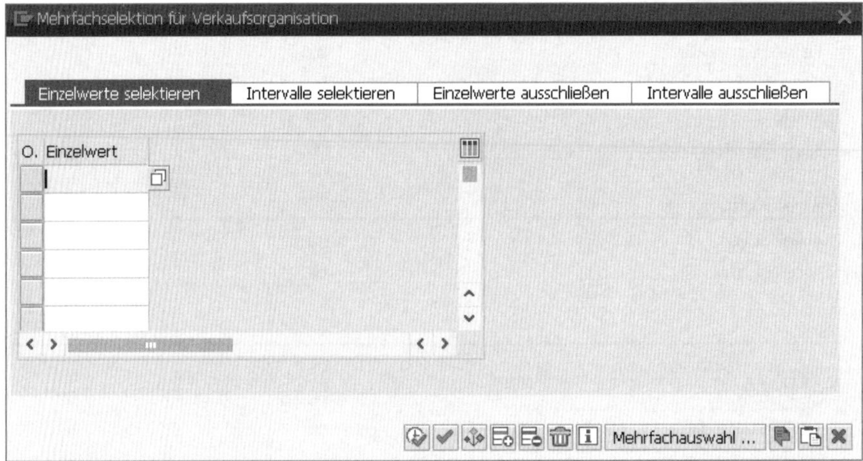

Die Mehrfachselektion für Listen und Auswertungen

Es stehen vier Registerkarten zur Verfügung, auf denen Sie zusätzliche Angaben zur Selektion vornehmen können:

- **Einzelwerte selektieren**
  Wählen Sie diese Registerkarte aus, und geben Sie untereinander die Werte an, zu denen die Liste aufgebaut werden soll. So können Sie zum Beispiel mehrere verschiedene Warenempfänger angeben, die bei der Auflistung der Auslieferungen berücksichtigt werden sollen.
- **Intervalle selektieren**
  Auf dieser Registerkarte können Sie untereinander mehrere Intervalle auswählen, die zur Erstellung der Liste genutzt werden. Beispielsweise könnten die beiden Intervalle 1.1. bis 31.1.2015 und 1.1. bis 31.1.2016 ausgewählt werden. Die Liste enthält dann nur Auslieferungen aus diesen beiden Zeiträumen.
- **Einzelwerte ausschließen**
  Auf dieser Registerkarte haben Sie die Möglichkeit, einzelne Werte aus der Selektion auszuschließen. Schließen Sie beispielsweise einen Warenempfänger aus, wird keine Bestellung zu diesem Warenempfänger in der Auslieferliste angezeigt.

- **Intervalle ausschließen**
  Diese Registerkarte bietet die Möglichkeit, Intervalle aus der Selektion auszuschließen. Geben Sie hier zum Beispiel das Intervall 1.1.2016 bis 31.12.2016 an, zeigt die Liste alle Auslieferungen, die nicht in diesem Zeitraum liegen.

Haben Sie die zusätzlichen Selektionen vorgenommen, springen Sie mit (**Ausführen**) zurück in das Selektionsbild. Im Selektionsbild erkennen Sie nicht auf den ersten Blick, dass eine Mehrfachselektion stattgefunden hat. Lediglich ein kleines grünes Quadrat in der Schaltfläche (**Mehrfachselektion**) zeigt an, dass weitere Selektionen zum Kriterium vorliegen.

Haben Sie alle Selektionskriterien für die Liste angegeben, können Sie mit der Schaltfläche (**Ausführen**) den Aufbau der Liste starten. Die Anzeige der Daten können Sie beeinflussen; wie Sie dabei vorgehen, lesen Sie im folgenden Abschnitt.

Rufen Sie regelmäßig Listen oder Auswertungen mit den gleichen Selektionskriterien auf, können Sie Ihre Selektionskriterien als Variante speichern. Legen Sie dazu zunächst Ihre Selektionskriterien fest, und klicken Sie in der Systemfunktionsleiste auf die Schaltfläche (**Als Variante sichern**). Es wird das folgende Bild geöffnet.

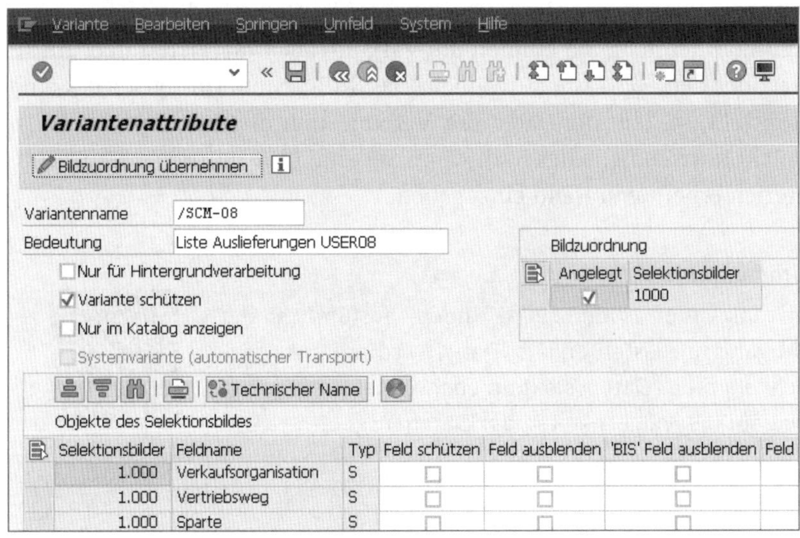

Selektionskriterien als Variante sichern

Geben Sie im Feld **Variantenname** eine Bezeichnung für die Variante an. Im Feld **Bedeutung** können Sie eine genauere Beschreibung eintragen. Klicken

Sie erneut auf die Schaltfläche (**Sichern**), und die Selektionskriterien werden als Variante gesichert.

Befinden Sie sich im Selektionsbild zu einer Liste oder Auswertung, können Sie Ihre Variante durch Anklicken der Schaltfläche (**Variante holen**) in der Anwendungsfunktionsleiste aufrufen. Im folgenden Bild können Sie zwischen den gespeicherten Varianten auswählen und so Ihre Selektionskriterien in das Selektionsbild übernehmen.

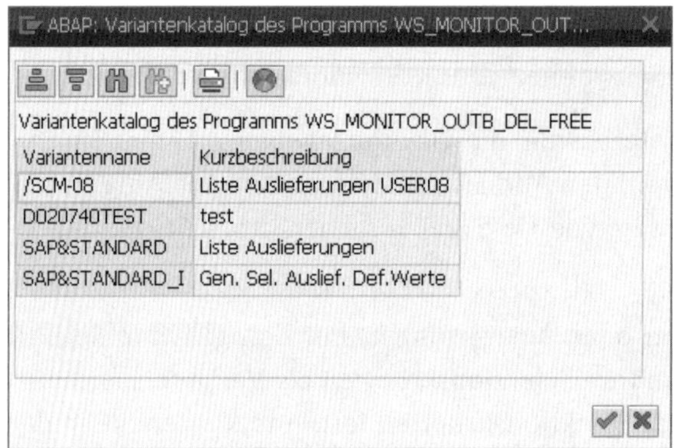

Eine Variante zu festgelegten Selektionskriterien aufrufen

Doppelklicken Sie auf eine der Varianten, um die Daten in die Selektionskriterien zu übernehmen. Sie können die Variante auch markieren und mit (**Weiter**) oder der ↵-Taste auswählen. Das SAP-System springt zurück zum Selektionsbild, in dem die Daten der Variante nun eingetragen sind. Es ist daher nicht notwendig, jedes Mal, wenn Sie eine Liste aufrufen, die Selektionskriterien erneut von Hand einzugeben.

VIDEO

Umgang mit Listen

Im folgenden Video wird Ihnen ausführlich der Umgang mit Listen erklärt. Dabei wird auf die Möglichkeiten der Datenselektion ebenso viel Wert gelegt wie auf die Möglichkeiten der Datenausgabe.

http://s-prs.de/v4465eu

Lesen Sie im folgenden Abschnitt, wie Sie eine Liste im SAP-System anzeigen können.

15.4 Listen anzeigen

Vor jeder Liste befindet sich im SAP-System ein Selektionsbild, in dem Sie vorgeben, welche Daten Sie anzeigen möchten. Haben Sie die Datenselektion, wie in Abschnitt 15.3, »Daten selektieren«, beschrieben, vorgenommen und mit [icon] (**Ausführen**) ausgeführt, erstellt das SAP-System die Liste, und Sie gelangen zur Anzeige.

Generell stehen im SAP-System zwei verschiedene Varianten zur Anzeige von Listen zur Verfügung: Die Darstellung im SAP List Viewer zeigt Daten in einer klassischen reinen Datenansicht. Die moderne Variante ist das ALV Grid Control. Das ALV Grid Control zeigt Daten tabellarisch an und bietet neben der reinen Anzeige vielfältige Möglichkeiten der Einstellung. Sie können die angezeigten Daten selbstständig neu sortieren und filtern, Zwischensummen über bestimmte Felder bilden etc. Sie können die Listen selbst gestalten, ohne dass neue Listen programmiert werden müssen. Die folgende Abbildung stellt die Ansichten von Listen im SAP List Viewer und ALV Grid Control einander gegenüber.

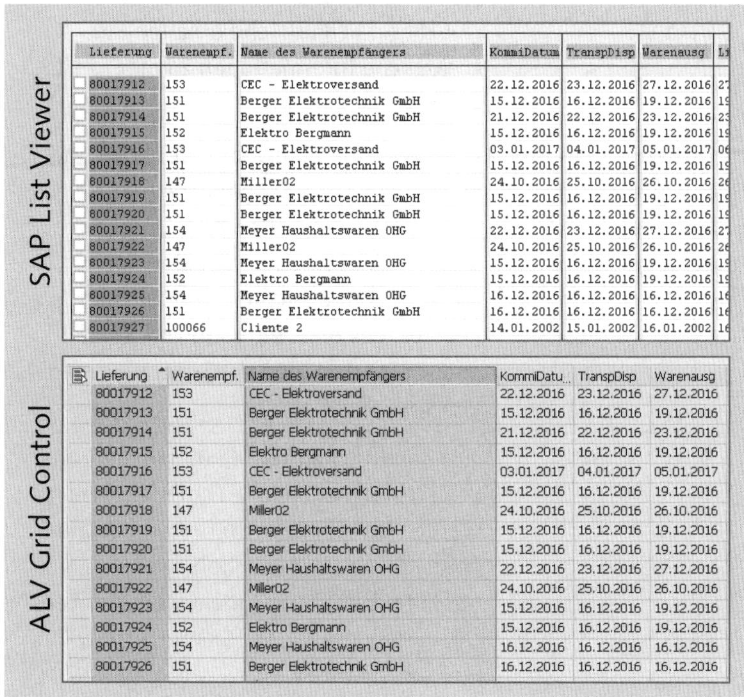

Lieferung	Warenempf.	Name des Warenempfängers	KommiDatum	TranspDisp	Warenausg
80017912	153	CEC - Elektroversand	22.12.2016	23.12.2016	27.12.2016
80017913	151	Berger Elektrotechnik GmbH	15.12.2016	16.12.2016	19.12.2016
80017914	151	Berger Elektrotechnik GmbH	21.12.2016	22.12.2016	23.12.2016
80017915	152	Elektro Bergmann	15.12.2016	16.12.2016	19.12.2016
80017916	153	CEC - Elektroversand	03.01.2017	04.01.2017	05.01.2017
80017917	151	Berger Elektrotechnik GmbH	15.12.2016	16.12.2016	19.12.2016
80017918	147	Miller02	24.10.2016	25.10.2016	26.10.2016
80017919	151	Berger Elektrotechnik GmbH	15.12.2016	16.12.2016	19.12.2016
80017920	151	Berger Elektrotechnik GmbH	15.12.2016	16.12.2016	19.12.2016
80017921	154	Meyer Haushaltswaren OHG	22.12.2016	23.12.2016	27.12.2016
80017922	147	Miller02	24.10.2016	25.10.2016	26.10.2016
80017923	154	Meyer Haushaltswaren OHG	15.12.2016	16.12.2016	19.12.2016
80017924	152	Elektro Bergmann	15.12.2016	16.12.2016	19.12.2016
80017925	154	Meyer Haushaltswaren OHG	16.12.2016	16.12.2016	16.12.2016
80017926	151	Berger Elektrotechnik GmbH	16.12.2016	16.12.2016	16.12.2016
80017927	100066	Cliente 2	14.01.2002	15.01.2002	16.01.2002

Lieferung	Warenempf.	Name des Warenempfängers	KommiDatu...	TranspDisp	Warenausg
80017912	153	CEC - Elektroversand	22.12.2016	23.12.2016	27.12.2016
80017913	151	Berger Elektrotechnik GmbH	15.12.2016	16.12.2016	19.12.2016
80017914	151	Berger Elektrotechnik GmbH	21.12.2016	22.12.2016	23.12.2016
80017915	152	Elektro Bergmann	15.12.2016	16.12.2016	19.12.2016
80017916	153	CEC - Elektroversand	03.01.2017	04.01.2017	05.01.2017
80017917	151	Berger Elektrotechnik GmbH	15.12.2016	16.12.2016	19.12.2016
80017918	147	Miller02	24.10.2016	25.10.2016	26.10.2016
80017919	151	Berger Elektrotechnik GmbH	15.12.2016	16.12.2016	19.12.2016
80017920	151	Berger Elektrotechnik GmbH	15.12.2016	16.12.2016	19.12.2016
80017921	154	Meyer Haushaltswaren OHG	22.12.2016	23.12.2016	27.12.2016
80017922	147	Miller02	24.10.2016	25.10.2016	26.10.2016
80017923	154	Meyer Haushaltswaren OHG	15.12.2016	16.12.2016	19.12.2016
80017924	152	Elektro Bergmann	15.12.2016	16.12.2016	19.12.2016
80017925	154	Meyer Haushaltswaren OHG	16.12.2016	16.12.2016	16.12.2016
80017926	151	Berger Elektrotechnik GmbH	16.12.2016	16.12.2016	16.12.2016

SAP List Viewer und ALV Grid Control

Innerhalb des SAP-Systems variiert die Anzeige zwischen SAP List Viewer und ALV Grid Control. Bei einigen Listen haben Sie die Möglichkeit zu wählen, wie die Anzeige erfolgen soll. Andere werden ohne Vorauswahl in einer der beiden Varianten angezeigt, ohne dass Sie die Möglichkeit der Umstellung haben.

In allen Listen können Sie mit einem Doppelklick auf ein einzelnes Element der Liste direkt in den zugehörigen Beleg oder die zugehörigen Stammdaten springen.

Je nach Art der Liste stehen Ihnen verschiedene Schaltflächen in der Anwendungsfunktionsleiste zur Verfügung, mit denen Sie die vorliegenden Daten sortieren, filtern oder exportieren können. Dabei haben Sie in ALV-Grid-Control-Listen normalerweise größere Gestaltungsmöglichkeiten als in Listen des SAP List Viewers. Die wichtigsten Schaltflächen mit den zugehörigen Funktionen finden Sie in der folgenden Übersicht.

Schaltfläche	Bezeichnung	Erläuterung
	Detail	Mit dieser Schaltfläche erhalten Sie zusätzliche Informationen zu einer Zeile der Liste.
/	Sortieren aufsteigend/ Sortieren absteigend	Markieren Sie eine Spalte der Liste und klicken auf diese Schaltfläche, wird die Liste aufsteigend oder absteigend nach dieser Spalte sortiert. Ist keine Spalte markiert, öffnet sich ein zusätzliches Fenster, das die Definition von Spalten erlaubt, nach denen die Sortierung erfolgen soll.
	Filter setzen	Mit dieser Schaltfläche können Sie in der Liste festlegen, welche Daten angezeigt werden. In einem gesonderten Fenster geben Sie an, auf welche Spalte sich der Filter bezieht, in einem weiteren Fenster, welche Daten der Spalte ausgewählt werden.

Funktionen zur Bearbeitung von Listen

Schalt-fläche	Bezeichnung	Erläuterung
	Summe	Klicken Sie diese Schaltfläche an, werden die Werte der aktuell markierten Spalte summiert. Die Summe wird in einer separaten Spalte oberhalb der Liste angezeigt.
	Zwischensummen	Mit dieser Schaltfläche können Zwischensummen zu einzelnen Spalten gebildet werden. Dabei werden die Zwischensummen jeweils oberhalb eines Summenbereichs angezeigt.
	Druckvorschau	Haben Sie eine Liste nach Ihren Bedürfnissen sortiert und eingerichtet, können Sie mit dieser Schaltfläche eine Druckvorschau der Liste anzeigen.
	Tabellen-kalkulation	Diese Schaltfläche erlaubt den Export der Daten in ein Tabellenkalkulationsprogramm. Voreingestellte Formate sind Microsoft Excel und StarOffice Calc.
	Textverarbeitung	Mit dieser Schaltfläche können die Daten in Microsoft Word übertragen werden. Dabei steht auch die Möglichkeit eines Serienbriefs unter der Nutzung von Werten aus der Liste zur Verfügung.
	Lokale Datei	Speichert die Liste in einer Datei auf Ihrem Computer. Sie können zwischen verschiedenen Dateiformaten auswählen.
	Mail-Empfänger	Nutzen Sie diese Schaltfläche, um die Liste an einen Kollegen zu versenden. Standardmäßig ist als E-Mail-Programm die interne Funktion des SAP-Systems zum Versand von Kurznachrichten eingeschaltet.

Funktionen zur Bearbeitung von Listen (Forts.)

Schalt-fläche	Bezeichnung	Erläuterung
	ABC-Analyse	In einigen Listen ist es möglich, über diese Schaltfläche eine ABC-Analyse zu einzelnen Spalten durchzuführen. Dabei können Sie selbst festlegen, wie die ABC-Segmente aufgeteilt werden.
	Ansicht Grafik	Bei einigen Listen können Sie sich über diese Schaltfläche grafische Auswertungen zu einzelnen Spalten anzeigen lassen.
	Layout ändern	Klicken Sie auf diese Schaltfläche, können Sie in einem separaten Fenster auswählen, welche Spalten Ihnen in der Liste angezeigt werden sollen. Außerdem haben Sie die Möglichkeit, die Reihenfolge der Spalten festzulegen. Der Umgang mit Layouts wird in Abschnitt 15.5, »Layouts zu einer Liste einrichten«, dargestellt.
	Layout auswählen	Mit dieser Schaltfläche können Sie voreingestellte oder von Ihnen gespeicherte Layouts aufrufen. Details erfahren Sie in Abschnitt 15.5.
	Layout sichern	Haben Sie das Layout zu einer Liste nach Ihren Bedürfnissen angepasst, können Sie das Layout mit dieser Schaltfläche speichern. Abschnitt 15.5 zeigt den Umgang mit den Layout-Einstellungen.
	Informationen	Ein Klick auf diese Schaltfläche öffnet den Internetbrowser und springt direkt in die Online-Hilfe zum ALV Grid Control.

Funktionen zur Bearbeitung von Listen (Forts.)

Abhängig von der ausgewählten Liste, stehen Ihnen nur ausgewählte Funktionen zur Verfügung. Im SAP List Viewer sind die Möglichkeiten deutlich eingeschränkter als im ALV Grid Control.

15.5 Layouts zu einer Liste einrichten

Im ALV Grid Control haben Sie die Möglichkeit, das Layout der Listen so anzupassen, dass die für Sie wichtigen Informationen in der für Sie richtigen Reihenfolge angezeigt werden. Beim Einrichten eines persönlichen Layouts gehen Sie schrittweise wie folgt vor:

1. Klicken Sie in der Anwendungsfunktionsleiste auf die Schaltfläche (**Layout ändern**).
2. Es öffnet sich ein eigenes Fenster zur Anpassung der Liste. Wählen Sie die Registerkarte **Spaltenauswahl**.

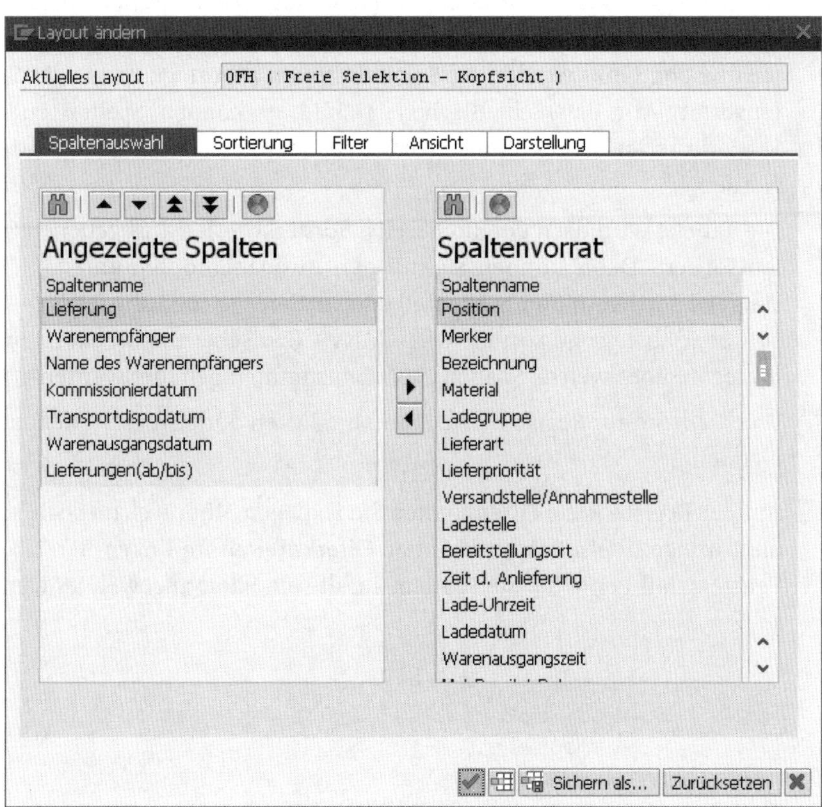

15

Auf der Registerkarte **Spaltenauswahl** sehen Sie links unter **Angezeigte Spalten** die aktuell in der Liste aufgeführten Spalten. Rechts haben Sie den **Spaltenvorrat**, aus dem Sie Spalten zur Anzeige auswählen können. Mit der Schaltfläche ◀ können Sie Spalten aus dem **Spaltenvorrat** in **Angezeigte Spalten** übernehmen. Die Schaltfläche ▶ hat die entgegengesetzte Funktion. Ein Doppelklick auf einen Eintrag verschiebt den Eintrag ebenfalls aus dem Spaltenvorrat in die angezeigten Spalten und umgekehrt.

Innerhalb der angezeigten Spalten können Sie einen Eintrag markieren und mit den Schaltflächen ▲ und ▼ nach oben bzw. unten verschieben. Die Spalten der Tabelle werden in der hier gewählten Reihenfolge angezeigt. Mit ⏫ können Sie einen Eintrag direkt an den Anfang verschieben, mit ⏬ direkt an das Ende.

3 Wählen Sie die Registerkarte **Sortierung**. Das Layout-Fenster wechselt, wie in der Abbildung dargestellt.

4 Auf der Registerkarte **Sortierung** legen Sie fest, nach welchen Spalten die Tabelle sortiert werden soll. Das Prinzip entspricht dem Prinzip der Spaltenauswahl: Links werden die **Sortierkriterien** angezeigt, rechts der **Spaltenvorrat**. Mit den Schaltflächen ◀ und ▶ können Spalten zu den Sortierkriterien übernommen bzw. aus den Sortierkriterien entfernt werden.

Die Tabelle wird nach den im Bereich **Sortierkriterien** angegebenen Spalten sortiert. Dabei können Sie mit den Auswahlknöpfen unter (**Aufsteigend sortieren**) und (**Absteigend sortieren**) pro Spalte festlegen, ob auf- oder absteigend sortiert wird. Mit (**Zwischensumme**) können Sie festlegen, über welche Spalten Zwischensummen gebildet werden.

5 Wechseln Sie zur Registerkarte **Filter**, um Daten der Liste ein- oder auszublenden.

6 Auf der Registerkarte **Filter** können Sie festlegen, über welche Spalten Sie die Anzeige filtern möchten. Unter **Filterkriterien** im linken Bereich des Fensters definieren Sie die Spalten, auf die ein Filter angewendet werden soll.

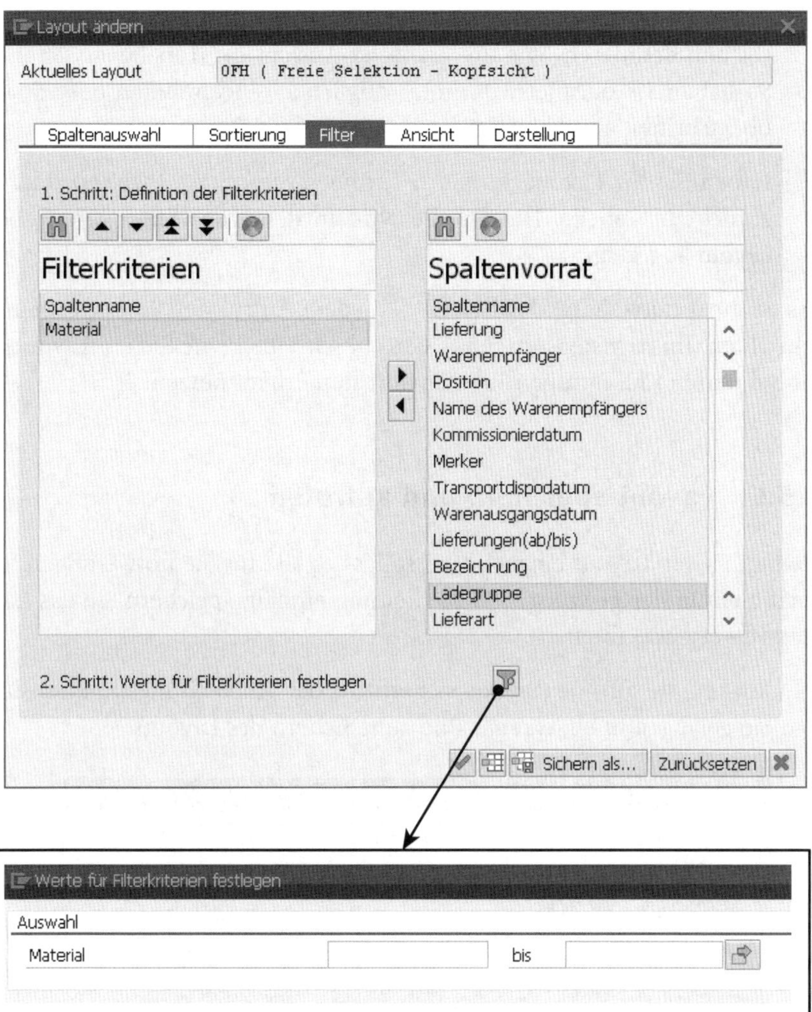

7 Klicken Sie auf die Schaltfläche (**Filter**), und es öffnet sich ein weiteres Fenster, in dem Sie festlegen, welche Werte der Spalte angezeigt werden sollen. Über die Felder **von** und **bis** sowie über die Schaltfläche (**Mehrfachselektion**) können Sie detailliert bestimmen, zu welchen Spaltenwerten Informationen angezeigt werden.

8 Auf der Registerkarte **Ansicht** können Sie zusätzlich entscheiden, ob die Tabelle im SAP List Viewer oder in Microsoft Excel angezeigt werden soll.

9 Auf der Registerkarte **Darstellung** können Sie mit verschiedenen Kennzeichen definieren, wie die grafische Ansicht der Tabelle aussehen soll. So haben Sie beispielsweise die Möglichkeit, Trennlinien oder Spaltenüberschriften auszublenden.

10 Haben Sie Ihr Layout definiert, springen Sie mit ✔ (**Weiter**) oder [↵] zurück zur Tabelle. Die Tabelle wird in dem von Ihnen vorgegebenen Layout angezeigt.

Es ist nicht notwendig, das Layout bei jedem Aufruf der Tabelle erneut einzurichten. Im nächsten Abschnitt wird beschrieben, wie Sie ein Layout speichern und bei zukünftigen Tabellenaufrufen erneut nutzen.

15.6 Layout speichern und aufrufen

Haben Sie ein Layout eingerichtet, sodass es alle für Sie notwendigen Informationen in der gewünschten Darstellung enthält, speichern Sie das Layout schrittweise wie folgt:

1 Klicken Sie auf (**Layout sichern**) in der Anwendungsfunktionsleiste. Sie gelangen in ein eigenes Bild zum Sichern des Layouts.

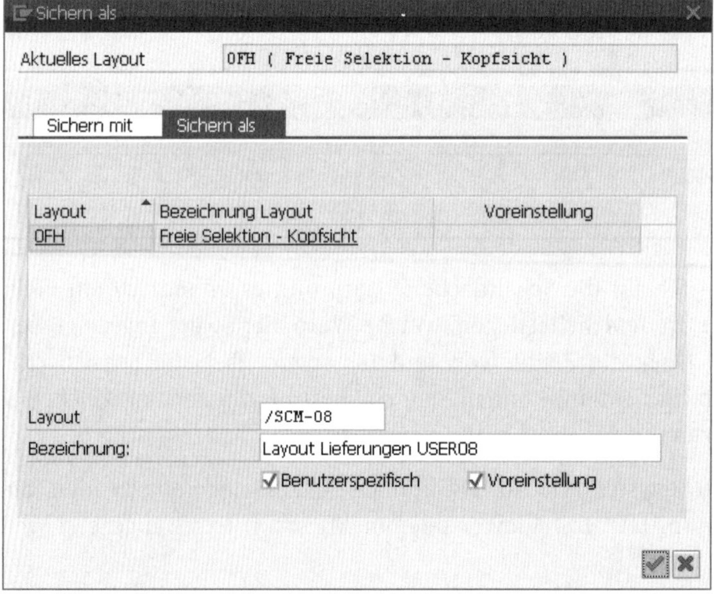

2. Im Feld **Layout** geben Sie einen Namen für das Layout an (im Beispiel **/SCM-08**). Im Feld **Bezeichnung** können Sie eine genauere Beschreibung des Layouts angeben (hier **Layout Lieferungen USER08**).
3. Setzen Sie das Häkchen im Ankreuzfeld **Benutzerspezifisch**, steht das Layout nur für Sie zur Verfügung. Ist das Häkchen nicht gesetzt, kann jeder Benutzer auf das Layout zugreifen. Treffen Sie Ihre Auswahl.
4. Möchten Sie das Layout zur Standardeinstellung bestimmen, setzen Sie das Häkchen im Ankreuzfeld **Voreinstellung**. Ist das Häkchen gesetzt, wird beim zukünftigen Aufruf der Tabelle die Ansicht Ihrem Layout entsprechen.
5. Mit ✔ (**Weiter**) oder [↵] wird das Layout gespeichert.

Klicken Sie bei der Listanzeige in der Anwendungsfunktionsleiste auf die Schaltfläche ▦ (**Layout auswählen**), um eines der gespeicherten Layouts auszuwählen. Im folgenden Fenster können Sie eines der vorliegenden Layouts heraussuchen und übernehmen. Die Anzeige der aktuellen Liste ändert sich nach den Vorgaben des gewählten Layouts.

15.7 Zusammenfassung

In jedem Bereich des SAP-Systems können über Listen die abgelegten Daten gesammelt angezeigt werden. Dabei wird im ersten Schritt in einem Selektionsbild eingeschränkt, welche Daten die Liste enthalten soll. Die gewählten Selektionskriterien können als Variante gesichert werden, sodass nicht bei jedem Listenaufruf die erneute manuelle Eingabe der Kriterien notwendig ist.

Zur Anzeige von Listen gibt es im SAP-System zwei Möglichkeiten: Die Anzeige per SAP List Viewer und die modernere Ansicht mit dem ALV Grid Control. Die Darstellung von Listen kann über ein Layout individuell angepasst werden. Dabei haben Sie die Möglichkeit, die Anzeige der Spalten und die Sortierung oder Summierung der Daten festzulegen. Über Filter kann die Datenauswahl eingeschränkt werden. Es ist möglich, das Layout zu einer Liste zu speichern, sodass die Liste bei zukünftigen Aufrufen im eigenen Design vorliegt.

Außerdem ist es möglich, Listen zu exportieren, beispielsweise in Microsoft Excel oder Word.

16 Tipps und Tricks

Ein Großteil der täglichen Arbeit im Verkaufsbüro wird in der Regel für das Erfassen von Daten aufgewendet. Denn jeder Kundenauftrag sollte möglichst schnell in das SAP-System eingegeben werden, damit Versand und Rechnungsstellung zügig abgewickelt werden können.

Das SAP-System ist sehr komplex, und die auf den ersten Blick manchmal etwas umständliche Bedienung verstärkt diesen Eindruck. Dabei bietet die SAP-Benutzeroberfläche vielfältige Möglichkeiten, um Daten voreinzustellen und zu personalisieren, sodass im täglichen Geschäft Steuerung und Datenerfassung leichter von der Hand gehen.

In diesem Kapitel lernen Sie,

- wie Sie Felder mit Werten vorbelegen,
- wie Sie nachfolgende Prozessschritte schneller ausführen,
- wie Sie einzelne Bilder überspringen,
- wie Sie Erfassungstabellen individuell einrichten.

16.1 Felder mit Werten vorbelegen

Das SAP-System bietet die Möglichkeit, Felder systemweit mit einem bestimmten Wert vorzubelegen. Dies ist vor allem für die zu den Organisationseinheiten gehörigen Felder sinnvoll. Wahrscheinlich sind Sie immer für die gleiche Verkaufsorganisation oder das gleiche Verkaufsbüro tätig. Das SAP-System erwartet in den Feldern **Verkaufsorganisation** und **Verkaufsbüro** aber immer wieder von Neuem die entsprechenden Eingaben.

In Kapitel 7 haben Sie den Kundenauftrag und Transaktion VA01 zu dessen Anlage kennengelernt. Allein im Einstiegsbild des Kundenauftrags sind sechs Felder zu füllen, bei denen es sich in 90 % der Fälle immer um die gleichen Eingaben handelt. Wenn Sie die Felder vom SAP-System bereits automatisch mit Vorschlagswerten belegen lassen, können Sie sich diese Tipparbeit sparen.

Zu dessen Vorbelegung nutzen Sie die Parameter-ID eines Feldes. Diese müssen Sie zunächst herausfinden, damit Sie anschließend in Ihren persönlichen Daten einen Wert zur Parameter-ID setzen können.

Am Beispiel der Verkaufsorganisation möchte ich Ihnen diese Möglichkeit zeigen: Das Feld **Verkaufsorganisation** soll im gesamten SAP-System mit dem Vorschlagswert **1000** gefüllt werden. Um einen systemweiten Vorschlagswert für das Feld zu definieren, gehen Sie wie folgt vor:

1. Rufen Sie Transaktion VA01 im SAP-Easy-Access-Menü über den Pfad **SAP Menü ▸ Logistik ▸ Vertrieb ▸ Verkauf ▸ Auftrag** auf, oder geben Sie den Transaktionscode direkt im Befehlsfeld ein.
2. Klicken Sie im Einstiegsbild in das Feld **Verkaufsorganisation**.
3. Drücken Sie die [F1]-Taste.

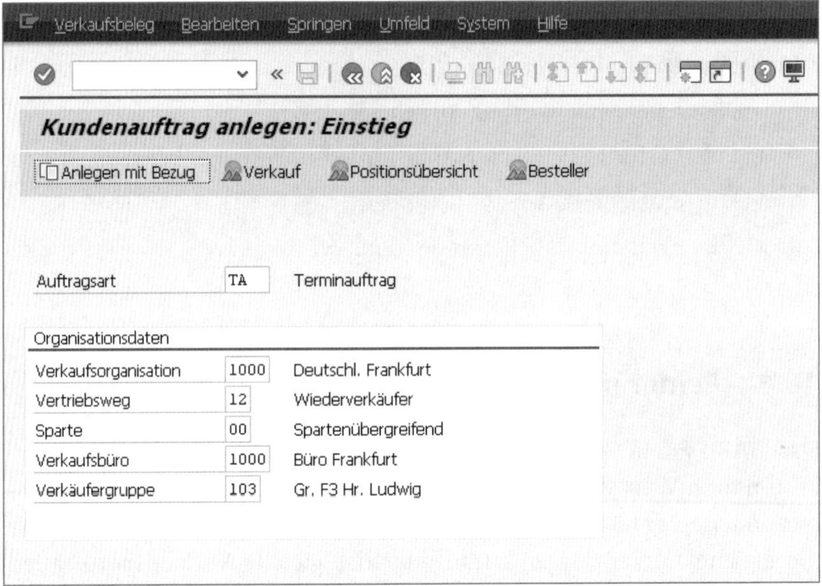

4. Es öffnet sich die Kontexthilfe mit erklärenden Informationen zum Feld. Diese Funktion haben Sie bereits in Abschnitt 1.2, »Hilfefunktionen«, kennengelernt.
5. Klicken Sie im Hilfefenster auf die Schaltfläche (**Technische Informationen**).

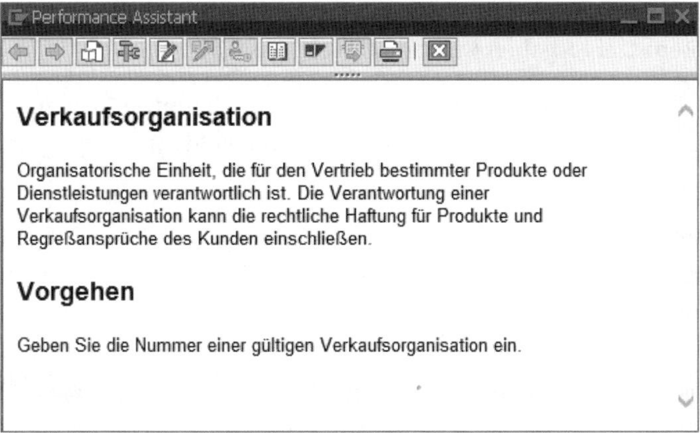

6 Sie gelangen in ein Fenster, das technische Daten zum Feld und zur aktuellen Transaktion enthält. Merken Sie sich den Eintrag im Feld **Parameter-Id**. Für das Feld **Verkaufsorganisation** lautet die Parameter-ID **VKO**.

7 Schließen Sie das Fenster mit den technischen Informationen durch Anklicken der Schaltfläche (**übernehmen**).

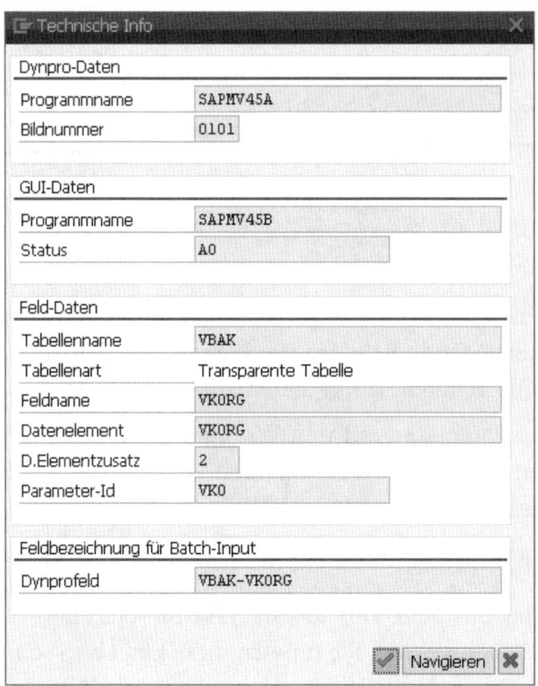

8 Schließen Sie das Hilfetextfenster, indem Sie die Schaltfläche (**Schliessen**) drücken.

9 Öffnen Sie Ihre eigenen Benutzervorgaben, indem Sie in der Menüleiste **System ▸ Benutzervorgaben ▸ Eigene Daten** auswählen.

10 Es öffnet sich ein Fenster mit Ihren persönlichen Benutzerwerten. Wählen Sie die Registerkarte **Parameter** aus, um eine Feldvorbelegung vorzunehmen.

11 Die Registerkarte **Parameter** enthält viele technische Einstellungen zu Ihrem Benutzer, von denen die meisten durch die Systemadministration gesetzt wurden und keinesfalls verändert werden sollten.

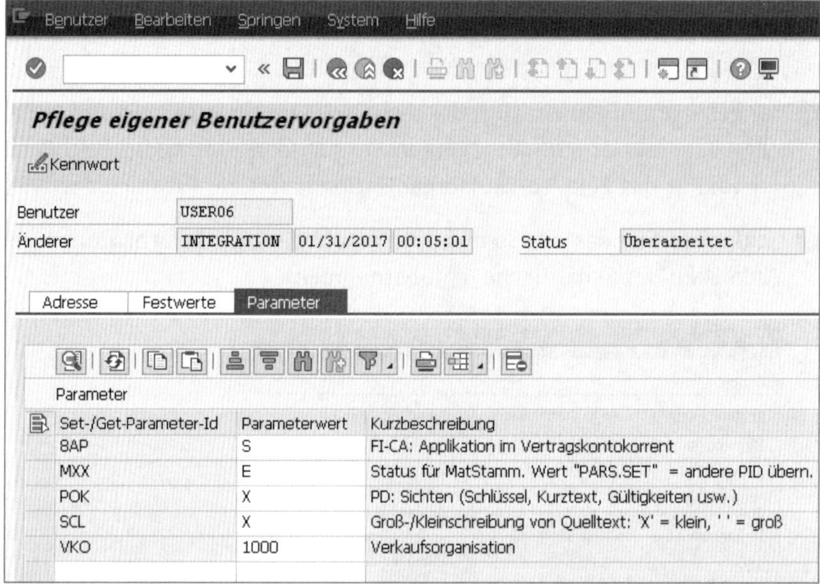

Geben Sie in der letzten Zeile der Spalte **Set-/Get-Parameter-Id** die Parameter-ID für das vorzubelegende Feld an. Die Paramter-ID haben Sie in Schritt 5 ermittelt. In unserem Fall lautet die Parameter-ID **VKO**.

12 Geben Sie in der Spalte **Parameterwert** den Wert an, der systemweit im Feld vorgeschlagen werden soll. Im vorliegenden Beispiel soll das Feld **Verkaufsorganisation** mit dem Wert **1000** gefüllt werden.

13 Speichern Sie die Daten mit einem Klick auf die Schaltfläche (**Sichern**).

In jeder Transaktion, in der das Feld **Verkaufsorganisation** erscheint, wird nun der Vorschlagswert **1000** eingesetzt. Sie müssen diese Eingabe also nicht mehr manuell vornehmen. Das Feld bleibt allerdings zur Bearbeitung offen. Sollten Sie also im Ausnahmefall eine andere Verkaufsorganisation eintragen müssen, können Sie den Vorschlagswert jederzeit überschreiben.

Für alle Felder zu den Organisationseinheiten und Belegarten im Vertrieb gibt es eine Parameter-ID, die Sie zur Festlegung eines Vorschlagswerts nutzen können:

Feld	Parameter-ID
Verkaufsorganisation	VKO
Vertriebsweg	VTW
Sparte	SPA
Verkaufsbüro	VKB
Verkäufergruppe	VKG
Buchungskreis	BUK
Werk	WRK
Versandstelle	VST
Lagernummer	LGN
Auftragsart (Verkaufsbelegart)	AAT
Kontengruppe (Kundenstamm)	KGD
Branche (Materialstamm)	MTP
Materialart (Materialstamm)	MTA

Parameter-IDs für Vorschlagswerte

16.2 Einstiegsbild einer Transaktion überspringen

Haben Sie den Tipp aus dem vorherigen Kapitel angewendet und alle Felder des Einstiegsbildes vorbelegt, müssen Sie hier zukünftig nur noch in Ausnahmefällen Eingaben vornehmen. Es ist deshalb nicht mehr notwendig, dass beim Start der Transaktion zum Anlegen eines Kundenauftrags (Transaktion VA01) das Einstiegsbild angezeigt und von Ihnen immer wieder per Klick übersprungen wird.

Über das Befehlsfeld des SAP-Menüs können Sie jede Transaktion aufrufen, ohne dass das Einstiegsbild angezeigt wird. Nutzen Sie hierzu im Befehlsfeld das Kürzel **/***, bevor Sie den Transaktionscode angeben. Das SAP-System startet die Transaktion, bringt Sie jedoch direkt zum Datenbild, ohne das Einstiegsbild anzuzeigen.

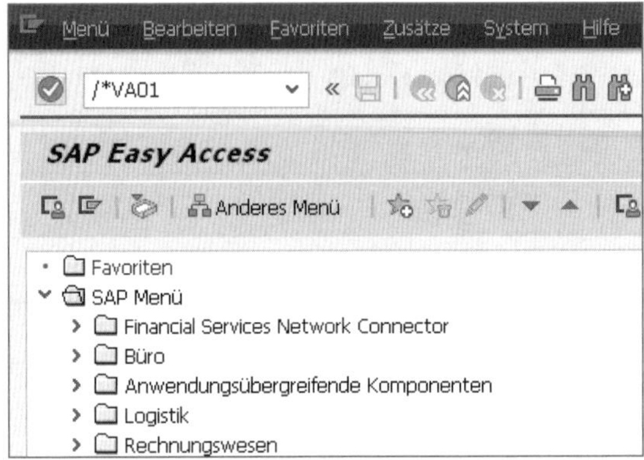

Eingabe von / plus Transaktionscode im Befehlsfeld*

Das Kürzel **/*** plus Transaktionscode im Befehlsfeld funktioniert bei jeder Transaktion, die ein Einstiegsbild nutzt. In der Kundenauftragserfassung sparen Sie sich damit die Ausführung eines Zwischenschritts.

Daneben eignet sich dieser Trick auch hervorragend im Rahmen der Arbeit mit Listen. Haben Sie, wie in Abschnitt 15.3, »Daten selektieren«, beschrieben, eine Standardvariante für die Datenselektion einer Liste angelegt, können Sie mit **/*** plus Transaktionscode im Befehlsfeld das Selektionsbild der Liste einfach überspringen.

16.3 Erfassungstabellen anpassen

Beim Erfassen eines Kundenauftrags werden die einzelnen Positionen in Tabellenform angegeben. Pro Position gibt es eine Zeile, in der Sie mindestens die Materialnummer und die Menge angeben müssen. Eventuell möchten Sie aber auch die Kundenmaterialnummer angeben, die Sie in Kapitel 4, »Der Kunden-Material-Infosatz«, kennengelernt haben. In diesem Fall ist es sinnvoll, die Spalte **Kundenmaterialnummer** direkt hinter **Material** und **Menge** anzuzeigen, um ein lästiges Scrollen nach rechts zu vermeiden. Das Gleiche gilt für oft genutzte Felder wie **Fakturasperre** oder **Liefersperre**.

Sie können die Positionssicht in allen Belegtransaktionen individuell einstellen. So haben Sie in Kundenauftrag, Auslieferung und Faktura die Möglichkeit, die für Sie relevanten Daten direkt zu sehen und für Sie unnötige Informationen verschwinden zu lassen.

Im Folgenden wird das Anpassen der Positionssicht im Kundenauftrag gezeigt:

1. Öffnen Sie Transaktion VA01 zum Anlegen eines Kundenauftrags über das Befehlsfeld, oder nutzen Sie den Menüpfad **SAP Menü ▸ Logistik ▸ Vertrieb ▸ Verkauf ▸ Auftrag**.
2. Geben Sie im Einstiegsbild die notwendigen Informationen zu **Verkaufsorganisation**, **Vertriebsweg** und **Sparte** an.
3. Ändern Sie die Ansicht der Positionstabelle. Folgenden Möglichkeiten stehen Ihnen hierzu zur Verfügung:
   - Sie können Spalten verschieben, indem Sie den Spaltenkopf mit gedrückter linker Maustaste an die gewünschte Stelle ziehen.
   - Die Spaltenbreite kann verändert werden, indem Sie den Trennstrich zwischen zwei Spaltenköpfen mit gedrückter linker Maustaste verschieben.
   - Sie blenden eine Spalte komplett aus, indem Sie mit gedrückter linker Maustaste den rechten Trennstrich einer Spalte komplett nach links auf den linken Trennstrich der Spalte ziehen.
4. Haben Sie die Ansicht der Positionstabelle nach Ihren persönlichen Ansprüchen eingerichtet, klicken Sie in der Tabelle rechts oben auf das Symbol ▦ (**Konfiguration**).

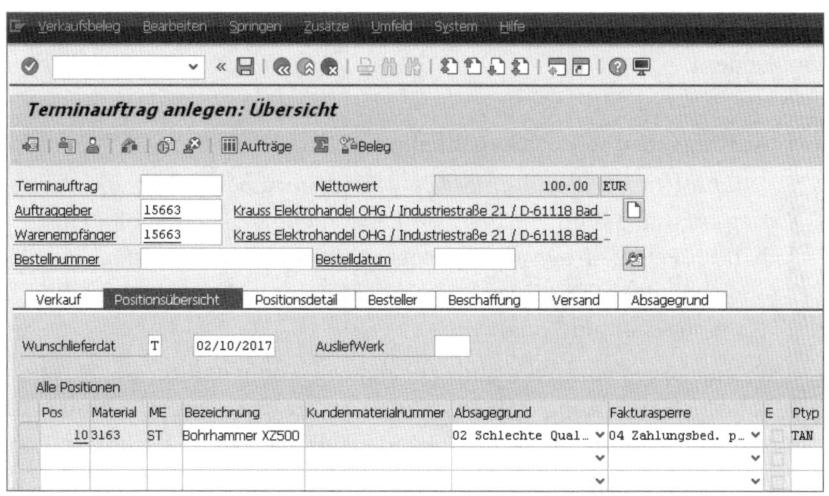

5 Es öffnet sich ein Fenster, in dem Sie Ihre Einstellungen zur Positionstabelle speichern können.

Geben Sie im Feld **Variante** eine Bezeichnung für Ihre Positionssicht ein. Mit dem Häkchen **als Standardeinstellung verwenden** können Sie die neue Ansicht als generelle Einstellung speichern; sie wird dann als Standardansicht genutzt.

6 Klicken Sie die Schaltfläche [Anlegen], um Ihre Ansicht zu speichern.

Sie haben nun die Positionstabelle nach Ihren persönlichen Anforderungen eingerichtet und vermeiden so in Zukunft das lästige Scrollen und Suchen von Feldern.

HINWEIS

Auftragsart und Positionstabellen

Die Ansicht der Positionstabelle variiert in Abhängigkeit von der Auftragsart, die Sie im Einstiegsbild auswählen. Nehmen Sie im Einstiegsbild im Feld **Auftragsart** die Eingabe **TA** vor (Terminauftrag), erhalten Sie eine andere Positionssicht als beim Verwenden der Auftragsart **G2** (Gutschriftsanforderung).

Dementsprechend wird Ihre persönliche Konfiguration der Positionstabelle auch in Abhängigkeit der Auftragsart gespeichert. Sie haben also die Möglichkeit, für Standardkundenaufträge und Gutschriftsanforderungen jeweils getrennte Ansichten einzustellen. Das Gleiche gilt natür-

> lich auch für alle anderen Auftragsarten, die Sie in Kapitel 11, »Gutschriftsanforderung«, Kapitel 12, »Rechnungskorrekturanforderung«, Kapitel 13, »Retoure«, und Kapitel 14, »Spezielle Verkaufsvorgänge«, kennengelernt haben.

16.4 Schnelländerungen im Kundenauftrag

Manchmal ist es notwendig, im Kundenauftrag Daten in mehreren Positionen gleichzeitig zu ändern. Für die Gutschriftsanforderung, Rechnungskorrekturanforderung und Retoure haben Sie in Kapitel 11, Kapitel 12 und Kapitel 13 jeweils das Entfernen der Fakturasperre kennengelernt. Gibt es in einem dieser Belege mehrere Positionen, müssen Sie in jede einzelne Position springen und dort jeweils separat die Fakturasperre löschen.

Transaktion VA02 zum Ändern eines Kundenauftrags bietet hier die Möglichkeit der Schnelländerung. Diese kann neben dem Entfernen der Fakturasperre auch für andere Daten des Kundenauftrags genutzt werden.

Im Folgenden wird die Schnelländerung im Kundenauftrag gezeigt. Die Schnelländerung ist sowohl in den Transaktionen zum Anlegen (VA01) als auch zum Ändern (VA02) eines Kundenauftrags möglich. Als Beispiel dient eine vorliegende Gutschriftsanforderung mit mehreren Positionen. Zu allen Positionen soll in nur einem Schritt die Fakturasperre aufgehoben werden:

1. Öffnen Sie Transaktion VA02, indem Sie im SAP-Easy-Access-Menü den Pfad **SAP Menü ▸ Logistik ▸ Vertrieb ▸ Verkauf ▸ Auftrag** aufrufen oder den Transaktionscode im Befehlsfeld eingeben.

2. Geben Sie im Feld **Auftrag** die Nummer der Gutschriftsanforderung ein, und drücken Sie anschließend die [↵]-Taste.

3. Sie gelangen in die Gutschriftsanforderung. In unserem Falle hat die Gutschriftsanforderung drei Positionen.

   Markieren Sie die Positionen, zu denen die Fakturasperre entfernt werden soll, indem Sie das graue Quadrat am Anfang der Positionszeile drücken.

4. Wählen Sie in der Menüleiste **Bearbeiten ▸ Schnelländerung ▸ Fakturasperre...**

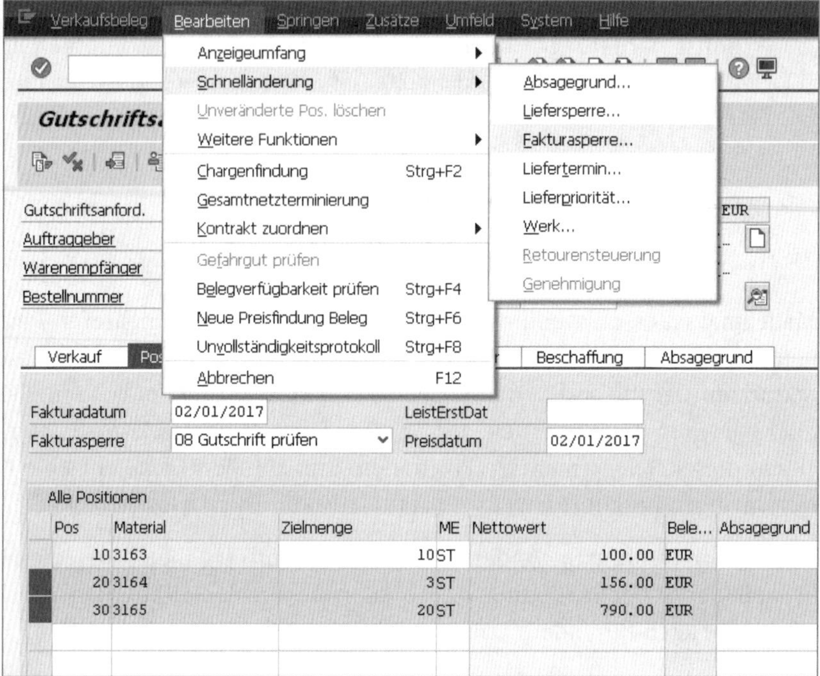

5 Es öffnet sich ein Fenster, in dem Sie getrennt nach Kopf und Position die neuen Einträge zur Fakturasperre angeben können.

Heben Sie sowohl für den Belegkopf als auch für die markierten Positionen die Fakturasperre auf. Löschen Sie dazu die Einträge in den Feldern **Fakturasperre** und **Sperre**.

6 Bestätigen Sie Ihre Eingabe, indem Sie auf die Schaltfläche ✓ (**Übernehmen**) drücken.

7 Speichern Sie die Gutschriftsanforderung mit der Schaltfläche (**Sichern**).

Sie haben die Fakturasperre für die markierten Positionen der Gutschriftsanforderung aufgehoben. Für diese Positionen kann nun die Weiterverarbeitung vorgenommen werden.

Die Schnelländerung kann nicht nur zum Aufheben einer Sperre genutzt werden. Sie haben auch die Möglichkeit, Daten zu ändern. Für die folgenden Felder kann eine Schnelländerung in einem Schritt über alle markierten Positionen durchgeführt werden:

- Absagegrund
- Liefersperre
- Fakturasperre
- Liefertermin
- Lieferpriorität
- Werk
- Retourensteuerung
- Genehmigung

16.5 Folgeschritte im Prozess direkt aus dem Kundenauftrag starten

Sie haben in diesem Buch verschiedene Prozesse kennengelernt, die mit der Anlage eines Kundenauftrags beginnen. Im Standardprozess folgt auf den Kundenauftrag das Anlegen der Auslieferung; im speziellen Prozess der Gutschriftsanforderung folgt auf die Gutschriftsanforderung direkt die Fakturierung.

Für jeden Prozessschritt steht jeweils eine eigene Transaktion zur Verfügung. Die Auslieferung legen Sie mit Transaktion VL01N an, die Gutschrift mit Transaktion VF01. Es ist jedoch möglich, den Weg über das SAP-Easy-Access-Menü zu umgehen und direkt aus der Transaktion des Kundenauftrags heraus die Folgeschritte durchzuführen. Die Folgebearbeitung eines Kundenauftrags ist in den Transaktionen VA01 (Auftrag anlegen), VA02 (Auftrag ändern) und VA03 (Auftrag anzeigen) möglich.

Im Folgenden möchte ich Ihnen anhand eines bestehenden Kundenauftrags zeigen, wie Sie die zugehörige Auslieferung anlegen, ohne den Umweg über das SAP-Easy-Access-Menü zu gehen:

1 Starten Sie Transaktion VA02, indem Sie im SAP-Easy-Access-Menü den Pfad **SAP Menü ▸ Logistik ▸ Vertrieb ▸ Verkauf ▸ Auftrag** aufrufen oder den Transaktionscode im Befehlsfeld eingeben.

2 Geben Sie im Feld **Auftrag** die Nummer des vorliegenden Kundenauftrags an.

3 Es öffnet sich das Datenbild des Kundenauftrags. Im vorliegenden Beispiel handelt es sich um einen Auftrag mit drei Positionen.

4 Klicken Sie in der Menüleiste auf **Verkaufsbeleg ▸ Beliefern**.

5 Das System springt direkt in die Transaktion zum Anlegen einer Auslieferung und zeigt Ihnen die Auslieferung mit Bezug zum Auftrag an. Drücken Sie (**Sichern**), um den Auslieferbeleg zu speichern.

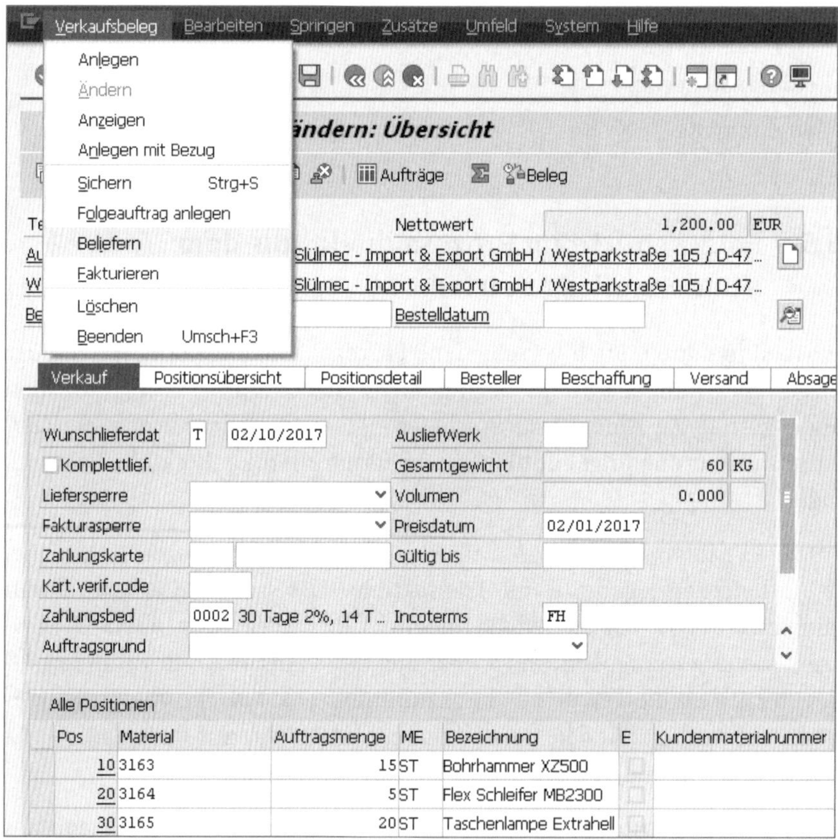

Die Auslieferung wurde angelegt, ohne die Transaktion zur Anlage einer Auslieferung zu starten. Dieses Vorgehen erlaubt es Ihnen, einen Kundenauftrag, den Sie gerade aufgerufen haben, direkt zu beliefern.

Möchten Sie eine Rechnung oder Gutschrift zum Verkaufsbeleg erstellen, können Sie dies ebenfalls tun. Nutzen Sie hierzu in der Menüleiste den Pfad **Verkaufsbeleg ▸ Fakturieren**.

16.6 Zusammenfassung

In diesem Kapitel haben Sie gelernt, wie Sie sich die Arbeit mit dem SAP-System erleichtern können. Sie wissen nun, wie Sie Vorschlagswerte nutzen, wie Sie das Einstiegsbild im SAP-System überspringen, um schneller zur gewünschten Funktion zu gelangen, wie Sie Erfassungstabellen individuell einrichten, wie Sie Kundenaufträge schneller ändern und vieles mehr.

A Menüpfade und Transaktionscodes

Aufgabe	Transaktionscode	Menüpfad
Änderungen zum Material anzeigen	MM04	SAP Menü ▸ Logistik ▸ Materialwirtschaft ▸ Materialstamm ▸ Material ▸ Änderungen anzeigen ▸ Aktive Änderungen
Anfrage ändern	VA12	SAP Menü ▸ Logistik ▸ Vertrieb ▸ Verkauf ▸ Anfrage
Anfrage anlegen	VA11	SAP Menü ▸ Logistik ▸ Vertrieb ▸ Verkauf ▸ Anfrage
Anfrage anzeigen	VA13	SAP Menü ▸ Logistik ▸ Vertrieb ▸ Verkauf ▸ Anfrage
Angebot ändern	VA22	SAP Menü ▸ Logistik ▸ Vertrieb ▸ Verkauf ▸ Angebot
Angebot anlegen	VA21	SAP Menü ▸ Logistik ▸ Vertrieb ▸ Verkauf ▸ Angebot
Angebot anzeigen	VA23	SAP Menü ▸ Logistik ▸ Vertrieb ▸ Verkauf ▸ Angebot
Auftrag ändern	VA02	SAP Menü ▸ Logistik ▸ Vertrieb ▸ Verkauf ▸ Auftrag
Auftrag anlegen	VA01	SAP Menü ▸ Logistik ▸ Vertrieb ▸ Verkauf ▸ Auftrag
Auftrag anzeigen	VA03	SAP Menü ▸ Logistik ▸ Vertrieb ▸ Verkauf ▸ Auftrag
Auftragsmonitor	VA06	
Auslieferung ändern	VL02N	SAP Menü ▸ Logistik ▸ Vertrieb ▸ Versand und Transport ▸ Auslieferung ▸ Ändern

Aufgabe	Transaktionscode	Menüpfad
Auslieferung anlegen	VL01N	SAP Menü ▸ Logistik ▸ Vertrieb ▸ Versand und Transport ▸ Auslieferung ▸ Anlegen ▸ Einzelbeleg
Auslieferung anlegen – Sammelverarbeitung	VL10A	SAP Menü ▸ Logistik ▸ Vertrieb ▸ Versand und Transport ▸ Auslieferung ▸ Anlegen ▸ Sammelverarbeitung versandfälliger Belege
Auslieferung anzeigen	VL03N	SAP Menü ▸ Logistik ▸ Vertrieb ▸ Versand und Transport ▸ Auslieferung
Ausliefermonitor	VL06O	SAP Menü ▸ Logistik ▸ Vertrieb ▸ Versand und Transport ▸ Auslieferung ▸ Listen und Protokolle
Faktura ändern	VF02	SAP Menü ▸ Logistik ▸ Vertrieb ▸ Fakturierung
Faktura anlegen	VF01	SAP Menü ▸ Logistik ▸ Vertrieb ▸ Fakturierung
Faktura anlegen – Sammelverarbeitung	VF04	SAP Menü ▸ Logistik ▸ Vertrieb ▸ Fakturierung
Faktura anzeigen	VF03	SAP Menü ▸ Logistik ▸ Vertrieb ▸ Fakturierung
Faktura stornieren	VF11	SAP Menü ▸ Logistik ▸ Vertrieb ▸ Fakturierung
Konditionssatz ändern	VK12	SAP Menü ▸ Logistik ▸ Vertrieb ▸ Stammdaten ▸ Konditionen ▸ Selektion über Konditionsart
Konditionssatz anlegen	VK11	SAP Menü ▸ Logistik ▸ Vertrieb ▸ Stammdaten ▸ Konditionen ▸ Selektion über Konditionsart

Aufgabe	Transaktionscode	Menüpfad
Konditionssatz anzeigen	VK13	SAP Menü ▸ Logistik ▸ Vertrieb ▸ Stammdaten ▸ Konditionen ▸ Selektion über Konditionsart
Kunde ändern – Buchhaltung	FD02	SAP Menü ▸ Rechnungswesen ▸ Finanzwesen ▸ Debitoren ▸ Stammdaten
Kunde ändern – Verkauf	VD02	SAP Menü ▸ Logistik ▸ Vertrieb ▸ Stammdaten ▸ Geschäftspartner ▸ Kunde ▸ Ändern
Kunde ändern – zentral	XD02	SAP Menü ▸ Logistik ▸ Vertrieb ▸ Stammdaten ▸ Geschäftspartner ▸ Kunde ▸ Ändern
Kunde anlegen – Buchhaltung	FD01	SAP Menü ▸ Rechnungswesen ▸ Finanzwesen ▸ Debitoren ▸ Stammdaten
Kunde anlegen – Verkauf	VD01	SAP Menü ▸ Logistik ▸ Vertrieb ▸ Stammdaten ▸ Geschäftspartner ▸ Kunde ▸ Anlegen
Kunde anlegen – zentral	XD01	SAP Menü ▸ Logistik ▸ Vertrieb ▸ Stammdaten ▸ Geschäftspartner ▸ Kunde ▸ Anlegen
Kunde anzeigen – Buchhaltung	FD03	SAP Menü ▸ Rechnungswesen ▸ Finanzwesen ▸ Debitoren ▸ Stammdaten
Kunde anzeigen – Verkauf	VD03	SAP Menü ▸ Logistik ▸ Vertrieb ▸ Stammdaten ▸ Geschäftspartner ▸ Kunde ▸ Anzeigen
Kunde anzeigen – zentral	XD03	SAP Menü ▸ Logistik ▸ Vertrieb ▸ Stammdaten ▸ Geschäftspartner ▸ Kunde ▸ Anzeigen
Kunde sperren	VD05	SAP Menü ▸ Logistik ▸ Vertrieb ▸ Stammdaten ▸ Geschäftspartner ▸ Kunde

Aufgabe	Transaktionscode	Menüpfad
Kunden-Material-Infosatz ändern	VD52	SAP Menü ▸ Logistik ▸ Vertrieb ▸ Stammdaten ▸ Absprachen ▸ Kunden-Material-Info
Kunden-Material-Infosatz anlegen	VD51	SAP Menü ▸ Logistik ▸ Vertrieb ▸ Stammdaten ▸ Absprachen ▸ Kunden-Material-Info
Kunden-Material-Infosatz anzeigen zum Kunden	VD53	SAP Menü ▸ Logistik ▸ Vertrieb ▸ Stammdaten ▸ Absprachen ▸ Kunden-Material-Info
Kunden-Material-Infosatz anzeigen zum Material	VD54	SAP Menü ▸ Logistik ▸ Vertrieb ▸ Stammdaten ▸ Absprachen ▸ Kunden-Material-Info
Kundenstammblatt erstellen	VC/2	SAP Menü ▸ Logistik ▸ Vertrieb ▸ Stammdaten ▸ Infosystem ▸ Geschäftspartner
Liste abgelaufene Angebote	SDQ2	SAP Menü ▸ Logistik ▸ Vertrieb ▸ Verkauf ▸ Infosystem ▸ Angebote
Liste ablaufende Angebote	SDQ1	SAP Menü ▸ Logistik ▸ Vertrieb ▸ Verkauf ▸ Infosystem ▸ Angebote
Liste Anfragen zum Auftraggeber	VA15	SAP Menü ▸ Logistik ▸ Vertrieb ▸ Verkauf ▸ Infosystem ▸ Anfragen
Liste Angebote zum Auftraggeber	VA25	SAP Menü ▸ Logistik ▸ Vertrieb ▸ Verkauf ▸ Infosystem ▸ Angebote
Liste Aufträge eines Zeitraums	SD01	SAP Menü ▸ Logistik ▸ Vertrieb ▸ Verkauf ▸ Infosystem ▸ Aufträge
Liste Aufträge zum Auftraggeber	VA05	SAP Menü ▸ Logistik ▸ Vertrieb ▸ Verkauf ▸ Infosystem ▸ Aufträge
Liste Auslieferungen	VL06F	SAP Menü ▸ Logistik ▸ Logistik-Controlling ▸ Vertriebsinfosystem ▸ Umfeld ▸ Beleginformation ▸ Lieferungen
Liste Fakturen	VF05	SAP Menü ▸ Logistik ▸ Vertrieb ▸ Fakturierung ▸ Infosystem ▸ Fakturen

Aufgabe	Trans-aktions-code	Menüpfad
Liste Kunden-Material-Infosätze	VD59	SAP Menü ▸ Logistik ▸ Vertrieb ▸ Stammdaten ▸ Infosystem ▸ Absprachen
Liste unvollständiger Aufträge	V.02	SAP Menü ▸ Logistik ▸ Vertrieb ▸ Verkauf ▸ Infosystem ▸ Aufträge
Material ändern	MM02	SAP Menü ▸ Logistik ▸ Vertrieb ▸ Stammdaten ▸ Produkte ▸ Sonstiges Material
Material anlegen	MM01	SAP Menü ▸ Logistik ▸ Vertrieb ▸ Stammdaten ▸ Produkte ▸ Sonstiges Material
Material anzeigen	MM03	SAP Menü ▸ Logistik ▸ Vertrieb ▸ Stammdaten ▸ Produkte ▸ Sonstiges Material
Naturalrabatt anzeigen	VBN3	SAP Menü ▸ Logistik ▸ Vertrieb ▸ Stammdaten ▸ Konditionen ▸ Naturalrabatt
Naturalrabatt ändern	VBN2	SAP Menü ▸ Logistik ▸ Vertrieb ▸ Stammdaten ▸ Konditionen ▸ Naturalrabatt
Naturalrabatt anlegen	VBN1	SAP Menü ▸ Logistik ▸ Vertrieb ▸ Stammdaten ▸ Konditionen ▸ Naturalrabatt
Preis ändern	VK12	SAP Menü ▸ Logistik ▸ Vertrieb ▸ Stammdaten ▸ Konditionen ▸ Selektion über Konditionsart
Preis anlegen	VK11	SAP Menü ▸ Logistik ▸ Vertrieb ▸ Stammdaten ▸ Konditionen ▸ Selektion über Konditionsart
Preis anzeigen	VK13	SAP Menü ▸ Logistik ▸ Vertrieb ▸ Stammdaten ▸ Konditionen ▸ Selektion über Konditionsart
Preishistorie	V/LD	SAP Menü ▸ Logistik ▸ Vertrieb ▸ Stammdaten ▸ Konditionen ▸ Liste
Rabatt ändern	VK12	SAP Menü ▸ Logistik ▸ Vertrieb ▸ Stammdaten ▸ Konditionen ▸ Selektion über Konditionsart

Aufgabe	Transaktionscode	Menüpfad
Rabatt anlegen	VK11	SAP Menü ▸ Logistik ▸ Vertrieb ▸ Stammdaten ▸ Konditionen ▸ Selektion über Konditionsart
Rabatt anzeigen	VK13	SAP Menü ▸ Logistik ▸ Vertrieb ▸ Stammdaten ▸ Konditionen ▸ Selektion über Konditionsart
Transportauftrag anlegen	LT03	SAP Menü ▸ Logistik ▸ Vertrieb ▸ Versand und Transport ▸ Kommissionierung ▸ Transportauftrag anlegen
Transportauftrag anzeigen	LT21	SAP Menü ▸ Logistik ▸ Vertrieb ▸ Versand und Transport ▸ Kommissionierung ▸ Transportauftrag anzeigen

B Glossar

ALV Grid Control Mithilfe des ALV Grid Controls werden Listen übersichtlich dargestellt. Es bietet die Möglichkeit, Daten nach eigenen Bedürfnissen anzuzeigen, zu summieren, zu filtern oder zu sortieren. Die meisten Listanzeigen in SAP können mit dem ALV Grid Control angezeigt werden.

Anfrage Mit einer Anfrage fordert ein Kunde Sie auf, Preise und Konditionen mitzuteilen, zu denen Ihr Unternehmen eine festgelegte Menge eines Materials liefern kann.

Angebot Ein Angebot ist Ihre Antwort auf die Anfrage eines Kunden. Im Angebot teilen Sie dem Kunden die mögliche Liefermenge und die Konditionen für die Lieferung eines Materials mit.

Anwendungsfunktionsleiste In der Anwendungsfunktionsleiste finden Sie Schaltflächen zur Steuerung der aktuellen Transaktion. Je nachdem, in welcher Transaktion Sie sich befinden, stehen in der Anwendungsfunktionsleiste unterschiedliche Schaltflächen zur Verfügung.

Auftrag Mit dem Auftrag erteilt der Kunde Ihrem Unternehmen die Order, eine bestimmte Menge eines Materials oder einer Dienstleistung zu einem vereinbarten Preis zu liefern. Auf Basis des Kundenauftrags wird die Ware an den Kunden versendet und berechnet.

Auslieferung Mit der Auslieferung wird die Logistik des Unternehmens informiert, dass eine bestimmte Menge eines Materials zu einem bestimmten Termin an einen Kunden geliefert werden soll. Die Auslieferung wird mit Bezug zum Kundenauftrag angelegt. Sie ist die Basis für die Zusammenstellung der Lieferung und den Versand.

Befehlsfeld Im Befehlsfeld können Sie Transaktionen durch die Eingabe des Transaktionscodes direkt aufrufen. Es befindet sich links in der Systemfunktionsleiste.

Beleg Geschäftsvorfälle werden in SAP in Belegen dokumentiert. Immer wenn ein Geschäftsvorfall in SAP ausgeführt wird, wird ein Beleg erstellt. Im Vertrieb werden Belege unter anderem bei der Anfrage, dem Angebot, dem Kundenauftrag und der Faktura erzeugt. Ein Beleg kann mit einem Vorgängerbeleg verknüpft und so Teil einer Belegkette sein, die den gesamten abgewickelten Vertriebsprozess dokumentiert.

Belegart Jeder Beleg im SAP-System hat eine Belegart. Über die Belegart wird die weitere Verwendung des Belegs gesteuert. Sie definiert außerdem, welche Eingaben im Beleg als Pflichteingaben vorgenommen werden müssen. Im Verkauf wird sie verwendet, um Angebote, Aufträge oder Retouren zu unterscheiden und entsprechend abzuwickeln.

Belegkopf Jeder Beleg hat einen Belegkopf. Die Daten des Belegkopfes sind für den gesamten Beleg gültig, das heißt für jede einzelne Position.

Belegposition Ein Beleg kann eine oder mehrere Positionen beinhalten. Die Daten der Belegposition gelten nur für eine Position und haben keinen Einfluss auf die anderen Positionen.

Belegfluss Der Belegfluss ermöglicht das Anzeigen der gesamten Belegkette des Vertriebsprozesses. Die Anzeige ist zu jedem Vertriebsbeleg möglich. Bei Reklamationen, die mit Bezug zu einem anderen Beleg angelegt werden, kann im Belegfluss außerdem der Ursprungsbeleg eingesehen werden.

Benutzername Der Benutzername muss bei der Anmeldung angegeben werden und identifiziert Sie eindeutig im SAP-System.

Bruttopreis Unter Bruttopreis wird in SAP der Grundpreis verstanden. Im täglichen Sprachgebrauch wird oft die Bezeichnung Listenpreis verwendet. Der Bruttopreis ist der Preis vor Abzug jeglicher Konditionen oder Rabatte.

Buchhaltungsbeleg Bei Geschäftsvorgängen, die Auswirkungen im Rechnungswesen haben, wird neben dem Beleg der Materialwirtschaft ein Buchhaltungsbeleg erstellt. Der Buchhaltungsbeleg stellt die Verbindung zum Rechnungswesen her und dokumentiert die vorgenommenen Buchungen im Finanzwesen. Beim Warenausgang und bei der Rechnungsstellung werden im Vertrieb Buchhaltungsbelege erzeugt.

Buchungskreis Der Buchungskreis ist eine Organisationseinheit in SAP, die ein rechtlich und buchhalterisch selbstständiges Unternehmen innerhalb des Gesamtkonzerns darstellt. Im Buchungskreis wird eine eigenständige Buchhaltung geführt, und es kann eine eigene Bilanz erstellt werden.

CpD-Kunde → Einmalkunde

Customizing Im Customizing werden die firmenspezifischen Einstellungen des SAP-Systems vorgenommen. So kann SAP an die individuellen Gegebenheiten des Unternehmens angepasst werden.

Debitor Die buchhalterische Bezeichnung Debitor für Kunde wird in SAP im Kundenstammsatz durchgehend verwendet.

Endpreis Beim Endpreis handelt es sich um den Preis unter Berücksichtigung der Zu- und Abschläge sowie aller Nebenkosten wie Frachten oder Zölle. Er stellt den auf der Rechnung angegebenen finalen Preis dar.

Einmalkunde Zur Abwicklung von Geschäftsvorgängen ohne Kundenstammsatz kann der Einmalkunde genutzt werden. Wird der Einmalkunde verwendet, müssen alle relevanten Daten im Beleg selbst angegeben werden. Der Einmalkunde wird auch als CpD-Kunde bezeichnet.

Faktura Mit der Faktura (Rechnung) wird die Lieferung der Ware an den Kunden berechnet. Fakturen können mit Bezug zum Auftrag oder zur Auslieferung angelegt werden. Die Faktura berücksichtigt alle Konditionen des Kundenauftrags.

Fracht Frachten sind Teil der Konditionen und werden zur Berechnung des Endpreises herangezogen.

Gültigkeitszeitraum Konditionen können nur für einen bestimmten Zeitraum gültig sein. Deshalb kann bei der Konditionspflege ein Gültigkeitszeitraum angegeben werden.

Gutschriftanforderung Mit einer Gutschriftanforderung kann die Gutschrift an einen Kunden abgewickelt werden. Es handelt sich um einen Auftrag, der mit spezieller Belegart angelegt wird und die Erzeugung einer Gutschriftfaktura veranlasst.

Informationssysteme Bei jedem operativen Vorgang in SAP werden Infosysteme fortgeschrieben. Über die Infosysteme können schnell und effizient Auswertungen vorgenommen werden.

Infosatz → Kunden-Material-Infosatz

Konditionen Konditionen bestehen aus Preisen, Zu- und Abschlägen sowie Frachten. Über Konditionen bilden Sie die komplette Preisvereinbarung mit Kunden oder Kundengruppen ab. Konditionen können in Konditionssätzen gespeichert und in Angeboten oder Kundenaufträgen gepflegt werden.

Konditionsart Die Konditionsart ist ein vierstelliger Schlüssel, über den festgelegt wird, wie einzelne Preisfaktoren ermittelt werden. Die Konditionsart enthält Informationen darüber, ob es sich um einen Preis, einen Rabatt oder Frachten handelt, ob die Angabe in Prozent oder absolut erfolgt. Sie legt somit fest, wie der Preisfaktor berechnet wird.

Konditionssatz In Konditionssätzen werden Konditionen gespeichert. Dabei kann für unterschiedliche Abhängigkeiten der Kondition jeweils ein eigener Konditionssatz angelegt werden. Konditionssätze ermöglichen eine individuelle Preisberechnung pro Material, Kunde oder entsprechende Kombinationen.

Kontengruppe Die Kontengruppe muss beim Anlegen eines Kundenstammsatzes angegeben werden. Sie gruppiert die Kunden nach betriebswirtschaftlichen Eigenschaften und hat steuernde Eigenschaften für den Kundenstammsatz.

Kopfdaten → Belegkopf

Kunde Ein Kunde interessiert sich für Waren oder Dienstleistungen Ihres Unternehmens. Erteilt er den Auftrag für die Lieferung einer Ware oder Dienstleistung, wird er als Auftraggeber bezeichnet. Alle den Kunden betreffenden Informationen werden im Kundenstammsatz gespeichert.

Kundenauftrag → Auftrag

Kunden-Material-Infosatz Der Kunden-Material-Infosatz erlaubt die Speicherung von Materialdaten speziell für einen Kunden. So können kundenindividuelle Informationen zum Material hinterlegt werden, um dem Kunden den bestmöglichen Service zu bieten.

Kundenstammsatz Der Kundenstammsatz enthält alle wesentlichen Daten eines Kunden. Er wird von Vertrieb und Buchhaltung gemeinsam gepflegt, sodass alle Informationen anwendungsübergreifend zur Verfügung stehen.

Lagerort Der Lagerort ist eine Organisationseinheit, die eine Unterscheidung von Beständen innerhalb eines Werkes ermöglicht. Die Inventur findet auf Ebene des Lagerorts statt.

Layout Mithilfe des Layouts können Sie Tabellen nach eigenen Wünschen gestalten, sortieren und filtern. Die Funktion steht in allen Listen des ALV Grid Controls zur Verfügung.

Lieferung → Auslieferung

Listen Mit Listen werden Daten aus dem SAP-System ausgelesen und aufgelistet. Die Daten können dabei aus Belegen oder Stammdaten ausgelesen werden. So können Sie eine Liste der Kundenaufträge oder eine Liste der Infosätze ausgeben lassen.

Mandant Der Mandant ist die höchste Organisationseinheit im SAP-System. Er wird bereits beim Anmelden an das SAP-System angegeben und stellt aus betriebswirtschaftlicher Sicht das gesamte Unternehmen mit all seinen Unterstrukturen dar.

Material Sämtliche Güter und Waren werden in SAP mit dem Begriff Material bezeichnet. Alle Informationen zu einem Material werden in einem Materialstammsatz gespeichert.

Materialart Jedem Materialstammsatz wird eine Materialart zugeordnet. Damit werden Materialien nach betriebswirtschaftlichen Gesichtspunkten gruppiert. Außerdem hat die Materialart steuernde Eigenschaften für den Materialstammsatz.

Materialbeleg Jede Materialbewegung in SAP wird in einem Materialbeleg dokumentiert. Im Materialbeleg werden das Material, die Menge, das Werk und die Art der Bewegung festgehalten. Im Vertriebsprozess wird beim Warenausgang ein Materialbeleg erstellt.

Materialstammsatz Der Materialstammsatz enthält in Sichten gegliedert alle Informationen, die zu einem Material in SAP hinterlegt werden. Jeder Fachbereich des Unternehmens pflegt seine Sichten im Materialstammsatz. Er ist das zentrale Datenobjekt für Vertrieb, Einkauf und Produktion.

Menüleiste In der Menüleiste stehen verschiedene Menüs für die Navigation in SAP zur Verfügung. Sie befindet sich im SAP-Bild ganz oben. Die Menüs System und Hilfe sind in jedem SAP-Bild vorhanden.

Nachricht Informationen an Geschäftspartner werden über Nachrichten aus SAP ausgegeben. Die Nachricht ist keine Kopie des Belegs, sondern enthält übersichtlich dargestellt alle für den Partner notwendigen Informationen. Im Vertrieb können diese Nachrichten Auftragsbestätigungen, Lieferscheine oder Rechnungen sein.

Naturalrabatt Als Naturalrabatt bezeichnet man einen Rabatt, der durch die zusätzliche Lieferung von Waren geleistet wird. Formen des Naturalrabatts sind Draufgabe und Dreingabe.

Nettopreis Der Nettopreis beinhaltet den Bruttopreis unter Berücksichtigung von Zu- und Abschlägen. Der Nettopreis wird in Angebot und Kundenauftrag zur Ermittlung des Nettowertes für den Beleg herangezogen.

Organisationseinheit Zur Abbildung der Unternehmensstruktur in SAP werden Organisationseinheiten genutzt. Für die Logistik sind die Organisationseinheiten Mandant, Buchungskreis, Werk und Lagerort relevant. Speziell für den Verkauf werden zusätzlich die Verkaufsorganisation und der Vertriebsweg genutzt.

Partnerrolle Partnerrollen werden im Kundenstammsatz genutzt. Mit ihnen können zu einem Kunden unterschiedliche Partner als Auftraggeber, Warenempfänger, Rechnungsempfänger und Regulierer festgelegt werden.

Passwort Das Passwort müssen Sie bei jeder Anmeldung am SAP-System angeben. Gemeinsam mit dem Benutzernamen stellt es die eindeutige Identifizierung des Benutzers im SAP-System sicher.

Position → Belegposition

Rabatt Ein Rabatt reduziert den Preis eines Materials für den Kunden. Rabatte können generell oder individuell definiert werden. Individuelle Rabatte können über Schlüsselkombinationen für ein Material, einen Kunden oder verschiedene Gruppierungen von Materialien oder Kunden in Konditionssätzen hinterlegt werden.

Rechnung → Faktura

Rechnungskorrekturanforderung
Mit der Rechnungskorrekturanforderung kann die Korrektur einer Rechnung für den Kunden veranlasst werden. Sie wird als Auftrag mit spezieller Belegart angelegt, der die Gutschrift der Faktura und die Neuberechnung anstößt.

Retoure Mit einer Retoure sendet ein Kunde Waren an Ihr Unternehmen zurück. Die Abwicklung einer Retoure entspricht dabei einem Kundenauftrag, der mit spezieller Belegart angelegt wird.

Sicht Material- und Lieferantenstammsätze werden fachbereichsabhängig in Sichten gegliedert. Sie erlauben eine unabhängige Pflege von Daten durch die einzelnen Fachbereiche des Unternehmens.

Sparte Mithilfe der Sparte werden Materialien oder Dienstleistungen aus Vertriebssicht unterteilt. Mit der Sparte werden verschiedene Produktbereiche Ihres Unternehmens unterschieden. Ein Material gehört immer genau einer Sparte an.

Statusleiste Die Statusleiste am unteren Bildrand enthält Informationen über das aktuelle System und zeigt Fehler-, Warn- oder Erfolgsmeldungen an.

Steuern Gemeinsam mit den Zöllen sind Steuern Teil der Nebenkosten, die bei der Berechnung des Endpreises eine Rolle spielen. Es handelt sich dabei um besondere Verbrauchssteuern oder Produktionsabgaben, wie beispielsweise Mineralölsteuer oder Tabaksteuer.

Systemfunktionsleiste Die Schaltflächen der Systemfunktionsleiste stehen Ihnen an jeder Stelle des SAP-Systems zur Verfügung. Mit ihnen navigieren Sie generell durch das SAP-System. Abhängig von der Transaktion, in der Sie sich befinden, können einzelne Schaltflächen grau hinterlegt und nicht anwählbar sein.

Technischer Name → Transaktionscode

Titelleiste In der Titelleiste wird die Bezeichnung der Transaktion eingeblendet, in der Sie sich gerade befinden.

Transaktion Eine Transaktion ist ein Anwendungsprogramm, mit dem Sie einen einzelnen Geschäftsvorfall in SAP ausführen. Die Transaktionen sind im SAP-Easy-Access-Menü übersichtlich zusammengefasst. Möchten Sie einen Geschäftsvorgang ausführen, rufen Sie die entsprechende Transaktion auf.

Transaktionscode Jede Transaktion kann mit einem Transaktionscode direkt aufgerufen werden. Dazu wird der Transaktionscode in das Befehlsfeld der Systemfunktionsleiste eingegeben.

Transportauftrag Mit dem Transportauftrag wird die interne Bewegung der Ware veranlasst. Er dient als Basis für die Kommissionierung und Verpackung einer Lieferung.

Variante Beim Aufrufen von Listen und Auswertungen können Sie mit Varianten Ihre Selektionskriterien festlegen und speichern. Es ist dann nicht mehr notwendig, bei jedem Aufruf einer Liste sämtliche Informationen erneut einzugeben.

Verkauf Als Verkauf bezeichnet man alle Tätigkeiten, die notwendig sind, um den Auftrag eines Kunden zu erhalten. Der Verkauf ist der erste Teil des Vertriebs, an den der Versand und die Rechnungsstellung anschließen.

Der Teilprozess des Verkaufs ist mit dem Kundenauftrag abgeschlossen.

Verkaufsorganisation Die Verkaufsorganisation ist die zentrale Organisationseinheit des Verkaufs. Sie ist verantwortlich für den Vertrieb von Materialien oder Dienstleistungen und führt die entsprechenden Verkaufsverhandlungen. Sie ist für den kompletten Verkaufsvorgang verantwortlich.

Versandstelle An der Versandstelle wird der Versand der Ware an den Kunden abgewickelt. Innerhalb eines Werkes kann es mehrere Versandstellen geben.

Vertrieb Der Begriff *Vertrieb* bezeichnet alle Tätigkeiten, die notwendig sind, um ein Produkt oder eine Dienstleistung für den Kunden verfügbar zu machen. Er beinhaltet den Verkauf, den Versand und die Rechnungsstellung.

Vertriebsbereich Die Kombination aus den Organisationseinheiten Verkaufsorganisation, Vertriebsweg und Sparte wird als Vertriebsberiech bezeichnet. In den Verkaufsbelegen Angebot oder Kundenauftrag ist der Vertriebsbereich zwingend notwendig, um die Verkaufsabwicklung durchzuführen.

Vertriebslinie Als Vertriebslinie wird die Kombination aus den Organisationseinheiten Verkaufsorganisation und Vertriebsweg bezeichnet. Durch die Vertriebslinie soll eine bestimmte Kundenzielgruppe angesprochen werden.

Vertriebsweg Der Vertriebsweg kennzeichnet die Art und Weise, wie Waren von Ihrem Unternehmen in den Markt gebracht werden. Mit dem Vertriebsweg werden verschiedene Vertriebskanäle oder Absatzschienen definiert.

Warenausgang Versenden Sie Ware an einen Kunden, muss beim Verlassen der Ware aus Ihrem Lager ein Warenausgang gebucht werden. Mit dem Warenausgang reduziert sich der Lagerbestand. Der Warenausgang wird im Vertriebsprozess mit Bezug zur Lieferung gebucht.

Werk Das Werk ist die Organisationseinheit, in der Material gelagert, produziert oder instandgehalten wird. Sämtliche Warenbewegungen im Unternehmen finden auf der Ebene des Werkes statt. Bei einem Werk handelt es sich um eine Niederlassung oder einen Standort Ihres Unternehmens.

Zahlungsbedingung In Zahlungsbedingungen wird vereinbart, wann die Zahlung zu einer Lieferung durch den Kunden erfolgen soll. Dabei kann neben den Zahlungsfristen auch Skonto vereinbart werden.

Zölle Zölle gehören gemeinsam mit den Steuern zu den Nebenkosten. Sie werden bei der Berechnung des Endpreises berücksichtigt.

C Der Autor

Tobias Then ist zertifizierter SAP Solution Consultant und freiberuflicher Dozent in den Bereichen SAP SCM Procurement und Order Fulfillment. Außerdem wurde er von der SAP AG als Trainer zertifiziert. Neben Schulungen an den verschiedenen SAP-Schulungsstandorten konzipiert, organisiert und verwirklicht er Trainings in Unternehmen unterschiedlichster Branchen und Größen. Die von ihm gestalteten Seminare zeichnen sich durch pädagogische Qualität, fachliche Kompetenz und Praxisnähe aus. Seine Schulungen basieren immer auf einer individuellen Konzeption, eigenen Schulungsmaterialien und realitätsnahen Fallstudien. Vor seiner Zeit als Dozent hat Tobias Then als Produktmanager in Vertrieb, Marketing und Einkauf eines internationalen Unternehmens den praktischen Einsatz komplexer IT-Systeme in Produktion und Handel kennengelernt. Die dort gesammelten Erfahrungen überträgt er konsequent in dieses Buch.

Index

C

D

E

F

L

M

N

O

P

Q

R

S

T

U

V

W

Z